普通高等教育"十二五"规划教材

数学教学技能系列丛书

丛书主编／冯伟贞　何小亚

数学教育研究与测量

何小亚　李耀光　张　敏　主编

科学出版社

北　京

内 容 简 介

本书分上、下篇.上篇以五个问题(什么是数学教育研究？为什么要进行数学教育研究？如何进行数学教育研究？数学教育研究的类别？如何提高数学教育研究的质量?)为大方向，围绕"如何确定研究问题？怎样查阅文献？如何进行研究设计？如何撰写开题报告与研究报告?"这些研究的技术，阐述数学教育研究的理论和方法.下篇则从数学教育测量的依据、工具、思路和六种数据分析方法，以及三种检验方法等方面介绍数学教育测量的思想、方法和工具.本书在每章开始给出本章的小节目录和本章概览，使读者能从总体上把握本章的知识结构.在每章末有本章总结，并给出每章的主要结论和知识结构图，为读者将本章"读薄"、形成认知图式提供方法.在上篇的每章末，还设置"案例与反思"模块，为读者提供进行反思的问题案例，提高运用本章所学来解决问题的能力.

本书适合普通高等院校数学师范生、数学教育硕士、在职教育硕士、教育硕士专业学位硕士等作为教材使用，也适合中小学数学教师参考使用.

图书在版编目(CIP)数据

数学教育研究与测量/何小亚，李耀光，张敏主编 .—北京:科学出版社，2015.2

(数学教学技能系列丛书/冯伟贞，何小亚主编)

普通高等教育"十二五"规划教材

ISBN 978-7-03-042553-9

Ⅰ.①数… Ⅱ.①何…②李…③张… Ⅲ.①数学教学-教育研究-高等学校-教材②数学教学-教育测量-高等学校-教材 Ⅳ.①O1

中国版本图书馆 CIP 数据核字(2014)第 268480 号

责任编辑：姚莉丽 / 责任校对：钟　洋
责任印制：徐晓晨 / 封面设计：陈　敬

科 学 出 版 社出版
北京东黄城根北街 16 号
邮政编码：100717
http://www.sciencep.com

北京京华虎彩印刷有限公司 印刷
科学出版社发行　各地新华书店经销
*
2015 年 2 月第 一 版　开本:720×1000　1/16
2017 年 8 月第四次印刷　印张:31 1/2
字数:635 000
定价:64.00 元
(如有印装质量问题，我社负责调换)

《数学教育研究与测量》编写组

主　编　何小亚　李耀光　张　敏

编　委（按姓氏拼音排序）

何小亚　李耀光　梁玉鑫　田国伟

许伟亮　詹欣豪　张　敏

《数学教学技能系列丛书》扩版序言

《数学教学技能系列丛书》将收入新成员《数学教育研究与测量》《数学教育论文写作与案例分析》和《高中数学实验活动选编》.

现代的教师必须会研究教育现象,而"为想从事数学教育工作的新手开启教育研究之门"至今仍是一个需要很多人共同努力才能达成的目标.《数学教育研究与测量》《数学教育论文写作与案例分析》的编写旨在这一方面做一些工作.

《数学教育研究与测量》分上、下篇.书的上篇围绕"如何确定研究问题?怎样查阅文献?怎样写文献综述?如何进行定量、定性研究的研究设计?如何做实验研究?如何做调查研究?如何进行抽样设计?如何撰写开题报告与研究报告?"这些研究的专业技术,阐述了数学教育研究的理论和方法;下篇主要解决数学教育测量的内涵、工具以及分析和检验方法等方面的问题.《数学教育论文写作与案例分析》从如何在日常教学中发现问题、提炼问题出发,结合案例探讨论文写作的方法及技巧.书中案例均取自华南师范大学数学科学学院的《中学数学研究》杂志.

数学基础教育应该使学生能够从多种角度获得对数学基础知识、基本方法、基本技术的较全面的感知,这是学生能够活学数学、活用数学的重要保证,也使得对数学的"经验与演绎"二重品质的展现成为数学基础教育的一项必要的工作,于是,数学实验技能也成为一个现代数学教师必备的教学技能之一.

但不难发现,目前的教学中,对数学经验性的教学是严重缺失的.深究其原因,首先是中学教材现有的实验教学材料不多,而且在实际教学中往往被忽略;其次是进行实验教学的素材不够丰富,也未能贴近教学实际.目前中学数学实验教学的可操作性很低.《高中数学实验活动选编》是与现行高中数学教材内容基本同步的数学实验活动素材汇编.书的编写一方面是为了帮助读者进行数学实验基本技能的培养,另一方面是帮助高中的师生能够将数学实验活动融入日常的数学教学活动,增进对数学"经验性"的感知.

新增的三本教材,融入了编者对数学教学技能的新的理解及解读.期待使用本丛书的师生提出宝贵的意见和建议.

冯伟贞

2014 年 11 月 24 日于华南师范大学

《数学教学技能系列丛书》序言

应对新时代、新的教育理念和新课程改革的挑战,促进教师的专业发展是根本策略,而数学教师专业素质的培养和提升是其中的核心问题.

数学教师专业素质是在一般素质基础上形成和发展起来的数学教师职业基础性和通识性素养和品质,包括数学素养和品质、数学教育教学理论素养和品质及数学教学技能.数学素养、数学教育教学理论素养的内涵及其作为数学教师专业素质结构组成部分的重要性,已经成为人们的共识.在数学师范生的培养方案中,一般通过数学学科基础课群、数学专业课群、教育学及心理学基础课群和数学教育课群的设置来实现培养目标.

数学教学技能是数学教师在数学教学过程中,运用数学专业知识和教学理论及教学经验,使学生掌握学科基础知识、基本技能并受到思想教育等所采用的一系列教学行为方式,也是以教学操作知识为基础的心智技能与动作技能的统一.动作技能包括一系列外部可见的机体动作,如语音、语调、语速、板书、绘图等,包括口语表达技能、书面表达技能、仪器操作技能在内的部分.心智技能则主要指教师基于自身的数学素养及数学教学素养完成的心智活动方式,包括讲解、提问、抽象概括、对教学对象各种数学素质和知识能力水平的诊断等.在实际教学过程中,动作技能与心智技能是交叉在一起,不可分割的.但从对数学教学技能结构的解剖不难发现,教师的数学教学技能首先是教师基于个人数学素养、数学教育教学素养的外显行为方式,是教师实现个人相关素养的有效外显、有效传递及有效迁移的工具.

目前在师范生教学技能的培养中,"重视动作技能,轻视数学思想内化,轻视数学教育教学理论内化"的现象是普遍存在的,学生的"心智技能"的形成相对滞后.这与目前数学师范生培养的课程设置及课程内容中,数学学科知识学习、数学教育教学理论学习与教学技能培养三方面被割裂有重要关系,而学生本人也往往缺少打通三方关联的意识及能力.

本丛书的编著选取"中学数学教学设计""中学数学解题研究""中学数学教学技术"为立足点,着力于建立数学学科知识与思想方法、数学教育教学理论和数学教学技能三方融合的平台,为学生"心智技能"的养成提供支持.

教学技能的生成遵循"初步感知→机械模仿→灵活运用→拓展创新"这一发展历程.本丛书的编写力求体现教学技能的这一发展过程,为读者提供丰富的案例,以促进数学教学技能素养的形成、强化和提高.

本丛书以科学出版社 2008 年"普通高等教育'十一五'规划教材·高等师范院校数学教育系列丛书"为基础修订、扩充而成.具体工作包括:

（1）新增编著《中学数学教学设计案例精选》作为《中学数学教学设计》一书的配套用书.《中学数学教学设计案例精选》为读者提供类型丰富的教学设计案例,力求使读者通过对案例的学习、比较和研究提高数学教学设计能力. 对案例的解读、点评及修改指引有效融合了大量的数学学科知识、思想方法及数学教育教学理论的解读及运用指引.

（2）修订完善《中学数学教学设计》一书,使其更简洁、更实用.

（3）对《中学数学解题研究》一书以"简洁思路及表述,强化解题方法与技巧,丰富案例"为原则进行修订.

（4）对《中学数学教学技术》一书,从原来侧重数学定量分析与信息技术相结合的定位,向全面解决数学教学中定性分析、定量分析与信息技术相结合转移,力求使读者更全面把握信息技术在解决数学教学过程中问题情境设置、图形定性及定量分析、数值分析与计算、数学探究等方面的辅助功能.

（5）新增编著《中学数学课件制作案例精选》(电子读物). 这一电子读物收录了华南师范大学数学科学学院历届本科学生的优秀作品,其中包括多件在全国、广东省多媒体课件制作竞赛中的获奖作品. 电子读物对相关课件的教学设计、技术设计及制作技巧作了详细的剖析.

借此机会感谢华南师范大学数学科学学院对本丛书的编写所给予的精神上及经费上的大力支持,感谢兄弟院校对本丛书的热情支持、积极推介和广泛使用. 对科学出版社的领导对本丛书的大力支持,对编辑们的辛勤劳动表示由衷的敬意和诚挚的谢意.

希望数学家、数学教育家以及使用这套丛书的各兄弟院校师生,对本丛书的使用提出宝贵意见和建议,使它们在实践中不断完善,为我国的数学教师专业发展发挥更好的作用.

冯伟贞

2011 年 7 月 1 日于广州华南师范大学

前　言

为什么要写这本书？

大街上的人越来越多,读书的人越来越少.儿时常泡的新华书店已难寻踪迹.教师们也越来越忙,忙教学,忙测验,忙家务,忙家教,忙微信,忙棋牌,忙！忙！忙！忙得无暇阅读！亲爱的老师,这就是您所追求的教学,这就是您所要的生活吗？如果您想和别人不一样,那就要停下来反思.开卷有益,作者想为那些停下忙碌的脚步、追求新目标的数学教师提供努力的方向,也为那些忙里偷闲者提供一份数学教育的"茶点",更是为那些想从事数学教育工作的新手提供必备的专业技能.当然,写这本书还有以下考虑.

1. 数学教师专业化之所需

数学教师专业化是国际数学教育发展的趋势.中国也不置身事外,积极跟进.为促进教师专业发展,建设高素质教师队伍,中华人民共和国教育部早在2012年,作为第一号文件颁布了幼儿园教师专业标准、小学教师专业标准、中学教师专业标准.幼儿园教师专业标准的第61条要求"针对保教工作中的现实需要与问题,进行探索和研究",小学教师专业标准的第59条和中学教师专业标准的第62条都是要求"针对教育教学工作中的现实需要与问题,进行探索和研究".这就表明,教师标准要求教师必须会研究教育现象.作为现代的数学教师,不但要有扎实的数学学科知识基础、熟练的教学技能和丰富的数学教育教学理论知识,还要掌握研究数学教育现象的方法.为广大的在职数学教师和即将入职的数学教师提供专业的数学教育研究方法,使他们达到国家规定的教师专业标准,促进其教师专业发展是写这本书的动机之一.

2. "教育研究方法"之窘境

几乎每一所师范大学都为各个学科的师范生开一门"教育研究方法"的课程,可是,我们的数学师范生在写本科毕业论文时,还是没有学会专业规范的数学教育研究方法.现在各个大学的教育硕士研究生越来越多,尽管各个研究生院(处)为他们开设了"教育研究方法"公共课,但遗憾的是,这门公共课仍然没有达到各个学院的学科教育硕士导师的要求.造成这种重复开设课程仍然不达标的主要原因是,当前,国际教育研究的新趋势已经由大而统的一般教育转向了具体的学科教育.不同的学科有不同的学习规律、教学规律和学科教育问题,各个学科要求"教育研究方法"公共课与各个学科教育相结合,但是,学科的多样性和差异性却使它难以做到这一点.于是,面向所有学科的"教育研究方法"公共课只能泛泛而论,无法满足学科教育研究的需要.克服"教育研究方法"课程的局限性是写这本书的动机之二.

3. 专业性、操作性和时代性之所求

不可否认,20世纪90年代后,我国出版了不少数学教育研究的著作,促进了我国的数学教育研究,但以今天的国际标准来看,许多著作缺少专业性、全面性和时代性. 有的只介绍了数学教育定量实验研究,缺少非实验性定量和定性研究的内容和方法;有的只是通过一些案例介绍了数学课程、教学和学习研究的研究结果,并没有揭示如何得到这些结果的专业规范的研究过程,尚未涉及研究问题的确定、研究设计和数学教育测量等重要的内容;有的尽管介绍了数学教育测量与评价的一般问题、技术问题、方法问题,但尚未涉及更重要的如何开展数学教育研究的问题和更详细、更全面、更高级的测量理论方法. 因此,广泛吸收同类教材的优点,克服同类教材的缺陷,体现时代性和先进性,追求专业性和操作性是写作这本书的动机之三.

这本书要解决什么问题?

本书分上、下两篇. 在上篇"数学教育研究"中,我们以五个问题:"什么是数学教育研究? 为什么要进行数学教育研究? 如何进行数学教育研究? 数学教育研究的类别? 如何提高数学教育研究的质量?"为基本思路,围绕"如何确定研究问题? 怎样查阅文献? 怎样写文献综述? 如何进行定量、定性研究的研究设计? 如何做实验研究? 如何做调查研究? 如何进行抽样设计? 如何撰写开题报告与研究报告?"这些研究的专业技术,阐述数学教育研究的理论和方法,最终解决数学教育研究的规范性、专业性问题.

在下篇"数学教育测量"中,主要解决数学教育测量的内涵、工具,以及分析和检验方法等方面的问题,具体从教育测量概述、测验的信度和效度、数据整理、变量的描述统计、均值检验、方差分析、非参数检验与卡方检验、相关分析与回归分析、因素分析这九个方面介绍数学教育测量的思想、方法和工具,最终解决数学教育测量的具体运用操作问题,为数学教育研究提供专业的测量支持.

这本书具有什么特点?

1. 体现时代性和先进性

中国的数学教育研究必须与国际数学教育研究接轨,这是时代的要求. 本书致力于介绍最核心、最重要、最先进的数学教育研究与测量的方法,广泛吸收同类教材的优点,克服同类教材的缺陷,体现时代性和先进性.

2. 具有专业性和操作性

本书按照"三W"思维框架(what\why\how),结合实际案例,介绍最专业、最实用的数学教育研究与测量的理论和方法.

例如,在第2章(研究问题的确定)中,主要解决五大核心问题:什么是好的研究问题? 研究问题从哪里来? 怎么发现研究问题? 研究问题的确定有哪些步骤? 如何

提出研究假设?

又例如,在第 5 章(实验研究设计)中,介绍实验研究的内涵、各种变量的概念和实验研究的特点;明确给出实验研究的七个基本步骤;使读者真正理解实验研究的内在效度和外在效度的含义,并且懂得如何通过控制无关变量来提高实验研究的效度;最后使读者掌握几种真实验设计和准实验设计的设计模式.

再如,在数学教育测量部分,不仅介绍测量的概念、原理方法、工具等理论,还结合具体的案例数据,使用 SPSS 软件工具,介绍各种统计数据分析方法的具体操作,为读者提供过机操作学习的机会(使用本书的读者如果需要相关数据,请发邮件至李耀光老师的邮箱 liyaogsx@163.com 获取).

3. 符合认知规律的体系结构

根据组块化、先行组织者等学习心理学的原理,在每章首页给出本章的小节目录和本章概览,使读者能从总体上把握本章的知识结构.

在本章概览中,先说明本章要解决什么核心问题,然后指出学完本章后读者能做什么.

在本章总结中,给出每章的主要结论和知识结构图,为读者将本章“读薄”,形成认知图式提供方法.

在上篇每章末,设置“案例与反思”模块,为读者提供进行反思的问题案例,提高运用本章所学来解决问题的能力.

这本书由哪些人编写?

本书由华南师范大学的何小亚教授确定编写指导思想、结构体系、写作特点和内容框架,并负责全书各章的编写修订及统稿.各章撰写人员分工如下:

第 1 章——许伟亮;第 2 章——詹欣豪;第 3 章——田国伟;
第 4 章——梁玉鑫;第 5 章——张　敏;第 6 章——许伟亮;
第 7 章——詹欣豪;第 8 章——田国伟;第 9 章——梁玉鑫;
第 10～18 章——李耀光(佛山市第二中学)执笔;
张敏(华南师范大学)参与审稿.

本书既可以作为本科生课程“数学教育研究方法”的教材,也可以作为本科没有修读过此书的教育硕士研究生课程“数学教育研究方法”的教材,还可以作为国家教师专业标准考试的参考书.

尽管我们已经努力,但囿于水平,不妥之处在所难免,敬请广大读者批评指正!

何小亚

2015 年元旦于华南师范大学

目　　录

上篇　数学教育研究

下篇　数学教育测量

上 篇

数学教育研究

第1章 数学教育研究概述

本章目录

本章概览

    本章要解决"什么是数学教育研究?""为什么要进行数学教育研究?""各种研究方法背后遵循怎样的研究范式?""数学教育研究有哪些类别?""什么是好的数学教育研究?"等核心问题.

    为了解决上述问题,我们将要学习数学教育研究的内涵、意义、范式、类别和质量等方面的内容.

    学完本章我们将能够①知道数学教育研究的概念与基本要素;②明白数学教育研究的重要性;③懂得进行数学教育研究时的基本程序;④能区分不同种类的数学教育研究方法及其背后的研究范式;⑤知道应从哪几个方面去评价一项数学教育研究.

1.1   数学教育研究的内涵

1.1.1   数学教育研究的概念

数学教育研究是以数学教育现象为研究对象,运用科学研究方法,遵循一定的研究程序,确定研究问题,收集、整理和分析有关资料,以信度和效度为评价标准,以解释和改善数学教育实践、揭示数学教育规律和构建数学教育理论为目的的活动.

研究对象、研究方法、研究程序、评价标准和研究目的是数学教育研究的五个基本要素.明确这五个基本要素,有助于明确数学教育研究的概念.下面将分别对研究的对象、方法、程序和目的进行介绍,有关研究的评价标准则放到"1.5 数学教育研究的质量"进行详细说明.

1.1.2   数学教育研究的对象

1. 什么是数学教育?

数学教育是数学一级学科之下的二级学科,主要研究学校教育中与数学课程、数学学习、数学教学相关的一系列理论和实践问题.

德国学者 Bauersfeld 教授在第三届国际数学教育大会(ICME 3)上描述了数学教育的三个研究对象:课程、教学和学习.现在人们习惯将数学课程论、数学教学论、数学学习论简称为"数学教育三论".

后来美国学者 Kieren 教授在《数学教育研究——三角形》一文中将这三个对象比作三角形的三个顶点,分别对应于课程设计者、教师和学生.他认为,三角形的"内部"包含备课、教学和分析课堂活动的研究,以及教学实验和定向的现象观察;而三角形的"外部"则包含数学、心理学、哲学、技术手段、符号和语言等.

何小亚认为,数学教育最重要的逻辑起点是教育数学,立足点是学生学习数学的心理过程,其宗旨就是通过学与教的统一,使学生重构教育数学,形成良好的数学认知结构(即造就一个良好的数学头脑),最终提高学生的问题解决能力.

数学教育和其他学科有着十分密切的联系,其上位学科包括:数学、哲学、教育学、心理学、逻辑学、计算机科学、文化学、社会学等;而其下位学科则包括:数学教育心理学、数学课程论、数学教学论、数学解题学、数学教育评价、数学教育统计、数学教育技术、数学比较教育学等.

2. 数学教育研究关注的问题

数学教育研究,一方面要遵循一般的教育研究理论与方法,另一方面又要充分结合数学学科自身的特点进行研究.数学教育研究的对象实质上是数学教育现象中的问题,即数学教育问题.那么,目前有哪些数学教育问题值得关注与研究?

郑毓信(2003)先生认为,数学教育目前有很多论题可以研究,也有很多论题应当研究.具体地说,除去数学学习心理学、数学教学方法等传统论题外,近年来还出现了一些新的论题,如数学课程改革、数学教育的专业化、数学教育高级研究人员的培养、中国数学教育传统的界定与建设、数学教育的国际比较研究等.此外,我们也应关注国际数学教育研究的最新进展.

巩子坤等(2008)认为,新一轮基础教育数学课程改革的推进和纵深发展,给数学教育研究提出了诸多值得关注和应该着力解决的问题,主要包括:《全日制义务教育数学课程标准》的适应性研究,教学方式研究,课堂教学研究,教学理论研究,教师专业发展研究,数学教育研究方法研究,双基教学理论构建(我国优秀教学传统的梳理、继承与发展)和国际比较研究(国外经验的批判性学习、借鉴).

康玥媛(2007)对我国数学教育博士学位论文的研究进行了比较,发现如下问题:首先,研究的主题集中在数学的教与学上,而对具体课程(例如,几何学、微积分学等)的编制、运作、评价的研究几乎没有,这方面的研究还应加强;其次,在学习方面,对于学习者自身特征、学习者的思维活动、心理差异等方面的研究还比较薄弱;再次,在教的方面,特殊教育、成人教育、终身教育、教师继续教育、教育技术等主题也未涉及;最后,还可以从更大的范围、其他学科的角度来关注数学教育.

综合相关研究,数学教育研究已经分化为数学教学论、数学课程论、数学学习论、数学方法论、数学思维学、数学文化学、数学教育哲学、数学教育测量学、数学教育技术学、数学教育的专业化、数学教育研究方法的元研究、中外数学教育比较等研究方向.总之,数学教育研究的领域十分宽广,还有大量的理论问题和实践问题等着我们去研究.

1.1.3　数学教育研究的方法

1. 我国数学教育研究方法的使用概况

当前,我国数学教育研究人员主要分成三类:中小学的数学教师、高校的数学教育研究者和各级教育科学研究院、教研室的学科教育研究者.严格地讲,在数学教育研究领域还没有一套自己独特的方法体系,再加上三类研究者在不同层面从事数学教育研究,这就使研究方法呈现为多样化,我们常常可以听到诸如"思辨研究""实证研究""定量研究"和较新的"质的研究"等名词,其中的"思辨研究"是我国传统数学教育研究用得最多的研究方法,但是由于其不太重视获得支持理论探讨的事实证据,使得数学教育研究陷入一种各家"自圆其说"的研究困境,其弊端也日渐显现.

2. 数学教育的基本研究方法

思辨研究　思辨研究是旨在揭示某一概念、假设、理论的本质、结构及机制的理论探讨.其重心是概念、概念间关系的理论探讨,不太重视获得支持这些理论探讨的事实证据.如果一个研究,完全不使用科学事实或数据,这种研究属于思辨研究;如果一个研究中使用了科学证据,但研究重心不是获得科学证据,那我们仍将其看成思辨研究.这也是有些学者将思辨研究称为理论思辨研究的原因,因为思辨研究的主要内容是理论问题.

实证研究　实证研究是同思辨研究相对的一种研究,它以科学的方法获得客观事实或经验,以这些客观事实或经验为基础建立或修改理论.其方法论基础是实证主义和现象学.实证研究通常包括两类:质的研究和量的研究.根据传统观点,实验法属于量的研究的典型代表,而观察法和访谈法等则属于比较典型的质的研究.

定量研究　一种运用调查、实验、测量、统计等**量化的手段**来收集和分析研究资料,从而判断教育现象的性质,发现内在**规律**,**检验**某些理论假设的研究方法.

定量研究问题举例:①"后进生"的家庭背景与学习成绩之间的关系研究;②"后进生"的学习习惯与学习成绩之间的关系研究.

质的研究(定性研究)　质的研究是以研究者本人作为**研究工具**,在**自然情境**下,采用多种资料收集方法(访谈、观察、实物分析),对研究现象进行深入的**整体性**探究,从原始资料中形成结论和理论,通过与研究对象互动,对其行为和意义建构获得**解释性理解**的一种活动.

质的研究问题举例:①什么是"后进生"? "后进生"是如何成为"后进生"的? ②教师、"好学生""后进生"是如何看待"后进生"现象的? ③教师在课堂上是如何对待"后进生"的? 其行为对"后进生"的学习有什么影响?

3. 定量研究与定性研究的比较(王枬,2000)

本部分将简要回顾 20 世纪教育研究历史,从历史发展的角度对定量研究与定性研究进行介绍和比较,最后以列表的形式对两种研究方法进行简明对比.

一部教育学科发展史同时也是教育研究的历史. 20 世纪教育研究的发展经历了四个阶段.

第一阶段是从 20 世纪初到 30 年代,胡森(Husen)称为教育研究史上"定量研究的全盛期"(胡森,1990).德国学者梅伊曼(Meumann)和拉伊(Lay)在 1900～1914 年连续发表了多篇"实验教育学""实验教学法"的论文与著作,强调了实验室研究所必须具备的科学和定量的一面,主张用严格的观察、统计、实验来研究教育.与此同时,法国心理学家比奈(Binet)、西蒙(Simon)于 1905 年公布的《智力量表》标志着智力测验运动的诞生.它借助于对人类智力的定量描述,在现代教育的"科学化"进程中产生了深远的影响.而桑代克(Thorndike)以实证精神为指导,根据动物实验结果提出了"强化学说"和"学习三定律",并据此创立教育心理学这一分支学科,反映了他对教育研究定量化这一理想的不懈追求.之后,为迎合整个社会对效率的追求,体现研究的有效性,大多数教育研究都采取了定量的方法,并以"教育调查"的形式成为 20 世纪一项正规化的教育实践活动.需要提到的是,美国进步主义教育协会于 1920 年发表的"七点原则"强调了以严格的心理实证研究作为教育研究的依据. 泰勒(Tyler)领导的"八年研究"更把学生的心理兴趣和需要看成是制定教育目标的主要信息依据.

　　第二阶段是从 20 世纪 30 年代到 50 年代后期,有人称为"严格的教育科学研究晦暗时期"(张胜勇,1995). 经济危机使教育研究经费匮乏,政治信仰使教育研究退居其次,因而在第二次世界大战及战后一段时期内,欧洲各国的教育研究活动几乎中止. 但值得称道的是教育社会学研究开辟了探索教育的新领域.

　　第三阶段是从 20 世纪 60 年代到 70 年代后期,这可以说是"教育研究发展的关键时期"(张胜勇,1995). 表现在:一方面,从技术的角度去研究教育推动了现代教育技术成果在教育中的具体运用. 斯金纳(Skinner)的"机器教学"理论丰富了教学方法和教学手段,但也带来了研究中"技术化""精密控制"的倾向;另一方面,弥漫着西方世界的精神文化危机带来了一场反理性主义运动,而科学哲学的诞生使人们看到了科学与哲学、自然与文化综合的趋势. 1965 年,皮亚杰(Piaget)对"心理测验"提出了批评,认为"一切数量上的研究不从属于质量上的分析是没有任何意义的"(皮亚杰,1990). 1972 年,皮亚杰又指出,普遍规律的科学研究方法和历史的人类学研究方法并不是彼此相斥而是相互补充的. 1974 年,美国教育研究专家克隆巴赫(Cronbach)和坎贝尔(Combell)对传统实证主义强调的定量方法提出异议,主张不可忽视其他研究方法如定性方法的重要性. 这些观点既为文化重建提供了思想和策略上的思路,也对教育研究方法论的变革起到了推动作用.

　　第四阶段是从 20 世纪 80 年代到 20 世纪末,这是"教育研究的理论建构时期"(张胜勇,1995). 科学本身的进步和科学哲学的完善改变了教育研究的科学地位,前一阶段在认识论上的纷争又驳斥了"唯定量范式是尊"的观点. 人们普遍认识到:没有一种研究范式能够解决所有存在于教育研究中的问题. 于是,从 20 世纪 80 年代开始,教育研究致力于把各阶段的、各侧面的、各零散的研究成果综合起来,理论范式也转向文化多元主义. 80 年代美国出现的第四代教育评价理论在重视实验法、采用定量分析方法的同时,以"应答法"和"建构法"把评价过程的控制特点与评价对象的伦理要求协调起来. 这表明,人们正着手探索教育研究的理论,构建教育研究哲学,兼容并包的方法论趋势日益明朗. 尤其值得注意的是教育研究自我反省的出现. 英国谢菲尔德大学教育系的卡尔(Carr)提出了"批判的教育科学",这是一种为社会实践提供自我评价的方法,它使实验者能用一种理性的和反省的方式不断地重构他们的教育实践. 这些努力,为教育研究的进一步繁荣做好了准备.

　　从教育研究的历史中,我们可以看到,贯穿教育研究历史的是两条主线:定量研究与定性研究,而在每一主线内又常有些分支,表现出在基本观点相同的前提下存在的一些歧异,它们代表了教育研究中方法论的不同取向(表 1.1).

表 1.1　定量研究与定性研究的对比

比较项目	定 量 研 究	定性研究
方法论基础	实证主义范式	自然主义范式
研究情境	不受情境影响	特定情境
研究者	不介入	观察—参与
变量控制	针对个别变量	整体探究
探究过程	演绎探究	归纳探究
本质区别	理解世界的方法不同	
研究目的	检验理论,证实事实	解释理论,描述复杂现实
研究的问题	事先确定的	在研究过程中产生
研究的内容	事实、原因和影响	故事、事件和过程
理论假设	在研究之前产生 （基于理论）	在研究之后产生 （无理论或扎根理论）
分析方式	统计性分析	叙述性描述

通过表 1.1 可以清晰地区分定量研究和定性研究.

4. 我国数学教育研究方法的发展趋势

数学教育科学研究方法的发展有两个重大的趋势:一是研究方法的数学化(量的研究);二是研究方法的实践化(质的研究). 对中国的数学教育研究者而言,我们不能总是停留于思辨研究. 缺乏专业的量的研究和"自下而上"的质的研究方法,是国内的数学教育论文与国际数学教育研究不接轨的关键所在(顾泠沅,2003).

实际上,在我们从事数学教育研究时,无论使用哪一种方法都不是完美的. 例如,量的研究往往涉及宏观性目的,样本大、推广性好,重在证实普遍情况、预测和寻求共识;而质的研究重在微观领域,样本个性化,目的是理解和解释差异与复杂性.

如今,定性研究和定量研究相结合是我国数学教育研究方法的主流. 而我国的定量分析水平还比较低,一般停留在描述性统计的水平上,现代数学的方法还未能广泛应用到数学教育研究中来. 教育研究应采用多层次、多方面、多指标的方法. 根据教育研究对象的性质和特点,灵活地应用各种方法,才有可能充分揭示教育现象的本质和规律. 我国数学教育研究方法要努力向多元化、科学化、现代化发展(郑日昌,2001).

1.1.4　数学教育研究的程序

研究过程是由一连串有因果关系的步骤构成的. 数学教育研究也遵循一般研究的基本研究程序,主要有以下五个步骤(图 1.1).

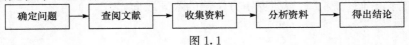

图 1.1

　　注　①五个步骤没有暗含研究方法的层级性；②五个步骤使得研究过程系统化，有秩序；③研究过程非一成不变，可以跳跃或交叉；

　　数学教育研究是有系统的，在一个大的框架中遵循科学的方法步骤. 但是不同的研究类型在如何完成这些步骤上存在弹性. 如果在这五个基本步骤之间再补充进一些研究的细节，如形成假设、重建假设和修正理论等，数学教育研究的动态过程可以用以下流程图来表示(图 1.2).

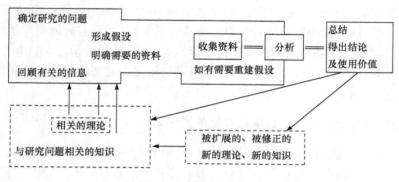

图 1.2　活动序列模型流程图

1.1.5　数学教育研究的目的

　　数学教育研究是为了获得数学教育规律，可以归结为两个主要目的：实践的目的和理论的目的. 一种以解决实践活动中的问题为直接目的，因此研究的对象是具体的数学教学或教育情境中的现象，其研究成果可以直接应用于数学教学教育实践，解决的是有关"怎么办"(how to do)的问题；另一种是以获得共同现象背后的统一的规律性认识为目的，旨在探求规律或解释现象，以达到对数学教育中现象的理解和批判，研究成果不见得可以直接用于教学教育实践，解决的是有关"是什么"(what)和"为什么"(why)的问题. 对于前者，不妨称为数学教育的实践研究，对于后者，不妨称为数学教育的理论研究(顾泠沅，2003).

1.2　数学教育研究的意义

1.2.1　数学教育研究是理论指导实践的需要

　　经过长期的数学教育实践，我国数学教育科学研究方法已初步形成一套体系，但是应该看到，其中不少方法是从其他学科移植来的，尽管这是必要的，但缺乏自身的规范和标准，特别是研究方法的理论基础薄弱. 从研究方法的科学性、理论的解释能力和预测能力看，都存在很大差距，因而也就难以很好地指导数学教育研究实践. 掌握数学教育科学研究方法，有助于在全局视野下把握数学教育研究主流，有助于在理论知识和研究方法的支撑下，从事科学、合理、规范的研究设计，填补许多数学教育研究领域的实证研究空缺.

1.2.2　数学教育研究是数学教师专业化的需要

提高中小学数学教师的研究意识和研究水平,对数学教师的专业化发展显得十分必要.我们要努力培养具备一定的研究能力、创造能力、教学反思能力的教师,同时给予教师研究和思考的空间与时间,帮助教师从"教书匠"的禁锢中解脱出来,使教师能够创造性地使用教材和课程资源,创设数学学习情境,采用最优的策略实施教学,使教师的教学风格、教学方式及教学内容能符合学生实际,更有效地激发学生的学习兴趣和动机,帮助学生更好地理解、建构数学知识,更快地转变学习和思考方式.鼓励和引导教师搞好教学研究,以教学促进科研,以科研促进教师素质的提高和教学质量的真正提高,为国家培养大量的创新人才(叶立军,2006).

1.2.3　数学教育研究是推进数学教育改革的需要

目前,从事理论研究的多是高等学校教师,研究的问题与教学实践之间没能很好地衔接,理论研究的逻辑起点往往来自一般教育的思想,以演绎方式构建与教学实践相距甚远的理论体系,这些理论往往无力解释和指导教学实践中出现的问题.数学课程在改革,但是数学课程改革的理论问题研究和课程改革实施过程的跟踪研究严重不足,造成数学教育研究主题与数学教育改革的主题不一致.数学教育研究能够促进数学教育的专业化,让更多一线教师参与到数学教育的研究当中,与高校教师合作,通过行动研究的形式,不断推进数学教育改革(喻平,2011).

1.2.4　数学教育研究是我国数学教育研究与国际接轨的需要

中国的数学教育研究必须与国际数学教育研究接轨,这是时代的要求.但是,目前中国数学教育和国际接轨存在着一定的困难,其主要源于我国数学教育研究和国际数学教育研究上存在的差别,这些差别主要包括:研究方法上的差别,有无理论框架的差别,吸收新的研究成果速度上的差别以及研究视角上的差别等.为了能够实现这种接轨,我们应该提高研究人员的水平,使研究者从一个高起点上进行研究,并具有研究的敏感性和积极的参与性(张晓贵,2005).

1.3　数学教育研究的范式

1.3.1　范式的概念

范式是存在于某一科学领域内关于研究对象的基本意向.它可以用来界定什么应该被研究,什么问题应该被提出,如何对问题进行质疑,以及在解释我们获得的答案时该遵循什么样的规则.具体来说,在人文社会科学领域,"范式"是指学术共同体共有的信念体系和方法论体系,它以范例形式规定了学术研究的方法和程序,成为学术研究赖以运作的理论基础和实践规范. 范式主要包括三方面内容:共同的基本理论、观点和方法,共有的信念,某种自然观(包括形而上学假定). 人们可以根据学术信念体系和方法论体系的不同,将学术研究概括成不同的学说或者学派(张应强,2010).

1.3.2　数学教育的基本研究范式

数学教育研究大致经历了从哲学-思辨研究范式,经科学-实证研究范式到人文-理解研究范式的历程. 范式的转换不只是方法的更替,更是哲学理论背景、思维方式、价值取向、研究过程等的变更和创新.

1. 哲学-思辨研究范式

哲学-思辨研究范式是以哲学思辨为主要方法,以古老的自然观和世界观为主要理论基础, 对数学教育现象和终极问题进行思考,依据思辨哲学观宏观地、整体地说明数学教育理想状态的数学教育研究范式,是最古老的数学教育研究范式.

2. 科学-实证研究范式

科学-实证研究范式是指以自然科学研究为模式和范例,运用数学、物理等手段和工具精确地描述数学教育事实,解释数学教育事实,以求发现普适性的数学教育规律的研究范式,即量的研究方法.

3. 人文-理解研究范式

人文-理解研究范式是指研究者以本人为研究工具,在自然情境下采用多种材料收集方法对数学教育现象进行整体性研究,使用归纳法分析资料、形成理论,通过与研究对象互动对其行为意义建构获得解释性理解的一种活动,这是一种质性研究方法(陈杰,2007).

1.4　数学教育研究的类别①

数学教育研究按照不同的标准,可以有不同的分类. 以教育实践活动的范围和层次分类,可分为宏观研究、中观研究和微观研究;以教育研究的目的分类,可分为基础研究和应用研究;以时间为标准分类,可分为历史研究、现状研究和预测研究;根据研究方法的不同,将其分成思辨研究和实证研究,并进一步根据实证研究的数量化程度将其分成定性研究和定量研究;依据研究的形式进行分类,可分为文献研究、实验研究、准实验研究、问卷调查研究、访谈研究、案例研究、行动研究等. 由于不同的类别各有其特殊的规律,所以分类有利于我们对事物的认识,特别是对同样的事物从不同的

---

① 本节内容参见相关文献(黄兴丰,2011).

角度分类,更能帮助我们从多角度揭示事物的本质特点.

面对这么多种研究方法的分类,数学教育研究者最关心的还是"在什么情况下用哪种方法"的问题,下面就以适用范围为标准对数学教育研究方法进行分类和介绍.

1.4.1　实验研究

根据 Campbell 和 Stanley 的说法,实验是指通过控制一些变量观察它们对其他变量产生效果的过程.实验研究可以包括两种:①随机现场试验(randomized field trials)——学生、班级、学校或对比组被处于随机化的处理;②准实验研究——配对组未经随机化处理的实验研究.Campbell 和 Stanley 认为:"实验是调解教育争议,证实教育发展,积淀优秀传统的唯一途径."但是,Carnine 和 Gersten 却持反对观点,认为:"良好控制的实验和准实验研究是形成科学教学理论的一道障碍."

1. 定量的比较评价研究——有效策略

实验研究的一个主要功能就是比较实验处理的效果.有效教育策略资料中心(What Works Clearinghouse)声称:"实施设计良好的随机控制试验是评价变量效果的'黄金标准'."虽然 Eisenhart 反对所谓"黄金标准"的说法,但是她还是认为实验研究对回答公众感兴趣的问题具有重要意义.她说:"新推行的阅读计划是否可以提高学生的阅读成绩?减小班级的规模是否有益于学生的学习?回答这些问题就需要检验输入和输出变量的相关性.采用设计良好的实验,研究诸如此类的问题能帮助教师、家长及政策制定者分辨哪些是主观臆断、追逐时尚的计划,哪些才是切实可行、富有成效的做法."

Cobb 和 Danziger 对比较评价研究提出了不同的看法,他们认为:"这只不过是一种为教育管理者提供决策咨询的工具,为那些已经远离课堂,对教学专业知识知之甚少的教育管理者提供课程及教学的决策依据."

值得注意的是,一般严格的比较评价实验研究几乎不涉及相应的理论解释.因此,它对于研究数学的教与学贡献不大,不过可以为教育管理者或教师选择实施方案提供有力的佐证.

2. 定量的理论引领的实验室或现场研究

理论引领的实验室或现场实验研究可以探索关于数学教与学的科学理论.例如,Ritte-Johnson 和 Star 利用解一元一次方程为教学素材,采用实验的方法比较两种不同教学方法的效果:①一题多解(对每个一元一次方程,至少提供两种解法);②一题一解(对每个一元一次方程,只提供一种解法).他们把自己的实验和认知研究中关于"样例比较"联系了起来.其研究聚焦解一元一次方程的两种教学方法,研究表明,教师在教学中提供不同的解法,可以促进学生的学习.这样的研究对教师和课程开发者都有重要的使用价值.

3. 定量的理论引领和有效策略的混合研究

一些随机现场试验采用理论引领研究所获得的结果，对某些影响因素进行变量控制，进行有效教学策略的比较研究. 例如，Cramer，Post 和 deMas 进行的研究——比较两种课程 CC(commercial curricula)和 RNP(rational number project)对学生学习分数的效果. 他们用 6 周的随机现场试验不仅比较了两种课程的效果，而且还提供了一种评价教学的方案，即在学生使用符号和算法前，鼓励他们运用多种实物模型、相互交流，发展他们的概念性知识. 这个结果也正是某学区的课程决策者所感兴趣的，因为他们打算在此学区先行试用 RNP 课程，迫切需要了解 RNP 课程是否比其他课程更有利于促进学生对分数的学习. 由此可见，此研究不仅对这个学区推行课程具有重要的参考意义，而且也为分数的教学提供了理论指导和实践方法.

1.4.2 描述研究

尽管实验研究在数学教育中起到了积极的作用，然而科学研究还具有其他多种不同的方式. Weiss 和 Buculavas 认为："人们运用社会科学研究的手段可以区分不同决策的优劣得失，可以理解社会时代背景、反思政策法规和关注被忽视的问题，可以为理解社会问题提供新的视角、澄清个人的观点和继承优秀的传统，可以诠释行动、说服他人、表明立场和提高认识世界的水平."而且，许多学者同时认为："描述研究①不仅可以为未来的实验研究提供理论假设，能够走进人们的社会生活，而且它们还是其他教育研究效度的基础."

1. 定量的趋势研究

定量的趋势研究②可以提供重要的量化印象，可以反映一个课堂、学校乃至一个州、一个国家的课程与教学的状况. 美国国家教育发展评估(National Assessment of Education Progress)、国际数学与科学趋势研究(Trends in International Mathematics and Science Study，TIMSS)就是两个著名的大规模趋势研究. 另一个例子就是美国各州提供的数学成绩测试报告，通过对不同年级、不同测试内容、不同人群的数据分析，教师可以从中了解教学中存在的具体问题.

对趋势研究而言，最关键的是测试问卷的质量. 然而，在一些趋势研究中，测试题的设计经常会疏忽相关的研究和理论. 如 Battista 曾经指出，TIMSS 中的几何测试

---

① 描述研究也称叙事性研究(descriptive research)，主要回答"是什么"的问题，旨在对研究变量进行详细、准确和系统的说明，并对变量的总体特征进行推测(董奇等，2005). ——编译者注

② 趋势研究(trend study)，调查研究中的纵向设计(longitudinal design)，指在不同的时间使用不同的随机样本，对一个一般总体研究多次(韦尔斯曼，1997). ——编译者注

题,由于没有参考 van Hiele 的相关研究结果[1],从而导致了研究效度的下降.

2. 质性的认知取向的研究

Cobb 认为,认知取向的描述研究可以解释学生和教师的行动、思维和学习.这些研究不仅真实地反映了学生对概念的理解,而且也可以揭示学生产生错误的根源.这些结果可以让研究者、教师和课程开发者更加深刻地理解学生的学习状况.特别是,关注具体数学专题的认知研究(topic-specific cognitive studies,TSCS)可以准确地反映学生学习数学的核心观念,洞察其思维转变,辨别其发生的主要错误,分析和评价其课堂学习,从而达到帮助教师深入地了解学生的思维,及时诊断和矫正其错误,合理评价其思维水平.例如,Fennema 等从事的认知引导的教学(cognitively guided instruction)研究项目就是一个具有代表性的研究.该研究已经表明,TSCS 可以转变教师的教学方法,促进学生的数学学习.

3. 质性的社会文化研究

第三种描述研究是在社会文化理论[2]基础上开展的教育研究,关注学生学习的情境特征,可以看成是对认知心理研究的必要补充.社会文化理论认为:①学校的社会文化环境影响学生的学习效果;②社会文化工具[3](cultural tools)在学生的认知发展中起着重要的作用.在认知研究仅仅关注学生个体思维发展的同时,社会文化视角的研究开始强调物质环境、社会传统和符号体系对学生学习的影响.这样的研究有利于教师、教育者理解学生在情境中的学习特征,构建合理的课堂环境;也可以帮助教师、课程开发者、教育决策者思考学校文化和校外环境之间的不一致对学生学习产生的负面影响.例如,Goldin 等的研究发现,在学生相互交流、质疑的探究性数学课堂中,一些生活在城市的学生带有高傲的情绪,妨碍了同伴之间的相互交流.

4. 行动研究

也许有人会问,教师的行动研究也可以作为科学研究吗?事实上,如果教师开展的研究可以被数学教育研究的学术刊物所接受,就没有理由说此类研究的质量会比其他的研究差.通过行动研究提供的独特视角,可以看到研究者亲身经历的教学探

---

[1]　van Hiele 夫妇的研究表明,学生的几何思维水平的发展从一个像格式塔的直观水平开始,一直不断地提高到描述、分析、抽象和证明等复杂水平(格劳斯,1999).——编译者注

[2]　社会文化(sociocultural)理论主要代言人是苏联著名心理学家 Vygotsky,他认为人的活动是在一定文化下的活动,人与人之间的社会交往不只影响人的认知发展,实际上是创造人的认知结构和思维过程(伍德沃克,2005).——编译者注

[3]　社会文化工具是指供一定社会中的人们交流、思考、解决问题和创造知识使用的物质工具(计算机、天平等)及符号工具(数字、语言、图表等)(伍德沃克,2005).——编译者注

索,Ball 和 Lampert 就做过类似的研究[1].

也许有人还会问,为什么说教师行动研究是反思教学实践的一种重要方式? 在回答这个问题之前,首先注意教师教学知识的两个主要来源——科学研究知识和实践知识(craft knowledge).教师的行动研究是他们形成实践知识的一种特殊方式.通过行动研究,教师可以正确地认识实践知识的价值,思考怎样把不同的、重要的知识系统化,发展整合成教学专业知识.

正如 Hiebert 等所说,系统化的教师实践知识可以作为沟通数学教育研究与实践的桥梁.一方面,如果实践知识是公开的、系统化的,研究者可以检验其合理性,或使其更具一般的理论价值,有利于他们继续探寻教学专业知识中亟待解决的问题.这也会促使研究者更加关注实践中产生的问题;另一方面,教师可以通过行动研究,或者与研究者合作,检验他们的实践知识.

1.5 数学教育研究的质量

1.5.1 数学教育研究的评价标准

数学教育研究是一个系统的探索活动过程,评价处于整个系统的逻辑终点上,是研究过程的一个重要环节.通过评价可以促进数学教育科学研究的发展,提高数学教育科研的质量,使研究成果得到社会承认并被采用.

无论是出于实践还是理论的目的,数学教育研究的成果最终都是要为改进数学教育实践而服务.人们是否愿意把研究的结果用来指导或应用于实践,取决于他们对研究的认可和理解,取决于该研究是否适合当地的文化传统.具体来说,四个标准决定了他们是否情愿把研究结果用来指导或应用于实践.

第一个标准是真实(truth).真实关注的问题是:研究的结果是否可靠,是否经得住推敲,是否与实践经验相一致.

第二个标准是实用(utility).实用关注的问题是:研究能否为实践提供指导,能否对实践产生直接的作用,能否为革新方法提供有力保障.

第三个标准是方法的价值(methodological merit).有些研究者和决策者坚持以一种方法判断研究的科学性.可惜的是,正如 Shavelson 和 Towne 在《教育的科学研究》(Scientific Research in Education)中所指出的那样,在数学教育中,科学研究根本没有什么"黄金标准".他们说:"科学知识的发展是通过科学界内部长期不断调整学术规范获得的,千万不要认为他们是在一直机械地墨守某种科学方法……判断方法的优劣,唯一的标准就是看它对研究的问题是否适用、有效."

---

[1] Deborah Loewenberg Ball,密歇根大学教育学院院长,(美国)国家数学顾问团成员;Magdalene Lampert,密歇根大学教育学院教授,(美国)全国教育研究会成员.更多信息可以登录 http://sitemaker.soe.umich.edu/soe/faculty 浏览他们的个人网页.——编译者注

墨守某种所谓的"科学方法"去评价研究的科学性是万万不可取的. 与其过分地纠缠于"科学方法"的争论,还不如看看科学研究应当具备怎样的共同特征:①在一定条件下,细致准确、有目的的观察,而且这种观察是可重复的;②具备描述、解释、预测观察结果的理论基础;③专家评审,研究的过程、结果及相应的解释都应当经过本领域专家的评审,专家评审制度是研究质量的主要保障之一.

第四个标准是提供的见解(provision of insight). 上面谈到,依据某种研究方法去评判研究的科学性是不可取的,评价研究质量的真正标准是看它对研究问题的理解和认识,看它能否找到问题的真正根源.

那些试图将数学教育研究应用于实践的人们,可能选择的标准有所不一. 例如,对于政策制定者,可能倾向于真实的标准. 而对于教师,很可能倾向于实用的标准. 当然,也可能考虑多重标准. 例如,教育研究者和决策者,可能会依据研究方法的价值衡量研究的真实性. 而对许多人来说,可能主要根据研究提供的见解去确定该研究是否实用. 不管怎样,要把某种研究应用于实践之前,每个人都会运用这条或那条标准去评估研究的质量(黄兴丰,2011).

1.5.2　数学教育研究的效度与信度

1. 效度与信度的概念

前面提到的数学教育研究四条评价标准,可以用教育科学研究方法中的效度与信度进行概括. 教育研究的效度是指结论的准确解释性(内在效度)和结论的普遍性(外在效度). 研究信度是指研究的方法、条件和结果是否可重复,是否具有前后一致性,包括内在信度和外在信度.

2. 内在效度与外在效度

1) 内在效度

内在效度是指研究结果能被**精确**解释的程度,该结果无其他可能的替代性解释,反映结果所达到的科学性. 换言之,实验结果能揭示自变量和因变量之间因果关系的准确程度.

那么如何提高数学教育研究的内在效度呢? 以下研究案例可以给我们以启发.

某研究者为初二数学教材的某一单元设计了一种教学方法. 在本班实施这种教学方法的过程中,本市同时进行初二年级数学竞赛,为配合数学竞赛,学生和教师都在数学学习上下了很大工夫. 单元教学结束后表明,学生数学成绩有明显提高.

很明显在本案例中,学生数学成绩的明显提高并不能作为该教学方法有效的有力证据,因为在本研究中存在数学竞赛这一干扰因素. 从另一个角度讲,数学教育实验研究可以通过运用**控制干扰变量**的手段,达到提高实验的内在效度的目的.

2) 外在效度

外在效度是指研究结果能被**推广**到总体和外部情境的程度,反映研究具有的社会价值. 换言之, 研究结果能否适用同类情境的教育现象.

例如, 郑仲义 2004 年在其硕士毕业论文《学生对归纳和数学归纳法基础的理解》中的"研究的对象"部分, 有如下分析:

对于问卷二, 以上海一所职业高中二年级某班 54 名学生作为测试对象, 进行了测试. 在分析测试结果时, 作者发现, 由于该职业高中具有文科性质 (工商外国语学校), 所以学生的数学基础较差, 对数学归纳法不理解, 对题目的阅读也产生了困难. 具体在下文中有所描述. 同时由于实际条件的局限不能随机选取学校和学生, 作者在正式调查时, 采取了方便抽样的方法. 因为作者当时在本市一所重点高中上课, 所以就选其中的一部分学生作为样本进行了测试.

考虑到所选取的样本可能不具有代表性, 因此作者仅把这些数据作为小样本案例进行分析.

由于样本不具有代表性, 作者只能把这些辛苦收集来的数据作为小样本案例进行分析. 从另一个角度想, 这也给予我们启发: 数学教育实验研究可以通过抽样选取有代表性的研究对象等, 达到提高实验的外在效度的目的.

3) 两者关系

外在效度和内在效度只是度的问题. 研究不可能得到纯粹外在或内在效度, 两者相互制衡. 特别地, 一定的内在效度是保证较高外在效度的一个前提条件.

3. 内在信度与外在信度

1) 内在信度

内在信度是指在给定相同条件下, 资料收集、分析和解释能在多大程度上保持一致.

例如, 如果使用多人收集资料, 内在信度的问题是: 收集人之间能否达成一致? 如果是对教师行为进行研究, 使用课堂观察方法收集资料, 信度问题是: 两个或更多观察者在看待同一个教师的表现时, 能否达成一致?

2) 外在信度

外在信度是独立研究者能否在相似或相同的背景下重复研究, 结果是否前后一致.

例如, 菲施拜因的关于理解数学归纳法的心理困难的测试问题研究, 先后在 1998 年季建平、1999 年李丹艳、2004 郑仲义硕士论文、2008 年颜景红硕士论文中重复使用, 并得到相似的实验结果. 在反复使用后都得到了相似的结果, 菲施拜因研究的外在信度得到了检验.

4. 信度和效度的关系

信度是效度的必要保证. 信度和效度共同构成了研究的可靠性; 信度强调可重复

性而效度强调结果的精确性和推广性.

本 章 总 结

一、 主要结论

概念界定　数学教育研究是以数学教育现象为研究对象,运用科学研究方法,遵循一定的研究程序,确定研究问题,收集、整理和分析有关资料,以信度和效度为评价标准,以解释和改善数学教育实践、揭示数学教育规律和构建数学教育理论为目的的活动.

研究对象　数学教育研究已经被分化为数学课程论、数学教学论、数学学习论、数学方法论、数学思维学、数学文化学、数学教育哲学、数学教育测量学、数学教育技术学、数学教育的专业化、数学教育研究方法的元研究、中外数学教育比较等研究方向.

基本方法　数学教育研究的基本方法包括思辨研究和实证研究,根据实证研究的数量化程度可将其分成定性研究和定量研究等. 思辨研究由于不太重视获得支持理论探讨的事实证据,其弊端也日渐显现.

研究流程　数学教育研究的动态过程可以用流程图 1.2 表示.

研究目的　获得数学教育规律,包括认识数学教育现象和构建数学教育理论.

研究意义　数学教育研究是理论指导实践的需要,是数学教师专业化的需要,是推进数学教育改革的需要,是我国数学教育与国际接轨的需要.

研究范式　哲学-思辨研究范式;科学-实证研究范式;人文-理解研究范式.

研究类别　以适用范围为标准对数学教育研究方法进行分类见表 1.2.

表 1. 2

1. 实验研究	2. 描述研究
(1)定量的比较评价研究	(1)定量的趋势研究
	(2)质性的认知取向研究
(2)定量的理论引领的实验室或现场研究	(3)质性的社会文化研究
	(4)行动研究

评价标准　教育研究的效度指结论的准确的解释性(内在效度)和结论的普遍性(外在效度). 研究信度是指研究的方法、条件和结果是否可重复,是否具有前后一致性,包括内在信度和外在信度.

二、 知识结构图

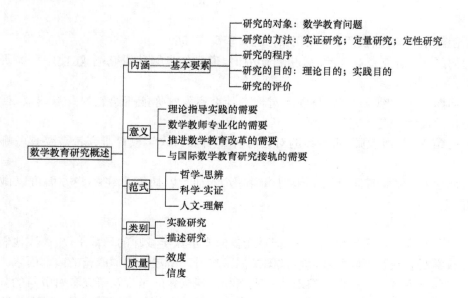

习 题

1.1 给研究的内在效度和外在效度下定义.

1.2 为什么说一项研究缺乏内在效度也必然缺乏外在效度？

1.3 说出下列情形是缺乏内在效度还是外在效度：

(a) 实验发现对于结果有 4 种同样有道理的解释；

(b) 不能区别是教材的影响还是使用教材的教师的影响；

(c) 一位六年级的教师发现一个学习实验的结论不适用于六年级；

1.4 给研究的信度下定义. 下列情形中信度可能受到怎样的威胁：

(a) 一项实验有 4 名实验人员在不同的时间组织实验实施；

(b) 一项由 10 名不同的观察者对教师的表现进行的研究.

1.5 实验研究区别于非实验研究的特征是什么？

1.6 当我们说定性研究的一般方法是归纳性探究时,其含义是什么？

1.7 某位教师准备开展"书面表扬和口头表扬对七年级学生不同影响"的行动研究,描述教师研究面临的困难.

1.8 "研究过程中最重要的步骤是对研究问题的界定",请就此观点展开支持或反对的讨论.

1.9 某个领域的研究进程通常是从描述研究开始,然后发现变量之间的相关关系,再去寻找变量之间的因果关系. 任意选择一个题目来描述这三种研究模式. 建议选择的主题包括调查学校的辍学现象、教师入职动机及区块排课方式教学.

案例与反思

围绕以下问题,反思研讨以下的案例(李霞,2006).

问题 1　研究者对 T 和 M 进行研究时,遵循的是哪种研究范式,使用哪类研究方法?

问题 2　T 老师的探索与艰辛对你有什么启发? 你能否给她提几点建议,帮助她更快地成为一名研究型教师?

问题 3　特级教师 M 的案例对你有什么启发? 数学教育研究者需要具备哪些特质?

问题 4　你如何评价研究者对 T 和 M 的研究? 研究者在哪些方面可以做得更好?

以下研究运用质的研究方法,把目光投向中学数学教师的日常工作,关注他们的教育教学观念、行为和学校环境,试图挖掘影响研究型数学教师成长的内部因素.

本部分内容主要是以个案形式对观察和访谈资料的呈现及研究者对资料的分析评议,以展现研究对象的成长经历.访谈资料在呈现上尽量采用研究对象的个人陈述及他们的"本土概念",而分析评议中包含着我的个人体会和感悟,是对研究对象形成的认识.之所以以这样的方式呈现研究过程是因为:第一,访谈中教师从他们自己的视角、用自己认为有意义的语言描述工作中的所思、所感,与他们的谈话记录中就有关于他们如何成为研究型教师的内容,可以说是对他们教育教学研究能力形成过程的展现;第二,形成对研究对象的认识,从而进行一定理论上的分析和归纳,应该是本研究的主要收获之一.

需要说明的是,合作时 T 较 M 的起点低,加上主观因素及自身素质的影响,T 在研究能力提高过程中走得比较艰辛.由于研究时间有限,在合作结束时,T 虽然暂时搁置了教学研究,但是她的经历也为我们提供了制约研究型教师成长的某些因素. M 的资料也许能更全面揭示一个研究型数学教师成长应具备的品质.

案例 1　T 的探索与艰辛

T 是我最早的合作者.当时,W 校数学教研组正在组织教师学习《普通高中数学课程标准(实验)》,T 深受新标准倡导的"积极主动、勇于探索的学习方式"鼓舞,然而,"课堂教学中,如何放开? 又如何收拢? 学生会积极参与进来吗?"这些问题在 T 心中都是未知数,于是她查阅了大量相关资料,并在此基础上开始了"自主探索"教学模式的尝试.

用这种方法上完第一节课后,T 感觉很好.在这种"自主探索"的教学过程中,学生可以针对问题情境提出各种不同的解决策略,他们的主体性得到充分发挥.

课堂片段(根据 2005 年 4 月 20 日(星期三)课堂观察记录整理).

T:前几节课我们研究过 $y=\sin x$ 的图象,上节课我们又学习了用五点法画 $y=A\sin(\omega x+\varphi)$ 的图象,今天咱们来一起探讨这两个函数图象之间的关系.(写出课题)

T:对于这两个函数图象之间的关系你打算从哪个角度开始入手研究? 这节课我想请同学们通过自己的思考确定一个研究方案.

几分钟后,许多同学带着自信的微笑等着老师的提问.

T:谁愿意将自己的方案拿出来和大家一起讨论?

学生 1:我想先把 A,ω,φ 中三个字母赋值,研究他们的特殊情况.例如,先研究 $y=\sin x$ 与 $y=\sin\left(2x-\dfrac{\pi}{3}\right)$ 的图象关系,然后再将这种关系一般化,研究 $y=\sin x$ 与 $y=A\sin(\omega x+\varphi)$ 之间的关系.

学生 1 刚说完,学生 2 已经迫不及待地站了起来.

学生 2:我认为没有必要先赋值,可以直接研究 $y=\sin x$ 与 $y=\sin\omega x$ 的关系,再进一步考虑 $y=\sin(\omega x+\varphi)$,最后考虑 $y=A\sin(\omega x+\varphi)$.

学生 2 说完,下面许多同学都频频点头,但有几个学生似乎还有其他方法,其中学生 3 迟疑地举起了手.

T:学生 3 你有什么不同的想法吗?

学生 3:我想从上学期讲的一般函数平移变换的角度入手考虑,能不能从 $y=f(x)$ 与 $y=f(\omega x+\varphi)$ 的关系着手研究呢? 但我还没有考虑成熟.

学生 3 坐下后,有的学生比较茫然,有的学生若有所思,有的学生向学生 3 投去了肯定的目光……

利用"自主探索"这种形式进行课堂教学一段时间后,学生的积极性很高,然而很快出现了新的问题:T 感受到了前所未有的危机,她不知道凭自身现有的水平与能力,能否把这种教学形式继续进行下去.

课堂片断(根据 2005 年 5 月 17 日(星期二)课堂观察记录整理).

这是一堂复习课,T 认为,对称性是三角函数的重点内容之一,应设计一个小专题加深巩固,并主张从学生熟悉的问题出发,老师给出三个通性解法,希望以此了解学生对对称问题的理解,然后引出对对称中心的探讨,及其对对称轴与中心对称变式问题的研究.

T:函数 $f(x)=2\sin(3x+\varphi)$ 的图象关于 y 轴对称,则 $\varphi=($　　$).$(让学生思考得出结论)

学生 1:$\varphi=k\pi+\dfrac{\pi}{2}(k\in\mathbf{Z}).$

T:是怎样得到的呢?

学生 1:根据题意知,当 $x=0$ 时函数取得最值,则 $\sin\varphi=\pm1$,解之可得.

T:不错,除此之外(教师板书〈方法一〉),同学们还有其他解法吗?

学生 2：利用诱导公式.

T：怎样利用诱导公式？

学生 2：$\cos\left[\dfrac{\pi}{2}-(3x+\varphi)\right]=\sin(3x+\varphi)$.

T：这行吗？（学生犹豫了）这恐怕不行吧！

用诱导公式果真不行吗？学生的真实意识是什么？如果给学生充足的思考时间，他会探究出什么呢？课后的访谈表明，学生的真实想法是：将 $f(x)=2\sin(3x+\varphi)$ 变形为 $f(x)=2\cos\left(3x+\varphi-\dfrac{\pi}{2}\right)$，然后根据余弦函数是偶函数得到 $\varphi-\dfrac{\pi}{2}=k\pi$ $(k\in\mathbf{Z})$，从而得解.

遗憾的是由于 T 没有思想准备，所以没有让学生很好地交流，就武断地说"不行！"由此不难看出，T 对问题的敏感性不够强，缺乏自觉地反思意识. 只有善于对自己的教学实践活动进行反思，才能更深刻地理解自己的教育教学实践活动及其产生的影响，才能发现问题，并创造性地解决它，才能冲破经验的束缚. 对 T 来说，针对学生的反馈，站在学生的角度思考处理问题，无疑是最好的切入点.

学生 3：关于 y 轴对称，说明此函数是偶函数，可否用 $f(x)=f(-x)$？

T：试试看！

学生 3：$\sin(3x+\varphi)=\sin(-3x+\varphi)$.

T：然后怎么办呢？

学生 4：根据角相等可解.

T：哪两个角能相等？

学生 4：（思考后）看来不行.

T：说明用角相等来探究问题是不行的，那怎么办呢？

新教材对两个三角函数相等时，角之间存在什么关系没有进行过多的研究，从而 T 没有思想准备也没有经过仔细思考便予以否定. 这也说明，不管我们备课时将问题考虑多充分，都无法预测学生在自主构建的过程中，结合自己的能力水平与理解，会提出怎样的问题，教师只有努力提高自身素养、随机应变，才能处理好教学过程中的各种偶发事件，才能灵活选择教学方法，根据学生学习状态调整教学策略，驾驭课堂收放自如、引人入胜.

学生 3：和角公式展开、化简，可得 $2\sin3x\cos\varphi=0$，据已知 $f(x)=f(-x)$ 是恒等式，则 $\cos\varphi=0$，可得解.

T：很好，抓住"恒等"这一重要特征也能使问题获解（教师板写〈方法二〉），那么，还有没有其他方法呢？

学生 5：可用特殊值法.

T：试试看！

学生 5：试试 $x=0$，不行，试 $x=\dfrac{\pi}{3}$，也不行，再试 $x=\dfrac{\pi}{6}$，得到了 $-\cos\varphi=\cos\varphi$，从

而获解.

还没有等老师总结,学生6问.

学生6:答题能否这样解? 若能,怎样写步骤?

T:是呀,答题能否这样做? 若能,怎样写步骤?

学生7:我认为不能,怎能用特殊代替一般呢?

学生8:求出 φ 值后,再去证明可以吗?

T:对,通过特殊值求出 φ 值后,再进行证明是可以的,若是答题,必须证明.(教师板书〈方法三〉)

学生9:可否赋值 $x=\pm\dfrac{\pi}{6}$ 呢?

T:怎么同时去赋两个特殊值呢? 有这个必要吗? 大家下去想想.

这位学生提出利用这种特殊值法,仅仅是简单的重复吗? 课后,我对这位同学做了访谈(根据2005年5月17日数次访谈记录整理).

我:你怎么想到赋 $x=\pm\dfrac{\pi}{6}$ 呢?

学生:函数既然关于 y 轴对称,说明我们可以选择对称值,也许这样的特殊值对解决问题更重要.

显然,这位同学充分利用了数形结合,已不是特殊值法了.

我觉得整堂课的症结所在,是因为她不善于分析学生可能会在哪些地方产生困惑和疑问,对题目的难点分析不够,也可能对学生的认知水平和心理把握不够.于是我就自己的观点与她进行了讨论.

我:对学生2、学生4、学生6提出的想法你怎样看?

T:是得很好地了解学生,一些没有发言的学生说不准他们还有更奇妙的想法.

我:除了了解学生,教师自身应做些什么? 是不是因为站的高度不够? 只有比学生站得高,充实自己的知识结构,才可能游刃有余地解决学生的问题.

T:这样的课对教师提出了更高的要求,粗心、不灵活、阅历少是绝对不能适应这样的教学形式,是得加强学习、强化自身内功.(T的话语中开始透出不悦)

我:强化内功从哪些方面入手?

T:暂时还没考虑过,当老师太累了,尤其像我这个年龄,每天备课、上课、批改作业,还得料理家务、管孩子,太累了,真是没有精力再搞什么科研了.要是也像别人一样稀里糊涂地、得过且过,良心上又过不去,太累了.

T匆匆结束了对话.之后,她家装修房子,她总说很忙、很累,婉言拒绝我听她的课.我们也通过几次电话,但总是匆匆忙忙的,于是我们的合作便不了了之.我对此反思了很久,难道是因为我的急于求成伤了T的自尊了吗? 访谈进入正题前,我是不是应该与我的研究对象进行更多情感上的沟通? 这都是我在今后的研究中应该注意的.

　　就在我的研究快要结束时,T 突然打来电话,我们聊了很久(根据 2005 年 11 月 28 日(星期一)电话记录整理).

　　"真要想学点儿理论、研究点儿东西,你得耐得住寂寞,我这人不行,耐不住寂寞."(除特别注明外,文中引号中的文字基本是研究对象的原话)T 不止一次提到搞科研的人是能耐住寂寞的人. 难道决定是否进行研究的只是性格原因吗? 是 T 所说的"耐不住寂寞"吗?

　　T 又谈了其他方面的原因,"其实我也不甘心,可现实就是这样,你和别人不一样,所有的目光便都盯在你这里,改好了、成绩上去了,便罢,一旦稍有差错,来自学生的、其他同事的议论,以及领导方面的指责就会压得你喘不过气. 有时候想想,就算了吧,干嘛要和自己过不去,别人咋样咱咋样,只要对得起良心就行."紧接着 T 又补充:"我真得很不甘心,我不会完全放弃,首先我得从解题方面狠下工夫,要让学生形成良好的数学思维,首先教师得对数学思维、数学方法了如指掌,我在这些方面还欠缺. 其实教学就是个良心活."

　　行文至此,我们或许可从 T 的研究经历中窥见制约研究型教师成长的某些因素.

　　T 就其所在学校而言,在教学上也算是佼佼者,但依然感觉"每天过得很累、很单调",对教学有种疲倦感,是因为她没有意识到研究对自身发展的需要,不能发自内心地投入研究,更多的是凭借已有的经验进行重复性的教学实践,虽然比别人优秀,但依然感受不到自己成长和进步的快乐.

　　习惯的惰性是制约研究型教师成长的又一因素,长期以来,教师总是按照自己的习惯对外界作出反应,由于长期生活在变化不大的学校环境中,求稳怕乱的思想必然制约着教师参与研究的积极性. T 正是怕招来"家长、同事及领导的非议"才对科研望而却步.

　　课堂上,学生提出的许多有意义的问题,T 没有思想准备也没有经过仔细思考便予以否定. 这说明 T 不善于针对实践中出现的问题进行理性的思考,来寻找解决的方案,从而很好地解决它们,使自己的实践得以改进,这也许是阻碍 T 成长的最大原因.

案例 2　学而不厌,诲人不倦——特级教师 M 的成长经历

　　我进行这项研究,最早确定的合作对象就是特级教师 M,他是我高中数学老师. 当我最终确定选题回到 Z 校时,M 已是位年过六旬、头发花白的老先生,他依然健谈、和气,当听说我要探究的是"研究型教师专业成长"的时候,他表示感兴趣,没有什么犹豫就同意与我合作. 当时就把自己积累的一些材料拿给我,其中有教案和读书笔记. 粗粗一翻这些教案和笔记,我就不禁惊诧:这些教案工工整整,图文并茂,厚厚的、一叠叠新旧不同的活页纸整齐地用线装订成册. 单从这些材料中透出的认真和心血,我已经隐约感到"特级教师"这个称号背后的厚重.

M年事已高,不再代课,这意味着不可能通过真实的课堂生活来理解M作为研究型数学教师的成长经历,从而使研究的真实性、鲜活程度和感染力等受到影响.但我仍不愿放弃对这样一位资深教师成长经历的追述,从而决定采取访谈的形式以构建研究型数学教师的成长经历.

M对我是有问必答,再加上一本本厚厚的教案与读书笔记,为我提供了丰富却又庞杂的资料,本文采取的策略是,以M所经历的主要教学改革为线索,通过其个人自述,再辅以我对教案与读书笔记的理解,期望能够尽可能完整、真实地展现他步入教改前沿的历程,并由此展开对他所从事的教育研究的理解.

——独自摸索,任教普通中学(根据现场研究期间的数次访谈记录整理).

我20世纪60年代中期毕业于师范大学数学系,开始工作的时候,觉得大学学了几年,教中学足够了,但教起书来就感觉大学的理论在中学用不上.大学教学脱离中学实际太远,但对教师的影响还是存在的,当然这是一种潜在的存在,要让这些存在起作用,还得靠教师自身努力.

首先,我总是把自己放在学生的位置上,想学生应该怎么学.当时学生生源不好,慢条斯理、理论性强的课,学生就不听,迫使你想办法吸引学生.所以,我注重从生活实际的问题出发,引入数学概念和原理,这有利于学生认识数学的实践价值.例如,"指数函数"不仅可以从产值增长的实例引出,在讲完基本内容之后,还可以结合课后练习点明指数函数可能与哪些问题有关,如放射性物质的衰减、存款利率等.

其次,是对看似定论的内容问"为什么".对于教材中以定论形式呈现的内容所蕴涵的数学思想,也不能轻易放过,而是进一步提问,探究其中的"理".如果不是这样,学生轻松地记住了现成结论的学习,事实上成为死记硬背,这样学得的知识缺乏必要的个人意义,很容易成为僵死的、孤立的知识,在应付完考试之后,很快会忘记.

第三,我自己学习时喜欢考虑知识的组织和结构,教学中也关注这些.我把自己学习、思维的方法体现在教学上,这样,逐步形成我教学的特点.我的课有趣,学生很愿意学.

M在早期的教学实践中发现大学所学知识不能直接运用于中学数学教学实践中、学生普遍不愿学数学等问题.采取的主要研究策略是:以学生素质为依托,通过直观、有趣的教学设计和精心设问来引发学生思考.把自己建构好的知识结构讲清楚,注重学习方法的介绍,既有数学研究又有教学法的研究.

——步入教改前沿,成为教研员(根据现场研究期间的数次访谈记录整理).

20世纪70年代末,市教育局要把我调入教育学院做教研员,当时许多老先生反对,因为我正在形成自己的教学风格,脱离实践就终止了教师的生命,这是一大损失.我也从自己的生涯得出结论:不能脱离教学一线.我只要有机会就下去上课.80年代初期,当时Z校缺老师,我就到Z校代课.那时一个礼拜四节课,在大教室,全校数学老师都来听,后来其他学校也有不少老师来,教室挤得满满的,堂堂课都成了公开课,同时也是教研活动.学生走后,老师们讨论.老师的提问迫使我仔细梳理、思考清楚.

教研员的工作必须高于一般教学,这就逼着自己去思考、学习.如新教材来了,要分析新教材,自己要想出一套套的办法,与一线教师们分享,而且要让教师们觉得有道理.当然,无论是教师还是教研员,对教材的钻研一定要深入,要结合高等数学、数学史、数学的思想与方法,不允许自己有搞不清楚的问题,特别是数学的思想与方法.在数学素养当中,数学思想和方法是非常重要的,也应该是中学教师业务能力培训的一个方面.我感到缺乏这种意识的老师太多了.我当时在教育学院,是教师进修、教学研究双肩挑.于是就把两项工作结合起来:每个进修教师安排一节课,大家一起去听课、评课.三四次以后集中起来讲问题.讲的时候,结合几次课中的例子,正面、系统地讲.听课过程中发现教师知识技能、数学思想和方法等方面的缺陷,当时给他指出来,突出的问题在教师进修中来讲解,好的地方归纳总结,可作为个案推广.最后,学员写学习心得.这种做法比较累,但有针对性;比较麻烦的地方是进修的教师需要调课.一直持续到我退休,这种教研、进修结合的方式也就停了下来.

作为教研员,由于眼界比一线教师更开阔,他发现一线数学教师的数学素养中数学思想与数学方法普遍欠缺,从而组织老师们听课、评课,带领着一线教师在行动中成长,基本上可划归为课例研究.

——责任心与勤奋(根据现场研究期间的数次访谈记录整理).

M 的勤奋和惜时如金给我留下很深的印象:除了被 Z 校返聘带徒弟,M 还经常参加区教委组织的调研、评优课等多项工作,校外还经常有教师来向他请教问题,稍微有点空闲,他就会翻看教育理论杂志.对于他为什么如此勤奋,动力何在,我一直很好奇,专门就这个问题对 M 进行了访谈.M 说:

"有些老师喜欢有人告诉他做什么,而我喜欢自己思考.对我来说,一件事情只知道结果,不知道内在道理,我会很不舒服,数学要讲清'理',真正做到这一点,就要通过自己思考,自己建构.看人家的、听人家的,只能囫囵吞枣.要反复思考,纳入自己知识结构,知识内化了,别人就问不倒.有的老师问过的问题过一阵又问,因为只满足于表面的掌握,或者思维方法孤立,条件一变又不会用.

随着经验积累头脑越来越清醒,现在觉得创造力很重要.社会不断变化,不创新就不能适应变化.有了创造就有了自己的特点,教书就感到有味道,有新意.我发现什么新东西就找来看,具体能力是没有底的.我自己研究出一个东西,学生喜欢,就是最大的满足.我是自得其乐搞点东西,不需要别的愉快.评特级时被从全区高级教师中选出来,我认为自己不合适,申请表等一系列活动都由区里做,我不过问.结果下来我也没有觉得特别愉快.真正的愉快是学生感觉好.生活的乐趣不是追求名利,追求追不到;好教师也不是一天到晚想着出名,想出名的出不了名.许多人想要的要不到,其实,努力做自然就会来.自己要有东西,要下工夫.积累到一定时间,就体现出来.现在许多老师遇到事情总是要算一下合算不合算,花多少精力做才合算.看到成绩高兴,碰到挫折就往后缩,这样会影响他的发展.人要不断学习积累,不断创新超越,不断挑战自己,追求新的东西.这样就会感到充实,有奔头."

我不禁想到 T,如果她听了 M 的这一席话,会有何感想?

——对教师教学研究的看法.

对于"教师教学研究",M 认为:"中学数学教师做教学研究,首先要强化'内功'. 现在人们似乎陷入了一种误区,以为只要一提教学研究就是对'教学方法'的研究,形成了一种'方法情结'. 实际上,数学教师所从事的'数学教育'首先是数学,其次才是教育. 因此,数学教师的素质,首要的是数学素质,其次是教育理论的修养和教学艺术的驾驭. 中学数学教师的数学功底应该同时包括高等数学与初等数学,但从中学教学的基本任务和中学教师的业务优势来看,中学教师的数学研究应把初等数学研究放在首位,并且应该包括对数学内容进行教学法的加工."

现在,M 指导徒弟进行"探索性教学"尝试,他对"探索性"的定义是"探求、摸索未知的东西(相对学生而言)",也就是"自己发现真理". 他认为这样做的好处是知识掌握的牢固,要求学生积极思维,有助于能力的提高. M 认为,学生本来习惯于听、做大量题目,上课时,老师如果提问,大部分学生是这样想:老师不点到我,我就懒得想,等待别人. 因此没有形成思维习惯. 这不能怪学生,这是长期接受型教学形成的恶果,对学生发展是不利的. 学生能够完全自行地转换学习方式吗? 绝大部分不可能. 只有极少学生能行,而且他们可能进两步退一步、跌跌撞撞地前进. 怎么改变这种情况? 这需要教师的指导. 这是目前急需解决的问题!

课堂实录片段(根据 2005 年 4 月 25 日 M 指导的公开课课堂录像整理).

教师:同学刚才提出的问题基本由等差数列类比而来,下面我们可以针对同学提出的这几个问题,学习等比数列求和公式的证明,拿到这个公式你首先想到什么? 可以随便谈.(稍等待)先说的容易些,越到后面越困难.(稍等)学生 1,怎么样?

学生 1:由于每项都有 a_1,所以我首先想到的是把 a_1 提取出来,得到

$$S = a_1(1+q+q^2+\cdots+q^{n-1}) \quad (\text{教师板书}\langle\text{方法一}\rangle)$$

教师:提出相同的项,然后呢?

学生 1:转化为求 $S'_n = 1+q+q^2+\cdots+q^{n-1}$,对这种无限求和,我们好像没学过具体的方法.

学生 2:(迫不及待)我想到根据因式分解公式来证明

$$1-q^n = (1-q)(1+q+q^2+\cdots+q^{n-1}),$$

但是没有证出来. 这个式子证出来,学生 1 的问题就可解决.

教师:同学们看,这个公式证过没有? 大家还记不记得,初中学过类似的乘法公式

$$a^n - b^n = (a-b)(a^{n-1}+a^{n-2}b+\cdots+ab^{n-2}+b^{n-1}),$$

把这个公式做什么调整就可以了?

(教师板书,请学生回答:$a=1,b=q$,一个推导思路清晰起来)

教师:大家下去自己整理一下证明过程,还有没有别的想法? 可以比较随意说.

学生 3:等差数列求和是很长的加法,想到要把加法化为乘除法.

教师:怎么把加法化为乘除的?

学生3:等差数列中把不同的项化为相等可两端相加:$a_1+a_n=a_2+a_{n-1}=\cdots$,这样就可以变加法为乘法;等比数列是不是有类似的方法?

教师:从等差数列和等比数列求和,我们可以学到一个方法就是很多数相加,可以考虑减少项数,对不对? 可如何减少项数呢?(稍等)

学生4:由 $\dfrac{a_2}{a_1}=\dfrac{a_3}{a_2}=\cdots=\dfrac{a_n}{a_{n-1}}=q$,则有 $\dfrac{a_2+a_3+\cdots+a_n}{a_1+a_2+\cdots+a_{n-1}}=q$,即 $\dfrac{S_n-a_1}{S_n-a_n}=q$,也即 $S_n=\dfrac{a_1-a_nq}{1-q}$.

教师:(教师板书〈方法二〉)这是一个很好的想法,但在这一定要注意:我看了书以后会想到,等差数列不需要分类考虑,而等比数列需要分类考虑,为什么? 学生4同学,这个问题考虑过吗?

这是学生容易忽略的问题,该教师把它点出来,这是数学的严谨所需要的.

学生4:因为有可能 $q=1$,分母为0,所以要分类考虑.

教师:那你的推导细节要补充完整,就是注意分母不能等于0,大家回去思考一下把它补充完整. 在公式证明方面,还有同学有想法,学生5,对吧?

学生5:由于 $S_n=a_1+a_1q+a_1q^2+\cdots+a_1q^{n-1}$ 从第二项起每一项都有 q,可提出 q,从而得到 $S_n=a_1+q(a_1+a_1q+\cdots+a_1q^{n-2})=a_1+qS_{n-1}$,而 $S_n=S_{n-1}+a_n$,可得到 $S_n=a_1+qS_n-qa_n$,即 $(1-q)S_n=a_1-a_nq$,若 $1-q\neq0$,则有 $S_n=\dfrac{a_1-a_nq}{1-q}$.

教师:(教师板书〈方法三〉)很好,同学们一定要注意细节问题:$1-q\neq0$.

教师:下面看一下等比数列求和的模型问题. 直接考虑模型问题比较抽象,先从"象棋"故事开始. 国际象棋麦粒问题 $S_n=1+2+2^2+\cdots+2^{63}$,这个特殊求和怎么做? 有的同学在小学就接触过. 有同学知道吗?(稍停顿)学生6.

学生6:再加一个1,前两项相加就等于第3项,这样,上式可得 $2^{64}-1$.

教师:这是用特殊方法处理特殊问题,这种方法是否适合解决一般问题? 加1后为什么有连锁反应? 本质是什么? 有同学考虑过这样问题吗? 小学能想到加1很好,现在还要进一步思考,考虑这个连锁反应的原因(稍停顿). 二进制学过的,可用二进制来考虑. 上式,可看成是数码为1的组合,64个1组合,这可看成是等比数列前 n 项和公式的模型. 前 n 项求和的公式,如果要建立一个模型,可以看成是由数码 a_1 组成的 q 进制下的模型. 这是一种联想的方法,回去可进一步理解. 还有一些问题课后可进一步讨论.

M点评(根据2005年4月25日M指导的公开课课堂录像整理):学生要探究性学习,教师要探究性地教. 不是灌,而是要体验. 这堂课,通过讨论等比数列前 n 项和公式的证明,帮助学生进一步理解公式推导中的错项相减、分类等思想;由于模型没有唯一结果,具有开放性,抽象地研究等比数列求和模型问题不够现实,适合从特殊到一般的思考方法,该执教教师从学生学习数列时就接触过的比较熟悉的国际象棋麦粒问题开始,进一步引导学生从特殊到一般进行思考,得到等比数列求和的一个模型.从等差数列类比到等比数列,从二进制推广到 q 进制体现了类比! 体现了从特殊到一般的思想方法.但这对老师的要求很高.

第一,教师控制班级的能力要相当强,威信要高.因为学生自己探索,积极性高,可是,很容易出现动起来就收不住的现象:大部分人还在对问题进行讨论,这时基础好的同学已经得出结论,有的学生抑制不住兴奋的心情,就做出违纪的事情,而不是把精力用在深入追求知识;或许有的学生提出的问题很怪,引得哄堂大笑.这些问题都需要老师灵活应对.

第二,教师知识面要宽.探索性教学的思路是鼓励学生讨论、争论,暴露错误,加以澄清,不急于引导学生进入自己的套路.这样,学生可能即兴提出各种观点,很发散.教师要根据数学的原理作出判断、引导.大学学的东西,在具体情境中要运用,教师往往吃不准.这时就容易急,急了就压.有时,学生提出问题来,老师不能作出很好的引导,只是笑笑,或者简单地问:还有什么问题? 这就太苍白了.经验、事先估计各种可能都很重要.

第三,要付出更多的精力.这主要是因为课前的准备工作非常复杂.一般一个教师一星期至少八节课,两个班,常规的上课、批作业、辅导自习应该已经满负荷,探究式教学需要设计问题情景、需要考虑学生所有可能的"奇思妙想",甚至需要准备大量的阅读材料……成竹在胸的老师早就有全面安排,一般老师就难以做到.同时,因为太累,需要教师有非常强的事业心.

另外,M 还指出,让学生探究是肯定的.但是,高中数学要全部通过探究来启发学生的思维是不现实的.因为一学期课时有限,而且许多东西不是一节课、两节课可以发现的,况且在高考的指挥棒下,教师的压力就更大.所以不是所有的教学内容都要采取这种方式,教师要把握好大方向.

至此,对 M 来说,无论哪个岗位,追求卓越的意识与努力是不会变的,他追求卓越的方向是使学生获得发展,他的精力也几乎都花在数学教学研究上.从最初在普通中学任教,想方设法吸引学生,提高学习成绩,到以后堂堂上公开课以至于全市性教师培训,到带徒弟,M 经历了从简单到复杂、从现象到本质、从非正式研究到正式研究的历程,其专业发展历程大体可以这样概括:发现问题—设法解决—成功—树立信心—迎接新的挑战……M 说自己"追求尽可能好,情愿比别人多花一些时间""责任心需要我这样去做,也是乐趣".

第2章 研究问题的确定

本章概览

本章主要解决"什么是好的研究问题？研究问题从哪里来？怎么发现研究问题？研究问题的确定有哪些步骤？如何提出研究假设？"等核心问题.

为了解决上述问题,我们将要学习数学教育研究选题的意义和原则,研究问题的来源、选题的思维策略、选题的程序及提出研究假设的方法.

学完本章我们将能够:①了解数学教育研究选题的意义和原则;②了解数学教育研究问题的主要来源与选题的思维策略;③掌握数学教育研究选题的一般程序;④理解数学教育研究中的常见变量与概念的两种定义方法;⑤掌握数学教育研究中提出假设的方法.

2.1 选题的意义

数学教育研究的第一步——"研究问题"的确定,非常关键,它既是整个研究设计的起点,也是研究者成功的关键.一项研究的选题是指确定研究领域、方向、主题直至具体的研究问题的过程,大多数时候还包括研究假设的提出甚至研究设计的初步考虑.研究问题的确定,决定了研究的奋斗目标、主攻方向和将要采取的方法和策略等,是研究工作展开的必要条件,也往往成为许多初涉数学教育研究的人的最大难点.

爱因斯坦在回顾其数十年的科学生涯后指出:提出一个问题往往比解决一个问题更重要,因为解决问题也许仅是一个数学上或实验上的技能而已.但是提出新的问题、新的可能性,从新的角度去看旧的问题,却需要有创造性的想象力,而且标志着科学的真正进步(爱因斯坦等,1962).同样地,在数学学科的发展历程中,希尔伯特于1900年提出的23个著名的数学问题被视为20世纪数学的制高点,而对于这些问题的研究,大大地推动了当时数学的发展.因此,提出一个好的问题很重要.然而,很多人能很好地解决他人提出的问题,而自己却难以提出有价值的问题,尤其是我国的教师和学生,这主要与我国的教育长期追求"答得快""答得准",而忽略了对学生的创新能力、发现问题的能力的培养有关.这也是造成我国在教育研究领域长期落后于西方国家的重要原因,因为没有问题,也就没有了所谓的教育研究.

具体而言,选题具有如下意义.

1. 选题是数学教育研究的起点

研究问题的性质在很大程度上决定了后面各步骤的内容,一切研究都起源于问题,最终的目的也是为了解决问题.同时随着旧的问题被解决,也会产生新的问题,并开始进入下一个循环,数学教育研究就是在不断地提出问题和解决问题中得到发展.

2. 选题是研究者水平的体现

数学教育研究工作能否取得好的成果,能否得到大家的认可,往往与选题有关.研究者只有选题得当,才更有可能作出高水平的研究,这就需要研究者具备渊博的知识、敏锐的洞察力、开阔的视野、比较强的判断力、丰富的社会生活经验等,而这些都恰可成为衡量研究者能力的指标.

3. 选题是数学教育研究前进的动力

随着信息时代的来临,资源的共享已经变得越来越频繁,一些具有巨大研究价值的课题一旦出现,便往往能吸引到众多研究者去学习、去思考、去研究,同时通信的发展也使得研究者之间的交流变得更简单快捷,促进了百家争鸣、百花齐放.例如,由国际教育成就评估协会组织的 TIMSS 就是一个很好的榜样,任何一个国家的研究人员都可以从网上找到 TIMSS 的各种成品的或半成品的研究报告,并加以利用改进本国的数学教育.数学教育研究能否保持活力,与好的研究课题能否不断涌现密不可分.

2.2 选题的一般原则

2.2.1 不可研究的问题

研究无禁区,但选题却有条件限制,并不是所有的问题都能成为数学教育研究的问题,只有那些能够根据收集到的信息予以回答的问题才有可能成为研究问题.具体而言,下面 4 类问题是我们在选题时需要提防的"雷区".

1. 有关价值的问题

有关价值的问题因其性质是哲学上的,只能进行讨论不能作为研究展开.例如,"高中数学是每周上 5 节课还是上 10 节课?"如果每周上 10 节课,那么学生将学到更多的数学知识,但每周上 10 节课是否必要,对这个问题的回答依不同的价值判断而定,如果没有一定的条件作为前提,那么这个问题就是不可研究的.

2. 无法回答的问题

现实中有很多问题是没有答案的,如果偏要刨根问底,就会遭人嘲笑不够专业.例如,"教授数学最好的方法是什么?"教学方法只有合适与不合适,并没有好坏之分,因此这样研究出来的结果是没有意义的.

3. 需要假设不可能条件的问题

生活中,我们常常会说:假如我好好学习,那么期末考试就不会挂科了.说说可以,可是如果通过假设不可能的条件来进行研究那便有失偏颇了.例如,"假如没有高考,中国的数学教学会是什么样?""假如没有第二次世界大战,数学教育将达到什么高度?"这样的问题只能说是"世上本无事,庸人自扰之"罢了.

4. 形而上学的问题

对一般的教育研究来说,还需要避开那些形而上学的问题,例如,"人们相信上帝是好的吗?"这样的"研究问题"也是不会被人接受的.

2.2.2 选题的一般原则

选题的过程是一个复杂而艰难的过程,研究问题的最终确定也具备很大的特殊性,往往与研究者所处的领域、自身的兴趣爱好、自身的能力水平等因素相关,但还是有一些一般性的原则是选题过程中需要遵循的.

1. 需要性原则

好的研究问题必须是能满足社会需要或个人需要的.研究者要与时俱进,把当前数学教育改革发展之急需摆在优先考虑的位置,这样取得的研究成果才能赶上"潮流",为我国的数学教育发展"添柴加薪". 南京师范大学吴康宁教授认为,教育研究的问题的最高境界是做到社会需要与个人需要的结合,退一步来说,至少要满足二者中的一个需要. 例如,陈景润在当时社会不重视科研工作、没有科研环境的条件下,仍然坚持潜心研究"哥德巴赫猜想",这就是典型的满足个人需要的例子(胡中锋,2011). 但更多时候,我们还是应该在"利己"和"利他"之间找到一个平衡点,把二者结合起来.

2. 价值性原则

好的研究问题必须是有价值的. 价值表现为理论价值和应用价值两部分,理论价值是指研究问题对于检验、修正、发展数学教育理论,建立理论体系的作用;应用价值是指研究问题对于数学教学实践的指导作用. 一项研究是否具有意义、是否值得开展,取决于它是否具备理论价值和应用价值. 研究者可以从两个角度去审视自己的研究问题:一是对这个问题的回答将会如何增进某一个领域的知识? 二是对这个问题的回答将会如何改进数学教育实践? 因此,选题必须考虑它的重要程度和现实意义,而不是问题越大就越有价值.

3. 科学性原则

好的研究问题必须是科学的、清晰. 选题是否科学,表现为它是否符合经多次实践所检验的客观规律. 例如,数学教学应该符合学生的年龄特征、知识基础和个性特点,教学不能不顾教学对象盲目施教,这是我们已经达成的共识. 如果研究的问题是"一年级学生的抽象思维能力的培养",这就违反了科学性原则(胡中锋,2011). 选题是否清晰,表现为多数人对研究问题所涉及的关键概念的含义是否没有异议. 因此,研究者需要对研究问题中的几类概念给出清晰的界定:研究中的重点概念、研究领域之外的人可能不了解的概念、具有几重含义的概念等,力图使问题的表述做到表意明确、逻辑清晰.

4. 创新性原则

好的研究问题必须是创新的、独特的. 创新是一个民族进步的灵魂,同样也是选题的灵魂,如果研究问题没有新的元素,那么只不过是重复前人工作罢了. 然而,选题的创新性并不在于该问题有多古老,而在于研究者是否抓住了该问题的本质,是否看到了前人工作的不足,是否能加入自己的理解而作出新的突破(桂诗章等,2007). 研究问题可以从以下角度来寻求创新点:填补前人的空白、研究的思路、研究的视角、研究的方法、研究的对象、研究的内容、依据的理论等. 因此,数学教育研究的创新并不是要重新开垦一块"处女地",而是要把继承和创新相结合,站得高才能看得远,否则一味的标新立异也只是"伪创新".

5. 可行性原则

好的研究问题必须是可行的. 可行性原则是指研究问题必须具备保证其正常开展并取得预期成效的现实条件,包括客观条件和主观条件. 客观条件是指进行一项研究时受到的外在环境或条件的限制,如研究时间、经费、文献资料、技术设备、必要的行政支持、人力等. 主观条件是指研究者自身条件方面的限制,如研究者是否具备进行该研究所需要的知识、能力、经验等,甚至还包括研究者的性别、年龄、体力等生理因素的限制. 因此,虽然数学教育研究的问题往往始于设想甚至幻想,但若想要把这些想法转变为课题进行研究,就必须满足进行研究所需的现实条件,否则即使选题再有价值、再有创新,也只是徒劳无功.

上述关于选题的五条基本原则,是相互联系、相互制约的,其中,需要性原则是选题的基础,价值性原则是选题的关键,科学性原则是选题的生命,创新性原则是选题的灵魂,可行性原则是选题的保证(胡中锋,2011). 然而在实际操作中,选题的过程还是要复杂得多,即使把这些原则倒背如流,可能还是找不到一个合适的题目. 因此,在实践中反复练习和总结,才是提高选题能力的关键.

2.3　问题的来源与选择策略

2.3.1　问题的主要来源

研究问题从哪里来? 往往数学教育实践和理论发展中最主要的、最迫切需要我们解决的问题,就是我们的研究问题. 事实上,选题有多种来源、多条渠道,主要包括以下七个方面.

1. 从研究者感兴趣的领域中选题

兴趣是研究者最好的持久原动力,数学教育研究与其他科学研究一样,也是一项有难度的创造性研究,因此只有选定自己感兴趣的研究课题,才可以在研究过程中把自己的研究激情、奋斗动力和创造力发挥到最佳水平. 此外,从自己的兴趣出发专注于某一领域的研究,更容易产生自己的问题域和问题链. 例如,有研究者专心研究"数学素养"这个领域,从研究其内涵、外延、行为表现,到数学素养结构模型和评价指标体系的构建,再到中学生数学素养的测评及与国外中学生的比较等,不断扩展自己的研究边界,这样既容易成为该领域的"专业人士",也能自得其乐,何乐而不为呢?

2. 从总结、反思数学教育实践经验中选题

任何数学教育研究归根到底,都是从实践中来到实践中去的,数学教育实践中的问题可以说是无时不有、无处不在. 因此,总结和反思教育实践经验是广大教育研究者,特别是一线教师最重要的选题途径. 例如,某位教师在教授"数学归纳法"时,注意

到某种教学方法的教学效果可能要优于其他的方法,那么他就可以针对这些方法设计研究进行比较,或者设计出一个更好的教学设计,甚至以此为契机去研究"数学方法课"的教学模式等,而这些研究成果对于他改进自己的教学实践无疑具有深远的意义.但是从另一个角度来看,很多人看见苹果从树上掉下来,却没有发现万有引力;很多人每天在浴缸洗澡,却没有发现浮力定律.虽然教育实践资源丰富,但缺少发现问题的眼光也是没有意义的.因此,进行数学教育研究需要多留心、多观察、多质疑、多思考.

3. 从阅读相关文献中选题

选择性地阅读一些数学教育类的杂志,如 *Educational Studies in Mathematics* (荷兰)、*Journal for Research in Mathematics Education*(美)、《数学教育学报》《数学通报》《数学教学》《中学数学》《中学数学教学参考》《数学通讯》《中学数学月刊》《中学数学研究》《数学教学通讯》《中学教研(数学)》《中国数学教育》等,对于进行数学教育研究是很有必要的.通过阅读这些文献,不仅可以了解别人在做什么、做过什么,同样也是研究问题的另一个宝贵来源.在阅读时,要向自己提出如下问题:它的内容框架是什么? 它有什么建树? 它的创新之处在哪里? 它有哪些不足? 自己能不能有所突破? 具体而言,可以从以下方面来挖掘新问题:重复他人的研究,检验其结论的正确性,考察其推广程度;延续他人的研究,一般文献最后都会给出其研究所引发的新问题及进一步的研究建议;改进他人的研究,针对原有文献的疏漏之处或者不严谨不规范之处进行重新设计;改变研究对象进行研究,思考某文献的研究过程能否用于解决其他问题等(朱雁,2013).

4. 从演绎、验证相关教育理论中选题

数学教育研究的一项主要任务是进行理论创新.由于理论主要是经过前人对教育实践经验的总结以及理论本身的推演形成的,它与事实的矛盾总是存在着,即使已经成为"定论"的理论观点,也会随着实践和认识的发展不断深化.然而现在却常出现对"建构主义""认知发展理论""发现式教学法"等进行生搬硬套的情形,而不顾这些原理在特定教育问题上的适用性.其实,这些理论中蕴含的普遍性规律只有经过实证性的研究才可以确定其能否用于指导实践.研究者可以基于理论,对于某一特定的实际情形提出预期的假设,再通过系统的研究来考察实证数据是否支持假设,若正确则可以用来论证理论,不正确的话也可以用以修正理论、深化理论甚至推翻理论.

5. 从数学教育热点中选题

随着科教兴国战略的施行,国家越来越重视教育研究,各级科研主管部门每年都会提出相应的选题指南.例如,《全国教育科学"十二五"规划2011~2013年度的重点课题指南》就为我们提供了丰富的选题资源,其中的"中小学生学科能力表现研究"

"中小学理科教材国际比较研究""中小学生数字化学习能力与测评研究"等课题便都是与我们数学教育研究息息相关的. 像这类课题都是理论意义和现实意义比较大的课题,从中选择问题进行研究既新颖也容易被接受. 但是,这一类课题往往难度、规模很大,想要"一口吞大象"既无能力也不现实,所以研究者应该从自身的实际出发,将问题具体化保证其切实可行.

6. 从学科渗透、交叉中选题

他山之石,可以攻玉. 随着科学研究的迅猛发展,各学科各领域间的渗透性与借鉴性越来越强,在这些"交叉地带"同样存在着大量的研究问题以供选择(桂诗章等,2007). 数学教育研究往往与心理学、社会学、哲学等学科密不可分,通过借鉴邻近学科中的理论观点、研究方法、技术手段来进行思考,有利于研究者发现新问题,形成新认识,研究成果也更具创新性. 例如,出于某种教学上的考虑,我国的数学教材是将代数、几何、三角、概率统计等内容综合编排在一起的. 然而有学者认为,从哲学的角度看,数学的本性之一是逻辑结构的严谨性,由不同公理系统产生的分支是无法融合的,否则会造成各分支整体教育价值的丧失和教学上的混乱,故而呼吁分科编排. 孰是孰非,这也不失为一个值得研究的问题.

7. 从与同行、专家的交流中选题

子曰:"三人行,必有我师焉."做数学教育研究并不是"各人自扫门前雪",只有通过不断与同行、专家进行交流、合作、切磋甚至争论,才能集思广益,开拓思路. 例如,2005 年在中国人民代表大会与政治协商会议期间,由姜伯驹院士牵头,多位数学工作者联合提交了一份提案,指出正在实行的"新课标"存在比较"严重的"问题,建议立即停止正在实行的"新课标". 华南师范大学何小亚教授则撰文对此进行逐条反驳,指出不应随意指责"新课标",评价它之前应充分熟悉它(何小亚,2008). 由此引发了数学家与数学教育工作者之间的"论战",一时传为佳话. 因此,数学教育研究选题的另一个重要来源是多参加学术会议和培训,在与专家学者的交流过程中发现问题,也可带着自己的问题去请教他们,往往也会有意想不到的收获.

以上的七个来源,只是提供了选题过程中可供参考的几个方向线索,很多时候,一个研究问题的产生甚至只是来自于意外发现带来的机遇的捕捉. 总而言之,值得研究的课题层出不穷,但更重要的是,我们要始终带着发现问题的意识,并掌握一定选择问题的思维策略,在 2.3.2 小节我们将更详细地讨论这个问题.

2.3.2　选题的思维策略

从当前许多数学教育研究的选题状况看,很多研究者缺乏思维策略意识,往往盲目跟风,以为只要写热点问题、运用新名词就是创新,而作出来的研究是"一英里宽、一英寸深",大多千篇一律、面面俱到,缺乏更深入的、更深刻的讨论. 所谓选题的思维

策略,集中讨论的是"怎样发现问题"的问题,强调研究者发现问题的能力.

1. 批判性思维策略

批判性思维是指对习以为常的现象提出质疑,或对已有的结论从相反的方向去怀疑其合理性,寻找反驳它们的突破口的一种思维策略. 可以说,批判性思维是数学教育研究中最为常用的一种思维策略,包括三个主要特征:一是"反省的怀疑",即对于任何事实,在深思熟虑的基础上提出质疑和问题;二是"有根据地判断",即批判性思维不等于随意猜测、胡乱否定,而是要立足于证据,可以作为批判依据的主要有事实、经验(与现有结论不一致)和逻辑(存在错误或混乱);三是"批判之中有创造",即除了怀疑、判断之外,还要大胆地猜想,提出新的观点和方法(孙联荣,1995). 例如,对于教学主客体的问题,近 30 年来,分别出现了教师唯一主体论、学生唯一主体论、双主体论、主导主体论、三体论、主客体转化说等观点,虽然尚未达成完全一致的认识,但在不断批判中也为促进教学实践的合理化提供了启示.

2. 转换思维策略

转换思维实际上是一种多视角思维,是指研究者从原有结论的不同角度进行思考,或从不同的层面认识原有的研究对象,用联系的发展的眼光看问题,从而获取对问题更全面、更完善的认识的一种思维策略. 转换思维与批判性思维不同,它并不以否定原有结论为前提,而是摆脱思维定势,另辟蹊径. 例如,"熟能生巧"是我国的一条古训,从古代起普遍采用这一原理来指导学习,可这究竟是不是一条普遍的学习规律呢? 尤其能否作为一条数学教育原理来运用呢? 李士锜通过《熟能生巧吗》(李士锜,1996)、《熟能生笨吗? ——再谈"熟能生巧"问题》(李士锜,1999)、《熟能生厌吗——三谈熟能生巧问题》(李士锜,2000)三篇文章,既肯定了熟能生巧的积极意义,同时也看到了它的不足之处,而且赋予了它更丰富的含义.

3. 类比思维策略

类比思维是指通过对两类事物进行相互比较发现异同,或借用其他学科领域中的理论、方法、技术,寻求有新意的研究主题的一种思维策略(朱雁,2013b). 类比思维在教育研究中的作用曾经备受争议,因为它本身是一种不严密的、不确定的思维形式,导致了其结论性质具有或然性. 但它对于拓展教育问题的研究视角和生动形象地阐述教育现象的作用是毋庸置疑的,因此又逐渐在教育研究中占据一席之地. 善于运用类比思维来发现问题的人,需要具备较广的知识面,同时要能从表面看起来不甚相近的事物间发现相似之处,因此对能力要求是比较高的. 例如,捷克教育家夸美纽斯所著的《大教学论》,便是通过类比教育现象与自然现象,根据自然规律提出了一系列教育原则.

除了上述三类较为常见的思维策略外,还有其他许多思维策略可供选题时使用.

例如,聚类思维策略,是通过把相关对象整合成一个研究类型,以整体为研究对象去探索其内在联系与外部功能;逆向思维策略,是通过逆向思考,站在对立面研究某些事物的反作用等.研究者缺乏选题的思维策略的根源是对自己错误的角色定位,长期以来都把自己定位成实践者的角色,仅仅是运用理论而不去质疑理论、生产理论(王凯,2009).因此,只有先转变角色,才能够提高自己的思维能力.此外,真正的思维品质是在研究实践中锻造出来的,只有在实践中多尝试多交流,才能提高自身运用思维策略的主动性和自觉性.

2.4　选题的程序

2.4.1　确定研究问题的领域

选题的第一步,研究者的主要任务是选定研究的大致范围与主要方向,即确定研究问题的领域.它要遵循选题的一般原则:需要性原则、价值性原则、科学性原则、创新性原则和可行性原则,再充分结合研究者自身的兴趣、能力,从各种渠道(参照 2.3 节的内容)初步确定.

研究领域可大可小,不过初学者选择的研究领域一般宜小不宜大.杨振宁在《我的治学经历与体会》一文中提到:我们多半的时候应该做小题目,如果一个人专门做大题目的话,成功的可能性可能很小,而得精神病的可能很大.做了很多小题目后有一个好处,因为从不同的题目里头可以吸取不同的经验,有一天把这些经验积在一起,常常可以解决一些本来不能解决的问题(杨振宁,1995).此外,再小的领域也可以作出很多研究,而且还更加深刻,并且随着研究者经验的积累再不断扩大研究领域,也会更加得心应手.

确定了研究领域之后,就要开始着手查阅文献,了解该领域内的研究现状与最新进展,缩小研究的范围,摸清其他研究者的研究成果,从中发现新的问题为研究问题的最终确定奠定基础,同时也为了避免重复性的研究.

经过上面的步骤之后,研究者已经可以确定一个较为宽泛粗略的主题,只是还比较笼统抽象,等待下一步的处理.

2.4.2　聚焦研究问题(陶娟,2011)

一旦发现了感兴趣的主题领域,接下来就要缩小研究范围,细化和提炼主题,最后聚焦.其实,研究问题的形成过程,就是一个不断缩小搜索包围圈的过程,由大到小,由远及近,不断从朦胧宽泛的研究方向朝具体明确的研究问题逼近的过程,如图 2.1 所示.

例如,我们在上一环节初步确定的研究领域是研究"学生的数学学习效果",然而与"数学学习效果"相关的因素有很多,那么该如何缩小包围圈,进行聚焦呢?

首先,我们可以将与之相关的各种因素分离出来,进行归类,如

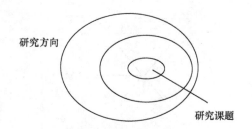

图 2.1　研究问题的聚焦

（1）自身因素：年龄、性别、性格、气质、家庭背景……；

（2）学习因素：学习动机、学习兴趣、学习方法、学习习惯……；

（3）教学因素：教师、教学风格、教学方法、教学环境、练习方法……；

（4）学科因素：内容专题、内容的抽象性、内容的实践性…….

　　接着，在尽可能地把相关因素列出来之后，便可以从中选取一两个因素作为研究的重心. 例如，可以研究"学生的气质与数学学习效果的关系""学习方法与学生数学学习效果的关系""练习方法与学生数学学习效果的关系""不同内容专题与学生数学学习效果的关系"等，大大缩小了研究的范围，问题的焦点也得以集中了.

　　当然，有时候仅仅聚焦一次还不够，那么也可以选择类似于计算机程序中下拉菜单般的"菜单选题法"，进行再一次聚焦. 以"练习方法与学生数学学习效果的关系"为例，如果觉得"练习方法"的范围仍然太大，可以进行如下处理（图 2.2）.

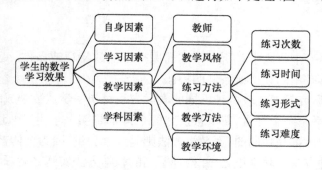

图 2.2　菜单选题法

　　如此一来，就把研究问题的焦点落在了"练习次数"上，进一步把研究问题细化为"练习次数与学生数学学习效果的关系". 利用"菜单选题法"，能够帮助研究者快速、便捷地找到具体的研究问题，一般而言，将选题菜单分解到第四级别，问题便已经明确、可操作了.

　　然而，选题的过程并非仅仅是"由大化小"，更重要的是还要做到"以小见大"，整个过程就像一个沙漏的模型. 如图 2.3 所示.

　　它揭示了研究问题随着研究者的思考、筛选逐渐深入的过程. 可是如果只是"就点论点"，显然没有太多可研究的价值. 因此，应该以"瓶颈"作为切入点，让沙子通过

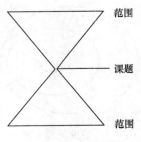

图 2.3 沙漏模型

"瓶颈"覆盖整个"瓶底",铺成一个面,由点到面,扩大研究问题的研究视角,将小问题作出大研究.

2.4.3 细化研究问题

经过上面两个步骤,已经可以得到一个较为具体的研究问题,那么最后一步,就是要对这个问题进行"精加工"处理.具体而言,包括两部分内容:一是对选定问题中的概念、变量进行定义;二是将研究问题用规范的形式陈述出来.

为了完成上述工作,首先要对数学教育研究中的基本概念——常量和变量,以及概念的定义方法有所了解.

1. 常量和变量

1) 定义

常量指的是一个研究中对所有个体都保持不变的特征或条件.变量指的是一个对不同的个体具有不同数值或条件的特征.

例如,某项研究是要比较两种不同的教学方法对初一学生数学成绩的影响.在该研究中,年级水平是一个常量,每个被研究的个体都是初一学生,因此"初一年级"这一特征对每个个体都是相同的.而教学方法则是一个变量,因为全体被研究者都可以被指定参加两种方法的教学组之一.两种不同的教学方法实施之后,研究者将对这些初一学生进行数学成绩测量,那么此时数学成绩也是一个变量,因为不同的个体将会得到不同的分数.

2) 变量的类型

在前面的例子中,"教学方法"与"数学成绩"都是变量,但这两个变量并不属于同一类型.那么,变量都有哪些类型呢?根据不同的标准,变量可以分为许多种类型.不同类型的变量,往往其统计分析的方法也不相同,因此,了解一些常见的基本类型,对我们正确地选择、确定研究变量将有很大帮助.

(1) 相关变量与因果变量 根据变量之间关系的性质,变量可以分为相关变量与因果变量.相关变量指相互之间存在相关关系的变量,它们之间虽然存在一定的关系,但难以区分哪个是因哪个是果;因果变量指相互之间存在因果关系的变量,其中一个或多个称为自变量(能独立变化和引起因变量变化),另一个或多个称为因变量(随自变量的变化而变化). 例如,在前面的例子中,教学方法就是一个自变量,由于数学成绩受其影响,故数学成绩就成了因变量. 事实上,该研究的目的就在于要确定数学成绩是否会因为教学方法的不同而变化.

(2) 观察变量与中介变量　　根据是否可以直接对变量进行观察,变量可以分为观察变量与中介变量. 观察变量是指经过人的感官可以知其质或量的变量,如教学方法、学习时间等;中介变量是指不能经过人的感官直接知其质或量的变量,如智力、动机、价值观等. 因此,我们在进行数学教育研究时,就不能用观察法去研究学生的动机.

(3) 主动变量与属性变量　　根据是否可以对变量加以操纵,变量可以分为主动变量和属性变量. 主动变量是指研究者可以主动加以操纵的变量,如教学方法、学习内容、惩罚方式等;属性变量是指研究者无法主动加以操纵的变量,如年龄、智力、性别等. 在实验研究中,自变量是研究者必须主动加以操纵的,故为主动变量.

(4) 类别变量、等级变量、等距变量与比率变量　　根据变量取值的精确程度,变量可以分为类别变量、等级变量、等距变量与比率变量. 类别变量是指根据某些标准将人或事物分成两类或多类,如性别就是类别变量,以"0"代表男生,以"1"代表女生,这里的 0 与 1 无大小之分更不可运算;等级变量具有等级性,故可以比较大小,如以"1,2,3,4"分别代表"优,良,中,差",但不可进行代数运算,因为它们不具有相等的度量单位;等距变量除了具有等级变量的特点外,还具有相等的度量单位,但其零点是"相对零点",如温度计中的"零度"不代表没有温度,只是一个临界点,故等距变量可以加减运算不能乘除运算;而比率变量则可以进行代数运算,但在数学教育研究中,比率变量是少之又少的.

(5) 研究变量与无关变量　　根据变量是否成为某特定研究所要操作的对象,变量可以分为研究变量与无关变量. 研究变量是指某特定研究所要操作的变量;无关变量是指某特定研究所要操作的变量之外的其他变量. 无关变量中,有的对研究结果有影响,有的无影响. 对于有影响的需要在研究过程中加以控制,因此这部分无关变量又称为控制变量,例如,在前面的例子中,学生的先前成绩就是一个控制变量. 如果无关变量对研究结果产生了影响,混淆了实验处理的效果,这样的无关变量则称为混淆变量.

关于变量的分类,需要注意两点:一是上述分类并不是各自独立的,而是相互交叉的;二是除了上述分类之外,还可以从其他的角度进行分类.

2. 概念的两种定义方法(董奇,1991)

研究问题确定之后,研究者的首要任务便是对研究中即将要出现的重要概念和变量进行定义. 由于人们对事物的理解不同,往往也会作出不同的定义. 因此,界定研究变量是科学地进行研究设计的需要. 一般来说,对研究变量作出明确定义有两种方式:概念性定义和操作性定义.

1) 概念性定义

概念性定义是指对研究变量共同本质的概括,用于揭示其内涵,并将其与其他变量区分开来,即"用概念来定义概念". 例如,要用概念性定义给"智力"下定义,可以选取一些有代表性的定义:智力是一种抽象的思维能力;智力是学习的能力;智力是一种综合的能力等.

通常来说,用概念性定义给一个概念下定义是很困难的,这里有语义学、逻辑学方面的基本要求,也与对概念的本质把握和理解的程度有关. 一个比较有效的途径是查阅大量的文献,了解其他研究者是如何理解这个概念的,把这些不同的理解进行整理和归类,再加上自己的理解.

而概念性定义的不足在于,它仅停留在概念水平,不能解决实际研究过程中对变量的具体测定或操作的问题.

2) 操作性定义

操作性定义是指用可感知和可度量的事物、现象和方法对变量作出具体的界定、说明. 例如,要用操作性定义给"智力"下定义,比较经典的定义是:用比奈-西蒙量表或韦氏量表进行测量所得的分数.

设计操作性定义的方法有很多,以下介绍三种比较常见的:一是方法与程序描述法,指通过创造特定的方法或程序来给变量下操作性定义,如把"饥饿"定义为"剥夺个体进食 24 小时后个体存在的状态";二是动态特征描述法,指通过描述客体具有的动态特征来给变量下操作性定义,如把"聪明的人"定义为"善于解决问题、运算灵活、记忆速度快的人";三是静态特征描述法,指通过描述客体具有的静态特征来给变量下操作性定义,如把"聪明的人"定义为"知识渊博、词汇丰富、记忆东西多的人".

在数学教育研究中,操作性定义具有十分重要的作用:它有利于提高研究的客观性,有助于假设的检验,有利于提高研究的统一性,有利于提高研究结果的可比性,有利于研究的评价、结果的检验和重复. 对概念进行操作性定义是实证研究方法的必然要求,否则研究就无法进行下去.

3) 两种定义方式的比较

(1) 在定义的内容上　操作性定义是用具体的事物、现象或方法来界定变量,而概念性定义则是用概念、同义语来说明的.

(2) 在定义的方法上　操作性定义主要采用经验的方法,而概念性定义则主要采用逻辑的方法.

(3) 在定义的着重点上　操作性定义重在界定变量的操作过程,而概念性定义则重在揭示变量的内涵.

由上分析可知,操作性定义最大的特征就是它的可观测性,作出操作性定义的过程就是将变量的抽象陈述转化为具体操作陈述的过程,而明确变量的概念性定义,是设计好操作性定义的基础.

3. 研究问题的陈述

研究问题的选择不代表这个问题就有了恰当的陈述,一个问题常常需要反复几次,才能成为有效研究的恰当表述形式.陈述问题可以采用叙述或描述的形式,也可以采用问题的形式,这完全取决于研究者的偏好,但实际上,陈述问题的形式相对来说并非是最重要的,更重要的是陈述要精确和无可置疑,避免出现模棱两可、混乱不清的情况(维尔斯马等,2010).

正所谓好马配好鞍,好的研究要配好的标题.问题陈述得好,可以为研究者指明该研究的具体方向,因此,了解一些问题陈述的原则也许是有益的.例如,像"初中生数学理解障碍研究"这样太宽泛的陈述是不能充当问题的陈述的.一是对象不确定.是初一、初二还是初三学生?是女生还是男生?是一般学生还是学困生?是城市学生还是农村学生?二是内容不确定.是哪一年级的数学?是代数还是几何?是概念还是原理?是哪些概念哪些原理(何小亚,2006)?

具体而言,研究问题的陈述需要注意以下五点(陶娟,2011).

1) 问题陈述最好能够囊括范围、对象、内容、方法

问题陈述应指明总体的中心议题及问题的前后背景.例如,"广州市小学生学习兴趣与数学成绩的相关研究",在这个研究问题中,"广州市"是研究范围,"小学生"是研究对象,"学习兴趣与数学成绩"是研究内容,"相关研究"是指研究采用的方法.

2) 问题陈述最好涉及两个变量

问题涉及变量间的关系,研究内容就会变得清晰具体,研究目标就会明确.例如,"广州市初中生智力水平与数学成绩的关系研究",研究内容就是"智力水平与数学成绩"这两个变量之间的关系,一目了然.当然,研究题目中并非不能只有一个变量,只是一个变量的研究课题一般是理论性的、发散性的,不易聚焦.

3) 问题陈述不要采用结论的形式

课题还没开始研究,已经把结论放在标题,给人以研究就是用材料来证明这个结论的感觉.例如,"良好的学习习惯是提高高中生数学成绩的基础",这种标题显然不合适.

4) 问题陈述不能只有范围而没有问题

好的题目要小,单刀直入,切中问题,不要贪多求全,四面开花.例如,"数学课堂教学的艺术",这样的标题就是不好的标题,因为题目本身根本没有问题,只有范围.

5) 问题陈述要避免道德伦理上的价值判断

数学教育研究是一种具有价值取向的活动,但问题陈述则要避免价值判断,采取价值中立.例如,"中学数学教师敬业精神低落原因的调查",这样的标题已经暗示了对中学数学教师否定的价值判断,不妨改为"中学数学教师敬业精神及其影响因素的调查".实际上这两个题目的实施过程可能完全一致,但是后者作为标题显然更为

恰当.

　　最后,问题陈述还要求确切、恰当、鲜明、精炼、吸引人、简短,而且一般不超过 20 字.一个研究问题的陈述往往需要经过反复斟酌,研究者初拟之后可以放上几天,然后再问问自己:有更好的标题来替代吗? 当然,多征求他人的意见,特别是专业人士的意见,也是非常重要的.

2.5　研究假设的提出

2.5.1　研究假设的含义

　　前面,已经讨论了如何选题及确定研究问题的一般程序.接下来将继续讨论在选定研究问题之后,如何针对研究中的问题提出大胆而合理的假设.提出具体的研究假设,是研究问题的确定中十分重要的一个方面.

1. 定义

　　在数学教育研究的过程中,当研究问题确定之后,研究者就需要根据相关的理论、自己的知识经验和日常观察、选题所收集到的相关资料和事实、自己以前的研究结果和人类特有的想象力和创造力,对所要研究的事物的本质和规律提出某些初步的设想,这些初步的设想就是假设(董奇,1990).简单地说,假设就是对问题的结果、两个或多个变量间的关系或某些现象的性质的推测或提议.例如,"学习兴趣与数学成绩之间存在正相关"就是一个假设,假设如果得到了验证,那么问题就解决了;相反,则要提出新的假设.

　　许多初涉数学教育研究的人往往搞不清研究问题与研究假设的区别,其实,一个研究问题通常涉及多个变量之间的关系,而研究假设与研究问题的不同之处在于,研究假设指明了研究问题的可能结果,即这些变量之间关系的性质,以及它们相互作用的程度.

2. 假设的基本特征

1) 具有一定的科学依据

　　在数学教育研究中,研究假设一般是根据一定的科学理论提出的,或者说至少需要具备一定的事实经验基础作为支撑.例如,对于"高中生数学能力的性别差异研究",我们至少可以提出"男女生数学能力具有显著差异"这样的假设.假设的提出基于两个原因:一是理论上的,心理学有研究表明男女生的数理能力具有显著差异;二是实践中的,我们平常总是感觉男生的逻辑思维能力和空间想象能力要稍微胜过女生,一般来说,在解一些具有挑战性的数学问题时,男生的成绩似乎也要好于女生的成绩.

2）具有一定的推测性质

假设虽然具有一定的科学依据,但在未被确实的研究数据证实之前,毕竟还只是思维中的想象.例如,对于"学习兴趣与数学成绩之间存在正相关"这个假设,我们的研究结果有可能证实它的确存在正相关;也有可能证伪它,两者毫无统计上的关系;也有可能部分证实、部分证伪它,的确存在相关关系,却并非是正相关等.总而言之,对研究假设的验证过程,其实就是研究的过程.

3）具有多样性

在数学教育研究中,对同一现象甚至有可能出现截然不同的几种假设,这主要是与它所在的复杂背景相关.因此,我们既要大胆地假设,更要小心地求证.

3. 假设的基本类型

根据研究假设的内容的性质不同,一般可以把研究假设分成三类.

1）预测性假设

对客观事物存在的某些情况,特别是差异情况,作出推测判断.例如,高中阶段男生的数学问题解决能力普遍优于女生.

2）相关性假设

对客观事物相互联系的性质方向、密切程度作出推测判断.例如,初中生的智力水平与数学成绩之间存在正相关.

3）因果性假设

对客观事物之间因果关系的推测判断.例如,随着学生受教育水平的提高,其数学问题解决能力也会随之提高.

4. 假设的作用

1）使研究目的、研究范围更明确

对于同一个研究问题(如研究智商与数学成绩的关系),往往可以提出多个假设:在正常人群中,智商与数学成绩有中等程度的正相关;在智商较高的人群中,智商与数学成绩只有低等程度的正相关;在智商较低的人群中,智商与数学成绩有较高的正相关等(董奇,1990).因此,提出假设可以告诉研究者将要做什么工作,哪些事实应当收集,哪些观察应当进行,具体在什么范围内开展等.

2）使研究设计、研究方法更明确

研究假设的提出,也为抽样和研究程序设计提供了基础,并对所需的统计分析和应检验的变量关系提出了建议或暗示(眭依凡,1993).例如,对于相关性的研究假设,需要采用相关方法进行检验;而对于因果性的研究假设,则需要采用严密的实验法进行检验.

2.5.2　提出假设的基本方法

前面已经说过,我们既可以从总结、反思数学教育实践经验中选题,也可以从演绎、验证相关教育理论中选题. 同样地,研究假设既可以源于对行为观察结果的归纳,也可以源于对相关理论或研究结论的演绎. 因此,提出研究假设的基本方法是归纳法和演绎法.

1. 归纳法

归纳法即从许多个别事实中概括出有关事物和现象的一般性认识. 用归纳法提出假设时,研究者通常需要先对特定的现象或事件进行观察,然后在此基础上再提出一个一般性的假设,这一方法对广大一线教师特别适用,因为教师每天都可以观察到各种各样的学生和教学事件,也比较容易从这些丰富的资源中抽象出一般的规律或概括性的解释. 例如,某数学教师观察到数学活动可以更好地调动学生学习的积极性,其结果是学生会由此获得更好的成绩. 因此,他可以提出这样的假设:同等班级中,经常开展数学活动的班级比不开展数学活动的班级能考出更好的成绩.

2. 演绎法

演绎法即从某一理论或研究结论出发来考察某一特定的对象,并对这一对象的有关情况作出推论. 用演绎法提出假设时,研究者通常会从某些理论或研究中获取对有关事件的一般猜测,然后再根据它对特殊的事件的适用情况作出猜测,最后通过对这一特定假设的检验来检验一般假设的正确性. 例如,人们在参照皮亚杰的认知发展理论评价数学教育中的课程、教材、教学问题时,有观点认为它过高地估计了学生的发展水平. 如皮亚杰断言,儿童从十一二岁起可以开始具有像成人那样思考问题的能力. 而菲施拜因指出,像理解数学归纳法原理这样的涉及命题推理形式运算阶段的认知问题,实际上有不少高中学生仍不能确切掌握(李士锜,2001). 这些批评与评价的声音也推动着认知发展理论自身的发展.

从上面可以看出,归纳法一般从观察开始,然后由此形成一般性的假设;而演绎法一般从理论开始,然后由此形成更特定的假设(董奇,1990). 总体而言,假设的提出一般需要经过三个步骤:认真思考,发现问题—搜集资料,作出推测—设计研究,加以论证. 当然,对于一些探索性的研究,往往很难提出假设,这个时候可以不提出假设,但是在探索之后不妨再加以验证性的研究岂不更好(胡中锋,2011).

2.5.3　评价假设的标准

研究假设提出之后,在进行检验之前研究者需要对它的有效性进行评估,换句话说,什么样的假设才是好的研究假设呢? 一般来说,假设的最后价值在受到检验前是难以判断的,但研究者还是可以从以下四个方面进行考虑.

1. 假设的提出应当有一定的依据

这一原则在前面已经进行了讨论,需要再特别指出的是:研究假设可以有创新性甚至革命性,但终归不能脱离现有的知识体系空谈,否则就变成"满纸荒唐言"了.

2. 假设的提出应当清晰具体、表述明确

假设所表明的推测应当明确表达出来,这样才能评价假设检验的有效性. 例如,"数学活动与数学成绩密切相关"这个陈述看起来像是个假设,但它并没有具体指出到底是正相关还是负相关? 是偶尔开展数学活动还是经常开展? 是个体成绩还是总体成绩? 因此,一个更为恰当的假设应陈述为"同等班级中,经常开展数学活动的班级比不开展数学活动的班级能考出更好的成绩". 这样的标准或要求可以保证研究的可行性、实用性,也可以提高研究结果的效度,降低犯错误或无效劳动的概率.

3. 假设的提出应当是可检验的

假设中的术语应当能够被操作性地定义和测量,否则就无法收集证明假设真伪的证据. 例如,对于"初中生的智力水平与数学成绩之间存在正相关"这个假设就是可检验的,初中生的智力水平可以用比奈-西蒙量表测量所得的分数衡量,而数学成绩则可以用某学期所有数学测验分数的平均值代替. 假设的可检验性其实也暗含了可重复性,也就是在相同的条件下进行重复研究应当可以得到相同的结果,如果一种现象只能重复一次,那就很难进行再次检验了(胡中锋,2011).

4. 假设的提出应当尽可能简洁明了

如果对于变量间的关系能用一个简单的陈述加以说明,就应尽量避免采用复杂的假设. 用简洁明了的方式陈述假设,既可以使假设易于检验,也为研究者最终撰写结论简明的研究报告提供基础. 因此,对于稍显复杂的高度概括的研究假设,可以尝试将其分解为若干个具体的假设.

本 章 总 结

一、主要结论

1. **选题的意义**　选题是数学教育研究的起点;选题是研究者水平的体现;选题是数学教育研究前进的动力.

2. **不可研究的问题**　有关价值的问题;无法回答的问题;需要假设不可能条件的问题;形而上学的问题.

3. **选题的一般原则**　需要性原则;价值性原则;科学性原则;创新性原则;可行性原则.

4. **研究问题的主要来源**　从研究者感兴趣的领域中选题;从总结、反思数学教育实践经验中选题;从阅读相关文献中选题;从演绎、验证相关教育理论中选题;从数学教育热点中选题;从学科渗透、交叉中选题;从与同行、专家的交流中选题.

5. **选题的思维策略**　批判性思维策略;转换思维策略;类比思维策略.

6. **选题的程序**　确定研究问题的领域—聚焦研究问题—细化研究问题.

7. **常量与变量**　常量指的是一个研究中对所有个体都保持不变的特征或条件.与之相反,变量指的是一个对不同的个体具有不同数值或条件的特征.

8. **变量的常见类型**　相关变量与因果变量;观察变量与中介变量;主动变量与属性变量;类别变量、等级变量、等距变量与比率变量;研究变量与无关变量.

9. **概念性定义与操作性定义**　概念性定义是指对研究变量共同本质的概括,用于揭示其内涵,并将其与其他变量区分开来,即"用概念来定义概念";操作性定义是指用可感知和可度量的事物、现象和方法对变量作出具体的界定、说明.

10. **研究问题的陈述**　问题陈述最好能够囊括范围、对象、内容、方法;问题陈述最好涉及两个变量;问题陈述不要采用结论的形式;问题陈述不能只有范围而没有问题;问题陈述要避免道德伦理上的价值判断.

11. **研究假设的含义**　假设就是对问题的结果、两个或多个变量间的关系或某些现象的性质的推测或提议.

12. **研究假设的特征**　具有一定的科学依据;具有一定的推测性质;具有多样性.

13. **研究假设的类型**　预测性假设;相关性假设;因果性假设.

14. **研究假设的作用**　使研究目的、研究范围更明确;使研究设计、研究方法更明确.

15. **提出研究假设的基本方法**　归纳法;演绎法.

16. **评价研究假设的标准**　假设的提出应当有一定的依据;假设的提出应当清晰具体、表述明确;假设的提出应当是可检验的;假设的提出应当尽可能简洁明了.

二、知识结构图

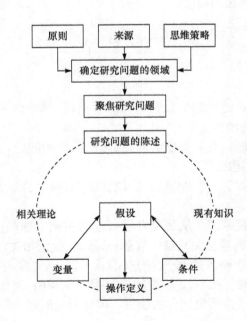

习　　题

2.1 假如你是研究者,请按"有意义、问题明确、有创新、可研究"的要求评价下列课题.哪些课题适合你来研究? 为什么?

(a) 新课程理念下问题解决在中学数学教学中的实施;

(b) 中学数学教育中数学应用意识的培养探讨;

(c) 将数学建模融入高中日常教学的实践研究;

(d) 数学研究性学习的探索与实践;

(e) 初中数学教学中的情感教育研究;

(f) 农村普通高中数学学困生学习困难原因及教学对策研究;

2.2 选取自己研究过的某个课题,谈谈选题的来源和过程.

2.3 某研究者对这样的研究感兴趣:数学教科书的哪种编排方式对学生的学习更有帮助? 试根据选题的一般程序,帮他提出一个恰当的研究问题.

2.4 假如某研究者想从事"远程课堂"教学对中学生数学成绩影响的研究,哪些术语需要下操作性定义? 举一些对这些术语下操作性定义的例子.

2.5 某研究者假设学生的数学成绩与学生的家庭背景、老师的教学方法、数学内容的抽象程度有关,在同一假设中要包括这三个自变量,这个假设会出现什么问题?

2.6 从数学教育杂志中选取一篇研究论文,阅读该文章并思考:研究问题与研究假设的陈述规范吗? 变量确定得准确吗? 操作性定义是按需要来定义的吗?

案例与反思

围绕以下问题,反思研讨以下的案例.

问题 1　阅读案例 1,按照本章介绍的好题目的标准,对关于数学课程论、数学学习论、数学教学论和数学教育评价四个类别的 20 道题目进行反思评价改进.

问题 2　阅读案例 2,试分析:在该研究问题的提出和确定过程中,有哪些值得我们借鉴的地方? 有哪些不足需要我们进一步完善?

案例 1

数学课程论

1. 义务教育阶段课程标准(2001 和 2011)数学课程标准比较分析

2. 中澳高中数学课程中的"数学探究"比较

3. 数学课程中的哲学问题

4. 欧洲中世纪及文艺复兴时期的数学课程发展及启示

5. 近代欧美国家数学课程演变及启示

数学学习论

1. 高中数学教学中培养学生自主学习能力的研究
2. 中学数学教学中培养学生创新意识的探索
3. 课堂教学中培养初中生数学问题提出能力的理论和实践
4. 对初中生数学学习兴趣影响因素的调查
5. 基于图式的数学学习研究

数学教学论

1. 信息技术环境下高中数学探究式教学模式研究
2. 高中数学新课程概率教学研究
3. 初中数学课堂教学中数学交流的研究
4. 高中阶段数学思想方法教学的研究与实践
5. 中学数学课堂教学有效性研究

数学教育评价

1. 新课程背景下高考数学试题的特征分析
2. 促进初中学生发展的数学学习评价初探
3. 基于网络的过程性创新素质数学评价系统研究
4. 小学生数学多元能力发展与评价研究
5. PISA 数学素养测试研究

案例 2

数学教育硕士学位论文选题研究("问题的提出"部分)

(江懿,2012)

1　研究背景及意义

　　我国的研究生教育开始于 20 世纪初期,但真正的发展是在 1978 年恢复研究生招生制度和 1981 年实施《中华人民共和国学位条例》以后. 应经济和社会快速发展及高等教育自身发展的需要,我国的研究生教育开始了制度化、正规化和现代化的探索并取得了长足的进步和发展,逐步形成了有中国特色的学位与研究生教育. 从人数上看,研究生人数在 2000 年 12 万人的基础上,每年递增两万人,2009 年 11 月 8 日在上海大学召开的 2009 研究生国际论坛的数据显示,目前我国在读研究生接近 170 万,其中全日制在校研究生 128.3 万,在职研究生 39.4 万,研究生规模迅速壮大,我国已跨入世界研究生教育大国行列. 此外,随着我国研究生教育规模迅速发展,其质量问题日益引起教育界及社会各界的关注.《中国学位与研究生教育发展报告(1978—2003)》表明,我国研究生培养质量现状堪忧,其集中表现就是学位论文质量. 因此,如何评价研究生学位论文的现状及特点,找出学位论文中存在的问题及原因,从而采取措施提高论文质量是当前研究生教育改革中的一个热点问题,也是迫切需要解决的实际难题.

　　自从 1982 年数学教育界提出"建立中国的数学教育学"的目标以来,经过广大数学教育工作者的努力,我国对数学教育的研究日趋成熟. 2000 年以来,我国数学教育研究不断深入发展,了解我国数学教育研究的现状及趋势,对于提高数学教育研究的研究水平具有重要的意义,而数学教育硕士学位论文在一定程度上反映了当时数学教育研究的现状. 此外,数学教育硕士学位论文是研究生教育的结晶,是其在校学习的重要成果之一,是研究生教育的关键环节,也是科研成果的记载. 学位论文关系到研究生的培养质量,是检验研究生是否具有创造性科研能力的重要依据,是衡量研究生科研水平的重要依据,也是获得硕士学位的必要条件. 如何提高数学教育硕士学位论文水平,使硕士学位论文更具有学术意义和应用价值呢? 论文的选题是达到此目的的前提.

　　"选好一个课题,就等于成功了一半",论文的选题是研究的起点,又是论文成败的关键. 数学界流传着一句俏皮话:第一流数学家开创方向,第二流数学家将新开创的课题加以分解,至于具体问题的解决,那是第三流数学家的事. 有人把文章的主题、素材和结构,形象地比喻为灵魂、血肉和骨骼. 主题统率素材,也统率着文章结构. 刚刚从事数学教育研究的人会发现,课题的形成和确定,常常要占去很多的时间. 摸不着"门道",你的计划就会搁浅,课题没有确立,研究就只是一句空话. 选题方向、选题领域、选题深度和水平,对于论文是否具有应用性,能否指导实践具有重大意义. 合理的选题,可以在自己专业研究领域纷繁复杂的现象里找到关键问题,通过合理、有效的研究方法,在一定的预定期限内按时完成有价值的研究;而不适当的选题,则难以达到预期效果,不能体现科学研究的价值. 例如,因为选题范围太大、周期过长、难度过大而难以操作;因为选题太浅或重复研究且难以体现科学研究的价值,造成不必要的人力、物力、财力的浪费. 因此,合理的选题,对科学研究和论文写作以及最终体现论文的价值是至关重要的. 所以有必要对我国数学教育硕士学位论文选题的整体状况进行分析研究.

　　基于以上分析,本研究通过对中国知网优秀硕士学位论文全文数据库中 2000～2010 年我国数学教育硕士研究生的学位论文的选题、研究方法进行全面、系统、深入的分析,希望可以揭示目前数学教育硕士论文的研究状况,揭示硕士研究生所关注的研究领域以及研究重心的变化情况,发现研究盲点和热点;揭示研究方法的应用情况以及常用研究方法. 期望本研究能为今后的数学教育研究及选题提供借鉴,为在读硕士生选题提供较全面、科学的统计分析数据;同时,在读硕士生可以从研究结果中看清研究趋势,在论文中借鉴前人的研究成果,发现研究盲点,提高创新性和研究价值,避免重复研究.

2　相关概念及范围界定

2.1　数学教育硕士

　　本论文中的数学教育硕士包括课程与教学论(数学)硕士研究生和学科教学(数学)教育硕士专业学位研究生.

2.2　学位论文

有关学位论文的含义,不同的文献对其解释亦有所差别.本文采取的是国家标准《科学技术报告、学位论文和学术论文的编写格式》(GB7713—87)的定义,"学位论文是表明作者从事科学研究取得创造性的结果或有了新的见解,并以此为内容撰写而成、作为提出申请授予相应的学位时评审用的学术论文."该标准对硕士论文的要求是,"硕士论文应能表明作者确已在本门学科上掌握了坚实的基础理论和系统的专门知识,并对所研究课题有新的见解,有从事科学研究工作或独立担负专门技术工作的能力."

2.3　学位论文选题

关于学位论文选题可以从以下两方面理解:从动态的角度看,选题工作承接着前期的资料搜集和分析工作,需要选择科学研究和文章写作的方向和目标,斟酌和确定文章题目,直到形成完整的开题报告,同时选题时的研究思路将指导整个论文的写作工作;从静态的角度看,它是指呈现于篇首的文章题目,一个"优雅的"标题,正如艾维克(Avic)所说,"仅看它们我就能知道我该有什么预期".文章题目应明确、简洁、表达良好.本文研究中的学位论文选题主要包括呈现于篇首的文章题目和论文中所使用的研究方法.

3　研究问题的表述

本研究以中国知网优秀硕士学位论文全文数据库中 2000～2010 年间收录的我国数学教育硕士学位论文的选题为研究对象,研究的问题是:数学教育硕士学位论文的选题的特点及其影响因素是什么?具体从以下四方面展开.

(1) 数学教育硕士学位论文选题的整体情况如何?

(2) 数学教育硕士学位论文选题的方向及侧重点是什么?

(3) 影响数学教育硕士学位论文选题的因素是什么?

(4) 数学教育硕士学位论文选题存在哪些问题?

阅读材料

(新世纪小学数学编委会.蔡金法推荐:研究问题的发现与形成)

教师在研究的起步之初,对研究问题的发现或形成易于形成两种极端的看法.例如,认为自己的教学一帆风顺,没有值得研究的问题,或认为教学工作本身是一个很复杂的、艰难的系统,有太多的问题值得研究却找不到切入点,而陷入茫然;或想到了一些自认为简单容易的问题,觉得没有研究价值,或想到一些自认为重要且值得研究的问题,但又力不从心.

没有别的什么因素能像研究问题那样左右我们的研究(Hubbard et al,2003).我们也相信"题好一半文",研究论文的标题常常是研究问题的浓缩和概括.研究问题的形成对研究本身的展开的重要作用再怎么强调都不过分.特别是对于教师研究者,他们中许多曾经止步于研究问题的发现和形成,或由于不适当的研究问题而导致研究半途而废.

教师研究的动机来源于自己教学中的困惑、困难及现实世界的一些冲突,来源于自己想知道更多有关自己的教学和学生的学习的愿望,来源于教师改变自己的教学实践的热情,来源于自己的许许多多"不知道"和"想知道". 而"不知道"本身并不是一件坏事,一位教师在自己参与研究后,写下了这样的体会:"有这样一句格言让我很受启发:'我不知道'并不是通向失败的入口,而是朝向好的方面改进的一个先兆. 因此,当我说'我想知道……''我认为……''要是……会怎样'时,我感到有信心."(Stiles, 1999)

教师研究的初衷也许并不是始于对假设的检验,而是带着"想知道"的心去追求的. 所有的教师都有值得追求的"想知道",将这些"想知道"转化为问题就是教师研究的开始.

(一) 研究问题的发现

1. 在张力或困惑中发现研究问题

越来越多的教师和自己的学生一起,探讨自己的课堂,而且认识到发现和形成研究问题是理解课堂教与学的重要的一部分. 一般地,研究问题往往来自于现实世界的观察、困境、冲突或张力,而教师研究的问题也始于教师与学生、教师与学校管理者、教师的教学信念与教学实践及教师与家长等之间的冲突和"张力".

案例 1　在"想知道"中产生的问题

在具体学科教学的各个环节都存在很多值得研究和改进的地方. 以数学学科为例,以下是一些教师研究中的"想知道"的样例,供大家参考.

(1) 如果在我班上使用另外一个出版社的数学教材,学生的数学学习会怎样呢?

(2) 去年,我们班数学期末成绩整体不太理想,是什么原因?

(3) 为什么在我班上大部分女生的数学成绩明显要比男生差?

(4) 如果在班上让数学较强的学生与较差的学生结成对子,互相帮助,结果会怎样?

(5) 当学生独立解决数学问题时,会发生什么? 如果是与其他同学合作解决数学问题呢?

(6) 在全班或小组讨论时,学生如何交流和表达他们自己的数学思维?

(7) 数学课外兴趣小组如何影响他们的数学学习?

(8) 如果实习数学教师在我班上把某一节的内容讲砸了,我该怎么补救?

(9) 如果让学生自己选取家庭作业中的数学问题,结果会怎样?

(10) 学生学习数学时是如何使用生活化的语言与数学语言的? 它们之间的关系是怎样的?

(11) 我参加了促进数学教师专业发展的暑期课程,我的课堂教学改进了一些吗?

案例 2　在"想知道"中选择合适的问题

李老师和张老师是两位中学数学教师,他们都曾经在自己的课堂上将几何教学与艺术进行结合.例如,他们发现,荷兰图形艺术家埃舍尔(Escher)的图形作品或伊斯兰图形艺术中,有很多简单的几何图形.在一次课后,他们利用头脑风暴将埃舍尔的作品、伊斯兰图形艺术与几何学习联系起来,并将一些有关的"想知道"写在黑板上,画成网状结构:①埃舍尔的图形作品及他创作这些图形时所使用的数学知识;②伊斯兰艺术和文化;③西班牙历史;④西班牙和伊斯兰建筑;⑤与几何变换和其他知识的联系.然后,他们结合课程标准和自己教学实际,确定该研究有三个目的:一是理解并应用几何的一些性质和关系;二是将几何与其他学科和课堂之外的世界联系起来;三是思考和欣赏来自于文化的知识与数学知识之间的相互渗透与影响.最后,李老师和张老师形成如下研究问题:

(1)学生通过描绘埃舍尔的作品中的一些镶嵌图,能学到哪些数学知识?

(2)我们(教师)学到的学科内容知识如何影响自己的教学以及如何最终影响学生的学习?

(3)本研究能让我们发现数学与埃舍尔的图形作品、伊斯兰图形艺术之间哪些新的联系?

案例 1 和案例 2 中给出的教师的研究问题都是始于具体的学科知识.当教师研究者在更为宽广的时间和空间中思考课堂教学的一些冲突或张力时,他们开始关注有关文化、教学、学习和学校结构等领域中的更大、更深、更远的问题;教师提出的问题不仅仅是类似如何快速形成一些课堂教学技能的微观探索,可能会超越自己的课堂,产生一些更深层次的思考.

案例 3　在反思中形成更深层次的"想知道"

刘老师是一位中学数学教师,通过反思自己和其他教师的教学手段,分析其他研究者的一些论点,得到了一系列"想知道"或研究问题.她说"我教得更多,对教学也理解得更深,但是,也更多地意识到存在于我的教学中的一些困惑.例如,基于建构主义的教学与课程之间的冲突或张力""在我课堂里,有很多时间我没有解释、小结或更正错误,这样或许对有些或全班学生有帮助,但我想更好地知道,如果不是这样,而是更直接地讲解,对班上学生的学习有什么作用?""我认为自己是在一个有着建构主义意识的家庭长大的,我的父母曾很鼓励我构建和发展自己的理解和想法.我想知道我在我家的餐桌旁究竟学到了一些什么技能和习惯.我的学生也会从家里学习一些类似的技能吗?"刘老师在观摩一节历史课后发现,讨论在历史课堂进行得积极和活跃,于是她写道:"我想知道,在我的数学课也可以组织这样的动态讨论吗?如果有一些数学内容,我只是直接告诉(学生结论),我能帮助学生获得更稳固的能力吗?"后来,她形成如下研究问题:

(1)在我的课堂里的两种学习:建构主义和外显学习,是如何影响学生学习的?

(2)这两种学习之间的相互作用是怎样的?

（3）学生的修养（来自家庭或社会）如何影响他们这样的学习？我自己的修养（来自家庭或社会）如何促进或阻碍这样的影响？

"问题"（question）这个词的英文词根是"探求"（quest）. 教师在自己的课堂寻找研究问题时，赋予"探求"新的意境，他们希望研究问题能够带给作为教师的自己和作为学习者的学生以新的追求和目标. 值得提及的是，这些研究问题以及随后产生的研究结论不一定会在教师教学中马上得以实践，但至少可以令教师意识到他们需要改变工作方式以及看待学生的方式，这些改变不仅仅是有关教学方法的，也包括他们的教育哲学和对学生的认识.

案例4　优秀教师的一些"想知道"

在与一些中国优秀数学教师的合作研究中，我们也获得了他们的一些"想知道". 尽管这些"想知道"有的显得过于宽泛、有的过于琐碎，但都是出于教师自身的教学实践和思考，是发现和提炼研究问题的很好开端.

（1）社会想把学生教育成什么样的人？学生想把自己变成什么样的人？教师想把学生培养成什么样的人？如何能达成一致？

（2）教师如何教对学生更好？如何才能让学生更喜欢、受益更多，如何才能顺应学生的发展？

（3）数学课程目标将"基本活动经验"与"基础知识""基本技能""基本思想"并列作为"四基"，根据在哪里？

（4）数学基本活动经验指什么？学生的数学基本活动经验可分为哪些层次和水平？

（5）如何促进"四基"（基础知识、基本技能、基本思想、基本活动经验）的有效落实？

（6）在教学中如何提高课堂教学效率来让不同层次的学生均有收获？

（7）怎么去研究学生、研究教学方法，得出一些能更好地促进教学效果的方法？

（8）如何整理提炼数学课堂教学的规律？

（9）教与学的方式转变，如何在课堂上得到确实的体现？

（10）在同一课堂上，如何面对不同层次的学生（分层教学如何有效实施）？

（11）当准备学习的知识有部分学生已经了解时，教师该如何组织开展正常的教学活动？

（12）如何在数学课堂上培养学生良好的数学学习习惯？

（13）怎样研究学生在解决问题时的思考路径？

（14）不同学生学习同一个知识，他们思考的路径有何不同？会做题就理解了吗？

（15）当学生学习数学的兴趣不高时，教师该怎么做？

（16）当班级存在明显的数学学习两极分化现象时，教师该如何处理？

（17）活动经验在数学课堂中怎么积累？

(18) 大班额的环境下学生学业成绩较差,如何在现有条件下提高学生的学业成绩?

(19) 如何才能做到高分高能?

(20) 如何帮助其他教师(如青年教师、备课组教师)读懂教材?

(21) 对一线教师而言,如何把自己的研究课题和研究成果应用到实际中?

(22) 如何处理学生能力与考试评价的矛盾?

(23) 教师从何处才能得到指导,掌握测试题难易程度的科学评价标准?

(24) 怎样在实际教学中达到既发展学生能力,培养学生数学素养,静下心来搞好教育又能兼顾好应试(世俗)的要求? 学校、家长、社会都盯着分数,虽然知道现有很多做法违背了教育规律,但为了提高分数,一线教师不得不违心去做,我想找到一个比较好的平衡点.

2. 发现研究问题的七个视角或领域

教师作为研究者,如何提出并形成适合自己的研究问题? 通常的有效做法是:对于自己感兴趣的话题或"想知道",采用"头脑风暴",写下与该主题有关的所有的词汇、概念、想法、问题和知识,并列成一个表单. 对表单中的问题采取从大到小、逐渐深入的解剖方式,逐一进行排查,得到自己最终可以掌控和实施的研究问题. 下面以数学学科为例,列出教师研究中可能发现和形成研究问题的七个视角或领域.

1) 针对学生学习的具体内容提出研究问题

结合具体的数学内容(如数与运算、代数、几何、数据与概率、统计等),从指导帮助学生学习的角度提出研究问题,应该是教师研究者获取适合自己研究问题的最为有利和方便的一个手段.

案例 5　下面列出的是困扰一些数学教师教学的难点问题

(1) 学生对位置值的理解是怎样的?

(2) 如何让学生理解基数与序数之间的区别与联系?

(3) 学生对分数的不同角度的理解是怎样的?

(4) 如何帮助学生理解四则运算之间的关系?

(5) 如何训练和发展学生的估算能力? 小学低年级学生如何理解一些现实情境中的简单的变化模式(如重复、线性增长)?

(6) 小学高年级学生如何用文字、表格或图示来表示和分析现实情境中的一些简单的变化模式和数学关系?

(7) 如何帮助初中学生根据问题情境选择适当的计算方法和工具(如笔算、计算器、估算、心算等)?

(8) 如何帮助初中生使用方程或函数来表征和解决具有现实情境的问题?

(9) 如何利用图形艺术促进学生几何的学习以及将几何应用到艺术、科学或日常生活?

（10）如何帮助初中生使用比例推理来解决具有现实情境的问题？

（11）如何帮助学生用数学模型表征和理解现实情境中重要的数量关系？

（12）如何帮助学生通过收集、组织及展示相关的数据来解决具有现实情境的一些问题？

教师在思考如何帮助学生掌握上述的这些数学内容知识的同时，也在考虑如何改进和发展自己的学科内容知识．包含在数学课程中的让教师难教、多数学生难学的内容，往往可以成为研究的关注点．

2）针对学生的能力及其发展提出研究问题

能力及其培养研究是教育研究的重大课题，也是中小学教育研究的核心领域．对数学能力的界定，虽然有多种流派，但在我国中小学教师中影响最大的以前是数学教学大纲的观点，现在是数学课程标准的理念．2011 版义务教育数学课程标准明确说明"在数学课程中要发展学生的数感、符号意识、空间观念、几何直观、数据分析观念、运算能力、推理能力和模型思想．为了适应时代发展对人才培养的需要，数学课程还要特别注重发展学生的应用意识和创新意识"．由此可以衍生出一系列的研究问题．

案例 6　针对学生数学能力的发展，可以从问题解决、推理与证明、数学关联及数学交流等方面提出如下一些问题

（1）小学（初中或高中）学生问题解决能力应该是怎样的？如何培养或发展这类能力？

（2）小学（初中或高中）学生推理与证明能力应该是怎样的？如何培养或发展这类能力？

（3）小学（初中或高中）学生利用数学进行交流的能力应该是怎样的？如何培养或发展这类能力？

（4）小学（初中或高中）学生理解数学概念之间的关联以及数学与其他学科之间关联的能力应该是怎样的？如何培养或发展这类能力？

（5）教师在学生问题解决中扮演怎样的角色？

（6）教师在学生数学交流中扮演怎样的角色？

在培养学生数学能力时，既需要思考数学内容的学习特点，也需要考虑学生的个性特征，还需要思考现代社会对人才培养的要求，最后也需要考虑教师自身的教学特点与优劣所在，才能确定适合教师自己的研究问题．

3）针对使用的课程和教材提出研究问题

教师每天的教学基本上离不开教科书．特别是对理科教师来说，教科书的使用比文科教师显得更为频繁和重要．通过教学来改进或丰富所教的课程与教材，是教师作为研究者提出好的研究问题的良好途径．

在基础教育转型和课程改革的时期，教师对自己所教的课程及其改革往往能基于自己的经验提出自己的看法和思考，而其中不乏对当今课程不满意的一些看法，而对课程的不满正是对课程进行研究的动力.这种不满可以是从宏观层面提出针对课程体系和观念的不同意见,也可以是从微观视角提出针对课程某一章节内容的不同看法;无论是哪种角度,不能仅停留于对课程的抱怨而让那些来自于课程的问题自生自灭,应该让自己的看法或"不满"转化为研究,思考如何通过自己的研究,借用自己的课堂教学平台,解决课程中存在的问题.

Dana 和 Yendol-Silva(2003)也认为教师的研究首先应清晰地意识到自己对所使用的课程有哪些不满而需要改进或丰富的地方.他们建议,可以从自己过去一年所使用的教科书和备课本着手,把教材的各个章节及备课本从头到尾浏览一遍,记录下自己在教学中所有不满意的而需要改进或丰富的地方,然后再挑选出一个让自己最关注和有信心继续研究的部分.当然,也可回过头去复习当下的课程标准,从课程标准倡导的理念与实际课堂教学中课程传递的信息及自己的教学实践之间的张力或冲突中,寻求有价值的研究问题;还可以从一些课程专家那里获得对课程改革理念的解读,以确定适合自己的研究问题.

4)针对教师自身的教学提出研究问题

教学离不开教学策略和教学技能的使用.面对自己的课堂,如何改进自己的教学策略和教学技能?也许教师每天都在思考如何更深入地认识、改进常规的或新的教学策略和技能.教师研究可以尽可能多地列出自己过去所使用的教学策略,而将教学策略和使用该策略的理由连接起来的问题就可以成为自己的研究问题.

案例7　关于教学策略或技能的两个研究问题

(1)教师 A 针对合作学习策略提出的研究问题:"我的学生很健谈,合作学习恰好需要他们之间的交谈,同时也需要他们将交谈的内容聚焦于学习上——我如何利用学生这样的交往技能同时加强他们的学习和我的教学呢?"(Dana et al,2003).

(2)教师 B 针对提问技能提出的研究问题:"课堂提问——有时学生不回答我所提的问题——我提问的方式是如何影响了学生对我的问题的解读?"(Dana et al,2003).

我们也可以将自己感兴趣的一些教学策略或技能尽可能多地写下并列成一个表单,挑选出最感兴趣的技能,并给出对该技能感兴趣的理由,研究问题也可能就此产生.

教学信念会影响教学实践,但一些教师却发现自己的教学信念与教学实践常常不一致.教师的教学信念与教学实践之间的关系到底是怎样的?如何探索自己的教学信念与实践之间的关系?一些研究者(如 Dana et al,2003;Hubbard et al,2003)建议教师坚持写教学日志:在每一天的开始或结束时,花一点时间写教学日志,反思课堂教学中引起你注意的地方,特别是那些你认为,如果有机会重教一遍的话,你希望采用不同的方式来教的地方;也要特别留意自己的教学信念中那些真正影响了教学实践的方面;也可以写下一些总的教学信念和一些针对所教的具体学科的教学信念.顺便提及的是,一些教师不知道如何写教学日志.实际上,教学日志的形式没有定规,你可以写成日志、日记或观察记录的形式,只要用文字写下并记录在你课堂发生的事情即可.

案例 8　在观察自己课堂教学活动中发现研究问题

对自身教学进行反思,除了写教学日志外,还可以借助一些工具形成反思焦点,提高反思深度. 以下是一张课堂教学观察记录的样表(表 2.1).

表 2.1　课堂教学观察记录表

事件或观察结果	涉及的学生	事件或观察的描述
事件或观察结果 1	涉及学生的姓名	对事件或观察三言两语描述
事件或观察结果 2	涉及学生的姓名	对事件或观察三言两语描述
……	……	……
事件或观察结果 10	涉及学生的姓名	对事件或观察三言两语描述
……	……	……

在完成上述表格之后,再纵向审读和分析表格中的学生和事件或观察记录,找出那些一直或最频繁出现在表格中的学生,那一位学生(或更多)就有可能是你的研究应关注的对象;同时,也应分析和总结这些事件或观察结果的共通之处,它们之间的共同点,就有可能是你研究问题的关注点.

5) 针对教育教学的评估提出研究问题

教育教学评估是根据一定的教育价值观或教育目标,运用可行的科学手段,通过系统地搜集信息、分析解释,对教育现象进行价值判断,从而为不断优化教育和教育决策提供依据的过程. 随着时间的推移,教育教学评估从早期以学生学习结果为对象,逐渐扩大应用的范围,拓展至教育的全领域,从宏观的教育理念与课程体系,到中观的学科内容和教学策略,再到微观的具体教学组织与活动,各种教育教学现象都可以作为评估对象;不仅评估教育教学结果,教育教学计划、教育教学活动和教育教学过程也可以作为评估的对象(胡中锋,2011). 教育教学评估早已不再简单地以成绩的排名来实施.

随着数学课程改革的深入,评估数学教育教学的指导思想和方法应该与课程标准的理念相一致. 教师是最靠近学生、最了解学生的人,也是最需要利用评估来了解和改进教与学的人. 从评估的角度或领域提出研究问题,不仅有利于教师改进教学,还有利于教师的专业发展.

案例 9　针对数学教育教学的评估提出的研究问题

所有与数学教育教学有关的方面都可以作为评估的对象,如对课程材料进行评估、对教师的教学进行评估、对学生的学习进行评估等. 这里只以下列问题为例,说明可以如何提出研究问题.

(1) 如何使用适当的数学问题或活动来评价学生的基本的数学运算熟练程度?

(2) 如何使用适当的数学问题或活动来评估学生的高水平的数学思维能力?

(3) 使用数学问题或活动作为评估手段得到的评估结果的质量怎样? 有说服力吗?

(4) 怎样理解或解读使用数学问题或活动作为评估手段得到的结果?

（5）我使用的评估标准适合我班上的所有学生吗？

（6）从评估的结果我能得到哪些启示？根据这些启示，我应该采取哪些相应的行动改进教学？或如何将评估结果融入接下来的教学或评估？

6）针对教师职业的特殊性提出研究问题

作为一种特殊的社会角色，教师是通过教育教学活动，完成文化传承、教书育人使命的专业人员. 教师的行为特征具有明显的社会规定性、规范性和示范性. 教师的职业价值观、成就动机、教学效能感、工作压力等因素，不仅直接关系到教师自身职业发展的程度和方向，直接影响教师的教育行为和工作成效，还将影响所教学生受教育程度与受教育水平. Ayers(1989)指出"教学不仅指一个人做了什么，而且关乎这个人是谁"，因此，正确认识并理解个人身份与教师职业身份之间的关系，有利于解读教师的教学行为、行为背后的指导思想与价值观，以及产生的教学效果.

针对教师职业的特殊性，教师作为研究者，可以通过思考自己作为独立人与作为专职教师的角色各是什么、两者之间如何转换和互动，来寻求研究问题. 例如，一个数学教师，作为一个对数学感兴趣的人，他（她）的兴趣如何通过数学教学来影响学生对数学的兴趣？

Dana 和 Yendol-Silva 建议可以通过如下的途径让教师自己研究个人身份与教师职业身份之间的关系：①撰写简短自传，直接探索对个人身份和教师身份的认知. 甚至可以从出生开始写，回顾自己作为个人及教师的成长历程，回顾自己的一些兴趣或热情是如何随着时间而变化的，回顾并区分是哪些事件、发生在什么时候的关键事件对自己的个体生活和教师的职业生涯产生了较大的影响；也可以特别提及究竟是一些什么因素让自己选择教师作为自己的职业. ②间接写下自己对教师身份的认知. 如画一种最能代表你心目中的教师形象的真实的或神秘的动物；挑选出一个词汇、一个现成的符号或者自己设计一个图标，最能表达你心目中教师的形象；或指出哪一种或几种颜色能代表你心目中教师的形象；或哪一种品格（真实或虚构的）能够用来描述你心目中的教师.

7）针对与学校或学生有关的一些社会、家庭、民族等因素提出研究问题

校园是一个微缩的社会，在学校进行的一切活动都可以折射出社会、家庭、民族、文化等的影响力. 教师作为研究者，也可以从社会、家庭、民族、文化等与学校或学生之间的相互关系来探索教育教学的意义.

这类研究可以从你班上挑选在民族、性别、家庭经济状况等方面有差异的学生，通过观察并记录这些学生在学校的表现，自然就会产生如下的问题：这些学生都受到了相同的学校教育吗？他们在数学学习上的表现有差异吗？如果有差异的话，主要是哪些因素造成的？教师在怎样的范围内或多大程度上可以帮助学生克服某些不利因素的影响？

教师研究显然也是在一定的环境中进行的，例如，课堂一定存在于某个学校内，学校必属于某区县、而区县必在某省市之内. 一些教师已经认识到不同的学校环境、社区风俗、地域文化等会影响自己的教学. 例如，在一个学生结构呈多样性的课堂或

学校,教师的教学必须考虑学生在民族、文化传统、家庭经济水平等方面的差异等因素;又如,在一个很强调升学率的地区,教师的教学很可能被升学考试的压力牵制.

对影响教与学的各种外部环境或因素的研究,Dana 和 Yendol-Silva(2003)建议可以从以下三方面着手:①列出和教与学有关的环境或因素中具有挑战性的那些方面;②针对那些挑战,列出你认为有困难的那些方面;③写下你对那些困难的分析、困惑或问题. 这样做,有助于形成适合你的研究问题.

(二)研究问题的提炼和形成

教师在寻找并试图发现研究问题时,即使有问题存在,有的人能够发现问题,有的人可能发现不了问题;同一个教育现象,有的人可能从这一角度发现有问题,而另一些人则发现那一方面存在问题. 在研究问题的发现阶段获得的问题,有些可能有研究的价值,而有些可能因为没有抓住关键而不具备研究的价值;有些可能很粗糙,有些可能过于宏大,这样会导致下一步的研究有"找不着北"的感觉. 因此,研究问题的提炼变得尤为重要. 下面给出提炼问题的四条有效途径或方法.

1. 让研究问题具有开放性和可持续发展性

在形成问题时,首先考虑的是让研究问题保持开放性,排除那些只需用"是或否"即可回答的问题. 回过头去看看"发现问题"阶段写下的那些"想知道",以及你的同事和其他研究者在该领域的研究问题,也会帮助你筛选和构造你自己的研究问题.

你也可以再回到课堂里那些让你感兴趣的事情以及你想知道的事情上,但不能被僵化的程序所束缚,因为这样的程序可能有损于课堂的流畅性和学生不断变化的需要. 与此同时,你会在回头观察中进一步完善以前所发现的这些问题,甚至你的问题的关注点会在观察过程中发生转移和变化. 当你进一步深入观察自己的想法时,有关的问题会随之而深化,变得更为丰富. 一位教师通过反思自己的研究过程和体验,建议在开始新的研究时,应该给自己足够的时间思考研究问题,并留意自己在问题思考上的一些变化(Hubbard et al,2003)"根据我自己的研究经验,我认为,第一年的研究者,应该以一个研究者的视角仅仅只是观察自己的课堂. 通过这些观察,再选择一个方面作研究. 之前,我对研究问题的选取显得太仓促. 我最初的研究问题是从分析学生所使用的问题解决策略开始的,而当时学生自己的策略还很不成形和明确,学生实际上只是照搬我在课堂教的那些步骤. 因此,对学生策略的研究很难展开. 当我意识到这点之后,我更多地思考一些其他方面的问题."

发现和形成问题往往非常耗时,而且往往可能要围绕"想知道"进行很多艰难且反复曲折的探索,但许多教师认为正是这些探索过程和活动能够让他们学到很多新的东西. 教师研究的意义始于发现和享受可能的研究问题,而不是仅仅分析研究结果;这样的研究"循环圈"随着新的问题的产生和可能的答案的获得而继续递进,教师也在循环递进的研究中不断成长.

2. 纵向采用"向下钻取"的策略深化问题

当教师发现的问题尚停留在表层时，Wilson(2009)建议采用"向下钻取"(drill-ing down)的策略来深化和形成合适的研究问题.

案例 10 以"什么是一堂成功的课"为例，采用"向下钻取"策略深化研究问题

如图 2.4 所示，可以从学校、教师、学生等三个主要视角分别思考"成功的课意味着什么"，逐步深化问题，从而形成一个合适的研究问题.

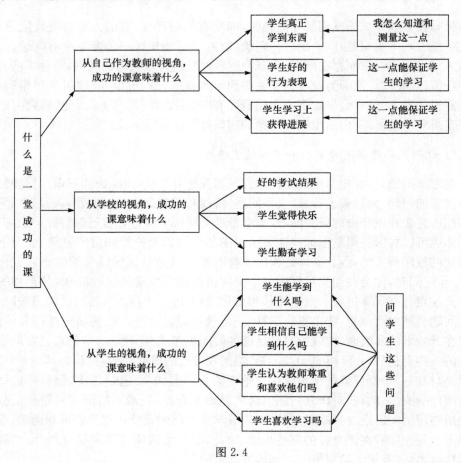

图 2.4

3. 横向采用反复自我追问的策略以明晰关键所在

在提炼和形成研究问题的过程中，需要借力于专家、同行和同伴，在与他人不断进行交流探讨的同时，反复追问自己图 2.5 中的一些问题，可以帮助自己进一步明晰真正的研究兴趣所在，自己期望的研究重点到底是什么(Wilson,2009).

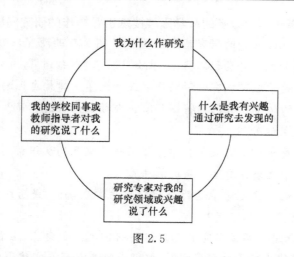

图 2.5

例如,数学李老师在参与"小学生代数学习"方面的研究时,写道:"……我自己已经是一个很好的教师,对学生尽职尽责,有效的教学赢得了家长及学校领导的肯定、感谢与尊重……为什么要作研究? 因为我开始看到数学教育改革运动的价值所在,而且我需要一些更新的教学策略.研究于我是重要且很有意义的……";在谈及什么是自己感兴趣、想去研究的问题时,李老师写道:"在另一位研究者希望我加入她的小学生代数学习的研究项目时,似乎立即'点燃了'我的兴趣,她的研究计划似乎就是我的教学目标的自然延伸……"

案例 11　在实习教师教学困难的基础上提出研究问题

小学数学教师 A 在观察了一位实习教师的课后,发现该实习教师在给五年级学生教分数时遇到了麻烦,尽管该实习教师在备课和教学环节明显下了工夫,但教学效果仍不佳;这令教师 A 开始思考:"虽然五年级学生已经知道使用不同的方法表示分数,但究竟是该实习教师的什么经验限制了他在课堂中使用有关分数的符号和标准的算法?"教师 A 也发现自己与研究专家有共同的兴趣,如都感兴趣于"小学生如何学习分数的概念和意义,他们对分数概念和意义的理解是如何与高年级的进一步学习衔接的?"等(Adams et al.,2006).

4. 借助规范化的研究程序提炼适合自己的问题

在明晰了自己的研究兴趣和研究重心后,教师还需要进一步细化自己的研究问题,以提升研究问题的可操作性.Wilson(2009)进一步建议通过以下的程序,来一步一步地提炼和形成自己的研究问题,如图 2.6 所示.

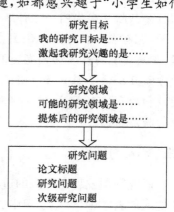

图 2.6

案例 11 续　基于实习教师的教学困难提炼出可操作的研究问题

Adams 和 Sharp(2006)的研究基本上遵循了图 2.6 的研究路线. 他们以实习教师的分数教学遇到的困难作为切入点,产生如下一些"想知道".

(1) 什么样的教学框架能有效帮助那些五年级学生建构自己的分数知识?

(2) 年级更高的学生是否已经将一些有关分数的知识遗忘了? 因为他们只是在学校才接触有关分数的知识.

(3) 我们能够更多地了解五年级学生使用一些直觉的认识帮助理解分数吗?

(4) 怎样帮助学生记住那些分数的算法?

(5) 对于那些记得住之前学过的分数知识的学生,他们是否跟那位实习教师一样,对分数的理解反而受限了呢?

对于这些"想知道",两位研究者也意识到它们太大太复杂,且很分散. 但选取哪一个或哪一类问题作为自己的研究问题,他们当时并没有立即就形成答案,也没有急于想得到答案. 他们先是回到五年级的数学教材中去,发现五年级在本阶段是分数运算的关键时期,于是决定将分数运算作为一个突破点. 接下来,他们认真领会 NCTM 的课程标准中有关五年级学生分数知识的论述;NCTM 课程标准强调,五年级学生应理解分数的意义(分数可以理解为整体的部分),能识别和发现等值分数,能进行有关分数的加减运算. 他们进一步从他人的研究文献(例如,Huinker,1998;Kamii,1985;Mack,1990;1995;2001)中获得更多的信息. 例如,小学生能够在问题解决中,基于自己已有的一些有关分数的非正规的知识,发明自己的算法从而解决问题,而教师的角色是对那些非正规的知识进行引导、扶持或矫正. 从这些文献中获得的认知,使得他们认识到这些来自文献中的理念与他们对教学的理解是一致的,于是开始形成研究问题.

两位研究者首先写下如下的研究问题:"如果五年级学生的分数学习,是基于有关的情境,使用学生自己有关分数的非正规知识,以及有关整数除法的知识,那么他们对分数除法会发明一些什么样的算法?"接着,反复阅读这一研究问题,总觉得问题太长,也有点拗口. 于是,试图去简化这一研究问题的表述,于是反复地改写这一问题,但总是觉得改写的问题遗漏了一些信息. 然后,觉得只要问题涵盖了他们感兴趣的方面且反映了课堂教学研究的错综复杂性,就是可取的. 最后,他们保留了研究问题最初的表述形式,确定的研究论文标题是:"课堂研究对学生和教师学习的影响:以分数除法为例".

(三) 小结与建议

研究问题发现与形成的过程,可以用下列的循环框图 2.7 来描述. 首先,从自己和他人的教学中、学生学习中、已有的研究成果中等领域产生了许许多多"想知道"的话题,于是希望将这些"想知道"的话题转化为研究问题. 这时,需要明确研究目的. 接下来,根据研究目的,确定研究的视角或领域. 然后,将最初的问题进行提炼和加深;若难以聚焦成合适的问题,再回头去观察最初的"想知道",明晰研究视角,进一步反思自己的思考. 最后,形成研究问题.

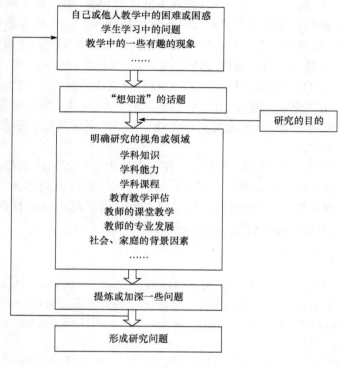

图 2.7

　　研究问题的提出始于自己的兴趣和有激情去探索的那些方面,但也要考虑自身研究条件,考虑自己能否驾驭相关的研究方法. 除此之外,也可以使用以上我们所总结的那些方面,逐一对照自己的教学,从中发现问题.

　　所提的问题应该是自己真的不知道答案的,并尽量与他人分享和探讨. 与同事、同伴或其他专家从头到尾讨论你发现的那些问题或"想知道",即使是将一些可能性或想法和别人一起讨论,也有助于发现自己真正感兴趣的研究问题.

　　应尽量详细、通俗地表达自己关心的问题. 很久以来,教育研究有一种倾向,即试图以较短时间解决较大的研究问题和大规模的研究问题,而忽视了教育研究的复杂性. 像"如何改进学生的学习?"之类问题不止一次被教师研究者提到,这个问题很大,以致很难进一步形成可以操作的研究问题. Natalie(1990)建议教师研究在陈述问题时应尽量具体详细,她使用形象的比喻"不说小汽车,而说凯迪拉克;不说水果,而说苹果"等. 好的研究问题也是这样的. 在教师研究之初,研究问题越详细,接下来的研究将进展得越顺利.

　　研究问题可以是开放的,因为这些问题或许随着你研究的进程发生改变或转移.写下你的问题的第一稿时,尽量把这些问题写得完整,哪怕是用整个段落来表达一个问题,接着使用不同的方式和角度来重新表达这些问题,直到你认为所需要的信息都包含在这些问题中.然后,隔一段时间,再回头读这些问题.思考如下问题:这些问题仍然让你觉得有趣吗? 你仍然有探索这一问题的冲动吗? 如果回答是否定的,在你提炼研究问题时,思考究竟哪一个环节让你对该问题失去了研究的热情.

　　研究问题要有意义且有针对性.教师研究不能"为研究而研究",教育研究的终极目的总是指向学生的学习,因而研究问题的发现、选取和形成应具有代表性和面向多数的学生.例如,有关学生运算能力的研究,如果班上95%以上的学生都能正确熟练进行该年龄段所要求的运算,而研究问题关注于那5%在运算能力有欠缺的学生身上,那么该研究就失去其意义.

　　对自己最初的那些"想知道"要有耐心并仔细地把它们表达出来,允许自己有充足的时间思考和修改那些问题.Hubbard 和 Power(2003)引用诗人 Rainer Maria Rilke 的诗句作为对教师研究者的勉励,我们也想引用在此:"对所有存于心中那些未能解决的问题有耐心,并试着爱这些问题吧!"

参考文献(部分)

Dana N F, Yendol-Silva D. 2003. The Reflective educator's Guide to Classroom Research: Learning to Teach and Teaching to Learn Through Practitioner Inquiry. Thousand Oaks: Corwin Press

Hubbard R S, Power B M. 2003. The Art of Classroom Inquiry: A Handbook for Teacher-Researchers. Portsmouth: Heinemann

Wilson E. 2009. School-Based Research: A Guide for Education Students. London: Sage

中华人民共和国教育部. 2011. 义务教育数学课程标准(2011 年版). 北京:北京师范大学出版社

胡中锋,许世红. 2011. 校本评价方法与案例[M]. 广州:广东高等教育出版社

第3章 文献查阅与文献综述

本章概览

数学教育研究的前期工作之一就是查阅和研究与课题相关的文献. 在课题确定之后,了解相关文献将有助于熟悉研究现状,使研究过程更加有效.

然而要从现有的大量信息资料中获得有用的信息,文献的查阅绝不是一件轻松的事情. 它是一个需要认真、透彻了解并注意细节的系统阅读过程. 这一过程涉及以下三个问题:① 信息是从哪里发现的? ② 找到信息后我们应该怎么做? ③ 是什么构成这些信息?

学完本章我们将能够:①熟悉文献和文献综述的内涵;②明确文献查阅和文献综述的一般过程和方法;③进行有效的文献查阅,书写规范的文献综述;④了解文献标注的原则和方法,进行规范的文献标注.

3.1　文献概述

文献查阅贯穿数学教育研究过程的始终,无论是课题的选题、分析、论证,还是分析研究的进展,都必须广泛、全面地占有相关资料,了解相关领域前人所做的工作和贡献,找到自己研究的着手点,建构研究工作蓝图.

3.1.1　什么是文献

1. 文献的含义

"文献"(literature)一词最早见于《论语·八佾》,"夏礼吾能言之,杞不足征也;殷礼吾能言之,宋不足征也;文献不足故也,足,则吾能征之矣."朱熹注:"文,典籍也;献,贤也."原指典籍与圣贤,后来融合为一,泛指有史料价值的文章和图书. 1983 年国家发布《文献著录总则》,明确了文献的定义:记录有知识的一切载体. 文献一词的含义随之扩大. 所谓"一切载体",即借助文字、图形、符号、声频和视频等手段记录人类知识的所有材料,既包括如图书、期刊、学位论文、档案、科研报告等书面印刷品,也包括像文物、录音录像带、幻灯片等实物形态的材料. 另外,现代电子材料如个人博客上的日志、感悟等也属于文献.

2. 文献的构成要素

文献是记录有知识的一切载体,定义简单、客观、严谨. 从定义可以看出,文献至少有三个构成要素.

1) 文献记录的内容——信息和知识

信息与知识是构成文献的主体,没有信息、知识内容的任何形式的载体都不能称为文献. 也就是说,任何形式、内容的文献首先一定要有信息或知识.

2) 文献记录的手段——内容的记录方式

文献以传播为目的,人类传播信息与知识的形式主要有三种:声音、符号和图像. 语言以声音的形式传播信息与知识;文字以书写符号的形式传播信息与知识;绘画、制图以图像的形式传播信息与知识. 进入信息时代后,三种形式记录手段的范围也在不断地拓广.

3) 文献载体

按照记录内容的形式,文献载体可分为三类:承载声音的载体(如磁带、光盘、唱片等)、承载符号的载体(如图书、期刊、研究报告等)和承载图像的载体(如画、雕像、图纸).

无论何种形式的载体都必须具备以下四个功能:可保存性、可记录性、可生产性、可共享性.

依据文献的根本定义和构成要素,我们可知,文献具有内容和形式两个方面,是信息与载体的统一,即不单指载体,也不单指内容.内容指文献所包含的思想、知识和信息;形式指思想、知识和信息赖以依附的物质载体.

文献具有存储信息、传递信息两大基本功能.随着社会的发展,文献的传递作用更为明显.文献以存储为手段,传播为目的.

3. 文献的类型

文献的分类方式有多种,角度不同,结果迥异.按文献载体形式可分为文字文献、数字文献、图像文献和有声文献;按社会属性可分为政治文献、军事文献、经济文献、教育文献等;科学技术的进步使现代记录媒介技术成为可能,按文献记录的媒介形态,可分为除传统纸质印刷型、胶片感光材料缩微型、磁性材料存储试听型外,还出现了光盘、硬盘光电材料存储机读型和网络型文献,这些新型媒介的出现使文献媒介向小型化、大容量、易传播的方向发展.接下来将详细介绍一种分类方式,根据文献内容加工程度的不同,文献分为零次文献、一次文献、二次文献和三次文献,或称为零级、一级、二级或三级文献.

1) 零次文献

零次文献是指某些事件、行为、活动的当事人撰写的目击描述或使用其他方式的实况记录,是未经发表和有意识处理的最原始材料,也可称为第一手资料.这类文献有的并非为了研究而撰写,如个人日记、教师日志、手稿、信件、笔记、自传等,还有学校、团体、学会等撰写的文件.

2) 一次文献

一次文献又称原始文献、一级文献,是作者本人以实践为依据而创作的原始文献,是直接记录事件、活动、行为经过的研究成果、专著、论文、调查报告等,具有创造性,有很高的直接参考和借鉴使用价值,但储存分散、不够系统.一次文献的作者不一定是事件、活动、行为的直接参与者,他们可以通过对直接参与者调查访问或阅读零次文献,或参考引用他人的资料获得信息,然后加以研究,分析综合,撰写出直接记录事件、活动、行为等原始成果的研究文献.常见的一次文献有专著、学术论文、学位论文、研究报告、会议文献等.

3) 二次文献

二次文献又称检索性文献或二级文献,是对一次文献进行加工整理,使之系统化、条理化,并按一定原则、方法编排的系统的便于查找、检索的文献.二次文献的一般形式为题目、书录、索引、题要和文摘等.二次文献具有报告性、汇编性和简明性,是检索工具的重要组成部分.

4) 三次文献

三次文献又称参考性文献或者是三级文献,是在二次文献检索的基础上,对某一范围内的一次文献进行系统地加工整理并概括论述的文献,既兼有一次文献的原始性、二次文献的报告性,又加入了作者本人的具有主观综合性的研究结果,如动态综述、专题评述、年度百科大全、专题研究报告等.

4. 文献的分布

无论上述分类如何变化,教育文献均是借助一定的载体存在.目前,主要载体为纸质、胶纸、磁性和光电材料,其中纸质材料最为丰富,主要集中在图书馆、档案馆、博物馆、研究机构和学校等单位,并主要分布在以下五种载体中.

1) 图书

图书包括名著要籍、专著、教科书、资料性工具书及科普通俗读物.书籍种类繁多,基本上可分为两大类:一类是供读者查阅的图书即工具书,如书目、索引、文摘、百科全书等;另一类为供读者阅读的图书,如单卷书、多卷书、丛书等,是图书馆藏书的主要组成部分.

内容成熟、形式正规、论证问题完整是图书的一大特点.一般来说,图书是对某一知识领域在一定时期内的科学研究成果、生产技术和实践经验系统地、理论地概括,是作者长期研究的成果和学术经验的总结,可以帮助我们系统地了解某知识领域的历史与现状,认识还不熟悉的科学领域.图书所含的知识信息具有稳定性、积累性和潜在性优势,但编辑周期长,传递信息的速度较慢.

2) 报刊

报刊包括报纸和期刊,均属连续出版物.

报纸是以刊登新闻和评论为主的定期连续出版物,特点是发行广,信息新而快,是获取最新信息的重要信息源.我国目前出版发行的专业报纸有十几种,如《中国教育报》《教育时报》《教师报》等,还有《光明日报》《文汇报》等大报的教育科学版.报纸主要有综合性报纸和专业性报纸两类.

期刊,是定期或不定期的连续出版物,主要包括教育类专业杂志、学报和文摘杂志.期刊依据出版周期可分为周刊、月刊、双月刊、季刊等,依据性质可分为学术理论性期刊、情报性期刊、专业性期刊和普及性期刊.教育学科范围内的期刊主要有三类:一类为专业杂志,刊载有关学术论文、研究报告、文摘、综述、评述与动态,兼容性强,如《数学教育学报》《中学数学研究》(华南师范大学)、《上海中学数学》等;二是会报、集刊、丛刊、会刊及高校学报,如华南师范大学学报,中国教育学刊等,学报一般刊登专业性、理论性和学术型强的文章;三是文摘及复印资料,这是一种资料性及情报索引刊物,它经过专业人员精选成册定期出版,有重要文章并附有一定时期内主要文章的篇目索引,可以帮助研究者及时掌握某一特定研究问题的文献概况,如《中国数学文摘》.

3) 教育档案

教育档案主要包括年鉴、教育法令集、学术会议论文集、学位论文等.

教育年鉴是以全面、系统、准确地记述上年度教育发展状况为主要内容的重要教育发展情况档案,属资料性工具书,主要作用是向教育研究者提供一年内全面、真实、系统的教育事实资料,便于了解教育发展状况和趋势,如《中国教育年鉴》《中国教育统计年鉴》等.

教育法令集是官方根据有关教育政策法规制定的指令性文件汇集,通过立案归类,成为资料的一部分,集中反映了国家的教育方针政策、法令和规章制度,是全面了解我国教育状况和制度沿革及发展演变的有用资料.

学术会议论文集则是汇集某一时期诸多学者的研究成果,问题集中、论点鲜明、信息量大,具有较高的学术价值.

学位论文是指完成一定学位必须撰写的论文,格式等方面有严格要求.凡经过答辩的学位论文,一般都具有独创性的研究成果且研究方法具有系统性,能显示论文作者的专业研究能力,其中博士论文具有较高的学术价值.为充分发挥学位论文的参考作用,我国已建立"优秀硕博论文数据库",提供可公开发表的论文检索下载服务.

4)非文字资料

非文字资料主要指声像媒体,是一种借助电子方式记录的文献资料,并通过视听觉传递知识,更直接、精炼、形象,最具代表性的是网络传媒和电视传媒,在教育研究中同样具有重要的文献意义,如中国教育电视台-2 的数学节目.

5)现代信息技术载体中的文献

现代信息技术主要包括缩微技术、视听技术、计算机技术、多媒体技术、网络通信技术及数据库技术.我国信息产业的迅速发展,为计算机网络技术的普及创造了条件,计算机存储与交流信息资料的重要性越来越凸显,由于它容量大、检索速度快且覆盖面广,已成为重要的资料信息来源.

文献的查阅应主要搜集一级文献,特别是有较高学术价值、在本学科领域中有一定的权威性、信息量大、使用率高的书籍.可是,我们为什么要查阅文献呢?也就是说查阅文献有什么现实意义吗?下面将着重回答这个问题.

3.1.2 为什么要查阅文献

我们之所以查阅文献是由它在研究中的基础地位决定的.任何研究创新都是有根基的,而前人留下来的知识、信息,以文献的形式为创新提供土壤.文献查阅的现实意义可概括为以下三点.

1. 正确了解研究现状,确定研究课题,把握研究方向

通过查阅获得的文献,可以提供系统全面的与研究课题有关的信息,从而加以利用;还可以了解到前人或他人在该领域内的研究成果,达到的研究水平,研究的重点,研究的方法、经验和问题.明确哪些问题已基本解决,哪些问题有待进一步修正和补充,在此问题上争论的焦点是什么,从而进一步明确研究课题的科学价值,找准自己研究的突破点.

2. 为研究提供科学的论证依据和研究方法

通过查阅文献资料,可以跟踪和吸收该领域内的学术思想和最新成就,了解科研前沿的动向,获得课题研究的线索,使研究范围内的概念、理论具体化. 进行研究,还必须了解国内外最新的理论、手段和研究方法. 而获得的文献可以为科学地论证自己的观点提供更有利的论据,使研究结论建立在可靠的资料基础之上.

3. 避免重复劳动,提高科学研究效益

查阅文献不仅可以帮助了解前人对有关问题的研究情况、进展及他们的研究成果,还可以避免进行重复性的研究工作,从而节省人力、物力和财力,除此之外,文献的查阅还能帮助我们发现前人研究中存在的问题与不足,从而避免前人犯过的错误.

研究人员还需要对不同研究阶段的资料查阅所起的不同作用有所了解:在确定课题阶段,通过广泛浏览,发现感兴趣的研究范围;确定研究课题后,通过查阅文献,了解前人在这个领域内已做过的工作和所使用的研究方法以确定自己研究课题的方向;确定研究方向后,查找能够证明、说明和解决课题中提出的相关问题的文献,从而进一步完成课题研究工作.

3.2　如何查阅文献

文献类型繁多,存在形式千差万别,如何从数以千万计的文献群中,找到符合特定需要的文献,不仅是时间的问题,还是一项技术性工作,要提高文献的查阅效率,提高研究的效果,就需要掌握一定的文献知识和文献检索方法. 文献查阅已成为研究者必备的基本功之一.

文献查阅过程包括三个基本阶段:分析准备阶段、搜索阶段、加工阶段.

3.2.1　分析准备阶段

1. 确立关键词

关键词是查阅文献的关键,关键词确立得好,就能在短时间内找到所需要的文献. 确立关键词的常见方法有四种:第一种方法是根据研究课题或者是论文的题目来确定,题目是研究及论文的眼睛,其中应该包含研究的关键成分;第二种方法适用于题目中找不到关键词的情况,有两种可能导致这种结果,一是题目本身的问题,未能把研究或论文的精彩之处凸显出来,二是关键词隐藏于题目中或者是题目背后,这时需从题目隐含的意思来寻找关键词;第三种方法是从研究课题子课题的题目或论文的小标题中来确立关键词,子课题和小标题是所阐述内容的重心,内含关键的成分;第四种方法是从研究目的中来确立关键词.

2. 确定查找的目的和要求

查阅文献前,需要对查阅的课题进行进一步的研究分析,明确查找的目的和要求,一定要清楚需要什么,切忌盲目查阅,例如,确定课题研究范围,是要查阅此课题的所有文献,还是只要某一时间段内的文献资料;是要查阅某一地区、某一国家还是多个地区、多个国家的文献资料.目的不同,查阅过程自然不一样.

3. 选择查找工具

进行文献查找,必然要借助一定的查找工具,而任何一种工具不可能包含该领域内的所有文献资料,因此,了解现有的不同查找工具成为了研究者必备常识.常用的查找性工具书有书目、摘要、文摘、传记资料等,也包括辞书、百科全书、年鉴及手册.

4. 确定查找方法

确定查找工具后,需针对查找的目的和要求,选择正确的查阅方法进行查阅.所谓查找方法,就是借用查找工具,依照一定的顺序,从不同角度入手查阅课题所需文献资料的方法.常用到的文献查找方法如下:

(1)顺查法　按时间范围,以研究课题发生的时间为查找起点,由远到近、有旧到新的顺序查找.这种方法多用于范围较广泛、项目较复杂、所需文献较系统全面的研究课题及学术文献的普查.

(2)逆查法　与顺查法查阅顺序恰好相反,在时间上,按照从现在到过去的顺序,由近及远、有新到旧查找.这种方法查到的文献往往更新、更全面、更概括,可以有效提高查找文献的效率.

(3)参考文献查找法　参考文献查找法又称追溯查找法,即根据文章和书后所列参考文献目录去追踪查找有关文献.这种方法一般是从自己掌握的最新研究资料开始,根据其后所列的参考文献查找过去有关文献,再根据过去相关文献后面的参考目录查找更早一些的相关文献,依次查找下去.此法的优点是所查阅的文献针对性强、直接、集中、效率高;不足之处是所得文献资料不够全面,原作者所列文献又带有一定的主观性、选择性.鉴于此,研究者应借用此种方法查找比较权威的专著或综述.

(4)综合查找法　综合查找法就是综合运用顺查法、逆查法、参考文献查找法等方法去查找文献的方法.

5. 现代信息技术在文献查找中的应用

现代信息技术主要包括缩微技术、视听技术、计算机技术、多媒体技术、网络通信技术和数据库技术等,通过计算机检索系统,为文献查找现代化提供了广阔的发展前景.现代信息技术在文献查找中的应用形式主要有三个方面:

（1）联机查找　　联机查找采用终端设备，通过电讯线路直接与计算机对话．读者可根据系统的现实，反复修改检索要求，逐个获得查找结果．

（2）光盘查找　　利用计算机直接查找储存在光盘上的数据，其特点是存储量大，价格低，保存方便．

（3）计算机网络查找　　计算机网络查找是将许多计算机查找系统用通信线路连接起来，形成巨大的计算机查找网络．在各个终端，可按照查找者的提示，快速提出符合要求的文献．

3.2.2　搜索阶段

此阶段的任务是搜索与课题有关的文献，然后从中选取重要的切实有用的文献进行阅读，并以做文章摘录、资料卡片、读书笔记等方式积累材料．

1．寻找文献

寻找文献的渠道有多条，我们经常使用到的有图书馆、档案馆、博物馆、事业单位和机构、学术会议和个人交往、计算机互联网等．其中图书馆是搜集文献最主要的渠道之一，也是最早出现的文献集中形式；档案馆是收集国家需要长期保管的档案和有关资料，并对其整理、编目、保管和研究，目前，我国已经形成了一个庞大的纵横交错的档案馆；博物馆作为一种社会文化事业，是科研部门、教育文化机构、物质文化和精神文化遗产的主要收集场所；事业单位或机构，无论有无图书馆，但为业务的开展总要收集或产生一些文献资料，都可以作为文献资源和搜集渠道；参加本专业或相关专业的学术会议，是搜集文献资料的一条重要渠道，在学术会议上，不但可以阅读会议论文，还可以面对面地质疑、提问与讨论；计算机互联网上的资源浩瀚无边，应有尽有，囊括了社会的方方面面，几乎人类的一切信息资源在这里都能得到．

2．找到相关文献后怎么办？

找到诸多的文献资料后，首先要做的就是对材料进行筛选，剔除无关资料，在筛选的过程中研究者要不断的问自己以下五个问题：

（1）它们是我需要的资料种类吗？

（2）它们是否可靠？

（3）它们是不是原始资料？

（4）它们是否提供了足够的信息？

（5）它们是最新的吗？

3.2.3　文献整理阶段

通过对上述五个问题的回答，筛选到研究所需的文献，接着要做的是对文献进行阅读整理，其目的主要有两个：一是发现相关研究的盲点和缺点从而明确自己研究的突破口和创新点；二是积累可以为我所用的好观点、好材料、好方法及好的研究思路. 通常有四种处理方式：

（1）引用　重复原作者的观点与材料，准确抄录每一句话，包括标点符号. 标出准确的页码及出版信息也很重要.

（2）复述　为了行文的需要，用自己的语言转述作者的思想. 在形成书面报告时需标明出处.

（3）摘要或总结　用浓缩的形式叙述某篇文章或某几篇文章的观点和内容，形成报告时应标明其出处.

（4）写文献综述　用自己的语言对相关研究的观点进行归纳总结，同时分别进行客观性评价并在此基础上形成自己的观点.

上述两个章节的详细叙述都为了写好一篇文献综述做铺垫，在进行文献综述前，对引用文献的正确标注会突显研究人员的研究素养. 关于如何正确、正规标注文献的出处，我们在下一节会详细说明.

3.3　如何标注文献

作为一位课题研究者或论文写作者都应该了解文献标注的一般原则和方法，还要意识到规范的文献标注对课题研究者和论文写作者的重要意义.

3.3.1　为什么要规范文献标注

标注的重要意义体现在以下三个方面.

（1）规范的文献标注是课题研究者和论文写作者学术道德修养的体现，是落实《著作权法》，尊重"知识产权"表现；

（2）规范文献标注是培养和锻炼优秀文风的有效途径；

（3）规范的文献标注是衡量论文质量的一条重要尺度. 引用资料的广泛性、经典性和深入性，通常代表着作者的研究视野.

3.3.2　文献标注的一般原则和方法

规范的文献标注需根据一定的原则、按照一定的方法才能实现.

（1）只著录最必要、最新的文献；著录的文献要精选，仅限于著录作者亲自阅读过并在论文中直接引用的文献，而且，无特殊需要不必罗列众所周知的教科书或某些陈旧史料.

（2）只著录公开发表的文献；公开发表是指在国内外公开发行的报刊或正式出版的图书上发表. 在供内部交流的刊物上发表的文章和内部使用的资料，尤其是不宜公开的资料，均不能作为参考文献引用.

（3）引用论点必须准确无误，不能断章取义.

（4）采用规范化的著录格式；关于文后参考文献的著录已有国际标准和国家标准，论文作者和期刊编者都应熟练掌握，严格执行.

（5）参考文献的著录方法；根据 GB 7714—87《文后参考文献著录规则》中规定采用"顺序编码制"和"著者-出版年制"两种. 其中，顺序编码制为我国科技期刊所普遍采用，所以这里做重点介绍.

3.3.3 顺序编码制

顺序编码制是指作者在论文中引用的文献按它们在文中出现的先后顺序，用阿拉伯数字加方括号连续编码，视具体情况把序号作为上角标或作为语句的组成部分进行标注，并在文后参考文献表中按照各条文献在论文中出现的序号顺序依次排列.

1. 顺序编码制参考文献著录项目

（1）主要责任者，是指对文献的知识内容负主要责任的个人或团体，包括专著作者、论文集主编，学位申请人、专利申请人、报告撰写人、期刊文章作者、析出文章作者等. 多个责任者之间以逗号分隔，责任者超过 3 人时，只著录前 3 个责任者，其后加"等"字（英文用 et al.）. 注意在本项数据中不得出现缩写点"."主要责任者只列姓名，其后不加"著""编""合编"等责任说明文字. 外文主要责任者用原著，姓名前后应遵循各国的习惯. 作者不明时，此项可省略.

（2）文献名及版本（初版省略），文献名包括书名、论文题名、专利题名、析出题名等. 文献名不加书名号.

（3）文献类型及载体类型标识. 根据 GB 3469—83 规定，以英文大写字母方式标识以下各种参考文献类型：专著[M]，论文集[C]，报纸文章[N]，期刊文章[J]，学位论文[D]，报告[R]，标准[S]，专利[P].

对于数据库（database）、计算机程序（computer program）及电子公告（electronic bulletin board）等电子文献类型的参考文献，建议下列字母作为标识：数据库[DB]，计算机程序[CP]，电子公告[EB].

2. 电子文献的载体类型及其标识

对于非纸张型载体的电子文献，当引用为参考文献时需在参考文献类型标识中同时标明其载体类型. 建议采用以下标识：磁带（magnetic）[MT]，磁盘（disk）[DK]，光盘[CD]，联机网络（online）[OL].

电子文献类型与载体类型标识基本格式为［文献类型标识/载体类型标识］. 例如，[DB/OL]——联机网上数据（database online）；

[DB/MT]——磁带数据库（database on magnetic tape）；

[M/CD]——光盘图书（monograph on CD-ROM）；

　　［CP/DK］——磁盘软件(computer program on disk);

　　［J/OL］——网上期刊(serial online);

　　［EB/OL］——网上电子公告(electronic bulletin board online).

3. 参考文献的书写格式

　　参考文献按在正文中出现的先后次序列表于文后,表上以"参考文献"居中排作为标识;参考文献的序号左顶格,并用数字加方括号表示,如［1］,［2］,…,以与正文中的指示序号格式一致.每一参考文献条目的最后均以"."结束.各类参考文献条目的编排格式及示例如下:

　　(1) 连续出版物.

　　［序号］主要责任者.文献题名［J］.刊名,出版年份,卷号(期号):起止页码.

　　例如,［1］宁连华,崔黎华,金海月.新加坡高中数学标准评介［J］.数学教育学报,2013,4(22):25—29.

　　(2)专著.

　　［序号］主要责任者.文献题名［M］.出版地:出版者,出版年:起止页码.

　　例如,［3］G.波利亚.数学与猜想［M］.北京:科学出版社,2013:211—215,230.

　　(3) 论文集.

　　［序号］主要责任者.文献题名［C］∥主编.论文集名.出版地:出版者,出版年:起止页码.

　　例如,［6］孙某某.数学史在数学教学中的应用研究［C］∥中国数学史与数学教学研究会.数学史与数学教学论文集(2).北京:正光教育出版社,2012:10—22.

　　(4) 学位论文.

　　［序号］主要责任.文献题名［D］.保存地:保存单位,年份.

　　例如,［7］张某某.高中立体几何认知水平的比较研究［D］.广州:华南师范大学大学,2010.

　　(5) 报告.

　　［序号］主要责任.文献题名［R］.报告地:报告会主办单位,年份.

　　例如,［9］冯某某.中美初中数学教材的比较研究［R］.广州:华南师范大学报告厅,2011.

　　(6) 专利文献.

　　［序号］专利所有者.专利题名［P］.专利国别:专利号,发布日期.

　　例如,［11］姜锡洲.一种温热外敷药制备方案［P］.中国专利:881056078,1983-08-12.

　　(7) 报纸文章.

　　［序号］主要责任者.文献题名［N］.报纸名,出版日期(版次).

　　例如,［13］谢希德.创造性学习的思路［N］.人民日报,1998-12-25(10).

（8）电子文献.

［序号］主要责任者.电子文献题名［文献类型/载体类型］.电子文献的出版或可获得地址,发表或更新的期/引用日期(任选).

例如,［21］王明亮.中国学术期刊标准化数据库系统工程的［EB/OL］.http://www.cajcd.cn/pub/wml.txt/9808 10-2.html,1998-08-16/1998-10-04.

3.3.4　文献标注常见问题及解决

（1）同一处引用多篇文章应如何标注?

答　只须将各篇文献的序号在方括号内一一列出,各序号间用逗号隔开,如遇到连续序号,可标注起讫序号.

例如,张奠宙[56,98]对数学观持有的观点是:……

（2）多处引用同一篇文章该如何标注?

答　多次引用同一篇文献时,在正文中标注首次引用的文献序号,并在序号的"［］"外著录引文页码.

实例　主编靠编辑思想指挥全局已是编辑界的共识[1],而对编辑思想至今没有一个明确的界定,故不妨提出一个构架……参与讨论.由于"思想"的内涵是"客观存在反映在人的意识中经过思维活动而产生的结果"[2]1194,所以"编辑思想"就是编辑实践反映在编辑工作者的意识中,"经过思维活动而产生的结果"……《中国青年》杂志创办人追求的高格调——理性的成熟与热点的凝聚[3],表明其读者的文化的品位的高层次……"方针"指"引导事业前进的方向和目标"[2]354……对编辑方针,1981年中国科协副主席裴丽生曾有过科学论断——"自然科学学术期刊必须坚持以马列主义、毛泽东思想为指导,彻底为国民经济发展服务,理论与实践相结合,普及与提高相结合,'百花齐放,百家争鸣'的方针"[4],它完整地回答了为谁服务,怎样服务,如何服务得更好的问题.

参考文献

［1］张忠智.科技书刊总编的角色要求［C］//中国科学技术期刊编辑学会十周年学研会汇编.北京:中国科学技术期刊编辑学会委员会,1997:33-34.

［2］中国社会科学院语言研究所词典编辑室.现代汉语词典［M］.修订本.北京:商务印书馆,1996.

［3］刘御东.中国的青年刊物:个性特色为本［J］.中国出版.1998,(5):38-39.

［4］裴丽生.在中国科协学术期刊编辑工作经验交流会上的讲话［C］//中科协学术期刊编辑工作经验交流会资料选.北京:中科协工作部.1981:2-10.

3.4　文　献　综　述

完成了文献的检索、查阅、整理、评析过程,就可以在综合评析文献的基础上进行文献综述.

3.4.1　什么是文献综述

文献综述是指根据研究的需要,把收集到的反映某一时期研究发展状况、研究成果的文献资料,进行系统的归纳整理、分析鉴别,形成系统的、全面的叙述和评论.

依据文献综述的对象,文献综述可分为综合型和专题型两种形式.综合型是针对某个学科和专业,而专题型则是针对某个研究问题或研究方法、手段等.依据文献综述的内容性质,文献综述有"述而不评"和"评述结合"两种形式.本节提及的文献综述均指"评述结合"式的文献综述.

文献综述的特点是信息量大、覆盖面广,能反映某一领域内的整体状况和最新发展,有极高的参考利用价值.

3.4.2　为什么要进行文献综述

文献综述在研究中具有不可或缺的重要地位,具体体现在以下五个方面:

(1) 防止盲目的重复研究,少走弯路,不走错路,提高研究的成本效益.如果不了解过去的研究情况,不知道什么问题已经解决,什么问题还没有解决,而贸然下手,只能做无用功,浪费时间和精力.

(2) 找到本领域的最新研究所在,明确自己的研究是否处于最新研究高地.广泛的文献阅读可以使研究者了解该领域内的最新研究方法、研究结论,并对此进行分析比较,明确自己的研究问题和研究方法是否有新颖之处.

(3) 帮助研究者弄清前人在该领域内已完成的论证工作和成功观点,形成自己的研究主题和创新点.

(4) 了解前人在同一课题上的不同研究思路,为形成自己的研究思路做好铺垫.

(5) 帮助研究者分析比较该领域内的不同理论框架、论证技术以及数据收集和分析方法,以便于找到自己的研究方法.

3.4.3　如何进行文献综述

进行文献综述首要解决的问题是文献综述的形式与结构是什么.

文献综述的内容决定文献的形式和结构.由于课题、材料的占有和资料的结构等方面的情况多种多样,很难完全统一或限定各类文献的形式和结构.一般来说,文献综述的形式和结构可粗略地分为五个部分:标题、绪言、主体、总结和参考文献.

(1) 标题是综述内容的高度浓缩和概括,是整片文章的点睛之处,通过标题能使读者明白文献综述的重点所在.

(2) 绪言部分主要说明综述的目的,介绍有关概念、定义,以及综述资料的来源和范围,并简要说明该研究主题的现状和争论焦点,使读者对全文要叙述的问题有一个初步的了解.

（3）主体部分是综述最重要的部分,研究内容不同,导致格式迥异.可按年代顺序综述,也可按不同的问题进行综述,还可按不同的观点进行比较综述,无论采取何种方式综述,都要对搜集到的文献资料进行归纳、整理及分析比较,阐明该研究的背景、现状和发展方向,以及个人对这些问题的评述.

（4）根据综述的主题进行的简洁扼要的归纳总结,依据搜集到的文献进行的综述,经分析研究作出的结论,以及对尚需解决的问题提出的自己的见解,都可以对研究的进一步的发展方向作出预测.

（5）参考文献是文献综述不可或缺的一部分,是综述主题的论据支撑点.此处还需注意,参考文献必须是文中引用过的,能反映主题全貌的并且是作者直接阅读过的.参考文献的标注请参考"如何标注文献"一节.

3.4.4　文献综述"好"与"差"的标准

结合课后"案例与反思"的两篇文章好好体会文献综述的"好"与"坏".

质量"差"的文献综述可能存在以下五个问题:

（1）简单罗列他人观点,提供的是某方面摘要的"编年史";

（2）未能将论文的主题和创新点作为主线来筛选和评价文献;

（3）未对他人的观点作出分类和综合;

（4）未对他人的观点作分析和评价;

（5）无法在他人的观点基础上形成自己的观点以及无法建立自己观点与文献观点的内在联系.

质量"好"的文献综述则具有以下标准:

（1）对相关的研究观点、研究方法、结论进行分析,发现其中存在的不足与盲点,从而找到自己研究的起点与创新点;

（2）可以使研究者在现有的研究与前人的研究之间建立起与研究主题相关的内在逻辑联系,帮助研究者进一步提炼、集中研究问题,从而确定基本的研究变量,寻找基本的研究方法,建立适合本研究的理论框架.

本　章　总　结

一、主要结论

查阅文献是数学教育研究首要进行的任务.本章主要介绍如何查阅文献,如何标注文献和如何进行文献综述三个方面的内容.

在如何查阅文献方面,介绍文献的类型、分布及文献查阅的意义,为进一步详细介绍文献查阅的三个阶段作铺垫,这三个阶段涉及文献查阅的目的和要求、查阅工具的选取、采用合适的查阅方法.

在如何标注文献方面,强调了规范的文献标注对一位研究者的重要意义,同时详细介绍了文献标注的原则和方法,并对数学教育研究中最常使用到的顺序编码制作出了详细的说明.

在如何进行文献综述方面,重点介绍了文献综述的形式与结构,并给出了"好"文献和"差"文献的一个标准.

二、知识结构图

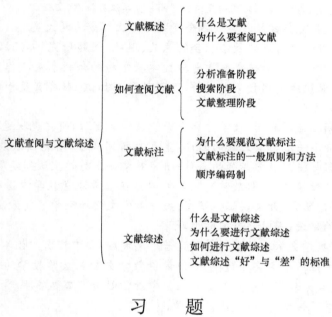

文献查阅与文献综述
- 文献概述
  - 什么是文献
  - 为什么要查阅文献
- 如何查阅文献
  - 分析准备阶段
  - 搜索阶段
  - 文献整理阶段
- 文献标注
  - 为什么要规范文献标注
  - 文献标注的一般原则和方法
  - 顺序编码制
- 文献综述
  - 什么是文献综述
  - 为什么要进行文献综述
  - 如何进行文献综述
  - 文献综述"好"与"差"的标准

习　　题

3.1 假设研究者为某一研究课题利用计算机进行文献检索《高级中学数学课中不同提问艺术的效果研究》,从教育资源信息中心字码库中确定字码,运用字码检索教育资源信息中心资料库.描述字码使用的顺序和使用连接词"或"和"和"的连接情况. 如何扩大或减小检索范围?

3.2 了解你所在的机构、图书馆已经购置的电子文献资源种类、特点及检索方法.

3.3 检索 2 或 3 篇你感兴趣的研究综述,分析其格式、内容,并结合文献综述的标准进行评价.

案例与反思

围绕以下问题,反思研讨以下的案例.

问题 1　案例 1 有哪些不足之处? 如何改进?

问题 2　案例 2 是如何整理最终确定下来的文献的?

问题 3　案例 2 与案例 1 相比较有哪些特点? 查阅有关数学史的文献对案例 1 进行补充整理.

案例 1

数学史教学现状及意义的研究综述

（田国伟,沈源钦. 数学教学通讯,2014 年第 11 期）

摘要　随着数学史研究的深入,它与数学教学的关系日趋密切,其教育价值逐渐得到肯定. 在数学教学过程中渗透数学史的教学有利于数学文化的生成,并且在培养数学兴趣、数学思维和数学情感方面也大有助益.

关键词　数学史;教学工具;应用研究;《普通高中数学课程标准(实验)》

目前国内数学史与数学教学的融合研究总体上可分为两大类.

第一大类,数学史与数学教学融合的意义、现状、问题研究. 郭熙汉从教学目的、教学方法、思维方法三方面研究数学史与数学教学的融合的意义,"作为从事数学教育的教师,若有意识地引用数学史材料,汲取数学史知识,则将有益于数学教育成为'最高、最好的教育'."[3]

康世刚和胡桂花对我国"数学史和中小学数学教育"的研究现状进行了分析和思考,发现:研究者不关注已有文献的阅读,重复性研究极多;研究方法缺乏科学性;研究缺少数学史家与一线数学教师的合作;研究对象缺乏对学生认知发展的关注. 同时指出:应该区分"数学史"专题教学研究与数学史在日常课堂教学渗透研究;加强"数学史"教学的评价研究;开展实证性研究;关注数学文化和数学思想方法的研究视角;重视研究队伍的建设;同时要有国际视野.[4]

罗新兵在《数学史融入数学教学研究若干思考》一文中指出:"数学史融入数学教学的研究需要关注三个主要课题:①如何评价数学史融入数学教学的教学案例及其教学效果;②是否为教师开展数学史融入数学教学创造了必要条件;③为了达到数学史融入数学教学的目标,应该做些什么."[5]

对这三个主要课题的分析和讨论促使了数学史与数学教学的积极融合,并从理论高度和实践层面对数学史融入数学教学进行了理论反思,指明了数学史融入数学教学的研究方向.

第二大类主要围绕教学四要素(教师、学生、教学内容、教学目标)的数学史教学研究,又可细分为两小类.

(1) 数学教师数学史和数学文化知识的现状研究.

"数学教学过程是学生在教师的指导下能动的建构自己的数学认知结构过程"[5],教师对数学史的了解、丰富程度直接影响着数学史作为教学工具在教学中的应用情况,影响着教师能否借助数学史激发学生的学习兴趣和求知欲望,暴露解决问题的思路,解释解决问题的思想方法,从而建构学生良好的数学认知结构.

赵金波在《数学史融入高中数学教学的现状调查和对策研究》一文中,通过对114 名不同年龄段的高中数学教师(本科学历 84 人,研究生学历 30 人)的调查发现:当前高中数学教师对于数学史知识的掌握并不完善,问卷中 5 道关于数学史常识的问题,正确率在 70% 以上的还不足一半,其中第 5 题的正确率在 50% 以下,问卷的第

4 题是关于勾股定理的,它最早出现在《周髀算经》中,依然有 32 人未做对,这说明部分老师对数学史中基础知识的了解仍有欠缺.

教师对数学史掌握的欠缺是数学史融入高中数学教学过程的重要困难之一.

(2) 以教学内容和教学目标为对象的研究.

数学教学不能为了数学史而数学史,而是将数学史和教材、课程标准有机地结合起来.这里需要解决"教什么""怎么教""达到何种目标"三个问题.

第一,关于"教什么".历史发生原理表明,学生对数学概念的理解过程与数学概念的历史发展过程具有一定的相似性,因而,对学生的教育必须是符合历史的教育.须按照皮亚杰的认知发展理论,选取的内容符合学生的认知结构的发展.

因此数学史教学的内容不是数学通史,而是挖掘中学数学中各个知识点背后的历史,使学生体会数学的重要思想方法和发展轨迹,把握知识的内涵与本质.

第二,关于"怎么教".基于数学课本是数学知识体系的凝练,其特点是形式化,这让学生对数学望而生畏,著名数学教育家弗赖登塔尔曾形象地指出:"没有一种数学的思想,以它被发现时的那个样子公开发表出来.一个问题被解决后,相应地发展为一种形式化技巧,结果把求解过程丢在一边,使得火热的发明变成冰冷的美丽."

张奠宙先生指出:"数学教师的任务在于返璞归真,把数学的形式化逻辑链条,恢复为当初数学家发明创新时的火热思考.只有经过思考,才能最后理解这份冰冷的美丽".

第三,关于数学史教学应达到何种目标.郭熙汉指明了方向,他认为灵活引用数学史材料、数学史知识和研究成果将有益于数学教育成为"最高、最好的教育".日本学者米山国藏指出,"最高、最好的教育"应该是:"不管他们从事什么业务工作,唯有深深地铭刻于脑际的数学的精神、数学的思维方法、研究方法、推理方法以及着眼点,在随时随地发生作用,并使他们终生受益."

综上所述,国内关于数学史与数学教学的研究主要集中在数学史教学的意义、现状和存在问题,教师本身的数学文化知识以及数学史教学内容、方式、目标等方面,很少有人关注教师和学生的情感、态度和价值观.

参 考 文 献

[1] 中华人民共和国教育部.普通高中新课程标准(实验)[M].北京:北京师范大学出版社,2001

[2] 郭熙汉.数学史与数学教育[J].数学教育学报,1995,4(4):68—74

[3] 康世刚.胡桂花.对我国"数学史与中小学数学教育"研究的现状分析与思考[J].数学教育学报,2009,18(5):65—68

[4] 罗新兵,刘阳,安德利亚斯.数学史融入数学教学研究若干思考[J].数学教育学报,2012,21(4):20—23

[5] 赵金波.数学史融入高中数学教学的现状调查和对策研究[D].上海:华东师范大学,2012

[6] 张奠宙.关于数学知识的教育形态[J].数学通报,2001,(4):1-2

案例2

数学素养研究综述

（胡典顺. 课程·教材·教法，2010年第12期）

摘要　目前国内外对数学素养的研究主要集中于数学素养的内涵和要素、数学素养的评价和教师数学素养等方面. 未来研究工作应关注以下五个方面：厘清数学素养的内涵和构成要素；调查我国中学生的数学素养现状及其影响因素；编制符合我国的数学素养测试题；分析数学素养的生成机制；探析数学素养生成的教学策略.

关键词　研究背景；研究进展；研究前瞻

一、数学素养研究背景

今天，数学已经成为社会生活的基本工具，对数学思维水平和问题解决能力的需求正在急剧增加. 作为一名现代公民，在充分发挥社会作用时必须具备解决问题的能力、进行推理的能力及使用计算机的能力等，而这些都离不开数学. 数学素养作为现代人的基本素养，已经不是一种时髦，而是工作、学习和人际交往中的一种实际需要.

培养有数学素养的社会成员是数学教育的一项根本任务，提高学生的数学素养一直是国际数学教育的共同目标，是当前数学教育研究的热点之一. 无论是素质教育的实施，还是国际评价的关注，数学素养都是一个十分重要的指标. "在信息时代，关于数学教育研究的任何议程，都要关注当前和将来对数学素养的要求."[1]学生的数学素养对于国家和个人的成就起着重要作用，许多国家和数学团体都非常重视学生数学素养的培养. 全美数学教师理事会（NCTM）出版的《学校数学课程与评价标准（1989）》中认为，数学教育的目标应当是培养有数学素养的社会成员. 全美数学督导委员会（NCSM）在《面向21世纪的基础数学》报告中指出：数学素养是除性别、种族以外影响公民就业和收入的又一重要因素. 美国国家委员会（NRC）在2001年报告《加进来，帮助儿童学习数学》中把数学素养作为描述成功数学学习的关键用词. 经济合作及发展组织（OECD）策划的学生能力国际评价（PISA）是继第三次国际数学与科学研究（TIMSS）之后，全球范围进行的关于学生学习质量、数学素养比较的又一项大型研究. 《普通高中数学课程标准（实验搞）》指出：高中数学课程应该在九年义务教育数学课程的基础上，为我国未来公民规划应具备的数学素养. 这表明数学素养的研究在理论和实践上都有重要学术价值和现实意义.

二、数学素养研究现状

（一）数学素养内涵的研究

不同国家、不同学者用不同的词语表示数学素养，对数学素养有不同的认识. 英文常用词是：Mathematical Literacy，Numeracy，Mastery of Mathematics，Mathematical Competence，Mathematical Proficiency等，中文所用词语为：数学素养、数学素质、数学能力等. PISA对数学素养的定义是："个体确定和理解数学在现实世界所起的作用，作出有充分根据的判断和从事数学，以此来满足一个在当前和未来生活中作为积极的、参与和反思的公民之需要的能力."[2]澳大利亚全球生活技能调查对数学素养的定义为:"人们用来有效处理生活与工作过程中出现的数量问题所需的技能、知识、信念、气质、思维习惯、交流能力、问题解决能力的集合."[3]这两个定义具有一定的代表性.从"素质"与"素养"的关系出发,王子兴认为,"数学素养"就是指"数学科学方面的素质",它是数学科学所固有的内蕴特性,是在人的先天生理基础上通过后天严格的数学学习活动获得的、融于身心中的一种比较稳定的状态,只有通过数学教育的培养才能赋予人们的一种特殊的心理品质.[4]桂怀德、徐斌艳认为,数学素养是数学情感态度价值观、数学知识、数学能力的综合体现.[3]郑强把"数学素养"界定为:数学素养是指经过数学教育和实践发展起来的参加社会生活、经济活动、生产实践和个人决策所需的数学知识、技能、方法和能力,包括理解数学与社会的关系,理解数学的本质以及形成数学的情感、态度和价值观等.其基本的含义是指学生能够合理地将所学到的数学知识运用到社会及个人生活中.[5]张奠宙认为,数学素质就是数学思维能力,亦即数学运算能力、逻辑思维能力和空间想象能力,其核心则是逻辑思维能力.[6](显然,国内外学者对数学素养内涵的研究表现出一些共同特点:通过数学学习活动解释数学素养,从素养或素质的概念演绎数学素养,从社会经济发展的角度解读数学素养等)

(二)数学素养要素的研究

NCSM 在《面向 21 世纪的基础数学》报告中指出,现代数学素养包含数学知识、数学思维、数学方法、数学思想、数学技能、数学能力、个性品质七个方面的内容. NCTM 出版的《学校数学课程与评价标准(1989)》中对"有数学素养"提出五项条件:应学会认识数学的价值,建立有能力做数学的信心,成为数学问题的解决者,学会数学地交流,学会数学地推理.国外研究者关于数学素养要素构成有不同的分析视角. Steen 基于价值取向的分析认为,作为一个现代人,不能缺少下列基本数学素养[7].其一,实用数学素养.以个体利益为着眼点,将数学及统计技能应用于日常生活中.其二,公民数学素养.以社会利益为着眼点,考量公民是否有能力了解来自于重要公共议题的数学概念.其三,专业数学素养.基于工作中的需求,不同工作环境对数学能力有不同要求.其四,休闲数学素养.更多地考量休闲娱乐中所需要的数学知识.其五,文化数学素养.表现为个体能体会数学的力量与美,而且是关于哲学、历史与认识论的层次. NRC 基于构成要素的分析,认为数学素养要素有"五股"[1]:其一,概念理解.涉及学生对数学概念、运算和关系的理解.其二,过程流畅.流畅、精确、有效且合适地进行数学计算的技能.其三,决策能力.学生创造、表征及解决数学问题的能力.其四,合适推理.符合逻辑思考的能力及对数学论证的反应、解释、证明的能力.其五,价值倾向.学生有将数学看成是有用、值得学习的学科的行为倾向,具有自我努力和自我效能学习数学的信念. PISA 基于能力要素的分析,利用八项能力指标对数学素养进行研究,它们分别是:思考与推理,论证,交流,建模,问题提出和解决,表征,运用符号的、形式化的和专业性的语言和操作,运用辅助手段和工具.并且,以解决不同数学问题所需能力的认知特点将数学素养划分为三个能力群. ①再现能力群:对已习得知识的重视; ②关联能力群:建立在再现能力群基础之上,解决的不是简单常规问题,但涉及的仍然是熟悉的或者半熟悉的情景; ③反思能力群:与设计解决策略的能力有关,问题的设置包含比关联组更多不熟悉的元素.[2]国内学者关于数学素养构成要素的研究也不少. 孔企平认为,数学素养是一个广泛的具有时代内涵的概念,包括逻辑思维、常规数学方法和数学应用三方面的基本内涵.[8]王子兴提出数学素养应涵盖创新意识、数学思维、数学意识、应用数学的意识、理解和欣赏数学的美学价值五个要素.[4]张奠宙认为,数学素质应包括数学意识、问题解决、逻辑推理和信息交流这样四个部分.[6]显然,国内外研究者都强调数学意识、解决问题、逻辑推理和信息交流等数学素养要素.

(三) 数学素养评价的研究

PISA 关于数学素养评价研究影响较大. PISA 数学素养评价侧重于 15 岁青少年,评价的核心是真实世界的,超出了学校课堂中遇到的各种问题. PISA 强调,实际问题与其解决过程中所需数学原理间的距离是衡量一个问题情境设计的重要因素. 如果一项任务只关注数学概念而全然不管数学世界以外的东西,这项任务属于“纯数学情境”. 如果一项任务关注的是现实生活中的场景,这项任务属于“超数学情境”. PISA 数学素养评价中最接近的情境是学生的亲身生活经历,其次便是学生的学校生活、工作经历及娱乐. 在对学生提出的问题中,四种情境是常见的:个人体验,工作/教育经历,公众生活,科学实践.[2]总体来说,PISA 重视在现实生活的各种情境下容易遇到的问题以及那些能给数学运用提供真实情境的任务,认为具有“超数学情境”的问题更有效地测试学生的数学素养,因为这类问题与我们在日常生活中所遇到的问题极其相似. PISA 从学生应达到的能力出发,设计了六个能力水平测试学生数学素养.[9]基于 PISA 的研究,Kaiser 等概括了数学素养的五种水平.[10]①无素养:完全不知道数学基本的数学概念和方法; ②词语性素养:理解很少的数学术语和数学问题,同时伴随着生涩的理论解释和模糊的概念; ③功能性素养:能使用程序解决简单的问题,但是这些都限制在很特殊的背景中,而且缺乏深层次的理解; ④概念和程序性素养:对重要的数学思想的结构和功能有一些理解; ⑤多维素养:对包含有哲学、历史学和社会学纬度的数学的语境性理解. 然而,Kaiser 认为,区分数学素养的五种水平中的每一种水平是很困难的,并且数学素养的最高水平被认为是学生能与其他知识相联系且对数学有更广泛的、更多样化的理解,很少有学生能达到这种水平.

(四) 教师数学素养的研究

美国各种教师证书和标准是反映和测量教师数学素养的一个重要依据,其中包括:全美数学教师理事会(NCTM),1991 年出台的《数学教学专业标准》;美国州际新教师评价和支持联盟(INTASC)、州立学校行政主管审议会(CCSSO),1995 年开发的《数学学科初职教师的认证和发展师范标准》;美国全国专业教学标准委员会(NB-PTS),2001 年颁布的《数学优秀教师标准》. 这三个在美国制定和实施都较有影响的与数学教师有关的标准要求教师多角度理解数学知识和重视数学知识的联系性和整体性. 国内相关研究中, 史宁中认为, 中小学教师的基本素养包含三个方面: 热爱教育事业; 必须具有明确的教育理念; 学会反思, 学会研究.[11]这个论述较为宽泛. 段志贵将数学教师应具备的基本数学素养分解为六个模块: 充分地感知数学——认识数学的本质; 理解数学知识——掌握数学思想方法; 梳理数学内容——明了数学史实; 提炼和分析数学知识——强化对数学的意识; 寻求数学知识的呈现——注重数学语言的合理运用; 延伸对数学学习的体会、数学美的感悟.[12]张建良和王名扬认为, 数学课程标准对中学数学教师提出了前所未有的挑战. 目前教师的数学素养欠缺, 主要还是欠缺在数学本身, 即数学的现代修养上.[13]张德勤认为, 小学数学教师文化素养大致包含如下内容: 数学素养、哲学素养、逻辑素养、心理素养以及美学素养等.[14]胡力等指出, 小学数学教师的数学素养包括数学的基础知识与基本技能、基本数学思想方法、数学文化、数学哲学等方面, 这些要素组成了一个金字塔式的结构.[15]可以看出, 在新课程改革的背景下, 教师数学素养研究是一个热点问题, 其研究具有重要的现实意义.

（五）数学素养的多元研究

国外许多研究者从多视角对数学素养进行了探讨. 其一, 数学素养与数学教材. 研究教学素材在数学课堂中的使用, 重点在于学生的数学活动和教师的教学活动. 它的出发点是建立数学素养与数学教材以及使用方式之间的重要关系.[16]其二, 数学素养与数学交流和表征. 在帮助学生发展数学素养的过程中, 学校数学中的交流与表征是至关重要的工具.[17]其三, 数学素养与问题情境. 对一个数学问题处理的方法的不同既与学生的数学论据有关, 也与学生的数学素养的认知水平有关. 问题情境会影响学生使用的方法, 也影响学生所给出的论据, 进而影响对学生数学素养水平的判断. 然而, 关于不同的问题情境怎样影响数学素养的判断的研究是比较少的.[10]其四, 数学素养与标准化数学评估. 数学素养作为一种重要技能引起了数学教育者的关注, 学生越来越受到标准化评估的挑战, 其中阅读、创造、应用以及理解是体现数学素养的四种表现形式.[18]其五, 数学素养与计算机技术. Shaw 等认为, 在课堂上使用计算机技术能够增强学生对于数学概念的理解以及问题解决的能力. Kaput 指出, 数学素养的提升可以通过思考各种不同的系统表征并理解其中的联系, 而计算机的图形功能非常适合用来说明和呈现其中的联系. Forster 等分析了互动计算机技术在增强学生问题解决的元认知和认知策略能力中的作用.[19]其六, 交叉课程项目与数学素养. 提高数学素养需要一个能激发学生认知, 通过联系现实世界获取实际经验的学习环境. 为了实现这一目标, 必须让学生面对现实的方方面面, 给予他们实验、辩论和建模的机会, 由此产生了把科学融入到数学教育中的理念.[20]可见, 多视角认识和研究数学素养成为一种趋势.

三、数学素养研究前瞻

（一）厘清数学素养的内涵与构成要素

尽管世界各国数学课程都强调数学素养的重要性, 但对于"数学素养的内涵是什么,其构成要素又是什么",学界还没有一个清晰的、统一的阐述,所以进一步明确"数学素养"的内涵与构成要素具有十分重要的意义.未来数学素养的研究应该结合数学哲学、数学教育哲学、数学文化学、数学教育学、数学心理学等多学科、跨学科的理论,这有助于数学教育研究者和实践者更新对数学素养的认识.

(二)调查我国中学生的数学素养现状及其影响因素

"为什么要学(教)数学"这一问题始终贯穿我国数学教育改革的历程.学生的数学素养到底如何? 这是当前数学教育界谁也说不清楚的问题.数学教学究竟是"传授数学知识"还是"培养数学素养"? 这在数学教育界时常引发一些论争.从而,通过调查了解我国学生数学素养的现状以及数学素养生成的影响因素必将推动数学素养和数学教育理论的进一步研究.

(三)编制符合我国的数学素养测试题

PISA 的数学评价测试题在立意、题型和考查方式上都具有较高的参考价值,但多数题目的内容并不符合我国的教学实际.因此,编制符合我国数学课程标准的数学素养测试题对我国的数学教学和考试改革都具有现实的意义.尽管在我国的课堂教学和各级考试中出现了应用题、开放题、探究性问题等题型,但是,这些题型有助于测试和培养学生哪些方面的数学素养则缺乏系统的实证研究.

(四)分析数学素养的生成机制

在数学教学中,无论是概念的理解还是技能的训练都相对比较具体,在教学中也容易操作.但是数学素养是潜在的而不是外显的,是多维度的而不是单一的.数学素养的培养不是一个立竿见影的工作.目前,对于数学素养是怎样生成的并没有系统的研究,所以系统地分析数学素养的生成机制,有助于认识数学素养生成的特点以及相应的教学策略.

(五)探索数学素养生成的教学策略

国外对数学素养研究聚焦的层面并不完全相同.作为一种评价研究,PISA 没有涉及数学素养培养的对策研究,对我国数学教育的指导具有一定的局限性.目前,对于影响数学素养的教学因素并没有深入分析,构建数学素养生成的教学策略是一项复杂的系统工程,探索数学素养生成的教学策略将有助于促进数学教学方式的变革.

参 考 文 献

[1] Kilpatrick J. Understanding mathematical literacy: the contribution of research [J]. Educational Studies in Mathematics, 2001, (47):101—116

[2] OECD. Mathematical literacy[M]. The PISA2003 Assessment Framework——Mathematics, Reading, Science and Problem Solving Knowledge and Skills, 2003:26—30

[3] 桂德怀,徐斌艳.数学素养内涵之探析[J].数学教育学报,2008, 17 (5):22—24

[4] 王子兴.论数学素养[J].数学通报,2002,(1):6—9

[5] 郑强.数学素养与数学教学[J].山东教育学院学报,2006,(5):128—130

[6] 张奠宙,李仕铸,李俊.数学教育学导论[M].北京:高等教育出版社,2004

[7] Steen L A. Numeracy [J]. Daedalus, 1990, 119(2):211—231

[8] 孔企平. 西方数学教育中"Numeracy"理论初探[J]. 全球教育展望,2001,(4):56—59

[9] 王蕾. PISA 对学生数学素养的评价[J]. 数学通报,2009,(7):15—21

[10] Meaney T. Weighing up the influence of context on judgements of mathematical literacy[J]. International Journal of Science and Mathematics Education,2007,(5):681—704

[11] 史宁中. 漫谈中小学数学教师的素养[J]. 小学教学(数学版),2009,(1):6—9

[12] 段志贵. 浅谈数学教师基本数学素养的养成[J]. 现代教学,2009,(3):41—42

[13] 张建良,王名扬."高中数学新课标"对数学教师的数学素养提出了高要求[J]. 数学教育学报,2005,(3):87—89

[14] 张德勤. 数学教师文化素养的内涵与价值[J]. 小学教学研究,2009,(2):29—30

[15]《小学数学教师数学素养及其提升途径研究》课题组.《小学数学教师数学素养及其提升途径研究》简介[J]. 湖南教育,2009,(10):37—39

[16] Gellert U. Didactic material confronted with the concept of mathematical literacy[J]. Educational Studies in Mathematics,2004,(55):163—179

[17] Thompson D R. Communication and representation us elements in mathematical literacy[M]. Reading&Writing Quarterly,2007,(23):179—196

[18] Matteson S M. Mathematical literacy and standardized mathematical assessments[M]. Reading Psychology, 2006,(27):205—233

[19] Frith V, Jaftha J, Prince R. Evaluating the effectiveness of interactive computer tutorials for an Undergraduate mathematical literacy course[J]. British Journal of Educational Technology,2004,(35)2:159—171.

[20] Thilo Hofer AE Astrid 13eckmann. Supporting mathematical literacy: examples from a cross-curricular project[J]. ZDM Mathematics Education,2009,(41):223-230

第 4 章　定量研究的研究设计

本 章 概 览

　　当实证主义走进教育研究,就产生了定量研究.那些描述量的词如"轻、重、大、小"等,能更直观生动地说明问题.在数学教育研究中,数据被大量地用来说明变化的规律.那如何进行定量研究?

　　本章围绕以下四个问题展开:①什么是定量研究? ②如何确定研究中的变量? ③在定量研究中如何控制变异? ④好的定量研究设计的标准有哪些?

　　学完本章我们将能够:①对定量研究有更深刻的认识;②能分辨研究中的各种变量;③掌握控制变异的方法;④熟悉好的定量研究设计的标准.

4.1　定量研究的定义

4.1.1　什么是定量研究

1. 定量研究的定义

　　定量研究,顾名思义,是与事物某方面的量有关,也就是将问题与现象用数量来表示,进而去分析、考验、解释的一种研究方法.定量研究的结果通常是由大量的数据来表示,研究设计是为了使研究者通过对这些数据的比较和分析作出有效的解释.由于其目的是对事物及其运动的量的属性作出回答,故名定量研究.定量研究与科学实验研究是密切相关的,可以说科学上的定量化是伴随着实验法产生的.

2. 定量研究的类别

怎样去研究事物某方面的"量"的变化? 如何准确地刻画这种变化? 这就需要借助于一定的手段,通过实验、调查等办法展开研究,借助于不同的手段,就形成了不同的研究范式.在定量研究中,我们最常用的有以下三种:

实验研究是一种研究情境,在情境中至少涉及一个自变量,即实验变量,它会受到研究者的精心操控或改变.

准实验研究是指在实验中,使用原始组作为被试(如自然状态下的教学班),而不是随机安排被试接受实验处理.

非实验性定量研究是在教育研究中单独使用得最广泛的一种研究方法.它包括对现状的研究,以及事后追溯研究,其本质为因果比较和相关关系.它涵盖了一个相当广泛的研究范围:从集中于探讨在自然情境下所发生的各种变量之间的关系的事后追溯研究方法,到致力于确定现状中某些变量、情境与背景的现状的调查研究等,都在这个范围内.

4.1.2　定量研究设计的目的

定量研究的目的是为了得到特定研究对象总体的统计结果(或者是"定量研究一般围绕得到特定研究对象总体的统计结果而展开").总之,研究设计的必要性不容置疑.若希望得到更深入的研究,则必须要求有一个良好的研究计划,该计划必须能够引导产生具体的研究活动并导致获得成功的结果.定性研究具有探索性、诊断性和预测性等特点,它并不以追求精确的统计结论为最终目的,而着重于关注探索数据背后隐藏的深层次问题,力争掌握事物准确状态,并对发展趋势作出高可信度的预测.

1. 提供研究问题的答案

研究问题是进行研究的动力.因此,提供研究问题的答案毫无疑问是研究的目的之一.这也是研究所必须要回答的问题,研究必须能解释结果,并且通过结果回答或揭示有关研究的问题.

2. 控制变异

意味着通过限制或去除一些变量的影响来解释其他变量的影响,创造条件使研究者对所要研究的变量有清楚的认识.控制变异也就是说,解释为什么个体是不同的,或者说,解释为什么其考试分数或其他特点是不同的.从广义上说,这也许是对的,尽管定性研究者对此并不认同.变异可以是多种多样的,他的呈现方式也有多种形式,任何变异都可能受任何多种因素的影响.

4.1.3　定量研究与定性研究的区别

1. 定性研究的定义

定性研究的主要目的是为了理解社会现象,其过程本质上是一个归纳过程,即从特殊的情境中归纳出一般性的结论. 它并不强调在开始研究时对所研究的问题有明确的理论基础,一个理论可在研究过程中逐渐形成和改变. 定性研究往往在自然情境中进行,注重过程的影响,进行整体探究,它强调事实和价值无法分离. 此外,定性研究还比较灵活,往往采用多种方法,在研究中用文字叙述和描述现象,结论也只适用于特定的情境和条件.

定量研究根源于实证主义,主要目的是确定关系、影响和原因,与演绎法更接近,即从一般的原理推广到特殊的情境中去,所以研究一开始往往要考虑是以什么理论为基础.

2. 定性研究与定量研究的区别

定性研究与定量研究的差异可以从六个方面表现出来,见表 4.1.

表 4.1　定性研究与定量研究比较

不同点	定性研究	定量研究
理论依据	自然主义	实证主义
推理方式	归纳推理	演绎推理
目的	理解社会现象	关系、影响、原因
研究对象	整体研究	针对个别变量
研究情境	特定情境	不受情境影响
资料分析	叙述性分析	统计性分析

4.2　与定量研究有关的变量

要进行定量研究,就必须先对定量研究中所涉及的量有清楚的认识. 这包括变量的相关性质、形式、数量、操纵方式和控制方法等. 自变量的确定与因变量的指标选择是研究设计的基本要求,而无关变量的控制是研究价值的保证. 本节将试图说明这些问题.

4.2.1　自变量与因变量

1. 什么是研究变量?

变量一词来源于数学,在函数中函数值随着自变量的变化而变化. 在教育研究中,变量指在质或量上可以变化的概念或属性,因个体不同而有差异的因素,简单地说,变量就是会变化的、有差异的因素.如学生的数学考试成绩、学习态度、动机、兴趣等.

变量是相对于常量而言的,常量是指一个研究中所有个体都具有的相同的属性.常量不是我们研究的内容,我们主要探讨变量之间的关系.在一个研究中,往往会涉及多个变量,这些变量之间相互交织,相互影响.这使得我们在实施研究之前,必须对这些变量给出界定,分析清楚这些变量之间的关系,以此来达到我们的研究目的.

按照变量之间的关系,可以把变量划分为自变量、因变量、无关变量、调节变量、中间变量等.

2. 自变量

在函数 $y=x+1$ 中,x 的变化引起 y 也随之变化,x 即是自变量,是引起或产生变化的原因.同样地,在教育研究中,当两个变量之间存在某种联系,一个变量的变化导致另一个也随之改变,我们称引起变化的那个变量为自变量.因此自变量又可以称为原因变量或刺激变量.

自变量是由研究者根据研究的目的选择的,在实验的过程中,由研究者人为操纵控制,并给出测量的指标.例如,研究教学方法与学生数学成绩的关系时,"教学方法"的不同可能会引起学生"数学成绩"的不同,这里的"教学方法"就是研究中的自变量.

自变量常常具有以下特征:①它的变化会导致研究对象发生反应;②它的变化能够被研究者所操纵控制;③它的变化是受计划安排的.

3. 因变量

在上述函数中,y 是 x 变化的结果.因此,因变量又称为反应变量或结果变量,它是随着自变量的变化而变化,是研究者打算观测的变量.在上述例子中,"数学成绩"随着"教学方法"的变化而变化,"数学成绩"即是因变量.它具有如下特征:①它必须是随自变量的变化而变化的因素;②它是根据需要,有待观测的因素;③它是能够以某种反应参数来表征的可测量因素.

4. 自变量与因变量的关系

自变量是变化的原因,需要研究者操纵;而因变量是变化的结果,需要研究者测量记录.它们之间的关系不仅表现在因果上,还可能呈现出相关关系(正相关、负相关或零相关)或者预测关系,如图 4.1 所示.这种关系是在研究计划制定之初就需要被考虑的,根据研究目的选择好自变量,确定出因变量.

因果关系　一个变量变化会直接导致另一个变量变化,对应关系明显.

例 4.1　研究内容:两种不同教学方法教学效果的比较研究.

自变量:两种不同的教学方法.

图 4.1　自变量与因变量的相关关系图

因变量:学生的学习成绩.

相关关系　不如因果关系那么直接,比较复杂,呈现出正相关、负相关等,但也有可能隐含着未被认识的因果关系.

例 4.2　研究高二学生立体几何部分测验成绩与不等式部分测验成绩的关系.

变量:立体几何部分测验成绩,不等式部分测验成绩.

这两个变量之间没有直接的因果关系,因此在选择自变量与因变量时,没那么直接,我们通过分析被试这两项成绩间直接的关系,借助于统计分析的工具,可以看到他们直接的相关程度.

4.2.2　无关变量、调节变量和中间变量

我们期待研究中的自变量与因变量能像函数中的数量关系一样,能被精确地表述出来,这样就可以对结果作出准确的解释.数学教育研究中,被试常是有主体意识的人,并且在对实验环境的控制、被试的控制等方面都很难做到分毫无差,这使得我们这种美好的想象无法实现.这些主观与客观的影响因素的存在增加了研究的难度.我们把这些干扰因素分为无关变量、调节变量、中间变量等.如果把研究者作为魔法师,那么这些变量就好比是魔法棒,只有魔法师清楚地掌握魔法棒的各种用途,能够灵活地操控手中的魔法棒,才会有一场精彩的魔法.

1. 无关变量

无关变量也称为控制变量,是与特定的研究目标无关的变量,是研究者不想研究但会影响研究效果的、需要加以控制的变量.

例 4.3　研究两种不同的引入方法对学生关于"对数"概念理解程度的影响.

自变量:不同的引入方法是自变量.

因变量:学生的理解程度是因变量.

在这项研究中,除了这两个变量还有很多干扰实验的因素.如学生原有的知识基础、教学时间、教师的授课方式、练习情况以及学生的智力水平等.因此这些因素都可能是无关变量.在这里,不同的引入方法是自变量,学生的理解程度是因变量,除此之外的其他因素都是无关变量.无关变量在这里,可能是原有的知识基础、教学实践、练

习情况以及学生的智力水平等.

这些因素混杂在一起,很难得到两种引入方式对学生理解程度的影响.在实验中,我们会采用同一老师、水平相当的两个教学班、教授同样的课时等手段去控制这些无关变量.无关变量的控制直接影响研究的价值以及研究结果的可信程度,直接影响研究的好坏.因此,研究中必须考虑无关变量,并且给出合理的控制办法.本章稍后将介绍一些常用的有效办法.

2. 调节变量

调节变量是一种特殊的变量,也可以称为"次自变量".研究中我们所做的一切努力都是为了明确自变量与因变量之间的关系,从而对结果作出更好的解释.当自变量与因变量的关系会受到另一个变量的影响时,并且这种影响的结果不容忽视,仅次于自变量的影响,那么这第三个变量就称为调节变量.例如,例 4.3 中,我们在研究两种不同的引入方法(用 A 和 B 表示)对于学生关于"对数"概念的理解程度的影响时,结果发现:A 法使男生理解得更深刻,而 B 法使女生理解得更深刻.此时,在这个研究中,性别就成了仅次于因变量的因素,就是一个调节变量.

在研究中我们不仅需要探索自变量与因变量之间的对应关系,也需要关注调节变量是怎么影响这种对应关系.因此,在写研究计划时,一定要将那些可能的、重要的调节变量考虑全面,这样在分析研究结果时偏差会小一点.

3. 中间变量

中间变量又称为中介变量,介于原因和结果之间,起媒介作用.中间变量是从自变量与因变量之间的关系推断出来的,是不能直接观测和控制的.例如,研究初中生的数学态度对数学成绩的影响时,结果是态度好,成绩相对较好.为什么会出现这种结果呢?好的态度促使学生的哪些行为习惯发生变化?可能是因为学生注意力的集中,投入的学习时间的增加等.这里的注意力、学习时间都是中间变量.认识到这一点后,在今后的教学中,注意采取其他吸引学生注意力的手段,或可以达到相同的效果.

由此可以看出,中间变量通常是用来解释自变量和因变量之间关系的理论框架,反映研究者如何解释或说明自变量与因变量之间的关系,对于最终形成理论具有重要参考意义.中间变量在研究假设中并没有出现,我们也无须对其进行操作、控制和观测.实验结果可以确定自变量与因变量间的因果关系,追寻这种因果关系出现的原因,恰是中间变量在其中起到的中介作用.

4. 其他有关变量

在研究中,还有协变量和混淆变量会对结果产生影响.

在实验的设计中,协变量是一个独立变量(解释变量),不为实验者所操纵,但仍影响实验结果.在心理学、行为科学中,协变量是指与因变量有线性相关并在探讨自变量与因变量关系时通过统计技术加以控制的变量.常用的协变量包括因变量的前测分数、人口统计学指标以及与因变量明显不同的个人特征等.

混淆变量是在研究中无法控制的变量,有时亦称为额外变量,这些变量可能会影响到自变量与因变量,但因为未受到控制,其影响力到底有多大是个未知数,故称为混淆变量.

最后,我们用图 4.2 揭示自变量、调节变量、无关变量、中介变量与因变量的关系.

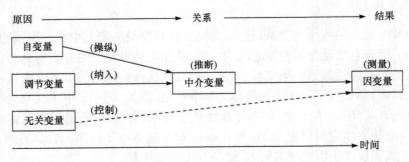

图 4.2　研究变量相互关系示意图

4.2.3　界定研究变量

我们仍然来看"初中生的数学态度对于学习成绩的影响"的案例.通过上面的学习,可以判断这个研究中的自变量是"数学态度",因变量是"学习成绩",当然还存在着各种各样的无关变量.那么"数学态度"是什么,怎么测量,而"学习成绩"又以哪一次的成绩为准,为什么选择这次的成绩作为标准? 这一系列的问题迫使我们去进一步思考.教育研究必须有效度,必须有一定的可重复性和推广性.所以,接下来,我们要解决的问题就是对研究变量中涉及的术语给出界定.这主要表现在以下三个方面:自变量的操控;因变量的测量;无关变量的控制.

1. 自变量的操控

自变量的操控主要表现在两方面:一方面是自变量中所涉及的术语必须给出操作性定义;另一方面是自变量的作用时间、方式、次数、强度等.

下操作性定义　操作性定义最早是由美国的物理学家布里奇曼(Bridgman)提出的.他提出:一个概念的真正定义不能用属性,而只能用实际操作来给出;一个领域的"内容"只能根据作为方法的一整套有序操作来定义.他认为科学上的名词或概念,如果要想避免暧昧不清,最好能以我们"所采用的测量它的操作方法"来界定.例如,对"1 米""1 小时""1 千克"的界定.

在数学教育研究中,下操作性定义的目的是为了能客观准确地测量变量;为他人重复验证提供具体的做法;便于别人和同行之间的学术交流;避免不必要的歧义和争论.当研究中涉及"智力"这一变量,我们会选用较权威的量表来进行测量.用测量操作方法来界定一个名词或概念的最大优点是具有明确客观的标准.当然,一个变量可以有多种操作性定义,我们在选择时常使用权威的以便保证研究的效度.

好的操作性定义有以下特征(辛治洋等,2012):

(1)操作性定义应该是可观测的、可重复的、可直接操作的;

(2)操作性定义所提示的测量或操作必须可行;

(3)操作性定义的指标成分应分解到能直接观测为止;

(4)操作性定义最好能把变量转化成数据形式,凡是能计数或计量的内容都是可以直接观测的;

(5)用多种方法形成操作性定义,既可以从操作入手,也可以从测量入手.

按照这种方式,"数学态度"也可以采用专有的量表来测量(图 4.3).

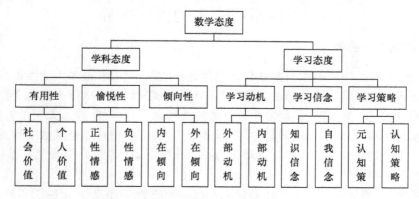

图 4.3　初中生数学态度模型(MAMHL)(何小亚等,2013)

2. 因变量的观测

因变量涉及研究的最终结果,影响对结果的分析,因此如何选择最佳的因变量以及如何精确地测量它的变化成了研究者最为关心的问题.一般地,因变量的测定同因变量本身的复杂程度有关;同研究要达到的精确程度有关;同现有的测量工具、测量手段有关;同研究的定性定量水平有关.

因变量的一个重要特征是它可以通过直接或间接的方式被观察、被测量,并且可以转化为数据形式.如测验分数、考试成绩、评定等级、反映时间、答题正误的百分比等.

因变量的测定关键是要有合适的测量指标,指标通常涉及测量方法、工具、材料、次数、时间、插入点的安排等.在对因变量测量时要注意:

(1)尽可能采用直接测量;

（2）采用权威的测量工具；

（3）测量指标的合适性．如果在研究时间对解答数学问题的影响时，研究者设计的数学测验特别难，所有的被试都得零分或低分，就不能显示时间对解答数学问题的影响，这份测验就是无效的，研究失败的原因就是对测量指标的错误选择．

（4）采用多种测验方式．为了保证因变量测量的效度，提高测量的准确性和可靠性，可采用多项测验方式，互相印证自变量对因变量的作用．也可以进行重复测验确认自变量与因变量之间的因果关系．

3．无关变量的控制

无关变量由于数量繁多、变化神奇、不易控制、影响巨大，故其控制方法也需要很大技巧．经过历史经验积累，已有许多成熟的控制方法，下一节将选取部分常用方法详细介绍．

4.3　定量研究中的控制变异

4.3.1　控制变异的概念

定量研究的关键就是用量的变化来解释差异．在研究中有很多干扰因素，对它们控制得好坏直接影响研究价值的高低．这一节我们就来讨论怎么样去控制变异．

变异也就是差异，在定量研究中差异的来源可以有很多种，如无关变量引起的变异、所选取的研究方法引起的差异等．定量研究中，我们希望可以把这些变异量化，方便考察研究中的变量．变异可以被量化为一个正实数，而零变异则表明在某一区域所有分数都是相同的．

总的来说，差异可以分为内在差异和外在差异两类．内在差异是由于实验本身固有的，人力不可控的；而外在差异一般是由无关变量等干扰所引起的差异（图 4.4）．

图 4.4　定量研究中的差异

控制变异意味着通过限制或去除一些变量的影响来解释其他变量的影响，使研究者对所要研究的变量有清楚的认识．通过对变异的控制增加了对结果的解释，也即提高了研究的内在效度．接下来是具体的控制变异的方法．本节中我们以"一项关于教学方法影响高中生数学成绩的研究"为例，来说明在定量研究中如何控制变异．这项研究中，设定研究对象为 90 名高二的学生，在开始之前先对这 90 名学生进行一次测验，记录成绩．

4.3.2　控制变异的方法

通过对研究问题的分析,我们可以先把所涉及的变量进行分类.

研究问题:教学方法对高中生数学成绩的影响(100 名高二学生).

自变量:教学方法.

因变量:数学成绩.

调节变量:性别、能力水平.

控制变量:教育时间长短、教师、教学内容等.

中间变量:兴趣动机、态度等.

1. 随机化

随机化是在研究中随机地选择被试或者分组.常用的办法有随机数字提出、抽签的方式,实际是根据概率的等可能性,这种操作的好处是可以将变量的影响平均地分配到研究组群中去.

假设上面的研究问题进一步确定为研究同一教师采用两种不同教学方法对学生数学成绩的影响.已知开始前,这 100 名学生的测验成绩各不相同.在分组时如果分数的层次过于集中,所得到的研究结果就不客观.因此,可以对这 100 名同学进行随机平均分组,先进行 1~100 编号,再用随机数字的提取来决定两组的人选.

随机变异　由方法(如教法)引起的变异或固有变异,也称组内变异.

通过随机分组,在能力水平上确保了组间的相同.如上例中就可以认为两组在动机水平,态度等方面大致相同.如果用面积来量化差异,则图 4.5 就可以很好的说明.这也说明通过随机化可以尽可能地减少差异.

图 4.5　100 个测验分数的变异分布

2. 恒定法

控制无关变量产生的变异最彻底的方式是不让无关变量介入到研究情境中去,完全排斥在自变量和因变量对应关系之外.例如,我们可以控制教学时间的长短、学习内容、学习环境等这些量,使它们保持一致.这时候,这些变量就减弱成了常量,从而减轻了它们对自变量的影响作用.

采用恒定方式控制无关变量的通常做法有三种:对实验条件的控制,如同一时间、同一地点、同一主试进行;对研究对象的控制,如选择智力、性别、年龄、程度相同的被试进行;对实验过程的控制,如按照同一的研究程序、同一的研究步骤进行.

3. 设定自变量因子

当变量无法消除,也不能保持恒定时,研究者可以采取新的办法来控制它所带来的影响. 如研究中被试的性别、能力水平,这一无法消除的变量通常是调节变量.

设定自变量因子指的是把这些无法消除的变量也设定为自变量. 实际上是在研究中加入了一个自变量,最终的结果分析中会单独地分析出这个变量对实验的影响.

按照前测的分数把水平分为高、低两个层次. 100 名学生的前测分数代表着不同的能力水平,这可能是影响自变量的重要因素. 增加能力水平之后,可以有如下设计(图 4.6).

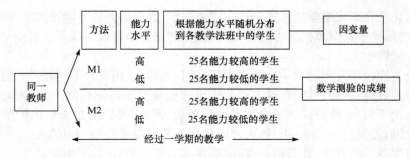

图 4.6 把能力水平作为自变量的研究设计

设定自变量因子与恒定法有相似之处,只是控制手段不同. 采用恒定法时,无关变量在组内以及组间都没有变化;采用设定自变量因子时,无关变量在组内有变化,但是变化所产生的作用在各组间是相等的. 此外,因为实验中增加了自变量,所以对实验的分组以及控制条件的要求也会提高. 因此我们需根据对研究的精确程度来合理地设定自变量因子.

4. 抵消法

有些实验研究,被试需要在各种不同的实验条件下接受重复测量,因此,练习、迁移、干扰、疲劳、热身等作用会影响因变量的测量效果,研究者可以采用抵消的方式来控制这类无关变量.

例如,在一项关于比较 A,B 两种训练方法效果哪个更好的实验研究中,A,B 两种训练方法无论哪个先做,都会对后做的效果产生影响. 研究者可以采用一组按照 A,B 顺序安排实验,另一组则按照 B,A 顺序安排实验,最后将两组 A 的实验结果相加,两组 B 的实验结果也相加,再对 A,B 进行比较,得出结论. 通过轮组设计可以抵消实验顺序的影响.

5. 盲法

被试知道自己在实验组或了解实验真实意图,有可能作出反常行为.例如,表现出情绪高涨、加倍努力或设法迎合研究者的口味等,出现霍桑效应,从而影响实验效度.有时主试也是无关变量,也会对研究结果造成影响.例如,主试的年龄、性别、身份、地位、态度、情绪等都会影响被试的学习、记忆、学业成绩、心理测量等,甚至主试的偏见、期望不但会影响作为人的被试,也会对动物的行为产生作用.当主试知道谁在实验组,谁接受了实验处理,会有意无意地给予某些暗示,赋予某种期望,如罗森塔尔效应,从而影响研究结果的客观性.

盲法是指采用隐蔽手段,被试或双方(主试、被试)都不知道研究目的、内容和方法.被试不知道自己在参与实验或正在接受某种实验处理,称为单盲.如果主试和被试都不知道哪些人接受实验处理,哪些人没有接受实验处理,也不知道实验设计者真实意图,称为双盲.

6. 统计控制

统计控制是在分析数据过程中通过计算程序控制实现的.它能够调整因变量的分数以便去除控制变量的影响,如图 4.7 所示.

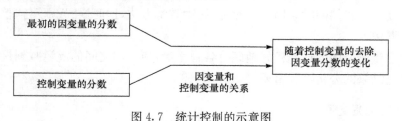

图 4.7　统计控制的示意图

7. 控制方法的综合运用

上述的六种方法可以单独使用,但在研究中为了对变量进行更好的控制,常常可以采用几种方法的综合.无关变量控制得越精细,研究的内在效度越高;相对地,外在效度就可能会有一定局限.所以在控制变异时要充分考虑到这些方面,再对变量加以控制.例如,本节的案例,可以采取表 4.2 中的方法来控制变异.

表 4.2　控制变异的方法

变量	控制方法
学生的学科背景	随机化
教师	建立自变量,每一个教师用三种方法教学
学校	保持恒定,仅仅采用一个学校的学生
能力水平	统计控制,运用智商测试成绩

4.4　好的定量研究设计的标准

好的定量研究设计需具有以下特点.

1. 排除偏差

这种偏差是指因实验设计造成的组间或组内的差异. 这种差异会造成对研究结果不客观的归因从而影响研究的效度.

具体表现在研究过程中,如对研究对象的偏见,或者是有极端情况造成的影响. 如果 4.3 节中的案例,分组时,只是随意地按性别分为两个班级,那么得到的结论就会有极大的偏差. 因此,在进行研究的过程中,必须根据科学的方法,使研究能够提供公正的、无偏差的组间资料.

2. 避免混淆

所谓混淆是指无法区分出因变量的变化结果到底是何种变量引起的,从而无法对研究的结果作出合理的解释. 避免混淆是在研究中尽量避免变量之间的交互效应. 如果在 4.3 节中我们同时采用两位教师、两种教学方法,这时候"教师"与"教法"之间就产生了混淆.

好的定量研究的设计能很好地区分各种变量,使它们之间的混淆减到最小. 这一点对于研究结果的分析至关重要.

3. 控制无关变量

控制无关变量是教育研究设计中最重要的、也是最复杂的内容. 对无关变量的控制程度就成了评价研究设计质量的重要指标. 通过 4.3 节各种办法的使用,尽可能地去平衡、缩小或减少它们的影响.

4. 检验假设时统计的精确性

这里的假设是指研究假设. 数据收集与分析后,需要对研究假设进行检验,得到研究的结论. 好的定量研究设计就必须能对假设作出准确的检验.

统计的精确性指统计中数据的准确程度. 数据越精确,对结果的解释就越合理,对研究结论与启示越有直接关系. 一般来说,样本容量越大,统计的精确程度会越高;而研究中的随机误差以及系统误差越小,精确程度也越高. 在研究中,我们需要综合考虑人力、物力,以及技术条件等,恰当的选用研究方法与统计工具.

本 章 总 结

一、主要结论

1. **定量研究** 与事物某方面的量有关,也就是将问题与现象用数量来表示,进而去分析、考验、解释的一种研究方法.

2. 在研究中,当两个变量之间存在某种联系,一个变量的变化导致另一个也随之改变,我们称引起变化的变量为**自变量**,而跟随变化的变量即为**因变量**.

无关变量 也称控制变量,是与特定的研究目标无关的变量,是研究者不想研究但会影响研究效果的、需要加以控制的变量.

调节变量 一种特殊的变量,也可以称为"次自变量". 研究中我们所做的一切努力都是为了明确自变量与因变量之间的关系,从而对结果作出更好的解释.

中间变量 又称为中介变量,介于原因和结果之间,起媒介作用.

3. **控制变异** 意味着通过限制或去除一些变量的影响来解释其他变量的影响,使研究者对所要研究的变量有清楚的认识. 通过对变异的控制增加了对结果的解释,也即提高了研究的内在效度.

4. **盲法** 指采用隐蔽手段,被试或双方(主试、被试)都不知道研究目的、内容和方法. 有单盲和双盲.

5. **好的定量研究设计标准** 排除偏差,避免混淆,控制无关变量,检验假设时统计的精确性.

二、知识结构图

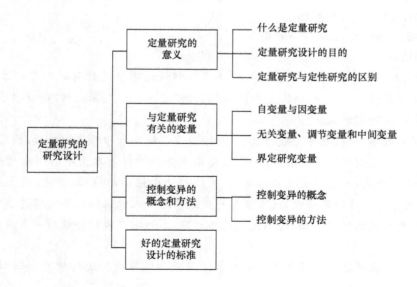

习　题

4.1 在定量研究中,如何控制无关变量?

4.2 举例说明什么是操作性定义.

4.3 有两名高二的数学教师,每人教两个班的课程,他们两个各有自己的一套教学方法,都关心一学期结束时,两种教学方法下的学生成绩有什么差异. 如果你是他们,你会怎么进行这项研究?

案例与反思

围绕以下问题,反思研讨以下的案例.

问题 1　研究中的自变量、因变量、无关变量分别是哪些?

问题 2　他如何控制无关变量?

问题 3　研究中有什么不足之处? 有无改进办法?

案例 1

互教互学教学法提高小学生数学学习效果的实验研究

(郑广成,2013)

摘要　以福州市某小学的 36 位五年级学生为研究被试,采用文献资料法、实验法、问卷调查法、数理统计法等,对互教互学教学方法与小学生数学学习效果的关系进行研究,结果显示:在经过一个学期的互教互学教学实验干预后,学生的数学成绩较实验干预前的差异具有显著性($P<0.05$). 认为:小学数学的课堂教学中,采用互教互学的教学方法,能促进学生之间形成更自然的学习交流,从而提高学生的数学学习效果.

关键词　互教互学;数学;学习效果

1 前言

自 2001 年新一轮的课程改革以来,关于如何促进学生进行有效学习的方法,引起了众多学者较多的关注,特别是新课程提出的"自主、合作、探究"的新型学习方式,更是成为一时研究的焦点.

在课堂教学中,引导学生进行合作学习,自有其提高教学效果的功效,然而,合作学习也不是毫无例外地都会促进学习. 这是由于合作学习基本上是以小组的形式展开,在合作小组内,一般是优生教差生,差生往往处于被动的地位. 于是,差生表现消极,别的同学也往往冷眼旁观,使得学习的效果不尽如人意. 因此,如何促进合作小组内有更多更自然的学习互动,提高差生的参与度,成为摆在我们面前的一个亟待解决的问题.

本研究旨在通过对互教互学与小学数学课堂的学习效果进行研究,探讨提高小学数学教学效果的有效途径,以期为小学数学教学改革提供实证的参考.

2 研究对象和方法

2.1 研究被试

本研究的实验被试是福州市某小学五年级随机抽取一个班级的 36 名学生,其中男生 20 人,女生 16 人.

2.2 研究方法

2.2.1 文献资料法

本研究通过查阅相关"课程与教学论"的书籍资料和研究论文,了解关于"合作学习"的部分研究前沿,为本研究的选题提供理论的支持;查阅社会网络分析的研究资料,学习如何测量学生在互教互学中的互动关系,为本研究的数据分析与讨论提供方法的支持.

2.2.2 实验法

1)实验设计

实验设计:实验组:前测 $O1$ ——实验处理——后测 $O2$

2)实验指标的确定

由于互教互学的教学方法最终要体现为学生学习效果的提升,所以,本研究把学生在学期初前测的数学成绩和学期末后测的数学成绩作为实验的指标.

3)实验过程

在开始教学实验前,于学期初,先对被试学生进行一次数学成绩的测试作为前测,前测后,数学教师在实验过程的教学中,对被试学生采用互教互学的教学设计进行教学.

在经历一个学期的教学实验后,对被试学生再进行一次数学成绩的测试作为后测,并对两次测验的成绩进行配对样本 T 检验.

4)"互教互学"的教学方法及其实施

(1)借助同步教学,引入多元学习,然后把全班学生分成若干个由五六位学生组成的小组,每个小组由能力不同的成员组成.

(2)抽出各小组中的每位成员,分别重新分配到由五六位学生组成的若干个新的不同小组.

(3)新小组由教师统一分配不同的学习内容,在教师的指导下进行合作学习,要求每一位成员必须充分理解所分配的教学内容,以便在互教互学中指导别的同学.

(4)新小组的成员回原小组,并把在新小组里学习到的内容教给原小组中的成员,并接受原小组其他成员指导他在另一个新小组里学习到的学习内容,在原小组内实现互教互学.

2.2.3 问卷调查法

为了解学生在互教互学的教学实验中互教互学的情况,本研究根据社会网络分析要求,设计了学生互教互学情况的调查问卷 1 份,在实验前和实验后,分别对学生进行测量.两次调查共发放问卷 72 份,回收有效问卷 72 份,有效回收率 100%.

2.2.4 数据统计法

本研究收集的学生互教互学的互动数据由研究者本人采用 Ucinet6. 0 for Window 软件进行统计分析.学生数学测验成绩的差异检验采用 SPSS13. 0 for Window 统计软件进行统计分析.

3 研究结果与分析(略)

3.1 互教互学教学实验前后学生互教互学的频率差异分析

3.2 互教互学教学实验前后学生数学成绩的差异分析

3.3 互教互学教学方法提高小学生数学学习效果的原因分析

3.3.1 支持性的学习氛围提高了学生的学习能动性和学习效果

3.3.2 学生在指导与被指导中提高对知识点的掌握程度

4 结论与建议

4.1 结论

4.2 建议

参考文献(略)

案例 2

竞争-合作学习对小学生数学成绩影响的实验研究
(蒋波,2006)

摘要   竞争-合作学习是在组建异质学习小组的基础上,通过大班教学、组内合作和组间交流,组织学生进行竞争与合作学习,并进行评价认可和总结反思,以促进后续学习的展开.通过 12 周的教学实验,与对照班相比,实验班学生的数学成绩具有显著差异.实验班的男生、普通学生、中等生、学差生的数学成绩显著高于对照班同类别的学生.由此可见,竞争-合作学习是一种有效的学习方式,能较大范围地提高学生的学习成绩.

关键词   竞争-合作学习;学习方式;数学成绩

一、问题的提出

合作学习应用于课堂教学的研究从 20 世纪 70 年代就开始了.合作学习的大部分研究得出较为一致的结论,即合作学习可以大规模提高学生的学习成绩.随着新课改的推进,中小学纷纷实施"合作学习".但对这些实践进行审视,却发现它们很少是进行真正意义上的合作学习,所做的也很难称得上是教学实验.在这种情况下所得出的结论也就必然是令人难以置信、无所适从的.

合作学习并不是包治一切问题的万能药.竞争学习和个人学习都有着合作学习不可代替的地位和作用.我国的传统教学观并没有将合作与竞争作为推动学生学习发展的重要动力.其实,在小学课堂教学中既需要合作,也需要竞争.本研究所提出的竞争-合作学习,正是一种以组内异质、组间同质的学习小组为基础,竞争与合作交叉并举的学习方式.具体表现为:在竞争中有合作,在合作中有竞争;既关注合作的"合力",又注重激发竞争的"活力";既能实现多项合作学习,又能实现多项竞争学习.基于此,本研究通过 12 周的数学教学实验,探讨竞争-合作学习对小学生数学成绩的影响.

二、研究方法

(一)被试

本实验以江苏省镇江市某小学五(5)班为实验班,五(3)班为对照班.两班学生都为 45 名,具体情况见表 4.3.两班在学习成绩、班级气氛和教师情况等方面都具有良好的同质性.

表 4.3　实验班与对照班学生的统计学特征

学生类别		实验班	对照班
性别	男生	23	29
	女生	22	16
干群	学生干部	19	21
	普通学生	26	24
成绩	学优生	9	13
	中等生	26	21
	学差生	10	11

注:　①学生干部包括班委会成员、少先队干部、小组长、科代表等.
　　　②学生成绩由数学科教师根据以往多次数学成绩对学生进行分类.

(二)研究程序

实验干预:实验班数学课以竞争-合作学习进行教学干预,数学课每周 5 节,连续进行 12 周.对照班进行传统教学和评价.严格控制无关变量,保证实验班和对照班在教学要求和时间等方面没有差异.在实验前组织相关教师学习竞争-合作学习的操作要求.

竞争-合作学习的教学程序如下.

教学前期工作主要包括:①组建异质小组.分组时综合考虑了学生的成绩、性别、能力、性格、学习风格和家庭背景等因素,组建 7 个异质小组,其中 4 个组为 6 人,3 个组为 7 人.组内异质为合作学习奠定坚实的基础,组间同质为组间公平竞争创造了条件.为了提高实验效果,第 7 周进行了小组重建.②确立组名、组训和目标.③确定个人基础分.以前一学期期末考试和单元测试成绩的平均分为个人基础分(最高设为 90 分).④组员角色分工.如确定主持人、协调员、监督员、记录员、统计员、检查员和观察员等,并定期交换角色.⑤明确竞争-合作学习的规则.⑥明确个体责任.学生必须努力完成学习任务,在自己学会的基础上,还必须帮助同伴,以保证小组所有成员都能学会.⑦教授和训练小组活动技能.⑧备课.教师要拟订学术性目标和社交技能目标,选择适当的学习材料,编制作业单和测试题.

教学实施过程主要包括:

(1)大班教学.这是小组竞争-合作学习的前提和基础.教师要善于精讲,给学生提供小组学习的知识背景,并留出充足的时间让学生开展小组学习.

(2)组内合作.主要包括接受与分配任务、个人独立学习、完成作业单、小组讨论和小组汇报等几个阶段.一般每节课进行小组活动2~3次,每次3~10分钟,每节课不超过20分钟.

(3)组间交流.教师既可以组织学生以小组报告的形式进行组间交流,又可以以小组测试的形式开展组间竞争.

(4)小组测试.基于Slavin的STAD小组记分方法,体现重奖轻罚的思想,确定个人提高分记分法(表4.4).由个人测验分可得到个人提高分,再由小组成员的个人提高分平均得到小组提高分.

(5)评价奖励.对小组平均提高分达到10,20,30分的小组,分别授予良好组、优秀组和超级组的称号.

(6)总结反思.教师和学生要定期进行反思总结,以提高合作学习的效果.

表4.4　个人提高分记分法一览表

测验分	个人提高分
满分(不管基础是多少)	30
高于基础分10分以上	30
高于基础分5~10分(含10分)	20
等于或等于基础分5分	10
低于基础分1~10分(含10分)	0
低于基础分10分以上	−10

实验后测.实验干预后,两班均采用镇江市京日区期末统考数学试卷进行期末考试,获得数学成绩.数据分析.采用SPSS.12.0软件进行数据统计.

三、研究结果(略)

四、分析与讨论(略)

五、结论(略)

第5章 实验研究

本章概览

　　教育研究者进行研究时,有时会碰到这样一类问题:在某些特定的教育条件下,教育现象将会有何种结果出现.例如,想要证实某种新的教学方法是否真能提高学生的数学解决问题的能力.这里期待研究的是教学方法和数学解决问题之间的一种关系,这种关系不是含糊的一般关系,而是清晰的因果关系.怎样的研究可以探索出这种因果关系? 实验研究法是探索教育现象之间因果关系的最佳方法.在本章中,我们将会详细介绍这种实验研究方法.

　　学完本章我们将会能够:①了解实验研究的基本内涵和特点,明晰实验研究与其他形式教育研究的区别;②掌握实验研究的基本步骤;③理解实验研究的内在效度和外在效度的含义,并且懂得如何通过控制无关变量来提高实验研究的效度;④掌握几种真实验设计和准实验设计的设计模式,并清楚每种方法的特点.

5.1　实验研究概述

5.1.1　实验研究的定义

人们利用实验作为科学研究方法的思想由来已久. 早在公元前两百多年,罗马哲学家阿基米德(Archimedes,公元前 287 年～公元前 212 年)就首次把思想实验引入到严谨的科学研究中(Livio,2010). 公元 16 世纪,意大利著名的科学家伽利略(Galileo,1564～1642)继承和发展了以阿基米德为代表的方法论,十分重视观察和实验在科学研究中的作用. 他认为研究物理学的正确而基本的方法是从观察入手,提出假设,运用数学工具进行演绎推理,得出若干结论,然后通过实验来验证推理和假设. 从此,人们明确地把科学实验作为探索自然科学的实践形式. 实验方法以其特有的研究方式,相继地在物理学、动物学、生理学、医学以及心理学等领域得到广泛应用. 心理学上以人为研究对象的实验方法获得了巨大的成功,促使人们相信,对于同样是以人为主要研究对象的教育领域,实验方法也将会带来广阔的前景.

实验,广义来说,就是尝试去做一件事情,然后对所发生的情况进行系统的观察. 狭义来说,实验是根据研究的目的,通过控制某些量的变化,来研究这种变化对另一些变量所产生的影响. 本章所要介绍的实验,是指狭义的实验. 而实验研究就是通过这种实验的方法去研究某个问题.

教育实验研究则是指研究者运用科学实验的原理和方法,以一定的教育理论及假设为指导,有目的地操纵某些教育因素或教育条件,观察教育措施与教育效果之间的因果关系,从中探索教育规律的一种研究方法.

5.1.2　与实验有关的变量

实验研究是根据实验目的,通过设置、操作和控制一些量,观察另一种量的变化. 这些量称为变量. 实验研究的目的是探索变量之间的某种联系,因此,实验中的各种变量的选取非常关键. 实验研究中的变量一般分为自变量、因变量以及无关变量.

1. 自变量

实验中由实验人员根据实验目的,控制某些实验条件以决定实验效果,这些被控制的实验条件被称为自变量. 自变量根据是否能被操纵可以分成两类:一类是研究者可以设置或改变的客观条件,这类自变量也称为实验变量或者处理变量. 如教学方法、教材、实验持续的时间、学生练习的时间等. 自变量的取值称为"实验处理"或者"处理". 例如,某研究者要研究探索式教学方法对于提高学生的问题解决能力是否较传统传递式教学方法更优,这时自变量为教学方法. 该自变量有两个取值,分别为探索式教学法和传统传递式教学法,这两种教学法是实验中的两种实验处理;另一类自变量比较特殊,它不能被研究者操纵,一般与研究对象的主观因素有关,如性别、年龄、家庭背景、心理特质等.这类变量是从属于研究对象的属性,不能被随意改变,例如,你不能随便改变一个人的年龄,只能通过预先分组安排的方法来控制该自变量.

2. 因变量

因变量是实验中度量一个实验结果的量,一般是实验处理后的测量结果,也称为反应变量或结果变量.实验中自变量的效果是在因变量上反映的.例如,要研究结合教学互动的教学方法是否更能提高学生数学学习的积极性,这时实验的自变量是教学方法,因变量可以是某数学学习态度量表测试中的得分.

3. 无关变量

在一个实验中,凡是能干扰自变量在因变量上的效果的一切变量都属于无关变量,也称为无关因素.无关变量是要在实验中加以控制的因素,否则,人们无法断定,实验结果是由自变量引起的还是由无关变量引起的.能否有效地控制无关变量,对实验的效果产生极其重要的影响.

例如,要研究某探索性教材是否比传统教材在培养学生问题解决能力方面更有效,于是随机挑选了同一个年级的学生并随机分派到两组,一组接受探索性教材学习,一组接受传统教材学习,一段时间后,进行问题解决测验测试,发现接受探索性教材学习的学生成绩明显高于另一组,于是就下结论认为探索性教材更有效.但是研究者却忽视了这样一个事实:接受探索性教材学习的那组学生是由一名有 30 年教学经验的高级教师任教,而接受传统教材学习的那组学生是由一名刚刚参加工作的新教师任教.这样,成绩好的那组学生之所以成绩更好,不一定是由教材引起的,还可能是由教师的不同教学法引起的.这时教师的教学水平就是一个无关变量.

特别要注意的是,在前面介绍的自变量中,不能由实验操纵的那类自变量有时可能会干扰实验效果,如实验结果可能和性别有关,这类自变量也属于无关变量,需要特别控制.

5.1.3 实验研究的特点

与其他研究方法相比,实验研究方法有如下三个特点.

1. 可以操纵自变量

实验研究区别于其他研究方法的最重要的特点是,实验研究中的研究者可以创设一定的情境,直接操纵和控制自变量.观察法是通过仔细观察和记录研究对象在自然状态下的行为进行研究,一般不对研究对象进行人工干预,否则所取得的材料就会失真.调查法则是在自然的过程中进行间接的观察,如利用事先编好的问卷进行调查,实际上也是调查研究对象在自然状态下的行为.如果研究者想了解新的或者特定情况下事物的发展情况,调查法和观察法就无能为力了.而实验研究法则可以通过控制自变量的方式创设情境,达到研究目的.在教育研究中,经常被操纵的自变量包括教学方法、作业的种类、学习材料、给予学生的奖励和教师提问的类型等.

2. 可以控制无关变量

无关变量(无关因素)是除自变量外可能影响因变量的其他因素.如果不能控制无关因素,就无法确定究竟是何因素导致实验结果的出现.与其他研究方法相比,实验研究中,研究者可以采用多种手段尽可能地控制无关变量.常用的控制无关变量的方法有以下四种:

(1)**消除法**　消除法就是把无关变量从实验中消除掉.这是控制无关变量最基本、最直观的方法.例如,为了消除被试的焦虑、紧张、不安或者不合作的态度,可设法与被试建立良好的合作、信任关系,向他们讲明研究的科学意义.直接把对实验持怀疑态度、消极态度的教师、学生排除在实验之外也属于消除法.但是,有一些无关变量是无法消除的,例如,学生之间的性格差异,学生对待实验的态度,教师的水平,学生智力等.还需要借助其他的控制方法.

(2)**恒定法**　恒定法是指在实验过程中使无关变量保持不变.如果实验中不能把无关变量消除,则可以使用恒定法把无关变量保持恒定.例如,在实验中使实验场所、实验者、实验日期和实验环境等无关变量保持恒定.其保持恒定的目的是使研究者能确定实验结果是仅由自变量(实验处理)引起的.例如,拟通过实验来证明某种特殊速算方法能短期内迅速提高小学生的运算速度.教师除了用新的方法教学外,其他诸如课时安排、课程内容、作业量、地点等无关因素均保持不变,这样采用新方法前后学生的运算能力的差异,就可以归结为由方法引起的.

(3)**平衡法**　平衡法就是对某些不能被消除,又不能被恒定的无关变量,通过采用某些综合平衡的方式使其效果平衡而对它们进行控制的方法.平衡法的一个常用方法是设置控制组来平衡无关变量对实验结果的影响,如实验中的被试被分成实验组和控制组.实验组的学生接受一种实验处理,而控制组的学生接受另一种实验处理,设法保证控制组的成员和实验组的成员有相似或者一致的特征,则两组的区别仅在于实验处理的不同,这样两组实验结果的差异可归结为实验处理不同引起的.在一些无法明确哪些无关变量会起作用的情况下,此法更加有效.

例如,在一项研究中,研究人员从总体中随机抽取了40名被试,其中16名男生,24名女生.假如预期性别这一变量会影响实验结果,则需要控制这个变量.首先,消除法不能奏效,因为无法消除被试的性别.可以采用恒定法,这时实验中只能全取女生或者全取男生.但是,这样处理的后果是限制了实验结果的推广性.如果采用平衡法,可以先把男生随机平均分为两组,女生也随机平均分成两组,然后各取其中的一组组成实验组,剩下的部分组成控制组,这样,性别这一变量上的影响被平衡了.

(4)**随机法**　随机法是指在选取被试时,采用随机抽样和随机分配的方法,把被试分配到各个实验组或者控制组中. 随机分配和随机抽样都是随机化方法, 但是两者不完全相同. 随机抽样是按照随机的方法从被试总体中抽取一部分被试作为参与实验的被试, 这里所说的随机的方法是指要保证总体中的每个成员都有相同的机会被抽取中. 随机分配是指从随机抽样选取的被试中再通过随机指定的方法把被试分配到各个组中. 通过随机抽样和随机分配, 在很大程度上保证了各组之间特征的相似性.

另外, 采用随机抽样的方法, 使得被抽取的被试的特征能很好地反映总体特征, 这样研究的结果可以推广到被试以外的人群, 从而使实验的结果更具有广泛性.

3. 可揭示因果关系

实验研究法的一大特点是可以通过实验安排, 改变变量 A 的值, 观察变量 B 的变化, 并且在排除其他变量可能引起变量 B 变化的情况下, 研究 A 和 B 是否具有因果关系.

原因和结果是揭示客观世界中普遍联系着的事物具有先后相继、彼此制约的一对范畴. 原因是指引起一定现象的现象. 结果是指由于原因的作用而引起的现象. 确定变量之间的因果关系必须考虑三个条件: 一是共变关系, 即如果变量 A 变化时, 变量 B 也变, 则 A 和 B 可能有因果关系; 二是时间顺序, 即因必须发生在前, 果发生于后; 三是控制原则, 即必须排除了 A 以外的其他对 B 的可能影响因素, 才能断定 A 是 B 发生的原因.

相关关系和因果关系是变量间的两种常见关系. 两者有相似之处, 但并不相同. 相关关系是指当一个或几个相互联系的变量取一定的数值时, 与之相对应的另一变量的值虽然不确定, 但它仍按某种规律在一定的范围内变化. 相关关系只能说明两变量间是否有联系, 但不能揭示两者间是否具有因果关系. 因此, 存在因果关系的变量间一定存在相关关系, 但是存在相关关系的变量间不一定存在因果关系.

例如, 根据统计数据显示, 数学成绩比较好的学生, 在物理方面也学得不错. 这时数学和物理之间存在着某种联系, 但这并不是因果关系, 只是相关关系. 因为假如两者间是因果关系, 则必有如下结论: 数学学得好, 物理一定学得好. 显然, 这并不成立, 因为物理的学习并不是由数学学习引起的.

5.1.4　实验研究的一般步骤

1. 选定实验课题, 确定实验目的

研究总是从问题开始的. 首先要发现并选定所要分析研究并试图解决的矛盾, 才有可能着手进行研究. 实验研究也不例外, 首先应该确定好实验研究的课题, 并且明确本次研究的目的.

2. 提出实验假设

确定了实验课题,明确研究目的后,通常要先对未知事物予以推测性解释,然后再去验证.这个推测性解释即人们常说的假设.假设是人们根据初步观察到的事实,通过推理得出的关于事物内在联系的假定性命题.实验的出发点就是为了证实假设是否成立.在教育实验过程中,提出假设就是研究者针对发现的新问题,根据有关这一问题的初步事实,经过逻辑推理形成关于教育内部的本质联系的探索性理论命题.假设实际上也是对实验问题的一种简明的表达,它使问题变得更为明确.

3. 制定实验方案

有了明确的实验目的后,就应该选择适当的自变量和因变量.根据研究问题,仔细考虑可能存在的无关变量,按照其是否能被严格控制,选择真实验设计模式或者准实验设计模式.真实验设计模式包括仅后测等组设计、前后测等组设计、所罗门设计及因素设计等多种设计模式.准实验设计模式包括仅后测不等组设计、前后测不等组设计、时间系列设计及单一被试设计等多种设计模式.各种模式各有特点,要根据实际问题按需选择.

4. 进行实验并收集数据

实验方案确定后,就要根据方案,选择被试,确定其他实验人员.选择被试的方法有随机抽样和非随机抽样两种.参与实验的人员严格按照实验设计方案进行实验,并精确测量实验数据.

5. 对实验结果进行整理和作统计推断

当实验完成并收集到所需数据后,首先需要对数据进行整理,包括检查是否有缺失数据,是否有极端数据(不合理数据),用图表表示实验结果等;然后对数据进行统计描述性分析,如计算平均数、标准差、相关系数等.最后,一般还需要根据数据作统计推断,从统计的角度检验实验假设是否合理.

6. 对实验进行评价和解释

对一个实验结果作了整理和统计推断,并不意味着实验研究的结束.还需要对实验加以评价,特别是对实验的内在效度和外在效度加以评价.最后对实验结果作出合理的解释并作出理论性的总结.

7. 撰写实验报告(赵新云,2009)

实验报告是向社会公开实验过程及实验结果,期望得到验证、评论和推广的重要形式.实验研究的问题的范围很广,解决问题的方法各不相同.因此,在写实验报告时可能会有所差别,但是基本的形式和要求是必须具备的.

一个完整的实验报告,一般包括以下九项内容.

(1) **题目** 题目中要体现所作的实验研究属于哪方面的问题.

(2) **摘要** 正式发表的科研报告,一般应写出论文摘要.摘要应当以最概括、最简洁的语言写出,内容包括本课题所要解决的问题、方法及获得的结果和结论.为方便检索,在摘要后面,应列出论文中的关键词,以便于学术交流.

(3) **引言** 在引言中一般要求说明此实验的意义、实验的目的以及题目产生的过程、提出问题的背景材料或者提出问题的假设,最好能引经据典,把这类实验的来龙去脉指出来.一般来说,问题来源可从如下三个途径指明:①为了扩展以前的工作,或探讨过去尚未解决的问题,在引言中要把以前的工作简要地作介绍,以便与本实验进行衔接;②若题目来自对以某一理论为根据而提出的假设的论证,则在引言中对这一理论的内容和背景及假设的由来要解释清楚.③若题目来自教育实际部门提出的问题,则在引言中就要对此实际问题进行介绍.

(4) **方法** 方法部分主要包括:①被试:要说明选择被试的方式、被试的年龄、性别及其他有关方面的情况;说明被试的数量及如何进行分组等.②工具:实验所用的仪器、测量量表的名称要写上,必要时要注明仪器的型号,量表的信效度也应该注明.③程序:具体说明实验是如何进行的,进行实验的原则、方法、步骤、指示语、要控制什么条件,说明实验的自变量和因变量等.

(5) **结果** 结果包括观察结果的记录、被试的口头报告以及实验数据的统计分析结果.通常还要说明统计数据时所用到的统计软件,对图表要配以文字说明,统计推断的结果一般需要用显著水平以及 P 值加以说明.

(6) **讨论** 讨论是根据实验结果对所要解决的问题给予回答,并指出假设是否可靠,并进行分析.

(7) **结论** 结论是说明本实验证实了或否定了什么假设.结论一般以条文形式用简短的语句表达出来.但是,结果必须恰如其分,不可夸大,也不必缩小,一定要以本实验所得的数据为依据,确切地反映整个实验的收获.

(8) **参考文献** 要把参考文献的题目、出处、作者、出版日期都写明,以便查找.文献的顺序一般以在文章中出现的先后为序.

(9) **附录** 附录是指一些不便放在正文中的内容,例如,研究所用的问卷、量表,有时也包括重要的原始数据.列出附录是为了供读者重复研究时参考.

5.2 实验研究的效度

一个好的实验研究,从选题开始就要严格把关,严谨地进行实验操作,收集数据,并进行合理的结果分析.如果实验本身的设计不合理,自变量和因变量的因果关系不能解释,大量无关变量没有控制住,那么不管多么认真地做实验,也不会是一个优秀的实验. 此外,实验结果如果仅对参与实验的被试有效,不能推广,那么这样的实验得出的结果价值也不大.

从实验研究的评价标准来说,一个优良的实验研究应当具有较高的效度. 效度是指一个测量工具能够度量出它所要测量的东西或达到某种目的的程度. 实验研究中的效度主要包括内在效度和外在效度.

5.2.1　内在效度

内在效度是指自变量和因变量相关联的因果推论度,即因变量的变化能由自变量解释的程度. 例如,为了研究探究式教学法是否比传统传递式教学法更能促进学生数学成绩的提高,可以设计实验:一个教学班接受探究式教学法学习,另一教学班接受传统传递式教学法学习. 期末考试成绩表明,接受探究式教学法学习的教学班的数学成绩明显比另一个班高. 于是研究者得出结论:探究式教学法比传统传递式教学法更能促进学生数学成绩的提高.

这种解释是否合理呢? 学生学习成绩的差异果真是完全由教学法引起的吗? 假如两个教学班的学生本来就存在一定的差异,假如两个班的老师的教学能力本身就有差异,假如接受探究式教学法的教学班的学生同时又接受了额外的自学辅导,结果又会怎样? 这些因素中任何一个都可能可以解释为什么接受探究式教学法的教学班的成绩会更好. 如果情况果真如此,那么研究者得出的两种教学法在效果上存在差异的结论可能就是错误的. 因为所得到的成绩的差异可能并不是由教学方法不同引起的,而是由其他原因引起的.

这是内在效度不好的例子. 实验研究的一个突出优点是能够寻求自变量和因变量的因果关系,内在效度是衡量这种因果关系是否正确的一把尺子,也是实验是否有效的重要测量标准. 要使实验达到良好的内在效度,在设计实验之初,研究者就应该充分地考虑到可能影响内在效度的因素,即之前介绍的无关变量,并尽可能地控制这些因素,使因变量的变化能归结为仅由自变量的变化所引起.

当然,教育领域实验研究通常不能像物理、生物等其他自然科学领域那样都在实验室中进行,而大多数情况下都是在学校、课室等环境下进行. 人是一种相当复杂的高级动物,而教育领域的研究对象是人,即使是双胞胎,也不能保证他们的想法行为完全一致. 也就是说,在教育研究中,除了自变量外,还有很多无关变量影响着因变量的变化. 有些无关变量甚至不在研究者的控制范围内. 因此,实际上只能对无关变量作尽可能地控制,尽量提高实验的内在效度.

这里介绍一些比较重要的可能会影响内在效度的无关变量.

1) 被试特征

被试特征是指被试的个体差异. 实验研究中的被试选择,可能会无意中导致被试个体的差异. 例如,被试可能会在年龄、性别、能力、智商和社会经济背景等方面存在差异,如果不加以控制的话,这些变量可能会解释因变量的变化.减少这种因素的影响可以采用随机取样或者配对的方法.

2)被试流失

在实验过程中,有时被试会因各种原因(如疾病、搬迁、厌烦、发生事故等)退出研究,致使在实验结束时的被试数量比实验开始时少.那些缺席的被试对问题的反应有可能与没有缺席的那部分被试的反应是不一致的,因此会影响自变量对因变量的解释.流失这一无关变量比较难控制.消除被试流失影响的方法有:能说明被试退出的原因与正在进行的特定研究无关;能提供证据说明流失的被试与留下来的被试在相关特征上是相似的.但这两个方法都不能证明流失的被试与留下来的被试在测试中有相似的反应.所以,解决流失问题的最好方法其实是尽量避免被试的流失.

3)测验

有的实验研究进行实验处理前先对被试进行测试,进行实验处理后,再进行一次测试.若两次测试的成绩有显著差异,则得出成绩提高的结论是由于实验处理引起的.但是,这里可能隐藏着一个问题:第二次测试成绩的提高可能与第一次测试有关.这是因为首先进行的测试有可能使被试有所"警觉",并使他们无意中更加努力或作出某些倾向的行为反应,另外测试也会存在"练习"效应,因此后来测试成绩的提高可能并非仅由于实验处理引起.研究者如果认为测验的影响过于严重,可以取消实验处理前所进行的测试.

4)个人经历

在实验过程中,可能会发生一个或多个特发事件,事先未能预料,这些事件可能会影响被试的反应,当出现这种情况时,研究者无法判断实验结果是由自变量引起的还是由特发事件引起的.例如,有一位美国教育家本来已经计划好在某一天做一个测试,谁知那天传来了肯尼迪总统去世的噩耗,学生们都惊呆了.对该班那天考试的成绩与其他成绩所作的任何比较,都是毫无意义的.

5)成熟

有些实验的周期较长,被试身心的发育成熟会对实验结果产生影响.例如,某研究者想研究一种特殊的记忆方法对二年级学生心算能力的影响.她发现在为期一个学期的实验后,学生的心算能力有明显提高.然而,低年级儿童心智成长十分迅速,她们心算能力的提高可能只不过是成长的结果,并不一定是该特殊记忆法的结果.控制成熟最好的方法是在研究中设置控制组,该组的被试不进行实验处理.

6)实验人员的态度

这里的实验人员包括被试以及主持实验的人员.被试看待研究以及他们参与研究的方式都可能对实验的内在效度造成影响,如产生著名的"霍桑效应".所谓"霍桑效应",是指那些意识到自己正在被别人观察的个人具有改变自己行为的倾向.有些实验需要把被试分成实验组和控制组,实验组接受实验处理,而控制组则不需要接受处理. 这时,控制组有可能会产生挫折心理,感觉自己不被重视,因而表现得比平时更差. 而实验组表现得更好,也许并不是处理本身的结果,而可能是实验的新颖性吸引了被试,使被试表现得更好. 控制这种影响的一种方法是让被试们放松,让他们觉得自己没有进行实验,只是进行日常学习活动而已.

主持实验的人也可能以某种方式(如表情、手势、语气等)有意无意地影响被试,使他们的反应符合实验者的期望. 例如,实验者可能并没有意识到他在被试出现正确反应时点了点头表示肯定,而对错误则皱了皱眉头以示否定. 实验者本人可能从来没有意识到自己的这种隐蔽暗示,但是这种暗示却可能会对实验结果产生细微的影响,使得实验结果朝着实验者所期望的方向发展. 这种效应和著名的"皮格马利翁效应"(Pygmalion effect)是类似的. 教师的期待效应又称为皮格马利翁效应,是指教师的期待能够激发学生的潜能,从而使学生取得教师所期望的进步.

要控制实验人员的态度这种无关变量对实验造成的影响,最好的方法是设法使被试和主持实验的人员均不知道他们正在进行实验,即所谓的"双盲实验". 这样实验人员均能以最自然的状态进行实验,不受态度的影响.

7) 统计回归

在进行实验处理前,被挑选的一组被试成绩刚好特别低或者特别高,这时在实验处理后,实验结果就有可能出现向平均分回归的趋势,这种趋势被称为"统计回归效应". 这种影响可以采用随机抽样和随机分配的方法加以控制.

8) 测量工具

测量工具的不统一也会造成实验结果的偏差. 这里的测量工具包括实验仪器,试卷,实验主持人,评判者(如评卷人员)等. 要控制测量工具这一无关变量对内在效度的影响,主要措施在于精确的实验安排.

5.2.2　外在效度

外在效度是指实验结果的概括性和代表性. 这种效度涉及实验结果的可推广度,实验可以推广到怎样程度的总体和情境等.

外在效度所描述的推广度包括两种情况. 一是研究的结果推广到被研究人群所在的总体的程度. 如果一个研究结果只能应用于参与研究的人群,这个人群相当小而且定义得很窄,那么这样的研究结果的推广就会受到限制,外在效度不高. 二是研究的结果推广到其他情境或条件的程度. 例如,一项在城市学校四年级学生中获得的实验结果是否对农村学校也适用? 某种针对地图阅读的特定教学方法对几个学校的四年级学生的效果可以迁移到普通地图的理解上,但是迁移到数学教学中就不适合了.

影响外在效度的因素主要有如下四种.

1. 非真实的环境

为了充分控制实验,会人为地进行严格的实验控制,这样会与真实的非实验环境产生差别. 所以从实验环境中得到的研究结果推广到真实环境时,实验环境和真实环境越相似,外在效度越高,否则外在效度就低. 因此要提高外在效度,在设计实验环境时应该尽量不加人为修饰.

2. 被试的选择

一般来说,参与实验的被试的人数总是有限的. 他们是从总体中抽取出的一部分. 如果这部分被试具有良好的代表性,即能代表总体的特征,则实验的外在效度也较高. 要提高被试的代表性,一般可以使用随机抽样和随机分配的方法. 如果实验处理中的被试没有经过随机抽样和随机分配,则实验研究的结论只能适用于参与研究的那些人,实验结果不能推广.

3. 测验的影响

有些实验设计,在实验处理实施前后均要进行测试. 处理前的测验有可能会增加被试的敏感程度,因为此时被试会察觉本身正处于实验阶段,可能会对后来的测验更加警觉和重视,致使他们的原始特征被无意中掩盖了. 这时,实验的结论就不能直接推广到无前测的情境中.

4. 重复实验处理的干扰

如果实验研究要求被试在一段时间内接受两种或两种以上的实验处理,则先进行的处理可能会对后进行的处理产生影响,例如,产生练习效应或疲劳效应. 这种实验设计得到的结论就不能适用于非重复实验处理的情境中.

值得注意的是,研究者都希望他们所进行的实验研究具有好的内在效度和外在效度. 但是在具体的研究中,当确保了一种效度,就可能会削弱另一种效度. 例如,在对教学策略的研究中,对实验的各个方面都进行了控制,实质上就是人为创造了一个情境,在这个情境中,发挥作用的只是实验变量. 这样的设计能很好地提高内在效度,但是推广性可能会非常有限,导致实验结论不能应用于真实的班级情境中,影响了外在效度. 故在实际研究中,要注意控制内在效度和外在效度的平衡.

5.3　真实验设计

有了明确的实验研究目的和实验假设,就需要选择合适的设计模式. 考虑以下的一个实验设计.

一位研究者想要考察一种新的课本是否能够提高学生对数学学习的兴趣,于是他让学生们在一个学期中使用这种新的课本,然后再用态度量表测量学生的兴趣.在这个实验中,教材是自变量,态度量表的测量值是因变量.实验设计见表 5.1,其中符号 X 表示实验处理,这里指使用新课本,符号 O 表示态度量表的测量.

表 5.1　前实验设计(单组后测设计)举例

X	O
新课本	态度量表测量值

可以看到,这种设计简单易用,但是它几乎没有控制任何无关变量.研究者无法知道在实验中所获得的实验结果 O,是否真的是由实验处理 X(使用新课本)导致的.该设计不提供任何比较,使用新课本后的态度量表的测量与使用之前的态度量表的测量是否有差异,使用另一种课本是否与使用这本新课程有同样的效果,均无法知道.因此研究者无法确定这种实验处理究竟发挥了什么作用,对因变量的影响有多大.

这样的设计几乎没有对能影响内在效度的无关变量进行控制.对于所出现的任何结果,除了自变量以外,可以找到大量的其他可以解释因变量的因素.因此,这种设计几乎没有什么使用价值.研究者所期待的实验设计是尽可能控制无关变量的设计.

一般来说,按照控制无关变量的严格程度来分,实验设计分为前实验设计、真实验设计和准实验设计.

前实验设计是对被试不作专门的选择,也不主动控制无关变量的实验设计,通常是一种在完全自然条件下所进行的研究,目的在于识别自然存在的变量及其关系.前实验设计在控制无关变量的程度上是最弱的,几乎没有对无关变量加以控制,只是对实验变量进行了操纵.故这种设计不是严格意义上的实验设计.表 5.1 所示的设计就是一种前实验设计,这种前实验设计称为单组后测设计.关于前实验设计本书不作详细介绍.

真实验设计是指能严格按照随机抽样的取样方法选择被试,系统地操纵自变量,并且能够严格控制无关变量的实验设计.其特点是能随机选取和随机分配被试,能够在有效控制无关变量的基础上操纵自变量的变化,能精确测量因变量的变化,从而使实验结果能客观地反映实验处理的作用.因此,真实验设计有很高的内在效度,是实验设计中揭示自变量和因变量之间因果关系最好的设计模式.

在控制无关变量的有效程度上,准实验设计介于前实验设计和真实验设计之间,是一类不能完全控制无关变量的实验设计,其主要特征是选取被试时不采用随机化方法,而采用自然群体.

本节将详细介绍真实验设计的几种设计模式.5.4 节将介绍准实验设计的几种设计模式.

5.3.1　仅施后测等组设计

1. 设计模式

在实验设计中,对因变量的测量按照操作顺序分为前测和后测. 在实验处理之前进行的测量称为前测,在实验处理后进行的测量称为后测. 有些实验设计不需要前测,但是基本上所有实验设计都需要后测.

在仅施后测等组设计中,被试被随机分配到两个被试组中,其中一个组接受一种实验处理,称为实验组,另一个组则不接受该种实验处理,称为控制组. 两个组都要进行后测.

仅施后测等组设计的设计模式见表 5.2.

表 5.2　仅施后测等组设计(一个实验组情形)

实验组	R	X	O_1
控制组	R	—	O_2

注:R 表示随机分配,X 表示实验处理,—表示无实验处理,O 表示测量结果.

这种设计还可以推广到多个实验组的情形. 也就是说可以对两个及两个以上的组进行实验处理,其中每个组接受不同的实验处理. 从总体中抽取的被试应随机分配到各个实验组及控制组中. 实验设计模式见表 5.3.

表 5.3　仅施后测等组设计(多个实验组情形)

实验组 1	R	X_1	O_1
实验组 2	R	X_2	O_2
⋮	⋮	⋮	⋮
实验组 k	R	X_k	O_k
控制组	R	—	O_{k+1}

注:R 表示随机分配,X_i 表示第 i 个实验处理,—表示无实验处理,O 表示测量结果.

2. 设计的评价

在仅施后测等组设计中,两组的被试都是随机分配的,因此在一定程度上控制了被试特征以及统计回归这些无关变量. 通过设置控制组,很好地控制了成熟和个人经历. 另外由于没有进行前测,也不存在测验效应,这不但能提高实验的内在效度,而且能控制测验对实验外在效度的影响.

但是在这种设计中,仍然有一些影响实验内在效度的无关变量没能得到直接控制,例如,被试的流失. 由于实行了随机分配,故两组被试的情况在最初是基本相似的,如果两组有一致的流失率,则无关重要. 但是如果在实验进行中实验组比控制组的流失率更大(或者相反),则可能会导致两组的特征不再相似. 不能被直接控制的无关变量还有态度因素、测验工具等.

3. 设计的统计分析

在实验结果处理上,仅施后测等组设计通常是对实验组和控制组的后测结果进行比较.常用的统计方法是参数检验中的 t 检验(两组数据)、方差分析(多组数据)和非参数检验中的曼-惠特尼 U 检验或中位数检验法.

4. 设计举例

研究者欲研究对初中一年级的学生增加自学辅导教学,能否提高学生的数学学习成绩.研究的问题陈述如下:一项有关初中一年级数学自学辅导教学对学生数学成绩的影响.

研究者将采用仅施后测等组设计模式.从某校随机抽取 40 名初中一年级学生,并随机分配到实验组和控制组,每组 20 人.实验组的学生每天除了进行日常数学教学活动外,还增加一节自学辅导课.而控制组的学生仅进行日常数学教学活动.实验为期一个学期.期末所有参与实验的学生进行数学考试.实验安排见表 5.4.

表 5.4　仅施后测等组设计举例

随机选取 40 名初中一年级学生	R 随机分配 20 人到实验组	X 实验处理 增加一节自学辅导课	O_1 后测 期末考试数学成绩
	R 随机分配 20 人到控制组	— 不增加自学辅导课	O_2 后测 期末考试数学成绩

5.3.2　前后测等组设计

1. 设计模式

若在仅施后测等组设计中,对每一个被试组(包括实验组和控制组)增加前测,则设计将成为"前后测等组设计".这种设计是真实验设计中很常用的一种设计方法.设计模式见表 5.5.

表 5.5　前后测等组设计(一个实验组情形)

实验组	R	O_1	X	O_2
控制组	R	O_3	—	O_4

注:R 表示随机分配,X 表示实验处理,—表示无实验处理,O 表示测量结果.

这种设计还可以推广到多个实验组的情形,也就是说可以对两个及以上的组进行实验处理.从总体中抽取的被试应随机分配到各个实验组及控制组中.实验设计模式见表 5.6.

表 5.6　前后测等组设计 (多个实验组情形)

实验组 1	R	O_1	X_1	O_2
实验组 2	R	O_3	X_2	O_4
$\vdots$	$\vdots$	$\vdots$	$\vdots$	$\vdots$
实验组 k	R	O_{2k-1}	X_k	O_{2k}
控制组	R	O_{2k+1}	—	O_{2k+2}

注: R 表示随机分配, X_i 表示第 i 个实验处理, —表示无实验处理, O 表示测量结果.

2. 设计的评价

和仅施后测等组设计相似, 前后测等组设计也因为随机化选取被试, 在一定程度上控制了被试特征以及统计回归这些影响内在效度的无关变量. 通过设置控制组, 也很好地控制了成熟和个人经历. 另外, 前后测等组设计中由于使用了前测, 可以检查随机分配后的两个组是否确实成功地达到了被试特征的一致. 如果前测表明两个组并不一致, 则可以使用配对的方法尽量使它们达到一致. 而且, 如果想要获得实验前后因变量的变化量, 前测是非常必要的.

但是前测的使用又对实验控制造成了另外的影响. 因为前测会产生测验效应, 实验组的被试可能会受到提示, 从而在后测中比控制组表现得更好. 使用前测也会对实验的外在效度造成一定的影响. 另外, 和仅施后测等组设计一样, 实验人员的态度、被试的流失及测量工具等因素也不能被直接控制.

3. 实验的统计分析

对前后测等组设计所得实验数据进行统计分析, 一般有三种方法.

第一, 对增值分数进行统计分析. 增值分数是指相应组的后测成绩减去前测成绩的分数. 分别求出实验组和控制组的增值分数 (如 O_2-O_1, O_4-O_3) 的平均分, 然后对各组增值分数的平均分进行显著性检验. 采用的统计方法有参数检验中的 t 检验、方差分析和非参数检验中的曼-惠特尼 U 检验或中位数检验法.

第二, 如果前测的影响允许忽略不计, 同时也保证实验处理前两组被试的均衡性, 则可用参数检验中的 t 检验、方差分析和非参数检验中的曼-惠特尼 U 检验或中位数检验法对各组的后测平均数进行比较和检验.

第三, 协方差分析法, 此方法是将前测分数作为协变量, 对实施实验处理前的组间差异进行控制和调整, 以便使各组后测数据的比较基本不受前测数据的影响.

4. 设计举例

把前面介绍的仅施后测等组设计的例子, 按照前后测等组设计模式重新设计.

研究的问题仍陈述如下: 一项有关初中一年级数学自学辅导教学对学生数学成

绩的影响.

随机抽取 40 名初中一年级学生,并随机分配到实验组和控制组,每组 20 人.实验组的学生除了进行日常数学教学活动外,还每天增加一节自学辅导课.而控制组的学生仅进行日常数学教学活动.实验为期一个学期.在学期初,对所有的学生先进行一次数学摸底测试,在期末,参与实验的所有学生进行期末数学考试.实验安排见表 5.7.

表 5.7　前后测等组设计举例

随机选取40 名初中一年级学生	R 随机分配 20 人到实验组	O_1 前测数学摸底测试	X 实验处理增加一节自学辅导课	O_2 后测期末考试数学成绩
	R 随机分配 20 人到控制组	O_3 前测数学摸底测试	——不增加自学辅导课	O_4 后测期末考试数学成绩

5.3.3　所罗门四组设计

1. 设计模式

所罗门四组设计是把前后测等组设计和仅施后测等组设计结合起来的一种实验设计.在这种设计中,被试被随机分配到四个组中去,其中两个组接受前测,另两个组不接受前测.接受前测的两个组中其中一组接受实验处理,另一组不接受实验处理,不接受前测的两个组中其中一组也接受实验处理,另一组不接受实验处理.所有的四个组均接受后测.设计模式见表 5.8.

表 5.8　所罗门四组设计

实验组	R	O_1	X	O_2
控制组	R	O_3	——	O_4
实验组	R	——	X	O_5
控制组	R	——	——	O_6

注:R 表示随机分配,X 表示实验处理,——表示无实验处理,O 表示测量结果.

需要的情况下,所罗门四组设计还可以扩展到包含更多实验处理的所罗门设计.每增加一个处理,就另外需要增加两组——一组需要前测,另一组不需要.即,如果实验包括两种实验处理,则需要 6 个组(其中有两组不接受实验处理,为控制组);如果实验包括三种处理,则需要 8 个组(其中有两组不接受实验处理,为控制组).设计模式见表 5.9.

表 5.9　所罗门设计——两个处理的情形(共 6 组)

实验组	R	O_1	X_1	O_2
控制组	R	O_3	—	O_4
实验组	R	—	X_1	O_5
控制组	R	—		O_6
实验组	R	O_7	X_2	O_8
实验组	R	—	X_2	O_9

注：R 表示随机分配，X_i 表示第 i 个实验处理，—表示无实验处理，O 表示测量结果.

2. 设计的评价

所罗门四组设计的前两个组体现了前后测等组设计的思想,后两组则体现了仅施后测等组设计的思想. 当组合起来实施时,具有上述两种设计的优点,对很多无关变量进行了很好的控制. 另外,所罗门四组设计对实验处理的效果进行了两次检验,可以确认实验处理的效果,还可以检验测验与实验处理的交互作用. 但是由于要将被试分配到四个组中,所以需要较大的样本容量. 另外,要同时进行四个被试组的实验研究,需要研究者付出相当大的精力和努力.

3. 统计分析

所罗门四组设计的数据处理可以采用如下的方法.

第一,如果前测的影响或者前测和实验处理的交互作用允许忽略不计,则可用单因素方差分析对四个组的后测平均数进行比较和检验.

第二,如果不能忽略前测的影响,则可以把前测作为协变量,采用协方差分析来比较有前测的组后测平均数. 用 t 检验法比较没有前测的组的后测平均数.

第三,采用两因素方差分析法. 把实验处理作为一个因素,把前测作为另一个因素,分析实验处理和前测的效应,以及实验处理和前测的交互作用.

4. 设计举例

再以之前介绍的问题为例,用所罗门四组设计重新设计.

研究的问题仍陈述如下:一项有关初中一年级数学自学辅导教学对学生数学成绩的影响.

随机抽取 80 名初中一年级学生,并随机分配成 4 组,两组为实验组,两组为控制组,每组 20 人. 两个实验组的学生除了进行日常数学教学活动外,还每天增加一节自学辅导课. 而两个控制组的学生仅进行日常数学教学活动. 实验为期一个学期. 在学期初,两个实验组中的一个组和两个控制组中的一个组先进行一次数学摸底测试,其余组则不进行前测. 在期末,参与实验的所有学生进行期末数学考试. 实验安排见表 5.10.

表 5.10 所罗门四组设计举例

随机选取 80 名初中一年级学生	R 随机分配 20 人到实验组	O_1 前测 数学摸底测试	X 实验处理 增加一节自学辅导课	O_2 后测 期末考试数学成绩
	R 随机分配 20 人到控制组	O_3 前测 数学摸底测试	— 不增加自学辅导课	O_4 后测 期末考试数学成绩
	R 随机分配 20 人到实验组	—	X 实验处理 增加一节自学辅导课	O_5 后测 期末考试数学成绩
	R 随机分配 20 人到控制组	—	— 不增加自学辅导课	O_6 后测 期末考试数学成绩

5.3.4 因素设计

1. 设计模式

若研究需要涉及多个自变量,除了考虑各自变量如何影响因变量的变化外,还要考虑自变量相互搭配后如何影响因变量的变化,这时可以考虑因素设计.因素设计方法最先起源于农业优化设计中,后来广泛用于自然科学领域,在心理教育研究中也有着重要的用途.

因素设计是指一种两个因素(可推广到多个因素)搭配的实验设计,该设计主要用于分析各个因素及其交互作用对实验结果的影响.这里的因素指的就是自变量.在因素设计中每个因素的取值称为水平.因素一般用大写字母表示,如因素 A,因素 B 等.因素的水平则用因素字母的下标表示,如因素 A 有两个水平,则用 A_1,A_2 表示.理论上,因素设计对因素的个数没有要求,每一个因素可以有任意数量的水平.用各因素的水平数的连乘方式表示该因素设计的模式.

例如,要研究教学法和教材如何影响学生的探究式研究思维,则教学法和教材均为因素.如果这里考虑的教学法有三种,则教学法这个因素是 3 水平的;如果考虑两种教材,则教材这个因素是 2 水平的,这样的因素设计称为 3×2 因素设计.如果再加一个因素——年级,考虑的是小学三~六年级共四个年级,则年级这个因素是 4 水平的.这时的因素设计是 3 因素的,称为 3×2×4 因素设计.可以看到,乘积式子中有多少个乘数,该因素设计就有多少个因素,乘数的具体取值表示的是因素的水平数.之前介绍的所罗门 4 组设计,若把前测也作为一个因素,则也可以看成是 2×2 因素设计. $m×n$ 因素设计模式见表 5.11.

表 5.11　因素设计的模式(以 $m \times n$ 因素设计为例)

A	B			
	B_1	B_2	$\cdots$	B_n
A_1	$O_{111},\cdots,O_{11t}$	$O_{121},\cdots,O_{12t}$	$\cdots$	$O_{1n1},\cdots,O_{1nt}$
A_2	$O_{211},\cdots,O_{21t}$	$O_{221},\cdots,O_{22t}$	$\cdots$	$O_{2n1},\cdots,O_{2nt}$
$\vdots$	$\vdots$	$\vdots$		$\vdots$
A_m	$O_{m11},\cdots,O_{m1t}$	$O_{m21},\cdots,O_{m2t}$	$\cdots$	$O_{mn1},\cdots,O_{mnt}$

注:O_{ijk} 表示 A 因素 i 水平 B 因素 j 水平下的第 k 次实验的处理结果.

2. 设计的评价

和其他实验设计相比,因素设计的一个突出优点是除了能研究每个变量(因素)各自的主效应,即研究每个因素中各水平间的差异是否显著外,还可以研究变量(因素)之间的交互作用.一个实验中有两个或两个以上的自变量,当一个自变量的效果在另一个自变量的每一个水平上不一样时,就说自变量间存在着交互作用.

3. 统计分析

因素设计的实验数据的处理按照通常的多因素方差分析的方法进行分析.一般需要分析因素的主效应以及因素之间的交互效应.

4. 设计举例

若要研究不同的教学法和不同的教材对小学生数学解题能力的影响,则可以进行以下一项研究.

研究的问题陈述如下:一项有关探究式教学法和讲授式教学法与新、旧两种教材对小学四年级学生数学解题能力影响的研究.

这可以设计成 2×2 因素设计的实验模式.研究中设计两个因素,因素 A 表示教学法,有 2 水平,A_1 表示探究式教学法,A_2 表示讲授式教学法;因素 B 表示教材,也有 2 水平,B_1 表示新教材,B_2 表示旧教材.

具体操作为:从某小学四年级学生中随机选取 40 名学生,随机分配成四组,每组 10 人.第一组接受探究式教学法与新教材教学,第二组接受探究式教学法与旧教材教学,第三组接受讲授式教学法与新教材教学,第四组接受讲授式教学法与旧教材教学.进行为期一个学期的教学实验.因变量是涵盖教学内容的数学解题能力测试成绩.实验设计如表 5.12 所示.

表 5.12   因素设计举例

教材(B) 教学法(A)	新教材 B_1	旧教材 B_2
探究式 A_1	10 名被试	10 名被试
讲授式 A_2	10 名被试	10 名被试

实验结束后,计算各种水平组合下学生测验成绩的平均分,见表 5.13.

表 5.13   因素设计举例

教材(B) 教学法(A)	新教材 B_1	旧教材 B_2
探究式 A_1	48	42
讲授式 A_2	32	38

表 5.13 中数据表明,接受探究式教学法和新教材学习的 10 名学生的解题测验的平均分为 48 分,接受探究式教学法和旧教材学习的 10 名学生的解题测验的平均分为 42 分,接受讲授式教学法和新教材学习的 10 名学生的解题测验的平均分为 32 分,接受讲授式教学法和旧教材学习的 10 名学生的解题测验的平均分为 38 分. 因素设计结果的严格分析需要用到统计方法,这在后续的章节会介绍. 这里主要从直观的角度简单分析数据. 不管使用哪种教材,探究式教学法的测验成绩总比讲授式的高. 但是,在教材选择上,对于探究式教学法,使用新教材的成绩高于旧教材,对于讲授式教学法,使用新教材的成绩却低于旧教材. 这说明,教学法和教材之间存在一种交互作用,正是这种交互作用反过来影响着学生成绩. 因素分析能很好地分析这种交互效应.

5.4   准实验设计

准实验设计是介于前实验设计和真实验设计之间的一类实验设计. 它对无关变量的控制比前实验设计要严格,但是不如真实验设计控制得充分和广泛.

真实验设计由于对无关变量作了严格的控制,具有较高的实验效度,是实验设计中揭示自变量和因变量之间因果关系最好的设计模式. 真实验设计的一个重要特征是随机选择被试. 但是在教育研究中,选择被试有时难以做到真正的随机化,因此,准实验设计也越来越受到重视.

准实验设计与真实验设计之间最主要的区别,在于准实验设计在选取被试时,不能做到或者不能完全做到随机化,而是采用一些现成的组作为实验组或者控制组. 例如,一个班级的所有学生组成一个实验组,另一班级的所有学生组成一个控制组. 这种自然形成的组称为自然组. 继而实施实验处理,对实验结果进行分析. 因为学校中的教学是以班级为单位进行学习,所以这种以自然组的形式而非随机分配的方式选择被试,实施起来会更加自然和容易操作,特别是当无法进行随机分配时更加常用. 但是,这种不通过随机化分配被试的设计,会使一些影响内在效度的因素难以得到控制.

　　由于教育研究本身的特点,准实验设计在教育研究领域受到广泛使用,但是要特别注意的是,由于准实验设计只是接近真实验设计,在实验设计方面和数据分析方面与真实验设计也很相似,但是对实验结果的解释和推广应该特别谨慎.

　　本节介绍几种重要的准实验设计模式.

5.4.1　仅施后测不等组设计

　　从设计模式来看,仅施后测不等组设计和仅施后测等组设计是非常相似的. 不同之处仅在于前者的实验组和控制组不是通过随机化得到,而采用自然组. 实验组接受实验处理,控制组不接受实验处理,两组均接受后测. 设计模式见表 5.14.

表 5.14　仅施后测不等组设计(一个实验组情形)

实验组	X	O_1
控制组	—	O_2

注:X 表示实验处理,—表示无实验处理,O 表示测量结果.

多个实验组的仅施后测不等组设计的设计模式见表 5.15.

表 5.15　仅施后测不等组设计(多个实验组情形)

实验组 1	X_1	O_1
实验组 2	X_2	O_2
⋮	⋮	⋮
实验组 k	X_k	O_k
控制组	—	O_{k+1}

注:X_i 表示第 i 个实验处理,—表示无实验处理,O 表示测量结果.

　　由于没有随机选择被试,被试特征这一无关变量得不到控制,因变量的取值变化无法仅由自变量解释. 除非能从其他途径说明实验组和控制组在实验前的相似性,否则这种设计的实验效度一般来说并不高.

　　在实验结果的统计处理上,仅施后测不等组设计与仅施后测等组设计类似.

5.4.2　前后测不等组设计

　　从设计模式来看,前后测不等组设计和前后测等组设计仅在选取被试时的方式不同. 后者采用随机化方式选取被试,而前者采用自然组.

　　前后测不等控制组设计见表 5.16.

表 5.16　前后测不等组设计（一个实验组情形）

实验组	O_1	X	O_2
控制组	O_3	—	O_4

注：X 表示实验处理，—表示无实验处理，O 表示测量结果.

这种设计还可以推广到多个实验组的情形，也就是说可以对两个及两个以上的实验组进行实验处理. 实验设计模式见表 5.17.

表 5.17　前后测不等组设计（多个实验组情形）

实验组 1	O_1	X_1	O_2
实验组 2	O_3	X_2	O_4
⋮	⋮	⋮	⋮
实验组 k	O_{2k-1}	X_k	O_{2k}
控制组	O_{2k+1}	—	O_{2k+2}

注：X_i 表示第 i 个实验处理，—表示无实验处理，O 表示测量结果.

在前后测不等组设计中，由于设置了控制组，故很好地控制了成熟和个人经历. 另外，前后测不等组设计中由于使用了前测，可以检查自然形成的两个组在实验处理前的特征的一致性程度，同时也可以获得实验前后因变量的变化量.

然而，由于前后测不等组设计在选择被试时采用自然组的形式，而不是采用随机化的方法，因此被试特征以及统计回归这两个无关变量不能得到完全控制. 另外，和前后测等组设计类似，前测的使用会对实验控制造成影响：前测会产生测验效应，前测也会对实验的外在效度造成一定的影响. 和前后测等组设计一样，实验人员的态度，被试的流失以及测量工具等无关变量不能被直接控制.

在实验结果的统计处理上前后测不等组设计与前后测等组设计类似.

5.4.3　时间系列设计

前面介绍的实验设计模式都是在实验处理前或后对因变量各进行最多一次的测量. 而时间系列设计则在实验处理前或后均会进行多次重复测量. 时间系列设计是指对一组被试实施实验处理，并在实验处理前后作一系列测量，然后分析前后测量分数的差异，从而推断实验处理的效果. 如果某个组在实验处理前的几次测量中均保持恒定，而在实验处理后的测量中有明显的提高，则由实验处理引起这种结果的信心会比单次前后测设计要强.

时间系列设计的基本设计模式如下所示：

$$O_1—O_2—\cdots—O_k—X—O_{k+1}—\cdots—O_{k+n}$$

其中，X 表示实验处理，O_i 表示第 i 次观测的结果.

这是一个单组准实验设计，这里单组的意思是只有实验组，而没有控制组. 这种设计的主要缺点是容易受多重观察的影响，因为被试被测量了不止一次. 早期的测试可能会对后期的测试产生影响.另外由于设计是随时间扩展的,因此实验结果也容易受个人经历和成熟等无关变量的影响,也可能因为多次测试而产生练习效应进而提高后测的结果,这些都会影响实验的内在效度.

在时间系列设计中,主要是通过对多次测量结果所得到的分数模式进行分析来决定实验处理的效果.例如,一名教师在使用旧教材的前几个星期内,每周对所教学生进行一次测验,然后在使用新教材后,继续每周对学生进行测试.图 5.1 显示整个实验过程中由于教材的变化而产生的的四种可能的结果模式,其中虚线表示开始使用新教材的时刻.

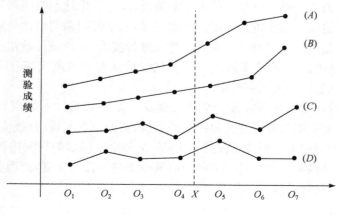

图 5.1　时间系列设计举例

研究(A)表示,在用新课本前,学生成绩稳步上升,而在处理 X 后,即换新课本后,成绩有较大提高,而且后续的测试也显示成绩继续稳步上扬.这时,实验结果的变化很可能是由于换新课本引起的.

研究(B)表示,在用新课本前,学生成绩稳步上升,而在处理 X 后,即换新课本后,成绩也是按原来的速度稳步上升,并未显示出实验处理的效果,但是第 7 次测验显示了成绩的飞跃,这说明实验处理其实还是有效的,只是反应延迟了.

研究(C)的曲线是不规则变化的,这个实验结果得不出关于实验处理是否有效的结论.各测量点的波动表示还有其他因素发挥了作用,而且其作用的强度可能超过了实验处理的效果.然而,也不能根据曲线得出实验处理无效的结论.

研究(D)的曲线表示,第 5 次测量的成绩上升是暂时的,其后成绩马上又回到原来换新教材之前,这可能是由于其他因素的短暂影响.

从这几种模式可以看出时间系列设计的优势,它可以使研究者分析实验处理的可能效果,特别是当效果没有即时出现时,避免作出草率的结论(如研究(B)).同时,即使实验处理后出现了实验结果的显著变化,也可能并非是实验处理的效果,如研究(C)和研究(D).虽然在研究(C)和研究(D)中,第 4 次测量和第 5 次测量之间出现了测验成绩的明显提高,如果用之前介绍的前后测不等组设计,可能会作出实验处理有效的结论,但是从时间系列设计中分析,其实成绩的提高很可能是其他因素引起的.

5.4.4　单一被试设计

之前介绍的多种实验设计均涉及多名被试,这些设计的实验结果一般是通过统计的方法得到适用于群体的结论.而有些教育研究,很难得到大量样本,例如,要研究具有轻度自闭症的儿童的某些学习能力,在学校里面患轻度自闭症的孩子本身数量就很少,也许就只有一两个样本.这时,采用实验组的方法设计实验就不可行.

单一被试设计是通常只对一个被试进行研究的一种方法.由于不存在随机抽样的问题,故可认为单一被试设计是一种准实验设计.这种设计和时间系列设计有一定的相似之处,对被试一般要进行反复多次的观测,只是时间系列设计是对一组或多组被试进行实验,而单一被试设计只对一个被试进行实验.这种设计最初是在特殊教育研究中发展起来的,如研究者曾经用单一被试设计证明了患唐氏综合征的儿童能够进行的学习比以前所认为的多得多.

单一被试设计常用在研究某个个体在接受了某种处理后所表现出来的行为变化,在实验处理实施前的处理称为传统处理,这段时间称为基线.基线应足够长,在基线期间的多次观测中如果因变量保持稳定,而在实验处理后的观测中发现因变量显著变化,而且在基线和实验处理期间的所有其他条件都保持不变,则因变量的变化很可能归结为实验处理的结果.

1. A-B 设计

A-B 设计是最简单的单一被试设计.A 指基线时期的实验条件(传统处理),B 指实验处理.在这种设计中,研究者在基线条件下观测单一被试,而且一般需要多次观测,直到因变量趋于稳定.然后引入实验处理,再对被试进行多次观测,分析因变量的变化.A-B 设计模式如图 5.2 所示.

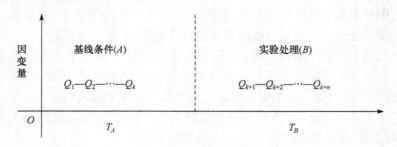

图 5.2　A-B 设计图示

假设一个研究者想要研究在数学教学中言语表扬对不敢举手发言的低年级高中生的影响.研究者会选取一名符合研究条件的被试,并在数学课堂教学时观察他的行为.研究者首先对被试观察 5 天,每天记录他在一节数学课上主动举手发言的次数,然后对他进行 5 次言语表扬,表扬后立即观察他的行为(在该节课主动举手发言的次数). 实验结果如图 5.3 所示.

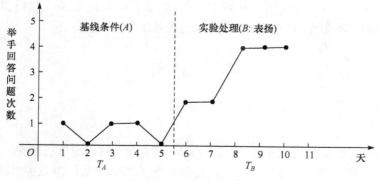

图 5.3 A-B 设计举例

可以看到,在实验处理(表扬)前后各进行了 5 次测量,实验处理表现出了一定的效果. 因为在实验处理阶段和基线时期学生举手回答问题的次数有了较明显的提高. 然而,A-B 设计存在一种可能,即因变量的变化有可能不是或者不全是由实验处理引起的. 可能有其他的一些因素引起了这种变化,或者这些变化是被试自然而然发生的,如由于成熟引起的. 因此 A-B 设计对实验的内在效度控制较弱,可以采用一些修正的模式加以改进,如 A-B-A 设计.

2. A-B-A 设计

在 A-B 设计的基础上,再简单地加入一段基线时期,就能增强实验的内在效度. 这种设计称为 A-B-A 设计. 一段基线在实验处理之前,一段基线在实验处理之后,如果实验处理期间的因变量的值与两段基线时期的因变量的值均有显著差异,就有更大的把握相信实验处理的效果了. 继续沿用前面的例子,研究者如果在表扬学生 5 天后,不再对学生进行表扬,然后观察学生在没有被表扬的 5 天内的举手发言情况. 结果如图 5.4 所示.

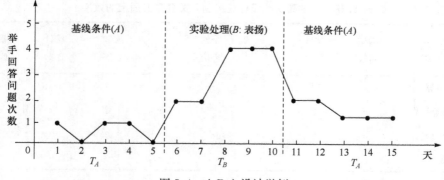

图 5.4 A-B-A 设计举例

从实验的第 11 天开始,不再表扬学生,学生的主动举手回答问题的次数又恢复到了原来实验前的水平,这时无关变量对实验结果的影响就大大降低了.增加学生主动举手发言的原因很可能是因为受到了表扬,而成熟和其他无关变量对促进学生举手发言的影响并不明显.从中看出,实验的内在效度大大提高了.

本 章 总 结

一、主要结论

本章讨论了实验研究的基本方法.实验研究区别于其他研究方法的一大特点是可以操纵自变量,并通过控制无关变量,使得自变量与因变量的因果关系得以有效解释,这对于要进行因果关系研究的教育研究是非常合适的.

评价实验研究优劣的一个主要标准是实验研究的效度.包括内在效度和外在效度.内在效度是对实验中所要研究的因果关系的有效程度的度量.外在效度则是实验结果的概括性、代表性和推广性.

按照控制影响内在效度的无关变量的严格程度,实验设计分为前实验设计、真实验设计和准实验设计三种.其中前实验设计由于基本上对无关变量没有实施控制,故不是严格意义上的实验设计.真实验设计对无关变量的控制最为严格,准实验设计则介乎于前实验设计和真实验设计之间,其主要特点是在抽取被试时不实施随机抽样.真实验设计和准实验设计的几种具体设计模式在控制无关变量上的效果见表 5.18 和表 5.19.

本章的内容为实验研究提供了一个设计框架,实验研究应做到:能满足研究目的,能充分有效检验假设,能合理选择具体的实验设计模式,充分考虑清楚并控制好可能会影响效度的无关变量,由始至终保持严谨的实验态度参与实验操作,准确测量实验数据,合理分析实验结果.

表 5.18   几种真实验设计在控制无关变量方面上的效果

设计	被试特征	被试流失	测验	个人经历	成熟	实验人员态度	统计回归	测量工具
仅施后测等组设计	+	?	+	+	+	?	+	?
前后测等组设计	+	?	—	+	+	?	+	?
所罗门设计	+	?	+	+	+	?	+	?
因素设计	+	?	+	+	+	?	+	?

注:(+)表示有效控制,(—)表示弱控制,(?)表示不直接控制.

表 5.19　几种准实验设计在控制无关变量方面上的效果

设计	被试特征	被试流失	测验	个人经历	成熟	实验人员态度	统计回归	测量工具
仅施后测不等组设计	−	?	+	+	+	?	−	?
前后测不等组设计	−	?	−	+	+	?	−	?
时间系列设计	−	?	−	−	−	?	−	?
单一被试(A-B)设计	+	+	+	−	−	?	−	+
单一被试(A-B-A)设计	+	+	+	−	−	?	−	+

注：(＋)表示有效控制,(—)表示弱控制,(?)表示不直接控制.

二、知识结构图

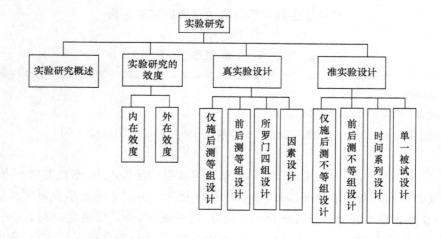

习　　题

5.1 什么是实验研究? 什么是教育实验研究?

5.2 什么是实验研究中的无关变量?

5.3 什么是实验研究的内在效度,影响实验研究的内在效度有哪些无关变量?

5.4 什么是实验研究的外在效度,如何提高实验研究的外在效度?

5.5 什么是真实验设计? 列举几种真实验设计.

5.6 什么是准实验设计? 什么情况下适合应用准实验设计?

5.7 试就学习或教育实践中的一个具体问题设计一个简单的实验.

案例与反思

围绕以下问题,反思研讨以下的案例.

问题 1　实验研究的目的是否明确?

问题 2　实验研究的假设是否清晰?

问题 3　实验设计采用哪种实验设计模式,自变量和因变量的选择是否合理?

问题 4　无关变量是否得到良好的控制,是否有较好的实验效度?

问题 5　实验结果的统计分析方法是否合理?

问题 6　实验是否达到了实验目的?

案例 1　(选自《数学教育学报》,2000 年第 2 期)

高中学生数学运算能力培养的实验报告

刘　明

(江苏省六合县第一中学,江苏　六合　211500)

摘要　在调查了解的基础上,分析影响学生运算能力发展的因素,为探索运算能力的培养途径进行实验研究.

关键词　运算能力,培养,实验

中图分类号:G632.0　**文献标识码**:D　**文章编号**:1004-9894(2000)02-0058-04

1　引言

数学运算能力是"四大能力"之一,不仅是学生继续学习数学、形成其他能力的基础,而且也是他们在今后的生活、工作中必备的素质之一."中学数学中的运算能力,就是指在运算中起调节作用的个性心理特性.这种调节,必须解决定向问题(明确运算结果、确定运算步骤)和运算的控制执行问题(具体进行每步运算)."[1]教学中,发现不少学生运算能力较差,从而影响了其他能力的形成.在对 96 级高二(上)期中考试情况进行分析时,发现学生因计算错误而失分占了总失分的 51.4%,于是产生了进行培养学生运算能力实验的想法.

2　实验方法

2.1　准备阶段

2.1.1　采用调查法、谈话法,了解导致计算错误的原因,主要有以下三个方面.

(1) 基本概念方面:由于基本概念、性质、公式、法则理解不透、记忆不牢,导致错误;

(2) 计算技能方面:由于没有理解掌握计算的常规程序与基本方法,或不能根据已有的条件,确定合理、简捷的运算方法,计算过于烦琐,而导致错误;

(3) 心理因素方面:由于粗心大意、或因畏惧复杂的运算而产生厌烦心理,从而导致运算错误.

2.1.2 制定实验计划

（1）实验目标：使学生不仅能够解决运算中的定向问题,而且还能解决运算中的控制执行问题,从而达到运算迅速、合理、正确的目的.在运算能力培养过程中,重点要求学生会进行一些简单的数与式的运算、基本的方程与不等式的变形与求解,而对复杂的运算则予以舍弃.

（2）实验对象：96 级高中两个班学生.一个班为实验班（57 人）,另一个班为对比班（56 人）.

（3）实验时间：1997.11～1998.6,共一个半学期.

（4）编制好两份难度相近的计算能力测试题（A 卷、B 卷）.并在 95 级高三年级的一个班进行测试,通过测试调控好 A,B 卷的难度.在实验开始前分别在实验班、对比班进行 A 卷测试（1997 年 11 月）,并进行数据处理.

2.2 实施阶段

实施过程是以实验班与对比班的方式进行,在教学过程中,实验班注意到以下五个环节.

2.2.1 重视概念、性质、公式、法则的教学

（1）在进行概念、性质、公式、法则等内容教学时,引导学生去"发现"数学概念、性质,这样不仅使学生搞清知识产生的前因后果、来龙去脉和内在联系,加深对所学知识的理解,而且还可以使学生搞清楚概念、性质的条件、结果及使用范围.如在进行"0！ ＝1"的教学时,可以让学生思考：为什么要规定 0！ ＝1? 使学生明白这一规定是"为了使得式子 $P_n^m = \dfrac{n!}{(n-m)!}$ 中,当 $m=n$ 时有意义"这一道理,从而使学生产生深刻的印象;

（2）和学生一起去总结记忆概念、性质、公式的方法.如在讨论椭圆、双曲线的形状及离心率 e 的大小关系时,容易知道：当 $e \to 1$ 时,椭圆、双曲线越扁;当 $e \to 0$ 时,椭圆越圆;e 越大（$e > 1$）时,双曲线开口越大.这里,可形象地将"1"与"0"的形状与曲线的形状结果起来进行记忆："1"是扁的,而"0"是圆的!

（3）对于容易混淆的概念等内容,利用对比的方法去认识到它们的联系与区别.如在学习"曲线的极坐标方程"时,学生往往会由于直角坐标系中"曲线和方程"的关系而产生前摄抑制,误认为曲线上的点的极坐标一定是极坐标方程的解.于是在教学中,不仅将直角坐标系与极坐标系中的"曲线与方程"的关系进行对比,而且还要比较两个坐标系的点与坐标的关系之间的区别,通过比较,使学生真正理解这一概念,避免产生混淆.

（4）进行定期检查与不定期抽查相结合的方法,促使学生牢记有关概念、公式等.

2.2.2　教会学生有关运算的方法

（1）对部分初中要求偏低的运算内容，挤出时间进行教学.如"二元二次方程组的解法"这一内容，初中的教学要求显然不适合高中"解析几何"教学的需要，于是，安排了时间进行这一内容的教学.

（2）要求学生理解、掌握有关运算的常规"程序"与"方法"，从而使学生能够熟练地进行运算这一智力动作，积累运算经验.如在解决"直线与圆曲线位置关系"的计算问题时，就特别强调了基本步骤：联立方程组→消元→验证 △→韦达定理……；又如在数与式的运算中，强调"能分解因式时一定要分解因式、能约分时要约分、分式只有通过通分才能化简"等.

（3）在形成常规运算方法的同时，注意引导学生，根据条件，通过分析、综合、比较，合理选择运算方法，以提高运算的效率，减少运算量，增加正确率.

例　已知 $Z+|Z|=2+8i$，求 $|Z|$.

本题若按常规解法可设 $Z=x+yi(x,y\in\mathbf{R})$ 去解，但运算量比较大，如果注意到条件及所求的结果之间的关系，可以发现，直接以 $|Z|$ 为元去解则较为容易.即，$Z=(2-|Z|)+8i$，则 $|Z|^2=(2-|Z|)^2+64$，所以 $|Z|=17$.

2.2.3　加强运算的训练

在运算训练中，重点安排一些简单的数的运算、代数式的变换及解方程与解不等式等内容进行练习，而对于比较复杂的数的运算则予以舍弃.在训练过程中，要求学生既要动手，更要动脑：首先要解决定向问题，即能够根据条件，确定解题的方向与步骤；其次，在每一步运算中，要做到步步有据，力争少出或不出差错.这样，不仅使得学生在进行运算训练的同时，进行思维训练，而且也能够很好地适应"降低运算量、提高思维量"这一改革的要求.另外，在训练中，注意抓好以下环节：

（1）抓好课堂练习.在教学中，运算问题大多由学生动手去做，由于规定了时间，提高了学生的运算的速度，再加上课内的及时讲解，有利于学生及时纠正运算过程中出现的错误；

（2）课外练习.布置课外作业时，结合所学内容，布置适量的运算练习题，对出现的共性的错误，集体讲解，对个别错误则予个别纠正.

2.2.4　重视心理因素，帮助学生形成良好的运算心理

教育学生正确地对待运算：要认真细心，克服粗心大意的坏毛病；要辩证地看待比较烦琐的运算，每人机会均等，命题者的命题目的或许就是考查你的运算能力！因此更需要冷静、耐心地去解！同时，对学生在运算中取得的成绩，多进行鼓励，以增强学生运算的信心.

2.2.5 利用 **B 卷**,进行测试(1998 年 6 月),并进行数据统计.

3 实验结果

(1) 实验班与对比班的运算能力测试成绩比较(表 5.20):

表 5.20 测试成绩比较

班级	人数	A 卷		B 卷	
		均分	标准差	均分	标准差
实验班	57	67.8	14.2	77.3	14.5
对比班	56	68.1	13.2	69.6	14.7
差异		$P>0.1$,差异不显著		$P<0.05$,差异显著	

从表 5.20 可见,实验班学生运算能力有较大提高.在 1998 年 7 月初举行的期末考试中,学生因计算原因而失分占总失分的比例由原来的 51.4% 下降至 39.7%,这也说明实验班学生的运算能力有了明显的提高.

(2) 实验班学生思维能力、记忆能力等方面也有一定程度的提高.从平行班数学测试情况看,实验班成绩提高的幅度较大.另外,在解决问题过程中,思维比较活跃,解题方法比较独特,具有创新精神.分析其原因有两方面:一方面,运算能力是一种综合能力,它与学生的记忆能力、理解能力、推理能力是分不开的;另一方面,由于在培养学生运算过程中,强调了要得到正确的结果,必须保证"步步有据",或依据概念、或依据性质、或依据公式,可以说,运算的每一步都是演绎法的具体体现,运算过程包含着思维的过程.

4 讨论

(1) 从上述实验结果来看,培养学生运算能力的主要途径是:首先,运算是一种"心理操作性智力动作",因此,在运算能力培养过程中,一定要重视操作性的训练,发挥学生的主体地位,激发学生的学习兴趣;其次,运算依赖于基本的概念,因此,在教学中,必须重视概念的教学,以便于学生形成新的认知结构;再次,运算能力的好坏与学生个性有关,具有良好个性心理特征(如认真、勤劳、坚强)的学生,其运算能力也较强,反之,则较差;另外,学生的个性倾向性(需要、兴趣)也影响着学生的运算能力的发展.在实验过程中,发现有部分学生存在着波动现象,且波动与学生的情绪有着很大的关系,因此,培养学生良好的个性是培养学生运算能力的重要途径之一.

(2) 运算能力的好坏也与学生的记忆能力、思维能力及空间想象能力有着一定的关系,因此,在培养学生运算能力过程中,还需要注意到这几个能力的协调发展,这样不仅有利于学生运算能力的提高,也有利于学生综合能力的提高.

(3) 运算能力是一种综合能力,其培养过程不是一蹴而就的,需要一个长期的过程;其培养途径可能远非以上几条,笔者仅在此抛砖引玉,以便和同行们一起继续研究,探索培养学生运算能力的途径.

参 考 文 献

[1] 吴宪芳. 数学教育学[M]. 武昌：华中师范大学出版社,1997
[2] 章士藻. 中学数学教育学[M]. 南京：江苏教育出版社,1991
[3] 教育部考试中心. 1999 年全国普通高校招生全国统一考试说明（理科）. 北京：高等教育出版社,1999

案例 2　（选自《数学教育学报》,2008 年第 1 期）

小学四～六年级学生数学元认知监控学习策略培养的研究

汤服成[1]，梁　宇[2]

（1. 广西师范大学 数学科学学院,广西 桂林　541004；2. 广西师范学院 初等教育学院,广西 南宁　530023）

摘要　元认知监控能力的培养是教会学生学会学习和提高教学质量的有效途径. 元认知监控学习策略能促进学生的学习、增强学习过程的调控、自觉担负起学习的责任,是实现学生学习方式转变的关键因素之一. 元认知监控学习策略训练对数学学业成绩有促进作用,在小学中高年级进行元认知监控学习策略的训练是可行的,元认知监控学习策略的训练没有加重学生的学习负担.

关键词　元认知；元认知监控；小学数学教学；培养策略

中图分类号：G622.4 **文献标识码：**A **文章编号：**1004-9894(2008)01-0047-04

1　问题的提出

　　元认知监控学习策略在理论上已取得一些有价值的研究成果,但是以某一学科为具体背景的研究还不很多,少量的研究也主要是以中学生为研究对象,对小学生进行元认知监控学习策略训练的研究则更为少见. 当前我国正在实施基础教育课程改革,学生学习方式的转变是本次课程改革的显著特征,而元认知监控学习策略能促进学生的学习、增强学习过程的调控、自觉担负起学习的责任,是实现学生学习方式转变的关键因素之一. 在这样的背景下,研究小学生的元认知监控学习策略不仅在理论上具有重要的价值,而且在实践上也具有重要的意义. 本研究对在小学数学教学中进行元认知监控能力的培养问题进行了理论探讨与实践研究,为元认知监控学习策略的培养提供了参考依据.

2　研究方法

2.1　实验假设

　　小学四～六年级学生能够接受有效的元认知监控训练；对学生进行系统的数学元认知监控学习策略训练后,学生的数学元认知监控水平及数学成绩要高于元认知监控学习策略训练缺失的学生.

2.2 被试

在南宁市华强小学四～六年级选取 261 名学生作为被试. 随机选取四(1)、五(3)、六(1)班作为实验班,四(2)、五(4)、六(4)班作为对照班. 前测结果表明,实验班与对照班的数学学业成绩和数学元认知监控学习策略水平无显著差异.

2.3 实验过程

2.3.1 自变量和自变量的操作性定义

自变量为数学元认知监控学习策略的实施. 实验班在学习策略指导上采取如下措施:

(1) 指导学生制定可行的学习目标和学习计划;

(2) 用"大声思维法"展现数学学习的思维过程,示范自我监测与评价;

(3) 引导学生自觉对数学学习过程作出反思、补救和总结;

(4) 加强元认知监控学习策略培养过程中的主体体验,即学习者通过尝试、应用获得关于具体策略的情感、价值、态度等方面的内心认同.

对照班不做特别要求,按原有授课方式进行教学.

2.3.2 因变量和因变量的测查

(1) 学生的学业成绩(以期末考试成绩为依据);

(2) 学生掌握元认知监控学习策略的情况(再次用"数学元认知监控学习策略问卷"进行测查并结合个案访谈).

2.3.3 无关变量的控制

(1) 随机选择实验班和对照班. 对实验班和对照班的学生,用"数学元认知监控学习策略问卷"进行调查,学习成绩以前一学期期末考试分数为依据,在确认实验班和对照班的数学成绩和元认知监控水平无显著差异的情况下,在每个年级的被试中随机选择其中一班为实验班,另一班为对照班. 实验班和对照班学生人数、性别比例大致相当.

(2) 控制影响实验效果的其他因素. 为了控制教师教学水平不同可能对因变量的影响,尽可能由同一位教师或教学水平相当的教师担任同年级实验班和对照班的数学教学. 实验班与对照班的授课内容、总学时数、进度安排、课内外作业量保持一致. 不对实验班教师、学生刻意宣扬实验的目的,不人为制造实验班和对照班在实验前后的竞赛气氛,保证学生在实验过程中做到情绪稳定. 实验教师心态平和,不刻意追求实验结果的高期望.

3 测试结果

3.1 实验后实验班和对照班各类学生的数学学业成绩的差异性比较

独立样本 t 检验表明,实验后,五、六年级的实验班和对照班学生的数学成绩平均数之间的差异显著. 将各年级两班的各类学生的成绩作比较发现,除四年级的优等生外,实验班学生的数学成绩均高于对照班学生,统计结果如表5.21.

表5.21　各年级实验后学生数学学业成绩的差异性检验

		优等生			中等生		
		人数	平均分	标准差	人数	平均分	标准差
四年级	实验班	18	94.21	4.97	12	89.63	6.78
	对照班	18	95.56	3.32	11	82.20	11.75
	t		−0.978			1.877	
	p		0.355			0.074	
五年级	实验班	25	89.76	7.05	17	81.17	11.45
	对照班	25	85.71	6.31	15	72.77	9.10
	t		1.690			2.395*	
	p		0.100			0.022	
六年级	实验班	15	94.21	4.17	29	85.63	7.46
	对照班	11	91.73	6.17	32	81.63	8.12
	t		1.200			2.051*	
	p		0.214			0.045	

		后进生			合计		
		人数	平均分	标准差	人数	平均分	标准差
四年级	实验班	3	72.00	9.66	33	90.48	8.59
	对照班	1	52.50	0.00	30	89.15	12.06
	t		1.749			0.510	
	p		0.222			0.612	
五年级	实验班	2	68.25	7.42	44	85.43	11.35
	对照班	1	63.75	0.00	41	75.91	11.57
	t		0.351			3.711**	
	p		0.743			0.000	
六年级	实验班	3	76.38	7.44	47	86.48	8.70
	对照班	5	65.55	4.08	48	80.41	11.05
	t		4.082**			3.176**	
	p		0.000			0.012	

*表示 $p < 0.05$,**表示 $p < 0.01$,以下同.

3.2　实验后实验班和对照班学生的数学元认知监控学习策略的差异性比较

实验后再次用"数学元认知监控学习策略问卷"进行测查,时间间隔3个半月,符合重测效度要求.评分办法采取5分制赋分法:①表示完全不符合,②表示基本不符合,③表示说不清楚,④表示基本符合,⑤表示完全符合;反向记分题则相反.信度采用 α 系数法分析,系数为 0.787,调查问卷信度良好.调查结果如表 5.22.

表 5.22　实验后学生数学元认知监控学习策略差异性检验

		制定计划		实际控制		检查结果		补救措施		量表总分	
		平均分	标准差	平均分	标准差	平均分	标准差	平均分	标准差	平均分	标准差
四年级	实验班	3.55	0.54	3.66	0.72	3.74	0.62	3.60	0.63	3.64	0.61
	对照班	3.63	0.55	3.86	0.63	3.75	0.72	3.79	0.64	3.79	0.58
	t	−0.557		−1.172		−0.035		−1.201		−0.996	
	p	0.566		0.246		0.972		0.234		0.323	
五年级	实验班	3.43	0.45	3.51	0.48	3.54	0.68	3.63	0.48	3.51	0.42
	对照班	3.36	0.48	3.42	0.48	3.47	0.55	3.49	0.61	3.40	0.45
	t	0.679		0.903		0.498		1.100		1.153	
	p	0.499		0.369		0.620		0.275		0.253	
六年级	实验班	3.61	0.53	3.80	0.48	3.79	0.64	3.79	0.52	3.75	0.46
	对照班	3.20	0.61	3.36	0.52	3.23	0.70	3.47	0.56	3.33	0.48
	t	3.429**		4.130**		3.953**		2.853**		4.303**	
	p	0.001		0.000		0.000		0.005		0.000	

　　独立样本 t 检验表明,实验后,六年级的实验班和对照班学生的数学元认知监控学习策略的各成分及量表总分平均数之间的差异非常显著,而且实验班学生的数学元认知监控学习策略各成分及量表总分标准差均小于对照班学生,说明实验班学生数学元认知监控学习策略之间的差异小于对照班,即数学元认知监控学习策略训练可以缩小学生数学元认知监控学习策略水平之间的差异.而四、五年级的实验班和对照班学生的数学元认知监控学习策略的各成分及量表总分平均数之间均未出现显著差异.

3.3　实验后实验班和对照班学生的数学元认知监控学习策略提高程度的差异性比较

　　以实验后的数学元认知监控学习策略与实验前的数学元认知监控学习策略的差值作为学生数学元认知监控学习策略成绩提高的指标,各年级实验班与对照班学生数学元认知监控学习策略提高的情况见表 5.23.

表 5.23　实验后学生数学元认知监控学习策略提高情况比较

		制定计划		实际控制		检查结果		补救措施		量表总分	
		平均分	标准差	平均分	标准差	平均分	标准差	平均分	标准差	平均分	标准差
四年级	实验班	0.68	0.51	0.50	0.52	0.50	0.60	0.28	0.70	0.48	0.45
	对照班	0.51	0.65	0.49	0.44	0.33	0.67	0.33	0.49	0.42	0.38
	t	1.135		0.024		1.024		−0.354		0.500	
	p	0.261		0.981		0.310		0.725		0.619	
五年级	实验班	0.51	0.59	0.62	0.48	0.55	0.55	0.47	0.51	0.57	0.33
	对照班	0.37	0.73	0.46	0.44	0.55	0.73	0.41	0.63	0.44	0.41
	t	0.934		1.631		0.355		0.439		1.554	
	p	0.353		0.107		0.724		0.662		0.124	
六年级	实验班	0.54	0.49	0.62	0.38	0.54	0.70	0.54	0.44	0.57	0.41
	对照班	0.35	0.58	0.39	0.42	0.17	0.50	0.50	0.55	0.36	0.33
	t	1.624		2.701**		2.882**		−0.390**		2.815**	
	p	0.108		0.008		0.005		0.697		0.006	

　　独立样本 t 检验表明,实验后,六年级的实验班和对照班学生的数学元认知监控学习策略在实际控制、检查结果方面及量表总分提高程度平均数之间的差异非常显著.

　　四、五年级的实验班和对照班学生的数学元认知监控学习策略的各成分及量表总分提高程度平均数之间均未出现显著差异.但这两个年级两班学生的数学元认知监控学习策略的各成分及量表总分均有所提高.其中除四年级的补救措施方面外,实验班的数学元认知监控学习策略的各成分及量表总分提高程度均高于对照班.

4　实验结果的分析与讨论

4.1　元认知监控学习策略训练对数学学业成绩有促进作用

　　通过对实验后实验班和对照班各种类型学生的数学学业成绩做差异性比较(见表 5.21)的结果表明,数学元认知监控学习策略训练对数学成绩起到了较明显的促进作用,说明数学元认知监控学习策略训练确实能提高学生的数学成绩.实验后四年级两班的数学成绩均比实验前有所提高,但两班的数学成绩差异不显著;五年级两班只有中等生的数学成绩差异显著,但总体成绩差异非常显著;六年级两班除优等生外数学成绩差异均显著,其中后进生的数学成绩差异达到了 0.000 的显著水平.同时显示,各年级实验班学生的数学成绩标准差均小于对照班学生,说明实验班学生数学成绩之间的差异小于对照班,即数学元认知监控学习策略训练可以缩小学生学业成绩之间的差异.

　　研究结果表明,在小学中高年级实施数学元认知监控学习策略训练后,年龄越大的学生数学成绩的提高越明显.这说明数学元认知监控学习策略训练效果对于学科成绩的影响有一定的滞后性,小学生对数学元认知监控学习策略的了解与理解并用于指导学习需要一定的时间和过程,而这个过程的长短与学生的年龄成反比.数学元认知监控学习策略训练对实验班和对照班优等生的数学成绩没有形成太大的差异,这是因为这些学生的成绩本来就好,其数学成绩提高的幅度不可能太大.

4.2　在小学中高年级进行元认知监控学习策略的训练是可行的

　　研究表明(表 5.22、表 5.23),经过 3 个半月的训练,实验班学生的数学元认知监控学习策略水平均有不同程度的提高,且提高程度大多高于对照班学生.可见,对小学中高年级学生进行数学元认知监控学习策略训练是可行的.

　　实验后四年级两班数学元认知监控学习策略的各成分及量表总分的平均分与提高程度均未出现显著差异.一方面是因为四年级学生年龄较小,接受能力较弱,而我们的实验时间较短,短短 3 个月的数学元认知监控学习策略训练难以对学生产生深刻影响;另一方面很有可能还与小学生自我评价能力发展有关.在对几位学生的个案访谈中,发现他们都一致认为这个学期进行的数学元认知监控学习策略训练帮助他们养成了很多良好的数学学习习惯.他们的表现也显示,经过训练,实验班学生的数学元认知监控学习策略水平得到了明显提高,但反映在问卷得分的提高上却不明显,我们估计他们在前测时可能有高估自己的倾向.五年级两班数学元认知监控学习策略的各成分及量表总分的平均分与提高程度均未出现显著差异.但两班的数学元认知监控学习策略水平都有不同程度的提高,而且实验班数学元认知监控学习策略的各成分及量表总分提高程度均高于对照班.这说明我们的实验对五年级学生是有一定效果的.六年级的实验结果表明,在六年级数学教学中进行的元认知监控学习策略训练成效是显著的.独立样本 t 检验表明,实验后,六年级的实验班和对照班学生的数学元认知监控学习策略的各成分及量表总分平均数之间的差异非常显著.实验班与对照班学生的数学元认知监控学习策略在实际控制、检查结果方面及量表总分提高程度平均数之间的差异均非常显著,说明策略训练对提高六年级学生的数学元认知监控学习策略水平十分有效.

　　随着元认知监控理论的发展,大量研究表明,对元认知监控的培养和训练是有效的.教师在思想观念上要相信小学生特别是高年级学生能够掌握一定的元认知监控学习策略.但由于受到小学阶段年龄特征的影响,使小学生的数学元认知监控学习策略培养增加了难度.因此,如何在数学学科学习中加强数学元认知监控学习策略训练以及训练方法的探讨都是值得进一步研究的问题.

4.3　元认知监控学习策略的训练没有加重学生的学习负担

　　从训练形式上看,本实验所采取的教师随堂渗透讲授的训练方法效果很显著.我们认为:由教师将策略训练纳入正常的课堂教学活动中,不仅使策略传授具有一定的载体,而且通过改变学生的思维方式,提高了策略训练的迁移效果和保持效果,克服了单纯策略训练的缺陷.这种由教师渗透的策略训练的方法从表面上看,所进行的数学元认知监控学习策略训练虽然对学生的要求有所增加,并且都有相应的检查措施,比如训练要求学生做作业前要先复习,并做自我点评,这似乎比原来花了更多时间,但没有造成对学生学习负担的增加.实际上,通过与学生交流及对个案学生的访谈,绝大多数学生感到:由于学习策略的掌握,听课效率比以前高;先复习后作业,作业完成的效率也比以前高.通过这些环节的实施,知识掌握得更牢固,学习起来更轻松.

5 建议

根据以上研究结果和结论,结合小学数学的教学实际,给小学数学元认知监控学习策略培养提出以下建议:

(1) 大力提高教师的元认知监控水平,为学生元认知监控能力的形成和发展提供有效的指导和示范.

(2) 教师转变观念和角色,在数学教学中培养学生的自我意识,促进元认知监控能力的培养.

(3) 利用数学交流、合作学习培养和提高学生元认知监控能力.

(4) 帮助学生加强反思意识,改进评价方法,不断完善元认知监控能力.

(5) 加强教学管理,保证元认知监控训练的严格执行.

致谢:本研究一直得到南宁市华强小学的领导、老师和学生的大力支持,在此表示真诚感谢!

参 考 文 献

[1] 汤服成,郭海燕,唐剑岚.初一学生数学问题解决中的动静态元认知研究[J].数学教育学报,2005,14(1):59

[2] 杜晓新,冯震.元认知与学习策略[M].北京:人民教育出版社,1999.

[3] 吕志明.小学生数学策略学习研究[M].北京:科学出版社,2004.

[4] 刘晓明.学习困难儿童元认知监控能力问卷的编制与应用[D].华东师范大学博士学位论文,2003.

[5] 许勇.数学教学中提高学生元认知能力的研究[D].福建师范大学博士学位论文,2003.

[6] 周勇.元认知监控的研究方法[J].心理发展与教育,1993,(3):43

[7] 袁中学,杨之."元认知"与数学教学[J].数学教育学报,2002,11(2):33

[8] 傅金芝,符明弘.中小学生自我监控学习能力的发展及影响因素研究[J].云南师范大学学报,2002,34(3):100

第6章 调查研究

本章概览

本章要解决"什么是调查研究?""调查研究对数学教育工作者有什么意义?""调查研究与实验研究有什么联系与区别?""问卷调查如何实施,要注意哪些细节?""问卷调查收集到的数据如何进行解释?""各种调查研究方法的基本概念是什么,如何使用?""什么时候应该选用哪一种调查研究方法?"等核心问题.

为了解决上述问题,我们将要学习数学教育调查研究的概念、意义、常见问题、设计,问卷调查的实施和数据解释,以及另外几种常用数学教育调查研究方法等内容.

学完本章我们将明白调查研究对数学教育研究的重要性,知道调查研究和各种数学教育调查研究常用方法的基本概念、设计类型、基本程序和操作规范,重点掌握问卷调查的实施步骤和数据解释,知道如何通过一些细节去提高一个调查研究的质量,能根据研究问题的特点选择适当的调查研究方法.

6.1　调查研究的概念与意义

6.1.1　调查研究的内涵

　　教育科学的调查研究方法是在教育理论指导下,通过运用观察、列表、问卷、访谈、个案研究以及测量等科学方式,搜集教育问题的资料,从而对教育的现状作出科学的分析认识并提出具体工作建议的一整套实践活动.

　　"调查研究"有广义与狭义之分.广义的是指有别于思辨研究的重证据的"调查研究"方法,有人简称"调研",可以包括问卷调查、访谈调查、自然观察,也可以包括文献研究;狭义的专指问卷调查方法.

　　问卷调查方法通常是指对较大人群样本,采取提问的方式获取数据资料,从而对所关心的问题的现状进行统计性的描述、评述、解释和预测的一种研究方法.从实验思想来看,问卷调查法实际上是在没有前测、没有干预的情况下进行多因素实验的后测,并通过后测工具中包含一系列用于检测各种可能干扰因素的问题,对多因素及其相互关系进行分析.

　　本章对问卷调查法进行重点介绍,并简要介绍访谈、自然观察、测验、文献研究等调查研究方法,对各种方法进行比较,举例分析,力求让读者明白什么情况下用哪种方法,各种方法应该如何正确运用.

6.1.2　调查研究的分类

　　依据不同的标准,教育调查研究的类型有不同的分类方法.根据研究目的,调查研究可以分为描述性调查和解释性调查,它们分别对应于两种问卷:描述性问卷和分析性问卷.根据数据的量化程度,可以分为问卷调查和访谈调查,前者一般用于定量研究,后者则用于定性研究.根据调查对象与调查者的关系,调查研究可以分为介入性调查(与被调查者有某种接触关系)与非介入性调查(与被调查者没有接触).问卷调查与访谈调查显然都属于介入性调查,是第一手资料的收集;而案头调查属于非介入性的第二手资料的调查.

　　按调查对象的选择范围分类,可以分为典型调查、普遍调查、抽样调查、个案调查和专家调查;按调查对象所处的历史阶段分类,可分为事后追溯调查和现状调查;按调查采用的方式分类,可分为四类:第一类是调查表法、问卷法和访谈法,主要是通过被调查者自我报告方式搜集材料;第二类是观察法和个案研究法,是由研究者通过自己的感官等方式搜集资料;第三类是测验方法,即通过一定的测试题来搜集有关资料;第四类是总结经验法.

6.1.3　调查研究的意义

有人说:"没有调查就没有发言权."还有人说:"一切结论产生于调查情况的末尾."诸如此类的话语道出了人类对调查的青睐.对数学教育而言,任何一项成功的数学教育研究都是植根于调查法上的.例如,著名的青浦县数学教改实验之所以成功,要归于他们实事求是开展了多层次的调查.对数学教师而言,如果说运用文献法学习大量文献具有开阔视野、提高认识、更新观念、启迪教学思维、为个人提出数学教育观点提供理论上的论据等作用,那么运用调查法,就具有能够有意识地发现数学教育问题、为个人提出数学教育观点提供实践上的依据等作用.运用此方法,有时甚至会让一些数学教师成为对某一问题认识的第一发言人,调查结论成为下一步教改实验的假说.

《数学教育学报》编辑部原主任张国杰曾谈到(王光明,2010):"一名数学教师要成为真正的科研工作者,要经过实习期—模仿期—创新期三个阶段."对大多数数学教师而言,因为囿于时间和资料,所以写理论探讨的文章,可能需要经过漫长的实习期和模仿期,才有可能进入创新期.而搞教育调查,只要题目选择新颖,调查方法科学,调查结论独具匠心,实际上就已经迅速跨过实习期和模仿期,而直接进入了创新期.总之,调查法对于初踏数学教育科学沃土的新成员是至关重要的,而且此方法可能会伴随每一位成员的数学教育科研始终.

6.2　调查研究的常见问题与设计

6.2.1　调查研究的常见问题

调查研究所处理的常见问题往往具有这样的特点:第一,关注事实.研究者相信个人观点要基于事实的基础上才能成立,这一点与实验法相同;而与实验法不同的是调查法更关注现实的、正在发生的事,而实验法更适合超越时空的问题.第二,关注变量之间的关系.当然所有的实证研究都应该关注变量之间的关系或差异,只是调查法与实验法采取定量的手段.但是,调查法与实验法相比,其优势在于可以同时考虑较多的变量,劣势在于变量控制水平较低,如实验法关注的问题形式是"X 的变化会导致 Y 的变化吗?"而调查法关注的是"影响 Y 的因素有哪些? 如果有 $X_1,X_2,X_3,\cdots\cdots$ 被确认为主要影响因素,那么,它们的重要性排序如何? 相关作用如何? 因此,调查法只能讨论相关关系而不是因果关系.

6.2.2　调查研究的设计

对于调查研究的设计,可以从时空尺度分为纵向设计和横向设计两种(表 6.1,表 6.2).

表 6.1   调查研究设计分类表

设计		研究的总体	如何取样	例子
纵向设计 （两次或 多次收集 数据）	趋势设计	一般总体	每次数据收集时随机取样	两年内某校学生数学兴趣变化调查
	群体设计	特定总体	每次数据收集时随机取样	不同时期高一学生数学学习动机变化调查
	专门对象研究	一般或特定总体	在整个收集数据的过程中,都用原始的随机样本	IMO金牌得主的数学观调查
横向设计 （一次性收集数据）		一般或特定总体还可能包括亚总体[a]	从所有总体中同时随机取样	某地区9-12年级学生数学能力水平调查

注：如果同时研究两个或多个总体,这就变成了平行样本设计.

表 6.2   纵向设计与横向设计优缺点比较表

	纵向设计	横向设计
优点	符合研究逻辑	持续时间短（适合硕博论文）
缺点	研究时间较长	相对有一些逻辑缺陷

1. 纵向设计

纵向设计涉及随着时间推移搜集资料的调查和在特定时间内及时收集资料的调查.纵向研究可以分为趋势研究、群体研究和专门对象研究三种类型.

趋势研究是指在一个时间段内的不同时刻对一个总体内的样本进行抽样研究.例如,要研究某校学生对数学学习的兴趣问题,可以在一个时间段（如1年或2年）内,不定期地抽取该校学生对其进行调查,这种抽样是随机的,有的被试可能被多次抽到.

群体研究的特点是,研究对象的总体成分变化很大,但性质基本不变,正好比"铁打的营盘,流水的兵".如对大一新生的调查,对不同时期的大一学生学习动机变化的研究.美国从20世纪80年代以来,很多社会评价组织和学校自己进行多次关于本科生"满意度"调查；英国从2005年开始,每年进行全国性本科生"满意度"调查.调查问卷和分析结果都可以从网上获得.如果对这些数据进行分析,可以找出自高等教育大众化以来教学质量的变化情况.

专门对象研究是对同一样本进行两次或两次以上测量,即在不同的时间多次对同一样本进行调查,例如,要研究某校初中学生对数学学习的兴趣问题,可对某年级的学生从初一到初三的三年时间中每年作一次调查,显然,专门对象研究的一个缺点是在数据收集过程中对象的损耗,由于研究的时间较长,有的被试会因为某些客观原因而退出样本群体.

2. 横向设计

横向设计是指对一个代表总体的随机样本在某一时间进行一次性调查,在于了解一个群体或个体的当前状况. 例如,要了解当前某地区初三年级学生的数学能力水平,就应对该地区的若干学校的初三年级的学生进行抽样测试,这就是一种横向设计. 从两个或多个总体中同时选取样本并进行同一问题的研究,称为平行样本设计. 平行样本设计是为了比较不同总体之间的差异,例如,研究某地区初三年级学生的数学能力水平,可以在重点中学的总体和非重点中学的总体中选取有代表性的样本进行调查,也可以在城市中学的总体和农村中学的总体中选取有代表性的样本进行调查,从而通过样本的比较去推断这些不同总体之间的数学能力水平差异.

平行样本设计尽管是在同一时间抽取样本,但它也包含了一种纵向设计情形. 例如,研究初中生的数学能力水平,可以同时选取初一、初二、初三年级的学生去进行相同的测验,然后比较不同年级学生的数学能力水平差异.

6.3 问卷调查的实施

6.3.1 问卷调查的问卷编制

问卷调查是以书面提出问题的方式搜集资料的一种研究方法. 研究者将所要研究的问题编制成问题表格,以邮寄、当面作答或追踪访问方式填答,从而了解被试对某一现象或问题的看法和意见.

问卷法的难点是编制问卷. 一般而言,编制问卷按如下程序进行:

确定要研究的问题 → 分解问题,给出操作性定义 → 编拟题目 → 预测 → 修订题目

第一步是阐释研究的问题,形成调查设计. 研究问题应包括研究变量的详细背景,研究者要充分地查阅文献. 问题确定后,第二步应当对其作适当的成分分解,这相当于将一个问题切割为若干子因素,这样才便于针对每个子因素编拟题目,使其具有可操作性,同时也使整套问卷结构严谨、层次分明.

运用例子:中学生数学学业成就动机的问卷编制

首先,将数学学业成就动机的概念限定为:能够促进中学生取得数学学习方面成

就的动力和心理原因. 其次, 将数学学业成就动机分解为外部行为表现与内部心理因素两个方面.

外部行为表现又分为三个要素: ①主动性, 主要表现为学习自觉主动、计划性强; ②行为策略, 指在数学学习中能够运用一些有效的学习策略; ③坚持性, 主要表现为遇到学习上的困难与障碍时能够坚持努力学习.

内部心理因素又包括四个要素: ①能力感, 表现为对自我数学学习能力的认知; ②兴趣, 即对数学学习本身的兴趣; ③目的, 指明确数学学习的外部目标; ④数学价值观, 表现为对数学知识价值认识.

作出上述的成分分析, 就为编制测题奠定了基础.

问卷题目的形式可以是结构型也可以是非结构型. 结构型是一种封闭式问题, 即把问题的答案事先加以限制, 只允许被试在这个限制范围内加以挑选, 其形式可以是选择式、是否式或评判式. 非结构型是一种开放式问题, 所提出的问题不列出可能的答案, 由被试根据自己的理解自由陈述. 题目的编制应满足一些要求:

(1) 除少数几个要求提供背景或统计信息的题目外, 其余题目要紧密围绕所研究问题去阐述;

(2) 陈述清楚, 语词准确;

(3) 一个题目中只能包含一个问题;

(4) 防止使用导向性语言;

(5) 避免那些会对答卷人带来社会或职业压力的问题;

(6) 问题陈述宜短不宜长、宜简单不宜复杂;

(7) 题目的选择答案应当是可以穷尽的, 选项应具有排他性;

(8) 尽可能地避免使用否定性题目和双重否定题目.

问卷编制完毕后, 应请有关专家审阅, 并对小样本被试进行预测(对于更规范的问卷, 还要求计算信度和效度). 在此基础上修订问卷. 一般来说, 对于选择某个答案的人数太多的题目、平均分数接近极值(若以 5 个选择项分别记为 1, 2, 3, 4, 5 分, 则 1 分和 5 分为极值)且标准差较小的题目、被试很难读懂的题目、不能反映研究者所期望收集到的信息的题目等, 都应当删去(喻平, 2005).

6.3.2　问卷调查实施过程的细节

调查的实施过程, 实际上是一项按照既定研究设计进行的资料收集过程, 在这个过程中有很多容易忽视但又直接影响研究最后质量的研究细节需要我们注意. 像实验实施过程一样, 调查实施情况也直接影响调查的质量. 例如, 虽然问卷调查已经涵盖了许多变量, 但仍然有一些变量是需要排除的. 如在对学生进行的教学评价调查中, 就应该排除学生顾虑的干扰作用, 因此, 应该请教师或与教师关系密切的人回避调查现场. 此外, 调查者要采取可靠措施让被调查者信任自己的保密承诺. 在大范围的调查中, 不同的调查员(不一定是研究人员, 如聘用的学生助手)之间要协调一致.

还要注意诸如问卷发放方式的选择、问卷回收率的保证等问题. 因此,调查管理是一项值得重视的工作.

1. 调查前的准备工作

首先,通过间接的文献资料查阅或直接接触,或通过各种中介人(如上级领导、朋友、熟人)的牵线,对调查对象(样本)的近期活动安排有所了解. 然后,如果有必要的话,与调查对象的组织领导进行沟通和协商,以确定最佳调查时间和需要对方协助的工作安排. 同时,应该考虑被调查者的劳动报酬问题,对此最好及早商定.

对于涉及多个抽样点的大范围的调查工作,由于一两个人难以完成,往往需要聘用许多课题外的人员参与调查,这时对调查员进行培训是非常必要的. 培训的内容有两个方面:一是培训与被调查者的沟通方法和沟通内容;二是统一问卷发放的具体时间、程序等操作上的规则,如当堂回收问卷、30 分钟内完成以及怎样回答调查对象的问题等,以降低调查的随机误差.

问卷发放方式的选择也应该列入调查前的准备工作中. 问卷发放方式一般有如下五种:

(1) 集中填写. 此法对有组织的容易集中的群体如教师、学生很适用,也很方便. 正因为如此,教育研究课题问卷回收率往往很高.

(2) 网上填写. 此法节省调查者与被调查者双方的时间,但限于有网络条件的人. 因此,对于调查对象的总体中包含大量没有上网条件和习惯的个体要谨慎使用. 有条件的话,应该用其他填写方式的数据进行校正.

(3) 登门拜访. 采取这种方式往往是因为调查对象不会主动填写,如文化水平低或日理万机的名人. 对于后者此法也可以代之以电话访问. 这种方式适合于样本较小的情况,但回收率往往很高.

(4) 邮寄. 此法适合于大范围、多地区、调查对象的匿名性要求高的调查研究课题,回收率往往较低.

(5) 行人路遇. 此法一般适合于社会学的研究课题. 这种方式尤其要注意抽样框的设计,如抽样地点、时间段的设计,包括不同地点(停车场、书店等)、不同区域(市中心、城乡结合带等)、不同时间(工作日、周末等).

2. 问卷的回收率

1) 问卷的回收率的定义

回收率＝总回收量/总发放量(样本容量);

有效回收率＝有效回收量/总发放量(样本容量);

有效回收量＝总回收量－废卷.

一般情况下,废卷指超过大约 1/3 的内容为空白的返回问卷. 当然,根据不同的调查内容可以制订不同的标准. 对学生、教师而言,废卷率一般在 5% 以内;社会人群可能较多.

2）问卷回收率的意义

对随机抽样而言,回收率高低影响样本对总体的代表性,进而影响调查的信度. 而对非随机抽样而言,虽然回收率也能反映被调查者的态度,但与调查结果对总体的代表性没有直接的关系.

影响回收率的因素主要有如下四个方面:第一,问卷编写的质量.影响问卷质量的因素很多,如调查对象的文化水平、隐私问题、保密问题等;第二,抽样框设计的合理性.以对高校原版教材使用情况进行调查的课题为例,如果抽样框设为大一新生,而实际上由于多种原因,原版教材的使用主要在大三以上,这样的抽样框显然不合理,回收率必然很低;第三,调查管理水平.如调查时间的选择,如果选择学生期末考试时间,问卷的有效回收率是可能大受影响的;第四,与调查主题有关,或者说研究假说存在偏见.如调查主题是近年来基础教育课程改革效果,其中包含如下问题:

“课改”后您的学生学习动机提高的程度:[1] 很高　[2] 较高　[3] 稍许

“课改”后您的学生在价值观上提高的程度:[1] 很高　[2] 较高　[3] 稍许

“课改”后您的学生创新思维提高的程度:[1] 很高　[2] 较高　[3] 稍许

如果问卷没有或很少包含关于“课改”的负面作用的问题,从而形成结构性诱导的话,不返回问卷的教师往往是对“课改”持否定态度的人,因而最后的统计结果在持否定态度的人数上就会比实际情况偏少.这就是说,未返回的问卷或废卷有时不仅表明被调查者不愿参与的态度,还可能表示反对问卷中暗示的主导性观点.

回收率虽然重要,但并没有统一的最小回收率标准(福勒,2004),这是因为高质量样本的标志是对总体具有较好的代表性,而回收率高低与样本的代表性没有必然的线性关系(巴比,2000).因此,这里我们仅提供一些美国学者的经验性资料作为参考.对社会调查而言,巴比(2000)认为:50％是必要的(adequate),60％为较好(good),70％则是相当好了(very good).对教育研究而言,威尔斯曼(1997)认为,在教育研究中,对教师调查一般可以达到 70％～90％,对学生家长调查一般可以达到 60％,对毕业生调查则较低,一般为 60％～70％或更少.福勒(2004)指出,美国联邦政府管理和预算办公室评价那些与政府相关的调查项目,通常要求回收率大于75％.不过我们国家目前的情况较复杂,教育研究问卷的回收率普遍较高,但里面包含了一些被迫或勉强参与的成分.

提高回收率的方法有很多,因为更多的是技术甚至艺术问题,而不仅仅是科学方法问题.概括起来主要有如下六条:

（1）提高问卷质量.这是根本性的方法.

（2）写好封面信,以及充分利用其他方法与被调查者的沟通渠道.

（3）选好抽样框.

（4）随问卷寄上回信的信封及邮票,并写上地址.

（5）附赠小礼品.礼品不在于贵重,而在于能够表达对被调查者的真诚的尊重.

（6）寄催促信或电话催促，或追寄问卷.

那么，什么叫追寄问卷？追寄问卷是指对原有样本中未回应者重新发放问卷，以期提高回收率，也可以把原样本看成"总体"，从中抽取某一特征的群体，然后在这一群体中随机抽样.这种方法常常用于对首次回收人群类型偏差的纠正.例如，在第一次抽样中由于某种客观原因，某个地区的回收率明显低于其他地区，这时可以专门对该地区按总体的比例进行随机抽样、追寄问卷.

追寄问卷有两种情况：一是已知未回应者是谁，这时只要发催促信或电话催促即可；二是匿名问卷，不知未回应者是谁.这时要对原样本再一次随机发放问卷.追寄问卷的数量根据首次回收率和经费实力决定，理想的情况是保证未回应者都能获得问卷.追寄问卷的封面信上应注明"如果您已经填过此问卷，请转交别人".

在撰写论文或研究报告时，要将每一次追寄的回收率如实记录.对于各次追寄的总回收率的计算，还没有成熟的研究结论，一般用公式：

总回收率＝（最初回收数＋第二次回收数＋…）/样本容量（Fowler，2002）.

当然，每一次回收数是锐减的.根据美国对社会人群的调查研究的总结，如果问卷首次发出两周左右后回收率为40%左右，这时应该马上进行第一次追寄.追寄两周后，一般得到回收率为20%的返回问卷.然后进行第二次追寄，追寄两周后回收率为10%（巴比，2000）.不过，这是美国的情况，我国也许不是两周.对学生和教师群体也会非常不同.当然这需要对多次调查进行总结才能知道确切数据.

3. 问卷调查的实施过程

在确定研究问题、研究设计和设计好问卷以后，便可以开始如下工作.

（1）考虑抽样方法及抽样框的设计.抽样框是实际抽样时所有可能被抽到的个体的集合.抽样框是既能够代表总体、又方便抽样操作的亚总体.如对某学校教授调查的抽样框可以为：周一所有在校的教授.

（2）考虑怎样发放问卷：通过邮寄？亲自登门发送和收取？集中填写？

（3）调查伦理的考虑.与人权保护有关的伦理问题主要包括让被调查者充分理解调查的目的与内容并征得其同意.另外，还应考虑被调查者的劳动回报（尊敬与礼物）.是否需要礼品？用什么礼品？怎样赠送？

（4）如果采取集中填写、登门拜访形式，应立即着手进行联系、沟通工作；如果采取邮寄形式，要准备一个写好回信地址的、贴上邮票的空白信封.同时在封面信中务必告知返回问卷的期望日期.

（5）在散发问卷之前，事先考虑不返回问卷的可能性，并能设想出处理的办法.对问卷发出日期进行记录.

（6）一旦有问卷返回，立即登记返回的学校或地区信息以及返回时间.根据回收率与返回时间的关系，决定是否追寄问卷以及追寄的时间和样本.同时，注意处理调查中途的突发事件.例如，对于因故不能完成调查工作的学校或地区，决定是否补寄.

（7）校对、整理问卷；制定废卷的标准；将有效问卷的数据输入计算机.

（8）按照既定的分析数据的方法进行统计分析.

6.4　问卷调查数据的解释[①]

问卷调查数据的解释有三个层次：①定量描述（描述统计）；②相关关系的解释；③因果模型的建立. 相关内容在本书下篇进行详述. 因此这里我们仅就数据解释中应该注意的问题进行初步讨论.

（1）谨慎进行因果关系的推断. 一般来讲，问卷调查数据显示的仅仅是相关关系，而不是因果关系. 如前所述，确定两个变量之间存在因果关系的三个充分必要条件是：在时间上有先后关系、存在经验上的关联、两个变量不具有共同的第三个变量作为自变量. 这里的第三个条件可以作为因果关系的简便实用的判据. 如在贫困地区可能存在这样的现象：穿着好的人普遍文化水平较高，但这里穿着与文化水平显然没有因果关系，没有人会相信只要穿上好衣服，文化水平自然升高. 这里家庭收入高——第三个变量，同是穿着与文化水平的自变量. 因此，穿着与文化水平之间只是一种不具有实质性意义的相关关系. 实际上，这里的第三变量相当于实验法中因没有做好实验控制而存在的干扰变量一样，我们称其为实验的内在效度低.

这就是说，相关关系只是因果关系成立的必要条件，但不是充分条件. 那么，在统计分析时，确认因果关系或对相关关系背后的成因因素进行解释时，必须要满足如下条件：首先，确认变量间相关关系的成立；然后，所有已经观察到的或设想到的不支持因果关系成立的解释都能够被合理地排除. 如上例中应该排除家庭收入这个影响因素. 再用前文常用的一个例子加以说明，一项问卷调查显示了研究型大学比普通高校的学生对教学质量的满意度要低得多，如果据此推断说研究型大学比普通高校的教学质量问题严重，就会受到如下攻击：满意度差异是由两类学校学生的批判性不同而导致，并非教学质量问题. 那么，你就要提供证据说明不是学生的批判性导致. 如果问卷中的题目包含了学生的批判性的测量，就用统计控制办法排除这个干扰变量；如果问卷中不幸没有包含这个变量的测量，就要寻找其他证据. 如清华、北大的学生在所有研究型大学中是仅有的例外，即学生满意度高于其他研究型大学，而与普通高校持平. 这里实际上又发现第二个可能的影响因素：教学投入. 事实上近年来国家对清华、北大的投入高于其他一般研究型大学好几倍. 只有在对"学生的批判性"和"教学投入"两个干扰变量进行控制后，才能对学生的满意度差异的原因进行解释. 如果控制了学生的批判性变量后学生的满意度在两类高校仍然有显著差异，而控制了教学投入变量后满意度就没有显著差异，就说明是教学投入低导致了研究型大学的教学质量低下，进而导致了学生的不满意.

此例告诉我们，在调查数据中进行因果分析的时候，当发现两个变量之间存在较

[①]　本节内容参见相关文献（张红霞，2009）.

强的相关关系之后,通常还应该进一步找出与它们有关的"第三个变量",或称"中间变量""工具变量",看看第三个变量取不同的值时,原来的相关关系是否变弱. 当然,对于两个经验上应该是因果关系的变量,但相关系数却较弱时,也可以引进第三个变量,寻找真正的因果关系因素.

另外,论证假说的合理程度,还可以采用"保守推理法". 如关于教授在承担本科教学工作中的困难和问题的调查研究,不采用随机抽样的办法,而是抽取该校教学骨干或模范教师. 如果在这样的样本下仍然得出问题严重的结果,那么,有理由推论,这个结论是比实际情况更保守的估计,即实际情况更糟.

还要注意一点,有时可以在问卷设计中直接包含探究因果关系的问题,例如,

您认为造成您辍学的原因有:

[1] 交不起学费 [2] 照顾家人 [3] 老师、同学的歧视

[4] 自己生病 [5] 其他

这里虽然形式上是因果关系,但它反映的仅仅是辍学人自己的观念 ,并不一定是事实,因此在论文或研究报告中的有关措辞要准确,以区别于真正的因果关系的结论,如"被调查者认为,造成……结果的原因是……".

(2) 区别"分布"规律与"成因"规律:对于有机变量(表示研究中个体的先天特征. 如性别、智力)的差异的表述,用"分布",而不是"成因". 如一项关于教学名师的调查统计结果显示,名师中男性比女性比例要高得多,对此不可表述为"性别是名师成长的一个影响因素",而应该表述为:"名师在性别上的分布差异显著". 实际上这里存在一个第三变量:女性的生理特点,可以认为它是性别和名师的共同自变量. 换个角度看,你不能建议女教师去变性,而是要注意克服自己生理上的弱点——如果非要当名师不可的话.

也就是说,有机变量往往不是成因变量. 换句话说,由于找出成因变量的研究目的是为了给后人提供经验和指导,所以不应该包括有机变量,这一点像实验研究一样,也是在实验研究中将实验处理的自变量与有机变量进行区分的原因.

综上所述,可以看出,问卷调查产生的因果关系是一种有条件的因果关系,即考虑了有限个"第三因素"的因果关系,而没有考虑到"第四变量""第五变量"的影响尚不明确. 这一点是其与真实验产生的因果关系的根本区别.

(3) 打破思维定式. 例如,有数据显示:小学科学教师科学素养水平与其职称无关,与原来专业的相关性不如与学历的相关性显著. 这似乎与常理相反,但如果没有证据说明问卷质量、抽样设计、调查管理或使用的统计计方法有误,就不能判断这个结果不正确. 实际上这可能恰恰反映了科学教师的职称评审标准及过去的科学专业教育存在不少问题.

(4) 注意样本与调查总体的关系. 样本对于总体是随机抽取的,因此它对总体具有代表的关系,但它对于总体之外的群体则没有关系. 如小学科学教师科学素养不高,可否推广到其他科目的教师? 或者说其他科目的教师科学素养更低? 不一定. 事实上,我国早期教小学"科学"课的教师大多是从"副科"教师转行而来的. 再如,研究

型大学的学生对教学很不满意,因此推断普通大学的学生对教学会更不满意,因为教师质量在研究型大学高于普通高校.如前所述,已有研究证明这是错误的推广.

(5)注意不同层次的"调查单位"之间不能互相替代.这里的"调查单位"指统计量的来源单位.如一项对郊区或县城学校(城市生源的学生占少数)的调查结果是:"城市生源比例较高的班级,其学生的学习动机较强."这里的调查单位是"班级",而不是"班级中城市生源的学生",因此不能解释为:"城市生源的学生学习动机强于本地农村的学生".显然一种可能性是由于城市学生豪华的生活方式刺激了农村孩子奋发图强,因而尽管城市生源的学生学习动机并不强,但由于占大多数的农村生源的学生学习动机很强,故使全班的平均值提高.

6.5　访谈调查

对人数较多的大范围调查来说,问卷调查的所需费用不大,但它也有一些缺点,如有不回答或粗心问答的现象.访谈是一种进行调查的又一有效方法,使用这一方法,相对问卷调查来说,有如下六方面的优点:

(1)如果访谈被允许进行,就不会存在不回答的问题;

(2)如果必要的话,访谈可提供一个深入挖掘、详细阐述和澄清术语的机会;

(3)调查的完成可以做到标准化.

(4)由于开放问题获得回答,调查显得更加成功;

(5)访谈有助于避免题回答的遗漏;

(6)有时不通过访谈,一些有关个人的数据就无法取得.

这里与上面第6点相关的是,从那些没有接受良好教育的成人那里收集数据,需要进行访谈.因为即使题目明明白白地写出来,他们也可能由于缺乏回答的动机而拒绝作答.

然而,访谈在时间和精力上所花的代价是昂贵的.近年来,电话访谈得到了大面积使用,作为面对面访谈的替代形式,电话访谈可以显著地降低调查的费用,同时它与面对面访谈相比,还有其他优点,在以后要谈到.如果采取面对面的形式,访谈必须有计划,因为这涉及两个人之间的互动.即使采用电话访谈,除非访谈非常简短.预先作好计划总是非常好的(表6.3).

表 6.3　面对面访谈与电话访谈优缺点的简明对比表

	面对面访谈	电话访谈
优点	不易厌烦;能用图、表等可视性提示;能察言观色	提高效率;费用低;不用面对面,减少不安
缺点	费用高;效率低;面对面可能引起不安	容易厌烦;不能用图、表等可视性提示;不能察言观色

访谈是以口头交流形式,根据被询问者的答复搜集客观的、不带偏见的事实材料

的调查方法. 其方式可以是个别访谈, 也可以是以开座谈会的形式集体访谈.

要做好访谈, 研究者应当: ①事先拟定好问题, 设计整个访谈的时间、程序; ②尽可能收集有关被访者的材料; ③取得被访者的信任和合作; ④注意自己的行为举止, 要以诚相待、热情大方、谦虚、有礼貌(喻平, 2005).

6.6　自　然　观　察

6.6.1　自然观察法的概念

自然观察法, 是指研究者有目的、有计划地通过感官和辅助仪器, 对处于自然状态下的客观事物进行系统考察, 从而获得经验事实的调查方法. 这里是指研究者通过对课堂内外各种处于自然状态下教学信息的洞察和思考, 从而获取感性资料并对其分析研究的一种方法. 它是数学教育科研中最基本、最普遍的方法. 例如, 不论是教学问题的发现, 科研课题的产生, 还是详实的一手资料的获得, 对理论假设的验证等, 都离不开对各种教学信息的观察; 同时, 它还是其他研究方法(如调查、问卷、实验等)的基础. 因此, 在并非以可控的实验室实验为主的数学教育研究中, 观察法尤显出其重要的地位和作用.

6.6.2　自然观察法的用途与局限性

自然观察法在研究的早期阶段非常有用, 尤其对于只想了解感兴趣问题的广度和范围的人们. 在无法使用控制严格的观察法时, 自然观察法基本上是唯一的选择. 对于大部分心理学问题, 自然观察法的主要用途在于, 限定问题的范围, 以及为严格控制的实验研究提供有趣的课题.

自然观察是发现问题、提出问题的有效方式, 而科学观察是产生理论假设、初步形成研究课题的重要手段. 上海周卫先生的《一堂几何课的现场观察与诊断》(载《上海教育》1999 年第 11 期)为我们提供了极好的范例. 研究者曾对课堂中师生问答进行了细致的观察分析, 发现当前这一教学形式有利也有弊, 于是提出如下研究课题: "如何根据教学目标和学生的认知基础设计多层次的问题, 满足不同认知水平学生的多元需要……".

观察法是一种基本的研究方法, 由于不受过多的条件限制且不会产生不良结果, 不必使用特殊的仪器, 方法简便灵活, 因此有较大的适用范围. 但观察法的本质同时也规定了它的局限性, 它并不是一种万能的方法.

(1) 在因果关系上很难证明必然性, 只能说明"有什么"和"是什么"的问题;

(2) 受时间和情况的限制, 对大样本和分散性的情况运用较为困难;

(3) 因受数学教育现象复杂性的影响, 研究的信度也要受到影响;

(4) 受研究者个体差异的影响, 研究难免有个别性、片面性和偶然性. 为此, 使用观察法时应予以充分考虑.

6.6.3 自然观察法的程序与运用举例

观察研究一般采用如下程序：

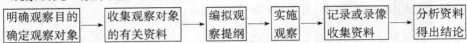

运用例子：优、差生在解决数学问题过程中的信息加工差异研究

"信息加工"是一个比较宽泛的概念，将其作适当的限制，例如，如果按照波利亚解决问题的四阶段划分，即"弄清题意、拟定计划、实现计划、回顾"，那么可以将其视为解决数学问题的四个信息加工阶段. 于是可以采用观察法对这一课题开展研究. 选取在数学学业方面的优生和差生各数名，编制一套能够充分反映这四个信息加工阶段的数学问题（题目以 2 到 3 题为宜），对这一组被试进行测试，主试观察（或录像）并记录（可利用表格）被试在各信息加工阶段的时间，最后通过比较优、差生在不同信息加工阶段的时间差异去分析两类学生在信息加工方面的差异. 当然，该研究再结合访谈，就会更深层次地揭示这种差异以及产生差异的原因.

在观察研究中，要注意：①观察要有明确的目的性. 按照研究课题确定的目的为标准，排除无关因素，使研究的主要对象及主要过程得到充分暴露；②观察应具客观性. 观察要全面、系统、正确地反映客观事实，避免带有主观色彩.

6.7 测验调查

测验法，是用一组测试题（标准化试题或教师自编题）去测定某种教育现象的实际情况，从而收集资料数据进行调查研究的一种方法. 其基本特点是根据一定的法则，以测验为工具对研究对象进行测试并进行数量化分析.

测验与问卷调查有相通之处，两者都是通过被试对问题的回答去收集资料，但两者又有一定区别：测验可以考查人的认知因素和非认知因素，而问卷一般不能考查认知因素；测验偏重于对学科学习的调查，问卷则更偏重于对一般性问题的调查；测验用的量表在信度和效度等指标方面比问卷量表的要求更高.

在测验研究中，研究者可以直接应用一些公认的、具有权威性的量表，例如，比奈量表（个别智力测验）、韦克斯勒量表（个别智力测验）、瑞文量表（抽象推理能力测验）、卡特尔人格因素量表（个别或团体人格测验）、伦诸里学习风格量表（个别学习风格测验）等. 也可以由研究者自己编制量表，其步骤与问卷的编制基本相同（喻平，2005）.

6.8 文献研究

张红霞（2005）认为，文献研究又称案头调查、文献调查、文献分析. 文献研究是一种通过搜集、鉴别、整理和分析文献（document）资料，而形成对事物及其规律的认识的方法.注意这里的定义重点在于该方法所收集资料的形式的独特性上,而收集什么资料、怎样收集资料、怎样分析资料等方面并没有涉及,这就说明文献研究并不是一个像实验方法、问卷调查方法、人类学方法那样的基本方法模式,只是一种对资料性质采取独特设计的一种研究设计,因此它既可以采取定性也可以采取定量分析手段,它的提出问题、文献综述、收集资料等步骤及其原理与其他基本方法没有本质的差异.台湾著名历史学家许悼云先生将文献比喻为哑巴,文献研究就是要让哑巴说话,所以又称为"无反应调查".显然这不是一件比问卷调查和访谈调查更容易的事.

这里的"文献"(document)与文献综述里的"文献"(literature)虽然在中文字面上没有区分,但在英文中具有完全不同的含义,因为它们在研究过程中的作用不同:前者是用于证明自己假说的证据(常常以第二手资料证据出现);后者是前人研究成果的文字记载.例如,美国卡内基教学促进会1984年的调查显示了学校类型与学生满意度的关系:研究型大学学生比普通高校的学生更不满意(Boyer,1987).你怎样使用这项调查研究的报告就属于文献综述、怎么用就属于证据呢? 答案是:如果在满意度与学校类型的相关关系基础上继续对其背后的原因和机制进行分析,其作用就是文献综述.但如果将其作为中美比较研究中,与中国调查数据所揭示的学校类型与学生满意度关系进行比较的数据,其作用就属于第二手资料证据.一般认为,使用第二手资料证据没有第一手资料证据更有力,但也有它的积极的一面:数据资料没有研究者的直接影响或干预,因此有人称其为"非介入性研究".而无论是实验方法、调查方法、人类学方法都属于介入性研究.

文献研究与历史研究和比较研究的联系紧密.实际上历史研究和比较研究最常采用的收集资料的方法是文献研究,而不是实地调查.

本 章 总 结

一、主要结论

调查研究的内涵 教育科学的调查研究方法是在教育理论指导下,通过运用观察、列表、问卷、访谈、个案研究以及测量等科学方式,搜集教育问题的资料,从而对教育的现状作出科学的分析认识并提出具体工作建议的一整套实践活动.

调查研究的特点 问卷调查方法通常是指对较大人群样本,采取提问的方式获取数据资料,从而对所关心的问题的现状进行统计性的描述、评述、解释和预测的一种研究方法.从实验思想来看,问卷调查法实际上是在没有前测、没有干预的情况下进行多因素实验的后测,并通过后测工具中包含一系列用于检测各种可能干扰因素的问题,对多因素及其相互关系进行分析.

调查研究的分类 可以根据研究目的、数据的量化程度、调查对象与调查者的关系、调查对象的选择范围分类、调查对象所处的历史阶段分类、调查采用的方式分类等不同标准进行分类.

调查研究的意义　运用调查法具有能够有意识地发现数学教育问题、为个人提出数学教育观点提供实践上的依据等作用. 运用此方法,有时甚至会让一些数学教师成为对某一问题认识的第一发言人,调查结论成为下一步教改实验的假说.

调查研究的设计

表 6.4

设计		研究的总体	如何取样	例子
纵向设计（两次或多次收集数据）	趋势设计	一般总体	每次数据收集时随机取样	两年内某校学生数学兴趣变化调查
	群体设计	特定总体	每次数据收集时随机取样	不同时期高一学生数学学习动机变化调查
	专门对象研究	一般或特定总体	在整个收集数据的过程中,都用原始的随机样本	IMO 金牌得主的数学观调查
横向设计（一次性收集数据）		一般或特定总体还可能包括亚总体	从所有总体中同时随机取样	某地区 9～12 年级学生数学能力水平调查

问卷调查的概念　问卷调查是以书面提出问题的方式搜集资料的一种研究方法. 研究者将所要研究的问题编制成问题表格,以邮寄、当面作答或追踪访问方式填答,从而了解被试对某一现象或问题的看法和意见.

问卷调查的难点　问卷法的难点是编制问卷. 一般而言,编制问卷按如下程序进行:

确定要研究的问题 → 分解问题,给出操作性定义 → 编拟题目 → 预测 → 修订题目

第一步是阐释研究的问题,形成调查设计. 研究问题应包括研究变量的详细背景,研究者要充分地查阅文献. 问题确定后,第二步应当对其作适当的成分分解,这相当于将一个问题切割为若干子因素,这样才便于针对每个子因素编拟题目,使其具有可操作性,同时也使整套问卷结构严谨、层次分明.

问卷调查数据的解释　三个层次:①定量描述（描述统计）;②相关关系的解释;③因果模型的建立.

访谈调查的概念　访谈是以口头交流形式,根据被询问者的答复搜集客观的、不带偏见的事实材料的调查方法. 其方式可以是个别访谈,也可以是以开座谈会的形式集体访谈（表 6.5）.

表 6.5　问卷与访谈调查优缺点的比较

	问卷调查	访谈调查
优点	费用低；效率高；避免调查者介入的影响	保证被调查者对问题的理解和回答；调查能够深入
缺点	编制难度大；存在一些被调查者读不懂和不回答的现象	代价昂贵；需要对访谈者进行培训（保证信度）

自然观察法的概念　自然观察法，这里是指研究者通过对课堂内外各种处于自然状态下教学信息的洞察和思考，从而获取感性资料并对其分析研究的一种方法.

自然观察法的用途　自然观察法，在研究的早期阶段非常有用，尤其对于只想了解感兴趣问题的广度和范围的人们. 在无法使用控制严格的观察法时，自然观察法基本上是唯一的选择. 对于大部分心理学问题，自然观察法的主要用途在于，限定问题的范围，以及为严格控制的实验研究，提供有趣的课题.

测验调查的概念　测验法，是用一组测试题（标准化试题或教师自编题）去测定某种教育现象的实际情况，从而收集资料数据进行调查研究的一种方法. 其基本特点是根据一定的法则，以测验为工具对研究对象进行测试并进行数量化分析.

测验与问卷调查的区别　测验可以考查人的认知因素和非认知因素，而问卷一般不能考查认知因素；测验偏重于对学科学习的调查，问卷则更偏重于对一般性问题的调查；测验用的量表在信度和效度等指标方面比问卷量表的要求更高.

文献研究的概念　文献研究是一种通过搜集、鉴别、整理和分析文献资料，而形成对事物及其规律的认识的方法.

文献研究与文献综述的区别　前者是用于证明自己假说的证据（常常以第二手资料证据出现）；后者是前人研究成果的文字记载.

二、知识结构图

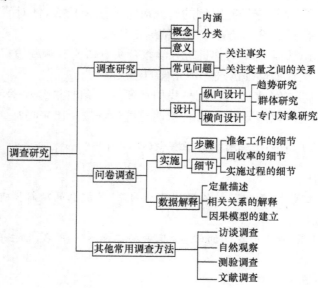

习　题

6.1 调查研究适合于什么样的问题？比较实验方法与调查方法各自适合的研究问题的特点.（可以从因果结论的强度、研究者的干涉程度、研究主题的广度、分析中包含的被试的数量等角度进行比较）

6.2 从研究问题的特点、研究设计的特点、研究信度与效度等方面比较本章叙述的各种调查法的优缺点.

6.3 在什么情况下选择定量的问卷调查研究，什么情况下选择定性的访谈研究？请举例说明.

6.4 为什么说"调查法对于初踏数学教育科学沃土的新成员是至关重要的，而且此方法可能会伴随每一位成员的数学教育科研始终"？你可以在知网搜索一些有代表性的数学教育硕士论文，看看有多大比例在研究中用到了调查法.

6.5 问卷调查的难点是什么？一般的问卷编制遵循怎样的程序，在这个过程中保证问卷结果严谨、层次分明、具有可操作性的关键步骤是什么？

6.6 如何调高问卷调查的效率，有哪些细节值得注意？

6.7 问卷调查数据的解释有几个层次，有哪些问题需要注意？

6.8 自然观察法对于数学教育研究的作用主要体现在哪？这种调查方法有哪些局限性？

6.9 测验调查与问卷调查有什么不同？请举例说明.

6.10 文献研究与文献综述有什么不同？请举例说明.

案例与反思

围绕以下问题，反思研讨以下的案例.

问题 1　以下三个调查研究案例的研究对象分别是什么，针对研究对象分别选择了哪种调查研究方法，选择调查方法的依据是什么？

问题 2　案例 1 和案例 2 对你进行数学教育调查研究有哪些值得借鉴和学习的地方，对这两个案例你能够提出进一步完善的建议吗？

问题 3　案例 3 的许多做法是值得我们在研究问题时借鉴和学习的，尤其是在研究设计、研究规范和数据分析上，你能够将这些做法概括出来吗？

案例 1　初中学生几个一知半解的数学概念（沈刚，1996）

1. 研究目的

调查初中学生关于"面积""相似形""函数图象"等概念的理解情况.

2. 研究方法

被试：浙江省 30 所普通中学的学生，其中初二学生 346 名，初三学生 810 名，高一学生 226 名.

材料：自编一套测试题.例如，

（1）如图 6.1，三角形 A 放在方格纸上，小方格的边长为 1，问三角形的面积相当于多少个小方格的面积？

（2）如图 6.2，已知两个字母的形状一样，但大小不同，其中曲线 AC 的长为 8，曲线 RT 的长为 12，曲线 AB 的长为 9，则曲线 RS 是多少？

（3）如图 6.3，哪两个图象表示同一种 x 与 y 之间的关系？

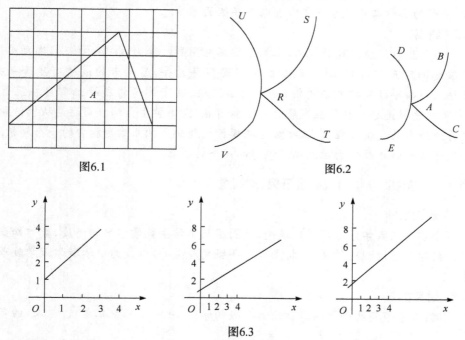

图6.1　　　　　　　　　　　　　图6.2

图6.3

3. 结果

被试对上面三个概念的理解情况都不容乐观. 例如，38％的初二学生和 68％的初三学生给出了第（1）题的正确解答，许多学生采用的是"数格子"的拼凑方法，而没有认识到图形的面积本质就是用单位面积去度量的，因而三角形的面积可以直接用面积公式去计算. 第（2）题是考查学生对相似形概念的理解情况，初二有 48％、初三有 66％的学生给出了正确解答，表明还有许多学生对相似形的理解是模糊的. 对于第（3）题，仅有 43％的初三学生给出了正确答案，而多数学生没有注意到两条轴上坐标单位的变化. 事实上，在现实生活中许多函数关系其自变量和因变量的单位本身就不一样，因此建立坐标系没有必要要求横、纵轴的坐标必须一致，而学生的认识则是两者应当一致.

案例 2　小学生思维独创性的发展研究（林崇德，1999）

1. 研究目的

考查小学生思维独创性的发展状况.

2. 研究方法

其一,对被试进行从具体形象的信息加工发展到对语词抽象的信息加工的测试. 具体做法,是让被试自编应用题,分为三种情形编题:根据实物演示编题,根据图画编题,根据实际数字材料编题.

其二,对被试进行先模仿,再经过半独立的过渡,最后发展到独立编拟应用题的测试. 被试为小学二年级至五年级共四个年级的学生.

3. 结果

①小学生自编应用题的能力,落后于解答应用题的能力;②实物编题、图画编题、数字编题的难度依次增加,前两者的成绩无显著差异,后两者的成绩有显著差异;③三年级与四年级的被试在实物编题、图画编题、数字编题的成绩上都存在显著差异,表明四年级是思维独创性发展的一个转折点;④小学生自编应用题是从模仿到半独立再到独立的发展过程;⑤三年级是从模仿编题向半独立编题能力的一个转折点,四年级是从半独立编题向独立编题能力的一个转折点.

案例 3　小学生数学学习观调查研究(刘儒德,2002)

1. 研究目的

对小学生的数学学习观进行调查,试图了解小学生数学学习的态度、数学知识性质观和数学学习过程观的现状、特点以及年级发展差异,以期为小学数学教学改革提供参考.

2. 研究方法

被试:北京市两所小学的二、四、六年级的学生 190 人,其中二年级 41 人,四年级 76 人,六年级 73 人;男生 94 人,女生 96 人.

测查工具:编制问卷,问卷由两部分组成,第一部分为四道有关数学观念的开放题:①数学是什么? ②学数学是为什么? ③你心目中的数学家是什么样的? ④怎样才能学好数学? 这一部分主要考查学生对数学学科与数学能力的认识;第二部分为 19 道单项选择题,每道题设有三个选项:"说得对""说得不对""不知道",分别赋值为"5""3""1". 该部分分为三个维度,维度 1 包括 2 个项目,考查数学学习态度;维度 2 包括 8 个项目,考查对数学知识性质的认识;维度 3 包括 9 个项目,考查对数学学习过程的性质的认识.

3. 结果

1) 对数学学科和学习的认识

首先,根据学生的回答,对 4 道开放性问题进行分析和编码,得出学生对各题回答的类型:①数学是什么? 包括四种类型:A. 数学知识的操作特征;B. 数学知识的实用性;C. 数学的学科类别;D. 数学的心智功能.②学数学是为什么? 包括四种类型:A. 未来理想;B. 心智发展;C. 数学技能;D. 实用价值.③你心目中的数学家是什么样的? 包括四种类型:A. 智能特征;B. 行为特征;C. 外貌特征;D. 品格特征.④怎样才能学好数学? 包括两种类型:A.表层上的接受学习;B.深层上的主动参与.

　　然后对上述各种类型的回答人数作统计,结果表明:随着年级的增高,越来越多的学生倾向于认为数学就是计算,数学能锻炼思维;学习数学是为了应用数学;学生更关注数学家的行为特征;学生既喜欢接受学习,也乐于主动参与学习.

2) 数学学习态度

　　对测试分数进行检验,表明高年级学生对数学的学习态度比低年级学生更差.

3) 数学知识观和数学学习过程观

　　对测试分数进行检验,表明随着年级的增高,学生对数学的认识和对数学学习过程的认识在不断深入.

　　案例 1 评析　该研究属于一种微型调查,即针对一些细小的问题去进行研究,然而这样的研究对改进教学却是有直接指导意义的,因而应当大力提倡.该研究的测试题目构思精巧,能从本质上揭示问题,达到研究的目的.

　　如果该研究能更细致地收集数据,如对优、差生的测试成绩比较,再结合个别访谈,就能更深入地揭示被试(特别是差生)对概念理解不深入或产生错误理解的原因.

　　案例 2 评析　该研究以自编应用题的水平作为检测学生思维独创性的指标,这样既可以反映思维独创性的内涵,又便于研究者的操作和测量.而且,从两个不同维度去考查学生的编题能力,每个维度又分为三种水平,从不同编题水平去考查差异,就使得研究更加完整、精确.此外,研究者从测量中收集了多种数据,从而在一次测试中得出了许多有价值的结果,这是值得我们在研究问题时借鉴和学习的.

　　当然,数学思维的独创性,不仅只是能用自编应用题的指标去检测,特别是对于中学生来说,独立地提出问题、引申问题、推广问题,创造性地解答问题,发散式地思索开放性问题,创新地数学建模等,都是思维独创性的集中体现.这些,也正是数学教育中值得进一步研究的课题.

　　案例 3 评析　该研究采用问卷调查的方法对小学生的数学学习观作了研究,设计合理、研究规范、数据分析准确.该研究的许多做法是值得我们在研究问题时学习和借鉴的,具体地说:①调查问卷的编制.将整个调查分为两个部分,一部分是非结构性调查,采用开放题测试,另一部分是结构性调查,采用选择题形式,这样就可以较全面地审视问题.②将结构性调查项目分为三个维度,使得调查的目的非常明确,增强了试题编拟的可操作性.③采用编码的方法去对开放性问题的回答情况进行分类,这是一种典型的质性研究方法,而不是事先由研究者主观地提出一些分类,然后将学生的回答去对号入座.在研究中形成假设,这样更能客观地反映问题的内涵,这一研究问题的思想是值得大力提倡的(喻平,2005).

第7章　定性研究的研究设计

本章概览

　　本章主要解决"什么是定性研究？定性研究与定量研究有什么区别？如何开展定性研究？如何撰写定性研究报告？"等核心问题.

　　为了解决上述问题,我们将要学习定性研究的背景、定义、特点和理论基础,定性研究的实施程序以及定性研究报告的撰写.

　　学完本章我们将能够:①了解定性研究的背景、定义和理论基础;②掌握定性研究的特点;③了解工作设计的步骤与抽样的方法;④掌握资料的收集和分析方式;⑤了解扎根理论;⑥理解定性研究中的效度、推广度和伦理道德问题;⑦了解研究报告的撰写风格.

7.1　定性研究概述

7.1.1　定性研究的背景与发展

　　20 世纪以来,研究方法在教育领域取得了很大的进步,综观教育研究的整个历程,我们可以发现,定量研究(quantitative research)与定性研究(qualitative research)是贯穿教育研究的两条主线. 可以说,定量研究的兴起是对思辨研究充满了教育研究者的主观判断而缺乏事实基础的不满,而定性研究的兴起则是对定量研究把教育研究等同于自然科学研究的不满(王晓瑜,2009).然而在整个 20 世纪中,定量研究一直处于研究方法中的主流,定性研究却处于研究方法的边缘.

　　西方自启蒙运动以来所产生的科学技术,使人类在征服自然和改造自然方面取得了辉煌成就,在辉煌的成就面前,人们对科学的态度由喜爱走上了崇拜,进而形成了科学主义. 在教育领域,科学成了知识合理性的评判标准以及知识合法性的衡量尺度,这导致定量研究统辖教育研究成为了必然(欧群慧,2001). 而定性研究则发源于19 世纪末的社会调查运动与 20 世纪初的人类学、社会学等学科,其发展早期主要依赖于研究者的主观经验与理论思辨,缺乏统一的指导思想与系统的操作方法,再加上它常常作为社会调查运动中的一种附带性工作,因此而长期遭到冷落.

　　20 世纪 70 年代以来,尽管定量研究仍然统治着教育研究,但定性研究不再是被看成一种修饰的花边了. 社会科学家们越来越意识到定量研究的局限性,例如,不利于在自然情境下对微观层面进行细致、深入、动态的描述与分析;很难了解被研究者的心理状态;将复杂流动的社会现象简单地数量化、凝固化;忽略研究者以及研究者和被研究者的关系对研究过程和研究结果的影响等(陈向明,1996).因此,定性研究开始逐渐发展壮大起来.

　　另外,在教育研究领域,定性研究也有着定量研究难以比拟的优势. 教育,是一个介于人文学科和社会科学之间的学科,既包含客观现实,也包含了人文价值与意义,具有历史性和社会性(欧群慧,2001).如果单纯采用定量研究,很难揭示教育现象背后的深刻本质. 而利用定性研究有如下优点：首先，有利于从整体上把握教育活动，获得对教育现象更全面更准确的认识；其次，教育的目的在于培养人，教育研究不能只是关注那些客观的层面，更要关注教育活动中人的情感、态度、价值观及其对教育行为的影响；再次，教育是一个动态变化发展的过程，正好与定性研究的过程性与情境性相吻合；最后，定性研究的平民性与互动性也使其更容易被教师所掌握和使用，改变了以往教师常常作为一个被研究者的局面.

尽管如此，定性研究在我国也只是刚刚起步，尤其在数学教育研究领域更是寥寥无几. 而且，很多人对定性研究的认识也存在着许多误解与偏见，虽然都在谈定性研究，但对其概念定义、理论基础、操作方法、检测手段完全没有界定，几乎把所有非定量的研究都划入定性研究的范围，更有甚者还把定性研究与思辨研究混为一谈. 因此，了解定性研究的基本内涵、实施程序和一些操作技巧尤为重要.

最后，还应该特别指出的是，定性研究与定量研究之间并不对立，没有哪一种研究范式能解决数学教育研究中的所有问题，不同的研究方法之间应该相互补充和支持. 例如，某研究者要对广州市中学生的数学能力与数学素养进行测量，尽管学生的数学能力很难用一张试卷进行精确地测量，但对于特定年级、特定教学内容，编制一份较为准确的数学试卷还是可以完成的；然而，要编制一份用于测量超越具体内容和年龄层次的数学素养的试卷就不容易了，此时不妨采取定性研究，选取具有代表性的几个学校作为案例，通过对其课堂教学、课外活动、师生交流等日常教学活动的长期参与和体验，记录下全过程，用叙事的手法来展示学生的数学素养（张红霞，2012）. 因此，我们要克服那种非此即彼的做法，把二者结合起来，更好地为数学教育研究服务.

7.1.2 定性研究的定义

人们常常有一种误解，认为定量研究就是对事物的量的方面的研究，而与之对应，定性研究就是对事物的质的方面的研究，由此产生了这样的问题：事物的质是什么？怎样去把握事物的质？用量的方法就不能探讨事物的质吗？对此，陈向明教授指出：定性研究和定量研究只是从不同的角度，在不同的层面，用不同的方法对同一事物的质进行研究（陈向明，1996）.

对于定性研究的定义，社会科学界尚没有统一的认识，不同的学者给出了自己的看法. 麦克米伦认为：定性研究着重现象学模式，在该模式中多个事实根植于主体的感知. 而对理解和意义的关注建立在口头叙事和观察的基础之上，而并非以数字为基础（维尔斯马等，2010）. 张红霞则从研究设计的角度给出了自己观点：定性研究是指研究者运用文献研究、历史回顾、访谈调查、参与式观察等方法获得以文字为主的资料，并非用量化的手段对研究对象的性质进行描述、分析和推理，从而得出结论的研究类型（张红霞，2009）. 陈向明的下述界定基本包含了定性研究的主要特点：以研究者本人作为研究工具，在自然的情境下采用多种收集资料方法对社会现象进行整体性探究,使用归纳法分析资料和形成理论,通过与研究对象互动对其行为和意义建构获得解释性理解的一种活动(陈向明,2000).

7.1.3　定性研究的特点

虽然关于定性研究的定义是众说纷纭,但都还是涵盖了定性研究的一些基本特点,这些特点成为了定性研究区别于定量研究的标志,主要包括以下六个方面.

1. 定性研究是在自然情境中进行的

定性研究非常强调在完全自然的、真实的情境中进行,整个研究过程中不加以人为的操纵与控制,这样才能探寻到事物的本质,其研究方法也称为"田野调查". 也就是说,研究者要深入被研究者的世界,去了解他们的所思所想,而不是让被研究者进入预先设定好的环境中. 例如,庄子那句"子非我,安知我不知鱼之乐"便诠释了这个特点,庄子认为自己走进了鱼的世界,自然可以和鱼一起"同悲喜"了(阎琨,2010). 在数学教学中,我们的教学环境就是一个自然真实的情境,这也为教师提供了开展定性研究的土壤.

2. 定性研究的研究对象是个体特性(阎琨,2010)

正所谓"一花一世界、一树一菩提",定性研究者认为每个生命都是独特的,每个生命的历程也是独特的,所以定性研究旨在探寻每一个特定的个体、特定的群体的特性,而对于从个体特性去推广到人群共性的过程是极为排斥的. 此外,需要注意的是即使探寻的是个体特性,也需要满足特定的时空条件."时过境迁,物是人非",一旦离开特定的时空,人的行为意义都会发生变化,那些所谓永久普遍适用的规律不是定性研究所关心的. 例如,菲施拜因和埃吉尔曾在 1989 年发表过《理解数学归纳法原理的心理困难》,为教师进行数学教育研究提供了一个很好的范式,至于这个研究结果是否适用于中国,是否适用于现在的学生,都需要重新来验证,而不能简单的"拿来主义".

3. 定性研究者本人是研究的工具

在定性研究中,研究者本身就是一种主要的研究工具,他们要深入被研究者的世界中,对他们进行长期的观察,通过研究者的亲身体验将被研究者的世界外化呈现. 因此,研究者的知识结构和价值观念都会影响着整个研究的过程与结果. 但是,与定量研究不同,定性研究并没有极力排斥这种主观性,而是认为正是只有透过这种主观性才能把握被研究者纷繁复杂的情感和精神世界(阎琨,2010). 当然,在研究过程中研究者也会不断对自己的角色和倾向进行反思,尽量保持客观中立,以更真实地还原事物的本来面目.

4. 定性研究通过归纳分析来建构理论

严格意义上的定性研究,在研究开展之前是不会提出研究假设的,而是在研究过程中尽量收集详尽的资料,然后对此进行分析归纳,进而建构理论,是一种自下而上的研究过程. 因此,定性研究并非是要去证明什么,而主要是去发现什么. 但归纳并不代表没有演绎,定性研究在归纳之后,还可以带着假设重新回到研究情境中去进一步验证它是否成立,这样归纳—演绎交替的研究过程可以使得研究更加完善.

5. 定性研究注重整体现象的分析

在定量研究中,常常把具有整体联系的研究对象分离成几个具体的变量进行分别研究,这是把复杂问题简单化的体现. 然而,定性研究注重的是整体现象的发现,而不仅仅是一些具体变量的线性因果关系的建立,相互依存且复杂的整体结构要优于支离破碎的部分相加(王嘉毅,1995). 在数学教育研究中,我们要以整体的眼光来看待教育现象,牵一发而动全身,学生某一方面的变化会引起其他方面的变化,研究者只有深入他们的世界,才能获得全面的认识.

6. 定性研究主要依靠叙事性的描述

定性研究主要依靠文字类和图像类等定性数据来对被研究者进行描述,表现在数学教育研究中包括:对教师学生的访谈记录、摄录的课堂情景、收集到的文献资料等. 定性研究结论和结果的推导依据只能是这些定性数据,而很少用数字等定量数据来量化. 当然,定量数据在定性研究中也是一种重要的资源,但它们的主要功能是在得出结论和结果之后进行辅助说明,而不能用来直接推导结论和结果.

定性研究的这些特点主要是与定量研究相比较而言的,将它们各自的特点放在一起,可以更好地了解它们的主要区别,见表 7.1.

表 7.1 定性研究与定量研究不同特点的比较

比较项目	定量研究	定性研究
研究对象	针对个别变量	整体探究
研究目的	关系、影响、原因	理解社会现象
理论支撑	基于理论	无理论或扎根理论
情境影响	不受情境影响(普遍性)	特定情境
推理方式	演绎探究	归纳探究
研究者影响	研究者不介入	观察—参与
资料呈现	统计性分析	叙述性描述

7.1.4 定性研究的理论基础

定性研究与定量研究的理论基础不同,定量研究的理论基础是实证主义,而定性研究则主要基于解释主义,前面介绍的定性研究的许多特点都可以从解释主义中找到源头.

在本体论上,解释主义认为世界是多重性的,它因不同人在不同时空被赋予了不同的意义.因此在对待主客体的关系上,与实证主义强调"主客体可以分离,主体可以采取一套操作方法获取对客体的认识"不同,解释主义并不承认两者的截然分离,而认为主体所反映的客体是它们在相互作用中对客体的一种意义建构.

在认识论上,解释主义认为知识也是多重性的.与实证主义强调"知识有其客观规律,具有可重复性"不同,解释主义认为价值和理论中立的事实是不存在的,人们看待事物的方式决定事物的性质(陈向明,1996).研究者自身的生活经历、认知特点、知识结构、心理状态等都会影响研究的进程,不同的研究者可以有不同的解释体系.

在方法论上,解释主义反对实证主义随意夸大科学方法作用的做法,认为任何方法都有其局限性,不应该把一切都精确化,更应该关注人的价值、情感、感受等,而这些需要通过叙述性的描述来实现,尤其对教育研究而言.

除了解释主义之外,定性研究的理论基础还包括后实证主义、批评理论、建构主义等各种理论流派,这些理论流派虽然在本体论、认识论、方法论几个方面存在多多少少的差异,但都是对于科学理性主义的一种反动.也正是这些不同理论流派之间的交锋,使得定性研究孕育着巨大的发展潜能.

7.1.5 定性研究的实施程序

定性研究的实施程序主要包括六个阶段,如图 7.1 所示.第一阶段:工作设计与抽样,包括界定研究现象、提出研究问题、陈述研究目的、了解研究背景、构建概念框架和抽样等环节;第二阶段:资料的收集,包括访谈、观察和实物分析等方法;第三阶段:资料的整理与分析,包括整理资料和分析资料等环节;第四阶段:理论的建构,包括作出结论和建立理论等环节;第五阶段:研究结果的检验,包括检验效度、讨论推广度和道德问题等环节;第六阶段:研究报告的撰写.下面将分节对这六个阶段进行分别阐述.

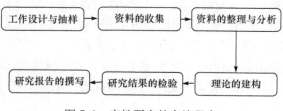

图 7.1 定性研究的实施程序

7.2　工作设计与抽样

7.2.1　工作设计

工作设计是为了更好开展研究的一个最初的计划,通过它研究工作才得以顺利开展.工作设计的主要内容一般包括以下五个部分.

1. 界定研究现象

所谓"研究现象"指的是研究者希望集中了解的人、事件、行为、过程、意义的总和,是研究者在研究中将要涉及的领域范围(陈向明,2000).在提出具体的研究问题之前界定研究现象非常重要,因为研究问题的形成过程就是一个从中不断聚焦的过程.例如,某研究者可能一开始对研究学生的数学信念感兴趣,那么他可以先把研究现象限定在这个范围,而随着研究的深入他可能对高中生数学信念中的学习能力信念感兴趣,就可以把关注点放到"高中生的数学学习能力信念"上面.此外,界定研究现象的同时也要充分考虑研究的可行性,因为定性研究要求研究者深入研究现场进行长期观察,因此,一个普通的中学老师想要研究"巴西高中生的数学学习能力信念"就不太现实了.

2. 提出研究问题

对于如何提出研究问题,在第 2 章已有详细的叙述,这里需要特别指出的是:大多数人可能比较关心的是什么样的问题比较适合定性研究? 一条比较有效的标准是"有意义的问题",由于定性研究旨在理解社会现象,而不是对某些假设进行证实,因此,这里的"有意义"起码应包含两层含义:一是研究者所希望探讨的,二是被研究者所关心的.例如,关于"职前数学教师的数学观、数学学习观和数学教学观"的研究便是一个"有意义的问题",因为这样的问题首先比较适合采用定性研究的方法,其次该研究结果是职前数学教师所关注的,同时还可以为高师数学教育提供一定的参考.

3. 陈述研究目的

提出研究问题之后,研究者还需要思考该研究的目的是什么,即为什么要进行这项研究? 该研究结果对个人对社会有什么价值? 有学者认为,研究者的目的可以分为三种类型:一是"个人的目的",即促使研究者进行研究的个人动机、利益、愿望;二是"实用的目的",即希望将研究结果运用于改进实践;三是"科学的目的",即希望为该研究领域提供新的信息和理论框架等(陈向明,2000).当然这三种目的并非截然分离的,在实际研究工作中它们常常一起促使研究者进行某项研究.

4. 了解研究背景

任何研究都是在一定的背景下进行的,一般而言,研究者首先需要了解该研究问题所处的社会、政治、经济、文化背景. 同时还要广泛地查阅资料,了解该研究问题在该研究领域所处的位置、目前的研究现状、需要填补的空白以及可以纠正的错误等. 对于定性研究,还特别强调研究者对该研究问题的个人经历、了解和看法,这些经历和看法不仅会影响研究者从事研究的方式,同时也是一笔有价值的经验性知识.

5. 构建概念框架

概念框架展现的是研究者的初步理论设想,包括与该研究问题相关的各种重要概念与概念之间的关系,建立概念框架的目的在于能在研究开展之前把研究问题中包含的重要维度和层次呈现出来(陈向明,2000). 此外,还可以把研究者的工作假设纳入概念框架中,虽然定性研究在开展之前不会提出研究假设,但由于所有研究者都会受其背景和经历的影响,会有许多问题、假设和预见,尽管在技术上这些并不是假设的命题,但其中的一些信息对于研究问题很可能是有用的(维尔斯马等,2010). 概念框架可以用语言叙述也可以用图表的形式列出,如图 7.2 表现的是某研究者在对某大学的师生关系进行研究设计时制作的一个概念图(安晓明,2000).

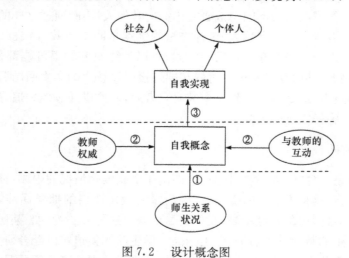

图 7.2　设计概念图

7.2.2　抽样

抽样的过程就是确定研究对象的过程,除了被研究者之外,还包括被研究的时间、地点、事件等. 研究者可以向自己提出"6W"的问题,即 when,where,who,what,why,how. 例如,我想在什么时候什么地点向谁收集什么资料? 为什么这样选择? 这样选择能给我提供怎样的帮助?

与定量研究通常通过概率抽样而获得较大样本的抽样方式不同,定性研究需要大量耗费研究者和被研究者的时间和精力,因此通常采用的是"目的性抽样",即抽取能为研究问题提供最大信息量的人、地点和事件.此时,样本的大小则往往取决于研究的问题、范围、经费、时间等因素.

在定性研究中,目的性抽样的具体方式有以下三种(陈向明,2001).

1. 机遇式抽样

机遇式抽样是一种见机行事的抽样方式,即根据当地的具体情况进行抽样.这种抽样方式一般发生在研究者到达实地以后,对实地情况不熟悉、而且具有较长的研究时间时.这种方法不仅灵活,而且往往会收到意想不到的效果.例如,某研究者到某大学的数学系进行参与型观察,想研究家庭环境对于数学学习的影响,起初他不知道该选择什么样本进行重点观察,后来经过一段时间的观察后,发现单亲家庭的孩子一般比较沉默寡言,很少与其他同学讨论问题,由此产生了对单亲家庭学生进行研究的念头.

2. 滚雪球抽样

滚雪球抽样是一种通过知情人士不断扩大样本量的抽样方式.当研究者找到某位知情人士后,便可以向他询问与该研究相关的其他人,不断通过这样的方式层层递进,样本就像滚雪球一样越来越大.这种方法的优点是简单高效,但缺点也是显而易见的,因为知情人士一般都介绍自己的熟人,所以最终研究的很可能都是同一类人,异质性不高.例如,某研究者发现小时候在国外接受过教育的学生回国后在数学上显示出较高的创造力,那么当他找到一个被研究者后,便可以通过他去追寻下一个被研究者,直到他认为样本足够大为止.

3. 方便抽样

方便抽样是一种"懒人"的抽样方式,即由于受到实际情况的限制,抽样只能随研究者的方便进行.这种方法省时省力,但因为没有设定严格的抽样标准,所获得的结果往往缺乏针对性,可信程度不高,我们要尽量避免这种方法.例如,某研究者想要研究某校高三学生的数学学习习惯,但由于高三学生时间紧迫难以配合研究,所以只能在学校附近找到几个高三学生的父母,通过他们平时的观察来了解情况.

在与样本取得联系之前,研究者必须了解应该事先取得哪些机构和人员(在定性研究中称为"守门员")的许可之后才可以开展研究,尤其当被研究者是未成年人或者研究的开展将会较大的影响被研究者的日常生活时.而在与样本接触时,研究者还要考虑如何争取他们对自己研究的支持.如果他们拒绝参与研究或者中途退出时,研究者应该仔细寻找原因,做好沟通工作并尊重他们的选择,切勿打着"研究"的幌子打扰他人的生活.

7.3　资料的收集

7.3.1　访谈

在定性研究中,访谈通常采用开放型访谈,或者在研究初期采用开放型访谈,随着研究的深入慢慢转向半开放型访谈. 其中,开放型访谈通常没有什么固定的问题,访谈者给予被访者充分的空间进行表达;半开放型访谈则指访谈者对访谈结构有一定的控制,根据研究设计向被访者提出问题,同时也鼓励他们提出自己感兴趣的问题.

访谈具有灵活性、即时性和意义解释的功能. 与观察相比,访谈可以充分探究被访者的心理活动,而观察只能了解其外显行为;与实物分析相比,访谈可以获取被访者对实物的意义解释,而实物分析常常只能依靠研究者的主观臆断. 因此,这使得访谈成为定性研究中一种独特而重要的资料收集方法.

研究者在访谈过程中的活动主要包括提问、倾听、回应和记录.

1. 提问

在访谈之前,访谈者一般都会事先准备一份访谈提纲,列出需要了解的主要问题及涵盖的内容范围. 然而在访谈正式开始之后,提纲只能起到一种提示作用,访谈者更多的需要注意遵循被访者的思路进行,一味拘泥于提纲不仅会限制被访者的思维,也会把访谈的结构砍得零碎. 对于访谈者认为重要而被访者没有提到的问题,则可以最后再进行补充提问.

常见的访谈问题可以按如下标准进行分类:按问题的语句结构可以分成开放型和封闭型;按问题所指向的回答可以分成具体型和抽象型;按问题本身的语义清晰程度可以分成清晰型和含混型(陈向明,2001).问题的选择以及提问的方式应当符合被访者的知识水平与谈话习惯,并尽量采取开放型、具体型和清晰型的问题. 此外,学会适时追问和注意问题的过渡也是访谈得以顺畅进行的重要保证.

2. 倾听

"听"是"问"的目的和结果,不会听就相当于白问了,从某种意义上讲,"听"比"问"要更重要. 访谈者不是录音机,不仅需要听懂被访者说的话,更需要"听"到被访者没有表达出来的意思,也就是"用心聆听比用耳聆听更重要". 因此,访谈者在倾听的过程中不仅要学会积极关注的听、建构的听、共情的听,而且还要掌握一些倾听的技巧,包括:①有耐心,保持开放的心态;②表达关注,充满关怀;③容许沉默,不要多说;④听的目的是要了解人,不是去评价人(胡中锋,2011).

3. 回应

访谈是一个双向交流的过程,访谈者除了提问与聆听之外,还常常要对被访者的言语进行回应,将自己的想法与感受传递给对方. 除此之外,访谈者的回应也是限定访谈结构、调整访谈内容的一种措施.

访谈者的回应方式包括言语行为和非言语行为两类. 言语行为的回应方式包括:①表示认可,如:"嗯""对""很好"等;②重复,把对方的话重述一遍,表示希望听到更多细节;③重组,用自己的话把对方的意思表达出来,表示希望对方检验自己的理解是否正确;④自我暴露,根据对方所讲的内容就自身的经历作出回应,表示深有同感产生共鸣. 而非言语行为的回应方式包括:①点头微笑,表示认可对方说的,继续说下去;②皱眉,表示疑惑,需要对方解释;③鼓励的目光,表示鼓励对方把心里的话说出来.

4. 记录

记录是整个访谈过程中的关键环节,由于定性研究强调使用被研究者自己的语言对有关意义进行分析和再现,因此如果被访者同意,最好将谈话进行录音(陈向明,1996). 如果实在无法征得同意的话,访谈者需要尽可能地将被访者所说的每一句话和每一个表情记录下来,但需要注意的是,切不可因为忙于记录而忽视了倾听和回应. 因此,访谈者最好事先准备一些速记方法,待访谈结束后再尽快地进行整理和还原.

7.3.2   观察

在定性研究中,观察一般分为参与型观察与非参与型观察两种. 其中,参与型观察要求研究者与被研究者"打成一片",通过经历共同的生活而进行观察. 这种观察的优势是:研究自然、深入,容易与被研究者产生共鸣. 然而这种近距离的观察同样也有负面作用,研究者此时既是观察者又是参与者,难以保持观察所需的"敏感度". 非参与型观察则要求研究者脱离被研究者的生活,以"旁观者"身份去理解事件的发展变化. 这种观察的优势是:观察比较客观,容易操作. 但也因为这种"客观性",使得研究难以深入,无法与被研究者实时互动,且距离过远也会影响信息的真实性.

与访谈相似,在正式观察开始之前,研究者需要制订观察计划和设计观察提纲,包括:观察的对象、内容、范围、地点、时间、手段、效度、伦理问题等. 同样地,这份提纲只起到提示作用,研究者需要在具体观察中不断进行调整.

在观察的过程中,研究者要遵循"开放与集中相结合"的原则,即在观察的起始阶段首先进行全方位的、整体性的观察,获得一个初步的感性认识,再随着观察的深入不断聚焦,最后集中在重点事件的观察上.

观察中的记录是必不可少的,主要包括三种方式:一是通过自己的眼睛、鼻子等知觉器官输入大脑中记住;二是通过摄像机、录音机等仪器设备进行记录;三是进行笔录.笔录需要按时序进行以保证事件的连续性,记录纸的页面一般包括三部分:左边是时间,中间是研究者观察到的事件,右边是研究者的个人感受、解释和疑问,见表 7.2.

表 7.2　实地观察记录表(陈向明,2001)

时间	观察到的事件	观察者的解释和疑问
10:10	教师阅读课文,眼睛始终盯着课本,没有看学生一眼	教师似乎对课本内容不太熟悉
10:20	教师问了一个课本上有答案的问题(内容略),学生用课本上的答案齐声回答	教师似乎不注意鼓励学生用自己的语言回答问题
10:30	教师问问题的时候,用自己的手示意学生举手发言.左边第一排的一位男生没有举手就发出了声音,教师用责备的眼光看了他一眼,他赶紧举起了左手.所有学生举手时都用左手,将手肘放在桌子上	教师似乎对课堂纪律管理得很严;绝大多数学生对课堂规则都比较熟悉
10:40	教师自己范读课文,学生眼睛盯着书本,静听教师范读	教师为什么不要学生自己先读呢?是否可以要一位学生来范读

7.3.3　实物分析

根据实物的呈现方式,实物可以分为文字型实物、影像型实物、立体型实物三类.其中,文字型实物包括报刊、文件、课本、作业、日记等;影像型实物包括照片、录音、录像、广告等;立体型实物包括教具、陶器、刀枪火炮、收藏等.这些实物资料实质上是一种物品文化,可以为研究者提供被研究者当时的生活背景知识.因此,对实物的分析也应该放回特定的历史文化背景中考虑.

实物的收集与分析必须经过当事人或者"守门员"的同意,并且许诺保密原则.同时,研究者在收集实物过程中也要注重自我反思,例如,我为什么要收集这些实物?它们能如何回答我的问题?我将如何进行实物分析?这些问题可以使得收集过程更具有方向性.

虽然访谈、观察和实物分析的功能都不尽相同,但它们往往可以从不同的角度对研究结果进行检验:研究者可以利用观察结果和实物检验被研究者在访谈时提供的信息是否准确;也可以在访谈时询问被访者对观察内容和实物的意义解释(陈向明,1996).

7.4　资料的整理与分析

7.4.1　资料的整理

在定性研究中,资料分析是一个分类、描述、综合的过程.为了描述和解释研究中的现象,整理和归并资料是必要的(维尔斯马等,2010).实际上,在定性研究中资料的收集与整理往往是同步进行的,收集到的资料需要不断被编组从而使资料得以归并,这个过程称为编码.

在某些研究中,确定编码的标准可能先于查阅资料,但通常是从资料中产生特定的类型,主要包括以下四个步骤:第一步,按资料的收集方式进行一级分类,如用"FT"代表访谈资料,"GC"代表观察资料,"SW"代表实物资料等;第二步,按被研究者的不同进行二级分类,如用"WLFT"代表王磊老师的访谈资料;第三步,按资料收集的时间或地点的不同进行编号,如用"WLFT B1""WLFT J2"分别代表王磊办公室访谈资料 1 和王磊家里访谈资料 2;第四步,对所有编码完成的资料进行复印,保留原件,并对复印件进行剪贴和分类.

7.4.2　资料的分析(陈向明,2001)

在定性研究中,资料分析一般采取归纳法,从原始资料逐渐抽象到概念,主要包括类属分析和情境分析两种方式.

1. 类属分析

"类属"是资料分析中的一个意义单位,代表的是资料所呈现的一个观点或一个主题.类属分析指的是在资料中寻找反复出现的现象以及可以解释这些现象的重要概念的过程.在这个过程中,具有相同属性的资料被归入同一类别,并用一定的概念予以命名.

类属分析一般分为三个阶段:第一阶段,要求研究者能摒除偏见与思维定势,将所有资料按其自身属性分类;第二阶段,建立类属之间存在的关系,如因果关系、逻辑关系、语义关系等;第三阶段,从这些类属中发展出一个能统领所有类属的"核心类属",如同"渔网拉线"一般,起到提纲挈领的作用.需要指出的是,研究者在设定类属时,应该充分考虑自身对于事物的分类标准,即使这种分类方式在学术界看来是"不合逻辑"的.这也反映了定性研究的特点在于被研究者的世界是通过研究者的这种"主观性"来外化呈现的.

为了使资料得以清晰地呈现,类属可以组成树枝形主从属结构或网状连接性结构,如图 7.3 所示.但这也反映出了类属分析的局限性:对于一些重要的但难以分类的资料,往往会被"人为地"排除在外,而且不重视资料的连续性,这就需要情境分析来弥补这一不足.

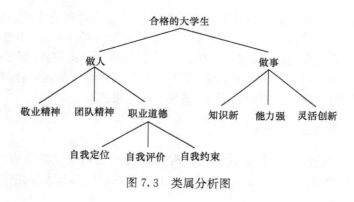

图 7.3　类属分析图

2. 情境分析

情境分析指的是将资料放置于研究现象所处的自然情境中,按照故事发生的时序对有关事件和人物进行描述性的分析. 这是一种将整体先分散然后再整合的方式,强调对事物作整体的和动态的呈现,注意寻找那些将资料连接成一个叙事结构的关键线索.

情境分析一般分为三个阶段:第一阶段,通读资料,发现资料中的核心叙事、故事的发展线索及组成故事的主要部分;第二阶段,按照已经设立的编码系统为资料设码,目的在于寻找资料中的叙事结构,如引子、时间、地点、事件、冲突、高潮、问题解决、结尾等;第三阶段,对资料进行归类,并将相关内容整合为一个具有情境的整体,该整体应该具有内在的联系,可以是时间、空间上的联系或意义结构上的联系.

情境分析的结构可以有多种方式,如前因后果排列、时间流动序列、时空回溯等,其结果常常看起来像讲故事一般简单,但背后却隐藏着研究者长期艰苦的劳动.

类属分析与情境分析各有其优势与不足,在定性研究中一般要做到两者的有机结合. 例如,在类属分析中,可以在主题下面穿插一些故事片段加以展示和说明;在情境分析中,可以先将故事进行分层,再按层次展开叙述. 总而言之,类属分析可以为情境分析分清层次与结构,而情境分析可以为类属分析补充血肉.

7.5　理论的建构

7.5.1　建构理论的基本方式

在定性研究中,"理论"至少包含三层含义:一是前人的理论,指的是研究领域中已经确立的公理和定理;二是研究者自己的理论,指的是研究者对本研究问题的看法、假设、预见等;三是资料中呈现的理论,指的是对收集到的资料加以整理分析后所获得的意义解释. 这三种理论相互之间是一个互动的关系,它们共同对研究最终作出的理论提供思路、角度和观点(陈向明,2001).

与传统意义上的理论建构不同,定性研究并非从已有的理论体系出发,通过收集资料来对其加以证实或证伪,而是"反其道而行",从原始资料出发,通过归纳分析获得经验概括,然后上升到理论,这是一种自下而上的理论建构方式.需要特别指出的是,建构理论时切不可为了使其看起来"不重不漏",而伪造资料或牺牲掉某些重要资料,所建构的理论应该符合资料的真实,呈现出其本来的面目.

7.5.2　扎根理论(陈向明,2001)

在定性研究领域,一个非常著名的建构理论的方法是由美国学者格拉斯(Glaser)和斯特劳斯(Strauss)于1967年所提出的"扎根理论",其基本思路包括以下六个方面.

1. 从资料产生理论的思想

扎根理论的一个基本理论前提是:任何理论都要能追溯到其产生的原始资料,都要有经验事实作为依据.因此,扎根理论认为,只有通过对资料进行深入分析,一定的理论框架才能形成,而且这样产生的理论才是有生命力的.扎根理论的首要任务是建立实质理论(即适用于特定时空的理论)而非形式理论,从原始资料直接建立形式理论的跨度太大,容易出现许多漏洞.一个形式理论的建立,往往是需要多个实质理论作为中介和基础的.

2. 理论敏感性

在定性研究中,研究者比较擅长对研究现象进行细致的描述性分析,而对理论建构不是很敏感.因此,扎根理论要求研究者要时刻关注理论建构的可能性,将资料与理论联系起来进行思考,这具有多方面的价值,例如,有助于研究者摆脱思维定势,将思路从文献与个人经验中释放出来;有助于研究者有目的性地去收集资料;有助于研究者不断对资料提出问题或作出暂时性的解答,避免分析资料时由于过于匆忙而有遗珠之憾等.

3. 不断比较的方法

扎根理论的主要分析思路是比较,在资料和资料之间、理论与理论之间不断进行对比,然后根据资料与理论之间的相关关系提炼出有关的类属及其属性,包括以下四个步骤:第一步,根据概念的类别对资料进行比较;第二步,将有关概念类属与它们的属性进行整合,对这些概念类属进行比较,考虑它们之间存在的关系,将这些关系用某种方式联系起来;第三步,勾勒出初步呈现的理论;第四步,对理论进行陈述.

4. 理论抽样的方法

在分析资料时,研究者可以将从资料中初步生成的理论作为下一步抽样的标准.

这些理论既可以指导下一步的资料分析工作,也可以指导下一轮的资料收集工作.同时,在收集和分析资料的过程中,研究者应该不断对自己的初步理论进行验证,去除那些理论上薄弱的、不相关的资料,着重对理论上丰富的、对建构理论有直接关系的资料进行分析.而且,这种验证工作应该贯穿于研究的全过程,而非留到研究的最后才进行.

5. 文献运用的准则

扎根理论的倡导者认为,研究者在进行理论建构时可以使用前人的理论,但必须与本研究所收集的资料及其理论相匹配.同时,研究者也要避免把自己的资料往别人的理论里套的情况,因为扎根理论更强调的是用在研究中萌生的理论框架来解释所面对的现象,而不愿意受制于不知是否适用于本研究的那些既定理论.

6. 检核与评价

扎根理论对理论的检核与评价包括以下四条标准:一是概念必须来源于原始资料,深深扎根于原始资料之中;二是理论中的概念本身应该得到充分的发展,密度应该比较大,即理论内部有很多复杂的概念及其意义关系,这些概念坐落在密集的理论性情境之中;三是理论中的每一个概念应该与其他概念之间具有系统的联系,它们相互紧密地交织在一起,形成一个统一的、具有内在联系的整体;四是由成套概念联系起来的理论应该具有较强的运用价值,适用于比较广阔的范围,具有较强的解释力.

7.6　研究结果的检验[①]

7.6.1　定性研究中的效度问题

在定量研究中,"效度"主要是用来评估研究方法的:只要研究者遵循"正确的"研究方法,就可以获得可靠的研究结果.与定量研究不同,定性研究中的"效度"主要指的是一种"关系",即研究结果和研究的其他部分(包括研究者、研究的问题、目的、对象、方法和情境)之间的一致性.当我们说某一研究结果"真实可靠"时,不是将该结果与某一客观存在相比较,而是指:这个结果的表述"真实地"反映了在某一特定条件下,某一研究人员,为达到某一研究目的,而确立某一研究问题,并采取某一适当的方法进行研究的这一活动.例如,某研究者在调查了某高中学生的数学观后得出了这样的一个结论:高年级和低年级的学生间存在明显差异,低年级学生的数学观呈现较多的片面性.如果我们有充分的理由表明这一表述"最真实"地表现了我们在现存条件下(某师范大学数学系两名研究员于 2013 年 9~12 月在该高中分别采用了开放型访谈与参与型观察对 20 名学生进行了调查)所得到的结果,那么我们就说这个表述具备较高的效度.

---

① 本节内容参见相关文献(陈向明,2001).

因此,定性研究的效度所表达的关系是相对的,不是绝对的.当我们说某一表述"有效"时,并不是说这种表述是唯一正确的,只是说它比其他的表述更合理.所以,效度是研究人员力争达到的一种目标、境界,没有绝对统一的标准可言.

哈佛大学教授马克斯维尔(Maxwell)将定性研究中的效度分为以下四种类型.

1.描述型效度

描述型效度指的是对可观察到的现象或事物进行描述的准确程度.衡量这一效度有两个条件:一是所描述的现象或事物必须是具体的;二是这些现象或事物必须是可见或可闻的.因此,客观条件的限制便会对描述型效度产生影响,例如,某研究者在对某中学教师进行访谈时录音机坏了,只能依靠事后回忆进行记录,便有可能会出现遗漏和错误.

2.解释型效度

解释型效度指的是研究者了解、理解和再现被研究者意义的"确切"程度.满足这一效度的主要条件是:研究者必须站在被研究者的角度,从他们所说的话和所做的事情中推衍出他们看待世界以及构建意义的方法.例如,某研究者对某学生就数学学习进行访谈时,该学生说出了"被伤害"一词,如果研究者只凭自己对"被伤害"的理解而不进行追问的话,就可能无法把握该学生的真正本意.

3.理论效度

理论效度又称诠释效度,指的是研究者所依据的理论以及从研究结果中建立起来的理论是否真实地反映了所研究的现象.所谓"理论"一般由两部分组成:一是概念;二是概念与概念之间的关系.例如,某研究者对某中学的教师如何看待"差生"进行了研究之后,得出这样一个结论:老师称某些学生为差生是因为他们成绩不好.而实际上这些老师称某些学生为差生更多是因为他们上课爱捣乱,那我们便说这一理论陈述缺乏理论效度.

4.评价效度

评价效度指的是研究者对研究结果所作的价值判断是否确切.由于研究者的生活经历会给其研究带来一些"先入为主"的印象,因此如果他只关注那些对他来说是重要的、有意义的资料,并有意无意地挑选那些支持自己观点的资料,那么该研究结果的评价效度就低.

7.6.2　定性研究中的推广度问题

由于定性研究不使用随机抽样的方法,所以不能像定量研究那样将从样本所得到的结果推广到从中抽样的人群里.同时前文已经叙述过,定性研究者对于从个体特

性去推广到人群共性的过程也是极为排斥的. 因此,定性研究中讨论的推广度与定量
研究中讨论的推广度已有所不同.

　　在定性研究中,推广的方式主要有三种:一是进行内部推论,即研究结果代表了
本样本的情况,可以在本样本所包含的情境和时间范围内进行推论;二是通过读者的
认同而达到推论,定性研究的目的不在于寻找普遍规律而在于挖掘本质,研究越深入
就越有可能对处于类似情形的人和事起到对照作用;三是通过建构理论而达到推论,
从研究结果提升出来的理论具有一定的抽象性和概括性,对同类的具体事物具有一
定的论证力.

7.6.3　定性研究中的信度问题

　　定性研究将研究者作为研究工具,强调研究者个人的背景及其与被研究者之间
的关系对研究结果的影响. 即使是同一地点、同一时间、就同一问题、对同一人群所作
的研究,研究结果也会因为不同的研究者而有所不同. 因此,定性研究者基本达成了
一个共识,即不讨论信度问题(陈向明,1996).

　　然而,由于很多定性研究至少在资料收集时需要多种人员进行观察,我们还是可
以通过一些方法来提高观察者之间的一致性,包括对观察者进行适宜的培训、测定观
察者中赞同人数与总人数的比例、请第三方来分析观察者间产生不一致的资料等(维
尔斯马等,2010).

7.6.4　定性研究中的伦理道德问题

　　由于定性研究十分强调研究者与被研究者之间的互动,因此,研究工作的伦理规
范和研究者个人的道德品质成为了定性研究中不可回避的问题. 定性研究者必须运
用自己的常识判断,依照自身的价值观及对人性的看法,并以一颗敏感和设身处地的
心态去进行实践的抉择,在研究情境中逐步发展具体的伦理细节(袁振国,2000). 定
性研究中的伦理道德问题主要包括以下三个原则.

1. 自愿保密原则

　　在研究开展之前,研究者需要与被研究者进行联系从而征得对方的同意,同时也
要尊重被研究者选择不参加和不合作的自由. 更重要的是,研究者需要向被研究者许
诺保密原则并遵守诺言,在研究过程中还需要不断强化以获取对方的信任.

　　柏格登(Bogdan)在指导学生作现场工作的课程中,给予了几个简明的伦理建
议:①非常小心地收放现场记录,确定不要将现场记录留在任何人可能拿到的地方;
②不要和其他人讨论或谈到研究内容或研究中的任何人;③在现场记录和最后的研
究报告中,使用研究对象或场所的假名;④不要将所发现的任何资料,告诉可能用这
些资料会使研究对象困窘或受伤害的人们;⑤和研究对象有个清楚的协议,让研究对
象知道他们能期望从研究中获得什么,和需要完成什么义务(袁振国,2000).

2. 公正合理原则

在研究过程中,研究者需要按照一定的道德原则公正地对待被研究者以及所收集的资料,合理地处理自己与被研究者的关系以及自己的研究结果. 研究者所做的研究更多应该停留在了解现状的层面而非对被研究者的生活进行干预,如果研究会给被研究者带来不公正的待遇进而影响了其正常工作和生活,则必须事先得到对方的首肯. 此外,在研究结束后,努力与被研究者保持联系也是对他们的一种尊重.

3. 公平回报原则

在定性研究中,被研究者常常要花费大量的时间和精力来配合研究者的研究,为其提供许多宝贵的信息,甚至涉及个人的隐私,这些都表达了对研究者的一种信任. 所以反过来,研究者也要对被研究者的帮助表示感谢,例如,为其提供一些劳务费或赠送礼品等. 更重要的是,研究者要对被研究者表现出真正的尊重和理解,与他们产生共鸣,使他们获得一种情感上的回报,这往往比金钱要可贵得多.

7.7　研究报告的撰写

7.7.1　研究报告的主要结构

定性研究报告与定量研究报告在结构上非常相似,主要包括:问题的提出、研究目的和意义、研究背景、文献综述、研究方法、研究结果以及研究结果的检验等部分.

但在具体的细节上,定性研究报告还是呈现了出四点不同:一是撰写的时间更灵活,定性研究报告不必等到收集完资料才动笔,可以边写边收集;二是结构更灵活,上述那些部分不必全部都在研究报告中出现;三是呈现的顺序更灵活,研究者为了吸引读者甚至可以将研究结果放在研究报告的最前面;四是更注重对研究现象进行整体性的、情境化的、动态的"深描",定性研究很关注潜在的结构、事物间的关系、影响因素,甚至事件和经验的意义,因此深描努力探究某一情境的潜在动态变化,而不只停留在对情境的表面理解上,力图使读者产生"身临其境"的感觉(维尔斯马等,2010).

7.7.2　研究报告的撰写风格(陈向明,2001)

对于定性研究报告的撰写风格,一个基本的原则是:根据研究的目的、研究问题的性质、资料的特点和研究者本人的倾向选择合适的风格,主要包括以下五种风格.

1. 现实主义的故事

现实主义的故事的写作风格是纪实的,作者对一些典型事例、文化模式或社区成员的行为进行详细的描述. 尽可能真实地再现当事人看问题的观点,从他们的角度使用他们的语言来描述研究结果.比较典型的表达方式是"某某做了什么"而非"我看见某某做了什么".

2. 忏悔的故事

忏悔的故事要求研究者非常真诚、坦率,"如实交代"自己在研究中所用的方法以及所作的思考,再现研究的具体情境以及自己与被研究者的互动关系.作者通常采用第一人称的叙事角度,将现实主义中的"客观"叙述变成自己的"主观"交代.

3. 印象的故事

印象的故事通常将事件发生时的情境以及当事人的反应和表情详细地记录下来,表现的是作者在某一时刻对某一研究现象的"主观"感受,不一定具有现实主义意义上的"真实性"和"客观性".这种故事将所研究的文化和研究者本人了解这种文化的方式同时展示出来,交给读者自己去检验.

4. 规范的故事

规范的故事希望通过自己的写作来建立、检验、概括和展示某些规范理论.在这种叙事文体中,作者的"主观性"比较强,观点比较明确,具有明显的理论导向.由于作者的目的是建立理论,因此行文的风格也比较正规、严肃,逻辑性很强.

5. 联合讲述的故事

联合讲述的故事是由研究者和被研究者一起讲述的故事,双方同时拥有作品的创作权,研究者与被研究者一起协商讨论,共同建构故事的主题和结构.联合讲述的故事尊重当地人和研究者双方的观点,这种故事可以被认为是对实地工作真实情况的一种坦率的认可,因为任何研究成果都只能是研究双方共同努力的结果.

定性研究报告的撰写风格的选择,很大程度上还依赖于研究报告的读者.如果读者是学者,作者就需要采取比较学术的撰写风格,并注意详细报告前人已有的研究成果、自己的研究设计、自己对研究过程的反思以及论证研究结果的资料证据;如果读者是资助研究的财团、政府机关、企业、公司,作者就需要尽可能简洁、明确地列出问题的所在并提出问题的解决方案;如果读者是一般大众,作者就需要采取比较通俗的语言,丰富研究报告的内容,增强可读性,做到雅俗共赏.

本 章 总 结

一、 主要结论

1. **定性研究的定义**　以研究者本人作为研究工具,在自然的情境下采用多种收集资料方法对社会现象进行整体性探究,使用归纳法分析资料和形成理论,通过与研究对象互动对其行为和意义建构获得解释性理解的一种活动.

2. **定性研究的特点**　定性研究是在自然情境中进行的;定性研究的研究对象是个体特性;定性研究者本人是研究的工具;定性研究通过归纳分析来建构理论;定性研究注重整体现象的分析;定性研究主要依靠叙事性的描述.

3. **定性研究的实施程序**　工作设计与抽样—资料的收集—资料的整理与分析—理论的建构—研究结果的检验—研究报告的撰写.

4. **工作设计**　界定研究现象;提出研究问题;陈述研究目的;了解研究背景;构建概念框架.

5. **目的性抽样的具体方式**　机遇式抽样;滚雪球抽样;方便抽样.

6. **资料收集的主要方式**　访谈(研究者的主要活动包括提问、倾听、回应、记录);观察(包括参与型观察和非参与型观察);实物分析.

7. **资料分析的主要方式**　类属分析(在资料中寻找反复出现的现象以及可以解释这些现象的重要概念的过程);情境分析(将资料放置于研究现象所处的自然情境中,按照故事发生的时序对有关事件和人物进行描述性的分析).

8. **扎根理论的基本思路**　从资料产生理论的思想;理论敏感性;不断比较的方法;理论抽样的方法;文献运用的准则;检核与评价.

9. **定性研究中的效度**　主要指的是一种"关系",即研究结果和研究的其他部分(包括研究者、研究的问题、目的、对象、方法和情境)之间的一致性.

10. **效度的分类**　描述型效度;解释型效度;理论效度;评价效度.

11. **定性研究的推广方式**　内部推论;通过读者的认同而达到推论;通过建构理论而达到推论.

12. **定性研究中的伦理道德问题**　自愿保密原则;公正合理原则;公平回报原则.

13. **研究报告的主要结构**　问题的提出、研究目的和意义、研究背景、文献综述、研究方法、研究结果以及研究结果的检验.

14. **研究报告的撰写风格**　现实主义的故事;忏悔的故事;印象的故事;规范的故事;联合讲述的故事.

二、知识结构图

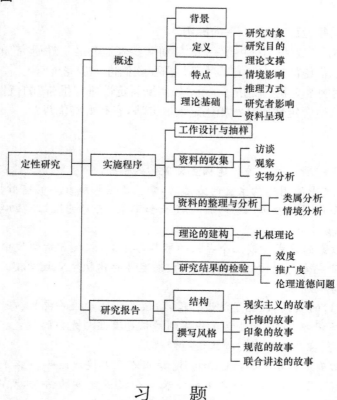

习　　题

7.1 有一定性研究,要在一个大城市的某学区内考察教师的数学观,此学区内有 100 多所学校,请确定或描述下面的每一方面:

（a）引发研究的一般性问题;

（b）研究的可能场所、被试和潜在的资料来源;

（c）如何使这一研究的重点更集中;

（d）尝试构建该研究的概念框架.

7.2 在习题 7.1 的例子中,假定研究者采取半开放型个别访谈作为研究方法,尝试设计一个访谈提纲并进行一次教师访谈.

7.3 尝试使用类属分析和情境分析相结合的方法对五名数学师范毕业生选择教师作为职业的原因进行分析.

7.4 有人认为"对变量的研究最好使用定量研究方法,对过程的研究最好使用定性研究方法",你是否赞成这一观点? 为什么? 请举出实例.

7.5 从数学教育杂志中选取一篇有关定性研究的文章,阅读该文章并思考:是否足够详细地对方法论进行了描述,以致读者知道研究的操作过程? 一般性问题是怎样得到解决的? 是怎样说明研究结果的效度和推广度的?

案例与反思

围绕以下问题,反思研讨以下的案例.

问题 1　案例 1 为我们提供了一个"如何有步骤地开展定性研究"的范例,其中,有哪些值得我们借鉴的地方? 有哪些不足需要我们进一步完善?

问题 2　案例 2 为我们提供了一个"如何撰写定性研究报告"的范例,试分析:该研究问题为什么适合定性研究? 相比定量的方法,它有哪些优势?

案例 1

我们来看在一所小学中进行建构主义教学的例子.

研究问题是"当使用建构主义的方法时,哪些因素影响教学的有效性?"研究者的观察对象有 4 所小学的教师、教师助手、校长和学生.研究关注二～四年级的阅读和数学教学.过程如下:

(1) 以开放式的方式访谈三个年级的教师各 1 名,以及 3 所学校中的校长 1 名.从访谈资料中研究者勾勒出一种可操作的、描述性的建构主义教学模式.访谈重点在于建构主义教学的特性.

(2) 根据(1)的模式,设置了访谈阶段,访谈另一所学校的校长、每个年级的 2 名教师和 3 名四年级学生.从这些访谈中得到的信息有些与先前的模式相符,有些与先前的模式不相符,在此基础上对模式进行修改.

(3) 对最初确定的 4 所小学追加访谈.访谈在 9 名追加教师、4 名教师助手,以及 12 名学生中进行.因为认为访谈更多的校长不会提供更多的信息,所以没有追加对校长的访谈.在每一次访谈的基础上,根据需要修改模式.

(4) 研究者在所有的 4 所学校中观察每个年级的教学.观察间隙中进行访谈.

(5) 观察教师的计划会议,每所学校至少一次,包括所有的年级.

(6) 查阅学生的阅读和数学成绩.

(7) 基于收集到的资料,研究者建立了一种描述性的模式,从总体角度去解释可有效促进二～四年级学生学习的建构主义教学的影响因素,尤其是在阅读和数学上.本质上这种全面的描述就是一种模式.描述关注的是教师和学生在教学过程中的交互作用,但也包括其他因素,如教师间的教学计划的类型(维尔斯马等,2010).

案例 2

职前数学教师数学观和数学学习观及数学教学观的定性研究(节选)
(杨新荣,李忠如,2009)

1. 问题的提出

在当前我国现有研究中,较少有研究探讨职前培训应怎样转变师范生的观念系统,也很少有研究系统地探讨职前数学教师的数学观、数学学习观和数学教学观的现状及其关系.鉴于此,本研究主要运用定性研究的方法探讨 5 个即将走上工作岗位的职前数学教师的数学观、数学学习观和数学教学观的现状和其关系.

2. 研究方法

2.1　研究对象

参与本研究的 5 名职前教师(2 女 3 男,为保护个人隐私,后面分别用 T_1,T_2,T_3,T_4,T_5 表示)均为教育部某直属师范大学大四下学期的学生.他们分别来自 5 个不同省市.在参与本研究时,都已经完成该校所有规定课程的学习(包括见习、教育实习等).在大学期间,他们学习都非常优秀,数学教学技能都得到指导教师好评.参与研究时都已分别与 5 所知名重点中学签约.

2.2　数据收集

为避免参与者受研究者事先所做的一些研究假设的影响,本研究主要采用半结构式访谈来收集相关数据,访谈问题的编制主要借鉴 Raymond 的研究,同时结合中国师范培训实际情况进行了适当修改.访谈问题主要包括"数学是什么?""学生数学学习最重要的部分是什么?""最佳数学学习的方式是什么?""数学教学的目标是什么?""数学教学最有效的方式是什么?"等.每个访谈历时 58 分钟到 75 分钟不等.所有访谈均被录音并随后实录成文本以备分析.

2.3　数据分析

本研究目的在于探讨职前数学教师观念系统的特征,总的来说,本研究主要采用"不断比较方式"(constant comparative method)对访谈文本进行编码和归类.这样,一些核心"种类"(categories)都源自访谈文本自身.通过对每个文本进行编码,对各个编码进行文本内部和跨文本间的比较和归类,以及对各个"种类"内部和"种类"间的关系进行更深入地分析整理,职前数学教师观念系统中的一些主要的"主题"(themes)都得以浓缩和提炼.

3. 研究结果

3.1　职前数学教师的数学观

3.1.1　职前数学教师对数学的认识

本研究中,5 名职前数学教师对数学的认识主要涉及如下方面.

(1) 锻炼思维.有 3 个教师提到数学可以锻炼人的思维.如 T_1 谈到"从数学来说,可以锻炼自己的思维,就是说对自己思维提升还是有很大帮助".

(2) 可应用于生活.数学的应用性强,可以应用于生活,可以解决生活中的一些问题是教师们提到的一个方面.如 T_2 提到"数学它一定要在生活中有所体现,而且要能够有所应用才行".

(3) 学习其他学科的基础.数学跟其他学科的学习是相关的,是学习其他学科的基础或者工具也是教师们提到的一个方面.如 T_3 提到"如果你以后不进行数学研究,那么数学只是一种工具而已,如你学计算机、学习金融、会计这些都要用到数学".

(4) 严密的逻辑系统.数学是非常有逻辑的,是一个很严密的逻辑系统也是教师们提到的一个方面. 如 T_4 提到"它每一步到另一步之间都有道理可循, 比如说一些定理啊, 公式啊, 它都有道理可循".

（5）数学是逐渐完善的. 有老师提到数学是逐渐趋于完善的, 在其发展过程中有时存在很多漏洞. 如 T_5 提到"从它的发展过程来看, 它是一个不完善的, 到慢慢的有一点完善, 然后慢慢地通过数学家的研究达到一个比较完善, 最后（成为）一个比较成熟的系统".

（6）一些知识的集合. 有老师提到数学是一些知识的集合. 如 T_4 提到"对我来说我认为它是一门知识, 它是靠问题累积起来的". 同时对于数学问题, T_4 认为每个问题都是有答案的.

（7）一种发明创造. 数学是人类的一种发明创造, 也是老师提到的数学的一个方面. 如 T_2 提到"它的发明创造虽然跟科技上的发明创造有一定的区别, 但它是一种思维的创新, 一种创造".

（8）学习考试的一个科目. 就 5 个职前数学教师而言, 数学还是学生学习和考试的一个科目. 如 T_3 提到"数学应该是一门学科".

3.1.2　职前数学教师数学观的构成

前面概括了 5 名职前数学教师对数学本身认识上的几个关键部分, 但他们的认识并不是单一的, 在某些部分有所重叠, 表 7.3 给出各个老师数学观的具体构成情况:

表 7.3　职前数学教师数学观的构成

	T_1	T_2	T_3	T_4	T_5
锻炼思维	+	+	−	−	+
可应用于生活	+	+	+	−	+
学习其他学科的基础	+	−	+	−	−
严密的逻辑系统	−	−	−	+	+
数学是逐渐完善的	−	+	−	−	−
一些知识的集合	−	−	−	+	−
一种发明创造	−	+	−	−	−
学习考试的一个科目	+	−	+	+	+

注:"＋"表示该教师有提到该方面;"－"表示该教师没提到该方面.

3.2　职前数学教师的数学学习观（略）

3.3　职前数学教师的数学教学观（略）

4.　讨论

4.1　职前数学教师的数学观

教师对数学的认识与教师对数学教学和学习的认识有极为密切的关系, 教师不同的数学观会影响其对知识呈现形式的处理、课堂环境的营造, 进而影响到学生的数学知识的体验和学习的成果. 由此通过师范教育, 培养职前教师正确的数学观就显得尤为重要. 在本研究中, 从上述研究结果可以看出这 5 名职前数学教师在对数学的认识上存在一定的差异, 其结构也比较复杂. 总的来说, 其数学观在一定程度上还是体现了当今课改所强调的数学是生活和学习的工具,在思维培养方面有独特作用等理念.如有教师意识到数学是人类创造的结果,是源于生活和可用于生活的,是可以培养人思维的,是学习其他学科的基础.但是每个老师也都认为数学是学生学习和考试的一个科目,同时在先前研究中那种将数学看成是与逻辑有关的、有严谨体系的观点,或者将数学视为一些学生要学习的确定的知识的集合的观点,在有些老师观念上也得到了一定的体现,在 T_3 身上体现得尤为明显.这也就说明,如同先前国外某些研究结果一样,通过近 4 年的职前教育,职前数学教师的数学观念并没有得到根本上的改变.由此,职前培训阶段,在改变职前数学教师的数学观上还有必要加大力度.特别是要从根本上改变职前数学教师对中学所经历的那种比较传统的数学学习感受的认识.如 T_4 在陈述为什么其认为每个题都有答案时谈到"对我来说,因为我接触到的题,小学、初中、高中的题都能够算出一定的答案,能达到一定的目的".但是从本研究结果来看,T_4 的这种认识在一定程度上并没有因为师范教育的培训而有所改变.

4.2 职前数学教师的数学学习观(略)

4.3 职前数学教师的数学教学观(略)

4.4 职前数学教师数学观和数学学习观及数学教学观之间的关系(略)

5. 总结与思考

本研究运用定性的研究方法深入探讨 5 位职前数学教师的数学观、数学学习观和数学教学观的现状和关系.在本研究中发现,职前数学教师的数学观比较离散,不同教师之间存在一定的差异.总的来说,职前数学教师一方面认为数学是学生学习和考试的科目,是一个严密的逻辑系统,但是另一方面也有意识到数学是人类创造的结果,是源于生活和可用于生活的,是可以培养人思维的,是学习其他学科的基础.不过后者对其数学学习观和数学教学观的影响比较小.这样,职前数学教师的数学学习观和数学教学观就显得比较传统.在数学学习上,他们强调数学学习的关键部分是基础知识的学习,学生考试考得好是数学学习的目标,上课认真听讲和练习是学习数学最佳的方式.在对数学教学的认识上,职前数学教师主要认为数学教学的目标在于学生会做题,能考好,有效的数学教学注重教师对知识点的讲授和练习.

本研究的主要目的在于探讨职前数学教师的观念现状以期对当今高师数学教育能提供些许参考.虽然本研究的结果只是基于某师范大学 5 位即将走上工作岗位的职前数学教师的访谈,从而不能说明其他职前数学教师或者其他师范大学的学生都具有类似的观点.但是 5 名教师来自全国不同的省市,更为重要的是本研究运用的是半结构式访谈,这样其结果也就比较深层次地揭示了当前职前数学教师本身所持有的观念系统.同时在本研究中发现,虽然职前数学教师对数学本身的认识能体现一定的新课改的要求,但是在数学学习和数学教学的认识上却体现得比较少.由此,从本研究结果来看,在目前数学课程改革不断深化的施行阶段,如何切实加强对职前数学教师观念系统的培养就显得尤为重要,因为职前数学教师的观念系统最终将直接影响到其学生的数学学习体验.

第8章 抽样设计

本章概览

　　有时一项研究活动可以包含总体的所有个体,但是在数学教育研究中不容易做到,因为研究会受时间和工作精力的限制,在调查研究中又涉及大容量的总体,所以样本的选择就变得比较普遍.样本的选择要保证具有代表性.但是,为所有可能的数学教育研究按随机性原则选取样本是不合适的,故有时会用到有目的抽样.究竟什么是抽样设计?如何抽样?它具有什么样的意义和原则?它有怎样的一个分类?每个类别的抽样方法是什么?每个类别的样本容量是如何确定的?这些就是本章所要回答解决的问题.

　　通过本章的学习,我们将能够:①明确抽样的意义,并能够按照抽样的原则选取样本;②了解抽样的一般程序,在确定研究对象总体的基础上,制定科学、合理的抽样框;根据研究的性质和研究的目的,选取正确的抽样方法,确定样本容量,抽取样本.

对研究对象的抽样是抽样设计的重要组成部分,它在数学教育研究中占有非常重要的地位,本章就其意义、原则、方法予以专门的讨论.

8.1　抽样设计概述

一般来说,数学教育研究都是针对特定总体进行的.总体是指由研究任务所决定的研究对象的全体,构成总体的每一个对象称为个体.此处需要强调的是,个体在规定的范围内要具有某些共同的可观察的特征,而总体是这些个体的完整集合体.如某市初一年级学生几何素养的调查研究,规定范围为某市初一年级,总体为某市所有初一年级学生,个体的可观察特征为几何素养.

在大多数情况下,研究者不可能也没必要对总体的个体逐一进行研究.这时,需从总体中抽取一部分个体作为研究的具体对象用来代表总体,然后运用参数估计或假设检验等统计方法,根据样本的研究结果对总体特征进行推论,作出有关总体的结论.其中,从总体中抽出的那部分个体组成的对象我们称为样本.按一定的原则和方法从整体中抽取可代表性样本的过程我们称为抽样.

可以看出,对总体推论的可靠性直接依赖于样本的代表性.如果样本不能很好地代表总体,即使在研究过程中无关变量控制得再好,统计方法运用得再恰当,对总体的推论都是不可靠的.因此,研究对象的抽样是数学教育研究的关键环节,涉及研究的效度,特别是外部效度.

为保证样本选取的代表性,以及抽样过程的科学性、合理性,在实施抽样前,需要根据研究的性质、抽样的目的和对象,遵循抽样的原则和方法,按照一般抽样程序,对样本的容量、各种指标的估计,抽样调查结果的精确度与准确度的计算方法的选取等工作做一定的安排或计划,这种安排或计划就是抽样设计.可以发现,抽样设计的意义在于保证了抽样过程中样本的代表性.

为什么要进行抽样?也就是说抽样的必要性是什么?抽样的原则有哪些?对此,下节内容将为我们揭晓答案.

8.2　抽样的意义和原则

8.2.1　抽样的意义

具体地说,抽样具有以下四点意义.

1. 解决了由于研究总体过大而使研究难以进行的困难

在数学教育研究中,研究总体往往很大,而且很多时候研究总体分布在较大的地理区域内,要对总体内的个体逐一进行研究会有很大的不便. 例如,对长江以南地区 80 所中学 7200 名初二年级学生几何素养的调查研究,如果对这 7200 名学生——进行调查、访问等,将耗费大量的人力、物力、财力和时间,如果根据一定的抽样方法从 7200 名学生中随机抽出 240 名学生作为样本,将会给调查研究带来很大的方便.

2. 抽样调查可大幅度节省人力、物力和财力

这一点也是由研究总体的数量决定的. 只有根据科学的取样方法,通过抽样,抽取有代表性的小样本,才可以获得反映总体特征的可靠数据,这样不但节省了人力、物力、财力和时间,还显著提高了研究效率.

3. 抽样调查可提高研究的深度和结果的准确性

理论上,总体研究中不存在抽样误差,可获得全面、精确、可靠的数据. 事实上并非如此. 由于总体研究中的个体数量太大,参与研究的个体太多,数据处理的规模也随之增大,数据收集和加工过程中的误差也急剧增多,反而降低了研究的准确性和可靠性. 此外,研究总体过于庞大,不利于获取资料方法的实施,为了在规定的时间范围内达到全面收集数据的目的,只能使用问卷法. 如果对总体进行取样,获得样本个数有限,不但可以使用问卷法,还可以采用访谈法和观察法. 如果研究需要,甚至可以进行追踪研究和实验研究,以便于对有关问题进行深入研究,从而提高研究的深度和结果的准确性.

4. 抽样可减少研究"污染"的范围,为以后的科学性研究提供保障

在数学教育研究中,频繁的测量和实验会影响研究对象的行为,使被试获得有关经验,产生各种效应,如联系效应和敏感效应等,从而进一步影响测量或实验的结果,降低测量和研究的准确性. 因此,采取抽样的方法,可起到保护总体,保证测验结果准确性、科学性作用.

综上所述,抽样是抽样设计中的重要一步,它直接影响到研究的效度,特别是外在效度. 目前,许多数学教育研究在抽样上存在严重的问题,以至许多研究难以重复或验证,不少研究理论和成果难以得到推广和应用. 在此种情况下,提高抽样设计的水平就显得格外迫切.

8.2.2　抽样的原则

抽样应遵循随机性原则. 所谓随机性原则是指在对研究总体进行抽样时,每一个个体被抽取的机会是完全均等的,是等可能性的. 遵循随机性原则的抽样可称为随机抽样. 由于随机抽样保证了每个个体被抽取的机会均等,因而有相当大的可能使得样本保持有和总体相同的结构,或者说,具有最大的可能使总体的某些特征在样本中得

以体现,从而保证样本的代表性.

此外,随机抽样可以确保对抽样误差的范围进行预算和控制,使研究者客观的评价研究结果的精确度以及根据所要求的精确度决定样本容量的大小.

8.3 抽样的一般程序

完整的抽样过程一般包括以下五个方面.

8.3.1 规定总体

样本是从总体中抽取的,只有总体明确了,才可能从中抽取有代表性的样本,抽样过程的第一步就是根据研究目的的要求确定总体的内涵,如对长江以南地区初二年级学生几何素养的调查研究,就应该先确定长江以南地区的确切含义,包含哪几个省市和地区. 当然,研究的目的不同,研究的总体可能会不同. 其次,应根据研究结果所要达到的普遍意义的范围,也就是研究结果所能达到的外在效度的水平,来确定研究总体的范围. 如上例,要有一个很好的外在效度,它的研究总体不只是某一省或某一市的初二年级学生,而是长江以南多个省市地区的初二年级学生. 再次,如果可能,还应该知道这个范围内总体的具体数量,如对上例继续完善,对长江以南地区 80 所中学 7200 名初二年级学生几何素养的调查研究.

研究者还需注意的是,总体范围过于宽泛,虽然有助于提高研究的外在效度,但却增加了选取有代表性样本的难度. 反之,如果把研究总体的范围限制的过于狭窄,虽然有利于选取一个适宜的样本,但其研究结论却只能适用于这个特定群体,大大降低了研究的外在效度与价值.

8.3.2 确定抽样框

抽样框又称抽样框架或抽样结构,是指对研究总体的全部构成单位进行编码排列形成的一套清单. 其中,构成单位又可称为抽样单元,是指在抽样前,将总体按照一定的标准,分成若干部分,其中的每一部分称为一个抽样单元. 一个科学合理的抽样单元应该是彼此不交叉,所有抽样单元加起来是一个总体. 如对长江以南 20 个地区 80 所中学 240 个班级 7200 名初二年级学生几何素养的调查研究,若以地区为抽样单元,则总体有 20 个抽样单元构成,此时的抽样框是指 20 个地区的名称构成的一个清单;若以中学为抽样单元,则总体是由 80 个抽样单元构成,此时的抽样框是指 80 所中学的名称构成的一个清单;若以 240 个班级为抽样单元,则研究总体有 240 个抽样单元组成,抽样框可有 240 个班级名构成;若以 7200 名学生为抽样单元,则研究总体有 7200 个抽样单元构成,此时的样本框由学生的花名册构成. 其中,以地区划分的抽样单元可称为初级抽样单元,以学校划分的抽样单元为二级抽样单元,以班级划分的抽样单元为三级抽样单元,以班级中的每个学生构成的单元为最终抽样单元.

8.3.3　确定样本容量

样本容量是指样本中所含个体的数目.样本容量与样本的代表性有关.容量越大,样本的代表性就越好;反之,则可能失去代表性.但是,确定样本容量不能一味的从样本代表性角度考虑,还要与人力、物力、时间等客观条件联系起来.最理想的样本容量是在保证样本代表性的前提下,个体数目最少.关于具体的样本容量,涉及确定总体参数估算值、标准误差、选定置信区间等一系列技术问题,后面将详细阐述.

8.3.4　确定抽样方法并选取样本

抽样方法有多种,都各自有不同的特点和适用条件,后面会给以系统的介绍.确定选取何种方法时,研究不但要考虑研究的目的、研究总体的特征和范围,还要考虑具体抽样方法的特点和要求,然后按设计要求抽取样本.

8.3.5　统计推论

从样本的统计数据估算总体的有关参数,是完整抽样过程中不可或缺的一步;样本的统计数据还关系到总体参数的可靠性、抽样误差,甚至是抽样的效果与实际意义.此处,还需强调的是,根据样本结果推论总体是有一定条件的,在一般情况下只能用于研究总体之内,而不能超越这个总体,除非有证据表明,这一总体与另一更大的总体有很多相似的特征.

8.4　定量研究中的抽样技术

8.4.1　定量研究中的抽样方法

抽样的方法有多种,可适合不同研究目的和研究条件的需要.下面就定量研究中的抽样技术简单介绍五种随机抽样方法,供大家参考使用.

1. 简单随机抽样法

简单随机抽样法是按随机原则直接从含有 N 个单位的总体中,逐个抽取几个单位作为样本.它保证总体中的每个单位被抽取时的概率相等,并且各单位之间相互独立.

常用到的简单随机抽样法有两种:

(1) 抽签.把总体中的每一个单位都事先编上号码并做成签,充分混合后从中随机抽取一部分,这部分签所对应的个体就组成了一个样本.

(2) 随机数字表.随机数字表是计算机按照完全随机方法生成的.

例 8.1 对某市高中生数学学习策略的抽样调查中,要从某校某个班级的 80 名高中生中,抽取 10 名学生作为样本,利用随机数字表法的步骤如下:

第一步,给 80 名学生编号,号码从 0~79,也可按学生的学号最后两位数字;

第二步,在图 8.1 中,随机确定抽样的起点和抽样顺序.假定从第一行第五列开始,抽样顺序是从左到右.

第三步,抽出的号码依次是:54,22,01,11,94,25,71,96,16 和 16,其中 94 和 96 大于 79 应剔除,补充两个数 68 和 64,16 连续出现两次,应跳过不算,取 36 和 45.

```
96 76 28 12 54   22 01 11 94 25   71 96 16 16 88   68 64 36 74 45   19 59 50 88 92
43 31 67 72 30   24 02 94 08 63   88 32 36 66 02   69 36 88 25 39   48 08 45 15 22
50 44 66 44 21   66 06 58 05 62   68 15 54 35 02   42 35 48 96 32   14 52 41 52 48
22 66 22 15 86   26 63 75 41 99   58 42 36 72 24   58 37 52 18 51   03 37 18 39 11
96 24 40 14 51   28 22 30 88 57   95 67 47 29 88   94 69 40 06 07   18 16 36 78 86
```

图 8.1 随机数字表部分截图

由此产生的由 10 个个体组成的样本号码分别为:54,22,01,11,68,25,71,64,36 和 45.编号是这些数字的学生就是抽样调查的对象.

理论上的简单随机抽样最符合概率论原理,并且简单易行,误差的计算也方便,是数学教育研究中最常使用到的一种方法.如果研究者不是很了解研究总体中个体的比例分布,或者是总体中个体之间的差异度较小,或所需样本数目较大等情况,简单随机抽样是一种很好的抽样方法.但是,它也有一些不足之处:

(1) 抽样前需要把研究总体中的个体逐一编号,如果总体中个体数目较大,这将是一件费时、费力的工作;

(2) 如果总体中具有不同差异性特征,个体分布较为分散,会使抽取到的个体组成的样本分布也较分散,给研究带来困难;

(3) 如果样本的容量较小,致使样本恰好是同一特征个体集合,就会导致研究偏向,影响样本的代表性;

(4) 如果研究者已知研究对象的某个特征会影响研究结果,并对其加以控制时,就不能使用简单随机抽样.

2. 系统随机抽样法

又称"等距抽样法"或"机械抽样法".此法首先是将总体中的 N 个个体按照某一与总体特征无关的标志进行排列并编号,然后用总体个体数 N 除以样本个体数 n 求得抽样间隔 N/n,从第一个间距内随机选取一个编号作为起点,并按照固定顺序每隔 N/n 个间距抽取一个编号,直到抽取最后一个间隔内的编号为止.由此抽取的 n 个编号对应的个体就组成了系统随机抽样所得的样本.

例 8.2 在某市高中生数学学习策略现状的调查研究中,要从某中学某个班级的 80 名高中生中,抽取 8 名学生作为样本的组成部分. 利用系统随机抽样法的步骤如下:

　　第一步,对这 80 名学生按照某一与数学学习策略无关的特征进行排序并编号 0～79;第二步,经计算得抽样间隔为 10;第三步,从第一个间隔 0～9 内随机选取一个编号,假如是 7,此时与标号 7 相对应的学生已确定为样本的第一个个体;第四步,按顺序每间隔 10 抽取一个编号,获得编号分别为 17,27,37,47,57,67 和 77,此时构成样本的 8 名学生已经确定下来,他们对应的编号分别为 7,17,27,37,47,57,67 和 77.

　　系统随机抽样法与简单随机抽样法相比较为简单. 由于它是总体范围内系统的抽样,一般情况下抽样误差与简单随机抽样相比会更小,所得样本分布均匀,研究所得结果也会更准确. 但是,如果总体中存在周期性的波动和变化,系统抽样所得样本可能出现系统偏差,如对某高中男女生数学观的调查研究,如果从总体中隔一个取一个作为样本,而恰好男双号,女单号,抽取的样本就会出现系统误差,因为抽取的样本只有一个性别,这是运用系统随机抽样法时需要注意的现象.

　　3. 分层随机抽样法

　　所谓的分层随机抽样法就是先将总体中的个体按照一定的标准分为若干层次,然后再根据各层次的个体数与总体个体数之比,确定从各类型中抽取样本个体的数量,最后按随机性原则从各层次中抽取相应的样本数量.

　　分层标准的科学性、与实际情况的相符性是做好随机分层抽样的关键. 对于复杂的研究对象,有时需要根据多种标准作出多种分层或综合分层. 分层须遵循一定的原则,切忌无原则分层. 分层遵循的一般原则是:层内个体间的特性(与研究相关的特性)差异要小,层与层之间的特性差异越大越好,层与层之间不能相互重叠,各层内所含个体数的总和要等于总体个体数. 分层随机抽样提高了样本的代表性,避免了简单随机抽样时可能出现样本过于集中于某一种特性的情况. 通过分层,各层内个体之间的共同性增大,差异度缩小,比较容易抽出有代表性的样本. 按照下面的公式可以求出每一层的样本抽取数量

$$n_i = n \cdot \frac{N_i}{N}$$

其中 n_i 是在第 i 层抽取的样本数量,n 为整个样本的总数量,N_i 是第 i 层所含个体的数量,N 为总体数量.

　　分层随机抽样法的优点是,样本具有较高的代表性,推论具有较好的精确性;分层随机抽样法的对象具有两个特点,一是总体中所含个体数量较大,二是个体间存在较明显的差异. 在样本数量要求相同时,它比简单随机抽样、系统随机抽样的误差要小;在抽样误差要求相同时,它则比简单随机抽样、系统随机抽样所要求的样本个体数量要少. 唯一的不足是,要求研究者对研究总体中的个体有较多的理解,否则就难以作出科学的分类,而这一点在实际研究中比较难以做到.

4. 整群随机抽样法

整群随机抽样法也是数学教育研究中经常涉及的一种抽样方法，它是指先将总体按一定的特征或标准（班级、组织等）分成多个群体，然后按照随机抽样的原则从中抽出若干个群体，并对这些群体中的每一个个体进行调查.

例 8.3 广州市天河区 240 个高三班级学生数学一模测试情况的调查研究，需要从 240 个班级中随机抽取 24 个班级作为调查对象，然后对 24 个班级内的每 1 名学生都进行调查. 其中就是以班级这个整群为抽样单位进行抽样.

整群随机抽样的优点是组织比较方便且样本个体比较集中，可节省大量的人力、物力和时间，适宜于某些特定的研究. 例如，数学教育实验研究一般以班级为单位进行，此时常用整群随机抽样法去抽样. 整群随机抽样法的不足之处是，样本分布不均匀，代表性较差，抽样误差也因各群间存在较大的差异而比较大.

5. 多段随机抽样法

多段随机抽样法是先将研究总体中的个体按照一定标准分为若干群，作为抽样的第一级单位，然后再按照一定的标准将第一级单位分成若干子群，作为抽样的第二级单位，以此类推，并在各级单位中按照随机原则抽取样本. 总而言之，多段随机抽样法就是将从总体中抽取样本的过程分成两个或两个以上阶段的抽样方法.

例 8.4 对广州市高二学生空间几何素养的调查研究，广州市由若干个区组成，以区作为抽样的一级单位，以区下的各中学作为抽样的二级单位，以班级作为三级抽样单位，然后根据抽样原则随机抽取样本.

8.4.2 定量研究中的抽样误差

抽样误差又称"标准误差"，是指样本统计值与总体相应参数值之间的差异（如样本平均值与总体平均值之间的差异）. 抽样误差是测定抽样结果代表性的指标，这就要求数学教育方面的研究者，在抽样时尽量减少抽样误差，以保证研究结果对总体特征作出精确性的推论. 抽样误差存在一定的规律，研究和运用抽样误差的规律进行数学教育实验研究和调查研究，是数学教育研究者进行实验研究和调查研究必备技能之一，这对判断抽样的科学性有重要意义.

抽样误差具有不可避免性，即使严格遵守随机原则，也不可能使样本结构与总体结构完全相同，只能通过采用不同的抽样方法使误差的程度降到最低. 另外，抽样误差带有偶然性，其值可正可负，其绝对值越大，说明样本对总体的代表性越差；反之，越好.

说明抽样误差大小的指标是标准误，标准误又称"平均数标准差"，表示许多样本平均数变异大小或离散程度的特征数. 所以，标准误本质上也是一种标准差，反映了样本的分布情况，如个体数为 n 的样本的平均数，组成了一个次数分布，称为"样本平均数分布". 按照统计学原理,在基本变量为正态分布的总体中随机抽取容量为 n 的无限个样本,样本平均数的平均数将等于总体平均数,样本平均数的标准误与总体的标准差成正比,与样本容量的算术平方根成反比. 关系式可表示如下:

$$\mu_X = \mu, \quad \sigma_X = \frac{\sigma}{\sqrt{n}}$$

其中,μ_X 为样本平均数的平均数,μ 为总体均值,σ_X 为样本平均数的标准误,σ 为总体标准差,n 为样本容量.

此处需要说明的是,样本平均数的标准误是指样本平均数分布的标准差,它显示样本统计值与整个总体结果的差异. 标准误大就表明变异大,而标准误小则表明特定样本均值很可能接近实际的总体均值.

在实际的研究中,总体标准差往往难以求得,因此只采用样本标准差作为估计值. 这样,抽样误差(样本的标准误)的计算公式就变为

$$S_X = \frac{S}{\sqrt{n}}$$

其中,S_X 为估计的样本标准误,S 为样本的标准差,n 为样本容量.

综上所述,影响抽样误差大小的因素主要有三个:①样本容量的大小,这一点可以从上述两个公式看出,在保证总体标准差不变的情况下,样本容量越大,抽样误差越小;②总体标准差,即总体中各个体间的特征差异程度,差异程度越小,标准误差越小;③抽样方法,例如,在其他条件相同的情况下,分层随机抽样所得的样本存在的误差比简单随机抽样要小.

8.4.3　定量研究中的样本容量

样本容量即样本中所含个体的数目. 如前所述,样本容量越大,抽样误差越小,研究结论越精确,但并不是样本容量越大越好. 按统计学原理分析,样本容量与抽样误差之间并不存在直线关系,随着样本容量的增大,抽样误差减小的速度越来越慢. 并且过大的样本容量,会给研究工作带来很多不必要的麻烦,这就要求数学教育研究者在做抽样设计时,应该确定最佳样本大小的问题.

在数学教育研究中,样本可分为大样本和小样本. 严格地说,样本容量小于 50 则为小样本,大于或等于 50 时为大样本. 而具体的样本容量值取决于许多因素,其中,主要有以下三个方面:

(1) 研究总体的性质. 样本容量的大小跟总体的大小和总体中个体特征性质分布的离散情况有关. 一般来说,总体越大,样本容量越大;总体中个体特征性质离散程度越大,样本容量越大.

(2) 研究目的、研究方法以及研究的经费、时间、精力等主观条件. 例如,采用访谈法或追踪访问法,就要选取小样本容量.

（3）研究允许的最大误差和推论犯错误的概率. 允许误差和抽样误差并不是同一概念. 抽样误差反映的是误差的平均值, 是衡量误差大小的尺度; 允许误差则是用一定的概率水平以保证抽样误差不超过这个概率水平（也就是置信区间）, 它衡量了抽样误差落在置信区间内的可能性. 在实际的数学教育研究工作中, 人们已经将对应于各概率水平的 Z 值或 F 值计算了出来, 并编成专门的标准正态分布概率表供大家使用. 由以上可以看出, 计算样本大小, 需要一定的先决条件, 如可允许的误差概率区间 (α, β) 及特征变量的标准差（S）等.（α, β）可由研究者根据需要事先指定, S 可由研究者事先作出估计, 估计的途径有：①前人所做类似研究的资料；②自己作一部分预试；③在研究工作进行的过程中作出相应的估计.

上述学习为我们高效地计算样本容量提供了依据. 样本容量的计算方式和方法随抽样方式的不同而有所变化. 在此, 仅以简单随机抽样为例, 说明样本容量确定的基本方法.

（1）平均值的样本容量计算公式

$$n = \frac{z^2 \sigma^2}{e^2}$$

其中, z 表示相应置信水平的临界值, σ 表示总体标准差, e 表示可接受的抽样误差.

例 8.5　某小学全体 10 岁女生的身高, 历年来的标准差为 6.25cm, 考虑到调查的精确度, 估计平均身高与总体平均身高差距不得超过 1cm, 如果把实际总体样本的平均值置于 95% 的置信区间, 则需要去多大的样本容量?

根据公式得

$$n = \frac{2^2 6.25^2}{1^2} = 156$$

（对于置信水平为 0.95 的情形, 当 $n \geqslant 30$ 时, 其临界值 z 近似等于 2）

（2）概率的样本容量计算公式

$$n = \frac{z^2 p(1-p)}{e^2}$$

其中, z 表示相应置信水平的临界值, p 表示总体比例值, e 表示可接受的抽样误差.

例 8.6　调查我校女生参与数学建模的情况, 根据抽样结果估计总体平均数的情况, 假设可接受的误差范围不超过 2%, 所在的置信区间为 95%, 去年的调查发现有 5% 的女生参与了建模, 则这次调查需要多大的样本容量?

根据公式得

$$n = \frac{z^2 p(1-p)}{e^2} = \frac{2^2 \cdot 0.05(1-0.05)}{0.02^2} = 475$$

除了上述计算公式外, 在实际研究中, 还可以借助研究目的对总体某个参数的估计来确定样本容量, 以及根据检验统计量之间的差异并借助 α, β 错误的概率和总体之间的差异 Δ 来确定样本容量. 研究者可根据需要, 方便地查出研究所需的样本容量.

8.5　定性研究中的抽样技术

关于抽样技术,定性研究比定量研究更为灵活.这种灵活性反映了定性研究设计中的自发性.所谓自发性,是指在定性研究中,研究者拥有不断开发探索研究对象的新视角和改进研究方法的自由空间.所以,这部分讨论的抽样技术与其说是规定性的,不如说是建议性的,而且不排斥用其他方法为定性研究进行抽样的可能性.

8.5.1　有目的抽样

有目的抽样是指,当研究不能运用随机抽样时,为了达到研究目的而选择一个样本.有目的的样本和随机样本是完全不同的,这不仅表现在选取样本的方式不同,还在于运用的逻辑基础不同.随机抽样的逻辑基础是所选取的样本对总体要有代表性,这样就可以推广到总体.总体中的每一个体被假定为对等的资料源.有目的抽样的逻辑基础是样本对所深入研究的情况信息掌握的多且丰富,它没有假设总体成员都是对等的资料源,而是确信那些被选的样本个体是丰富信息的提供者.有两条要求是有目的抽样赖以获得充分定性资料的基础,一是对调查资料中有足够变量现象的集中描述,二是在此基础上形成全面的结构性描述.

需要指出的是,有目的抽样并非是随意的.单元的选取是以事先确定的准则为依据.研究者必须对单元的特征有深刻的了解,如变化性及其极端情况存在的可能性.有目的抽样还有一些变式,接下来予以讨论.

1.　全面抽样

全面抽样是样本中包含了所有具备特定特征的单元.这种抽样方法在单元数目较小时适用.举例来说,对高三年级天才数学生数学知识结构完备性的调查研究,可能只涉及高三年级 8 名左右的学生,这 8 名学生将全部被包括在研究中;在一个学校系统内进行的一项有关数学学习严重障碍学生的调查可能要包含所有这样的学生.

2.　最大变异抽样

最大变异抽样是指选择那些能揭示被研究现象中的变异广度的案例.样本对某种特征提供了最大变异.例如,一个在 3 所高中进行人种学研究①的工作者,可能选择在学生特征、地点以及其他统计特征都不相同的 3 所学校作为样本.比较范围可涉及这 3 所学校的规模、学生社会背景(城镇、郊区、农村)、是否依附综合性大学和学校

---

① 人种学的概念源于人类学.在《兰登书屋英语词典》中,人种学得定义为"人类学的分支学科,主要对个体文化进行科学描述".如果把人种学的定义引入教育研究,人种学的过程可描述为:为特定情境中的教育系统、教育过程以及教育现象提供全貌的和科学的描述过程.

关注的研究课题类型（如课程设计、教职员工发展，为某类学生提供特殊服务）.

最大变异抽样倾向于获得两种类型的信息：①对不同个案详细描述以突出个案间的区别；②不同个案间的共同之处是什么.

3. 极端个案抽样

极端个案抽样涉及有显著特征的单元的选择. 对示范学校的研究常常用到极端个案抽样. 选择这些学校是因为按照特殊的标准看他们是成功的. 运用极端个案抽样方法的逻辑是，从极端个案中获得的信息可以应用到典型个案的研究中.

从连续体的两端选择极端个案可以提供确定性和非确定性的单元，以便于对特征和模式的连续性与否作出比较. 举例来说，对一所师范学校的研究可能涉及一所或更多所其他学校，这些学校若按师范学校的标准看是不够成功的. 只有通过学校间的比较方能确定师范学校相关的特征（如风气、特色等）. 从本质上讲，选择两端的极端个案抽样构成了最大变异抽样的一种特殊情况.

4. 典型个案抽样

与最大变异抽样和极端个案抽样相比，典型个案抽样走的是"中间道路"，所选择的单元被认为是所研究现象的典型. 在有关学校的一项研究中，所选择的学校既非最好也非最差，而是一些典型的学校. 在这样的一种研究中，参与调查的学生既不是天才学生也不是表现特别差的学生，而是按照所要研究的特征看具有典型性的学生.

5. 同质抽样

当研究的着眼点放在某一特殊的亚群体时就会用到同质抽样了. 举例来说，在一项教学实习研究中，所选择的样本可以只包含初上任的教师，这个样本就被认为是教师总体中的一个同质群体. 从抽样的角度看，同质抽样是与最大差异抽样相对立的一种抽样.

6. 有目的抽样的其他变式

有目的抽样还有其他一些变式，所有这些变式都涉及这样的判断：谁或什么应包含在样本中. 网络抽样（network sampling）或"滚雪球"抽样（snowball sampling）是这样一个过程：由最初被选择的个体提供适合作样本的其他个体的名字. 举例来说，在一项关于对有强烈支持数学教师联盟观念的教师的调查中，最先被选取的教师可以提供其他与自己有相似观点的教师的名字以备抽样.

定性研究常常涉及波金隆（Polkinghorne，1991）所称作的"实验对象的继续选择"问题. 就是说，实验对象的选择是持续于整个研究过程的. 有时进入实验研究时会发现一些编外的个体或最初并没有参与实验的个体却能提供有用的信息.

尽管通常用到上面已经叙述过的各种有目的抽样,但要指出的是,这些有目的抽样并非总在他们的"纯粹意义"上使用.有目的抽样可能还有其他变式和组合.举例来说,典型个案抽样或极端个案抽样可以包含"滚雪球"抽样以扩大具有相似特征的被试对象数目.

有些有目的抽样也需要随机选择.举例来说,在一个人种学研究中,可以得到 50 个资格相等的实验对象,他们都有资格参与面谈,其中可以随机选出 5 个对象.以这种方式运用随机抽样时,它的目的就是在可行的条件下完成资料的收集任务.

8.5.2　有目的抽样的样本容量

定性研究中的样本容量是典型的小样本.进行研究的容量个数通常是一个或非常有限的几个.但是,必要的被试对象或个体要几个呢? 对于这个问题没有一个统一的答案.研究刚开始时,研究者不可能使被试对象数目很明确,因此间断性或周期性抽样用得较多.林肯和古巴(LinColn et al,1985)在 *Naturalistic Inquiry* 中对有目的抽样的样本容量进行了如下陈述:

有目的抽样的样本容量的大小是由信息的需要决定的.如果抽样的目的是使信息最大化,那么当未能从新的被抽样的单元处获得新的信息提供时,抽样也就终止了.所以能提供信息就成了基本准则.(P202)

林肯和古巴的这句话指的是,有目的抽样的样本容量的大小取决于两个因素:①样本首先要能够提供研究所需要的信息;②样本容量的大小恰好使样本所提供的信息达到最大化.

尽管样本容量通常不能被具体化为某个数字,但考虑定性研究中的实例中的样本选择还是很有用的.

例 8.7　进行一项数学教师在课堂中提问行为的调查研究.研究地点和教师选择的情况描述如下:

充当被研究主体的是来自某市两个地区的初中数学教师.两个地区在以下四个方面大致对等:(a) 学校总体规模;(b) 地区经济状况;(c) 靠近;(d) 两个地区的政策均倾向于将数学课作为必考课.对 42 名老师的选取遵循以下标准:(a) 普遍是 6,7 和 8 年级数学课教师;(b) 学生注册的人数至少是一个,最好是两个以上;(c) 愿意参与研究.两个地区的所有符合这些标准的教师都参与了研究.在教师样本中,工作经历从 1 年到 20 年不等.

这个例子阐明了场地选择标准的应用.在使两个学区相称方面所做的努力增加了参与学区的对称性.教师样本的选择主要是通过综合的全面抽样,因为来自两个地区的所有教师在符合教师标准的前提下都参与了研究.

本 章 总 结

一、　主要结论

在数学教育研究中,样本是重要的考虑因素,因为样本提供了有关总体的充分特征.为了能够从样本中推断总体,必定要用到随机抽样的一些方法.在进行数学教育研究时,不仅仅使用简单随机抽样一种方法,其他的一些研究方法也是需要的.在数学教育研究中,随机抽样并不都是可行的.在这个时候研究者采取了一些有目的的抽样形式.需要强调的是,有目的抽样不是随意的;它以这样的原则为基础:单元包括在其中.

在 8.4 节中,除了介绍简单随机抽样以外,还介绍了分层随机抽样、系统随机抽样、整群随机抽样和多段随机抽样等五种抽样方法;在 8.5 节中,介绍了全面抽样、最大变异抽样、极端个案抽样、典型个案抽样、同质抽样及其一些变形.

样本容量的确定也是本章的一个重点内容.在任何一项调查研究中,包括数学教育研究,样本容量的确定都是多方面的.除了受研究成本的限制以外,还受到抽样误差和样本代表性的影响.在数学教育研究中,样本可分为大样本和小样本.严格地说,样本容量小于 50 则为小样本,大于或等于 50 时为大样本.定量研究中,样本容量的确定有多种方法,本章只简单介绍了三种,若研究者有所需要,可查看相关的统计学书籍.定性研究的样本容量一般较少,容量个数通常是一个或非常有限的几个,可根据研究需要适当选取.

二、　知识结构图

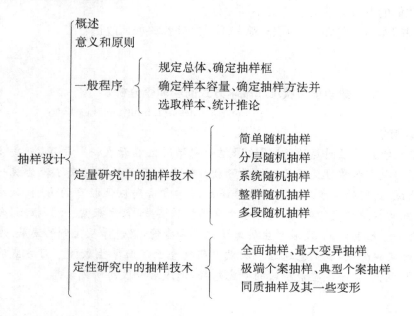

<h1 style="text-align:center">习　　题</h1>

8.1 假如总体样本容量为 839，一个简单随机样本的容量为 50，试问：你如何用随机数字表选择样本？用图 8.1 选出前 10 个样本个体.

8.2 在某市进行一项对高三学生的数学成绩的调查. 要测量高三学生的一个样本. 讨论一下对一个如此大的总体进行抽样可能有的困难. 讨论进行分层抽样或整群抽样的可能性. 若用分层随机抽样，可能的分层变量是什么？

8.3 一名数学教师要对某校 690 名高三学生组成的总体进行函数概念获得的实验. 实验需要 120 名个体，包括 60 名男生和 60 名女生. 总体中男生是 309 名，女生是 381 名. 怎样对参加实验的个体进行随机选择？ 假设实验的变量有 4 种水平，在各个水平中分布相等的男生和女生. 试问怎样将总体随机分布到各水平中去？

8.4 某大学的数学教育研究中心打算做一项有关小学五年级的应用题阅读缺陷儿童的补偿读书计划的定性的人种学研究. 首先，在全国 453 个学校中共发现 3 种不同的补偿阅读计划. 学校的规模参差不齐，大到城市学校，小到农村学校. 可供研究的资源包括 50 个现场，这些现场可用于观察、访谈等. 在五年级中有一个经常的研究基地可以使用. 叙述一下如何选择一个有关研究地点的有目的的样本. 当研究开始后，如何利用周期性抽样？

<h1 style="text-align:center">案例与反思</h1>

围绕以下问题，反思研讨以下的案例.

问题 1　他们是如何确定调查目的和调查对象的？

问题 2　他们的调查方法有怎样的不同之处？

问题 3　根据本节相关知识，他们有哪些不足之处？ 该如何改进？

案例 1

<h3 style="text-align:center">关于数学学习状况和教学方式问卷调查分析</h3>

(http://www.lhtxx.net/bzktw_platform/ktwz/detail/1.html? infoid=174)

一、 调查目的

"小学数学教学开放性问题的研究"的课题研究活动已经开展快一年了，一年多的课堂研讨，课例观摩和学习反思让我们对开放性问题和开放性课堂有了较为统一的认识. 也就是说，我们的数学课堂应打破传统的教学方法和应试教育的影响，教师应设计开放的充满智慧挑战的问题，引导学生采用操作实践、自主探索、大胆推测、合作交流、积极思考等活动方式，发展学生的知识技能和智能，促进学生生命的发展. 在临近中期评估的实施阶段，我们想通过一次调查研究全面了解学生数学学习方式和教师教学方式的现状，从而反思前阶段的研究路径，形成后阶段的研究设想.

二、 问卷制作与调查对象

本次调查问卷由"小学数学教学开放性问题的研究"课题组设计,采用四～六年级学生全面取样、实地发放、无记名的问卷形式.内容分为两大种:选择题,问答题.其中设10道选择题和1道问答题.学生问卷共发放600多份,回收有效问卷580份,回收有效率92%.

三、 问卷调查结果统计

问卷调查结果统计见表8.1.

表 8.1 问卷调查结果统计表

题目内容	结果统计			
	A	B	C	D
1.你喜欢上数学课吗?	特别喜欢 83.9%	一般 15.3%	不太喜欢 0.5%	讨厌
2.你喜欢什么样的数学老师?	知识丰富 23.4%	风趣幽默 51.2%	认真负责 22.2%	严厉严肃 2.2%
3.你参与课堂活动积极吗?	非常积极 39.5%	积极 40.5%	不大积极 18.8%	不积极 1.2%
4.数学课上老师提出问题或你有了错题后你会怎么做?	积极思考 70%	等老师讲解 16.6%	询问同学 9.7%	不管不问
5.在数学课上你是怎么倾听别的同学的发言的?	很认真地听 79.5%	偶尔不听 13.1%	听得不太认真 6.2%	从来不听
6.你希望怎样学习新知识?	等老师来讲解 8.4%	自己先预习探究 74%	和同学讨论 20.5%	无所谓
7.你的数学老师在平时的教学中,是怎样上数学书上的内容的?	照搬教材,视教材为"权威" 18.4%	对部分内容进行适当调整 22.6%	挖掘教学资源设计活动内容 58.4%	
8.在学数学中,你遇到的主要困难是什么?	计算能力 23.3%	解决问题能力 24.7%	理解能力 51.4%	
9.你是怎样完成作业的?	独立及时 75.2%	偶尔问同学但及时 21.7%	有困难不及时 2.2%	根本不做 0.3%
10.你的数学老师平时布置家庭作业以哪几方面为主?	课本 40.3%	补充习题 70.3%	课外辅导资料 21.2%	设计开放性作业 29.5%
11.请你给你的数学老师提些建议?	无			

四、 调查结果数据分析

1. 你喜欢上数学课吗?

大部分学生对数学课还是比较感兴趣的,说明教师对课堂教学的趣味性比较重视,组织得也比较好.就数学本身对孩子的吸引力而言,创建自由开放有生命活力的小学数学课堂完全是在学生的内在心理需要中的.

2. 你喜欢什么样的数学老师?

这个选项虽没有好坏之分,但也能看出受学生欢迎的教师类型.有近半数同学最喜欢风趣幽默的教师形象,相反只有个别同学选择严厉严肃的教师,这背后也说明学生还是比较想与教师拉近距离,形成比较民主比较轻松的学习氛围的,我们教师可以利用这一点使师生交往更融洽,使学生喜欢上自己的数学课.

3. 你参与课堂活动积极吗?

80%的学生选择了在课堂上非常积极和积极,说明学习的主动性还是比较好的.同时也有的学生承认自己不是很积极,在课堂上教师还进一步调动学生的学习积极性.如设计一些有趣味性有挑战性的练习题,或对学生的课堂表现及时积极的评价等.

4. 数学课上老师提出问题或你有了错题后你会怎么做?

大多数学生还是能积极思考的,少数同学可能有些依赖教师或同学.其中对于依赖教师讲解的做法,我觉得教师是否注意一下:当你提出问题后有没有多给学生一点思考的时间和空间,是否可以通过丰富课堂的组织形式来适当避免这样的依赖行为.对于依赖同学的做法,我感觉同学间合作学习也未尝不是一种好的学习方法,但是要注意明确合作学习的要求和纪律,不能反而让那些差生乘机浑水摸鱼.这一点可能五年级的教师感受会更深.

5. 在数学课上你是怎么倾听别的同学的发言的?

从数据上讲情况很是乐观,但是我感觉我们很多学生倾听习惯并不这样乐观.那怎样培养学生认真倾听呢?我们现在在追求学生生命活力的绽放、学生思维活动的开放的同时,如何让我们的学生善于倾听、汲取他人的见解呢?

6. 你希望怎样学习新知识?

(1) 学生有主动参与学习的意愿,如自主探究学习,合作探究学习.

(2) 师生角色观念已经完全转变.还记得我小时候上数学课,教师一节课能讲很多题,学生参与不多,学习知识大多数是被动接受,也从来不敢提出自己的疑问.现在的学生对学习活动已经有了"主人翁"的意识.

从上面的数据来看,亲历、体验已经成为学生习得知识的最优途径.学习建立并源自体验,不论学习的外部因素是什么,教师、教材,有趣而富有挑战力的机会,当学生开启了思路、经历了实践,学习才能有效的发生.

7. 你的数学老师在平时的教学中,是怎样上数学书上的内容的?

从上面的数据看,我们很多教师已经有了整合和开发教材资源的意识,但是对于有效整合、有效开发的能力还有待提高,就我来说,以前研究过的一些课还好一些,日常教学中很多时候是按照教参、教材的内容来上课的,倒也不是视教材为"权威",只是有点不敢逾越.这一点我们很多高年级的老师可能比较有自己的想法,如姚建法老师练习设计别出心裁,倪福康老师解读教材经验老道等,在今后的教研活动中我们可以在这方面关注一下.

8. 在学数学中,你遇到的主要困难是什么?

50%左右的学生在理解能力上存在困难,解决问题的能力有困难的占 24%,只有 23%的学生认为计算能力存在困难.以上数据表明,如何选择恰当的教学方式,以怎样的教学设计突破概念性数学知识的教学将成为课题组老师共同探讨的一个命题.同时,我校多年来坚持口算本练习日常化和定期的口算达标还是卓有成效的.

9. 你是怎样完成作业的?

96%的同学能及时完成作业,包括独立完成或个别找同学讨论,学生的学习习惯还是比较好的,对待作业态度端正.也有 13 位同学不能及时完成,甚至两位同学根本不做,这个值得我们老师思考.其实我感觉现实情况可能还不止,我们一年级现在就有一位学生每天作业都不做,家长也不能起到监管作用,到办公室做也很磨蹭,放学留下来还总是溜走.当然这也是个例,其他同学中也不乏有逃避作业的苗头.我想一方面教师要从严管理,另一方面也要和家长协作做好思想教育.

10. 你的数学老师平时布置家庭作业以哪几方面为主?(多选题)

这个题是多选题,从学生的问卷来看每个选项的比例比较平均.可见我们老师现在在作业设置上也花了心思,特别是设计开放性练习.我们每个备课组还分别设计了完整的有效练习.

五、 后期研究的设想

在前期的研究与实践中,我们也发现了一些问题.

(1) 研究人员涉及全体数学教师,也与平时的日常教学工作紧密相连,但是缺乏主题性,与教研活动联系还不够紧密;

(2) 课题组成员理论水平还比较欠缺,研究成果不够显著;

(3) 课题组网站的更新不够及时,资料的上传等工作有待加强.

因此,根据这些问题及方案预定计划,我们后期研究主要从以下三方面展开.

(一)加强理论学习,提高教师素质

教师素质是全面推进素质教育的关键,在课题研究工作中又显得尤为重要.课题组在本年度将着重加强课题实验方面的专业知识学习,从整体上提升成员进行课题研究的业务水平和能力.理论学习或学术沙龙实行定时、定点制度,要求组员认真做好笔记,会后组织讨论,做到不走过场、不图形式,而是讲求实效、落到实处.本学期计划安排一次理论学习和一次学术沙龙.

(二)明确分工,潜心课题研究

课题研究水平的高低关系着学校教科研工作的成败,同时也体现了教师素质的好坏.因此,课题全体成员要扭转以往课题研究容易流于形式的局面,而是潜心钻研,收到实效.课题组将利用业务学习的时间研究工作的开展,对工作中出现的问题想办法解决,让课题研究工作畅通无阻地进行.日常教学中对于练习设计也要潜心专研,抓住以下特性.如多样性、层次性、应用性、开放性.通过课题研究,我们要争取使教师向"研究型教师"转型,并鼓励教师总结教育教学经验,撰写教研论文、教学反思、心得体会,并传到教育教研网上以达到资源共享,青年教师坚持每月至少撰写一篇学习札记心得,一学期至少形成一篇研究案例.

（三）与校内教研活动相接轨,与组内随堂听课相结合

为了让课题组成员在配合学校教研活动的同时进行课题研究活动,而又不增加个人的工作量,我们尽量将某些课题研究活动与我校的校本课程全面接轨.例如,公开课研讨,教学案例交流,理论学习等.我们将把某些课题研究活动与备课组活动相结合,例如,课题实验课与随堂听课,学习沙龙与集体备课等.这样双管齐下地进行教研活动,使理论与实践紧密结合,使教师真正获得提高,使学生学得开心快乐.

一番耕耘,一番收获,在研究的路上总是充满汗水,也不乏遗憾.下一步的研究中,我们会继续修正课题实施方案、求真务实、积极进取,做行走大地的思想者,做脚踏实地的实践者,向着理想教育的目标不懈追求,向着"为教育插上翅膀,让生命的梦想自由翱翔"的理想教育情态而奋斗.

案例 2

一个数学后进生的个案研究

（倪桓华,上海交通大学附属中学,数学教育学报,2002 年 04 期）

摘要　后进生问题是实施普及义务教育制度的国家普遍存在的问题.个案研究过程分为自然观察,初步了解;访谈调查,深入了解;个别辅导,深入了解和放手学习,继续观察四阶段.对一个数学后进生的跟踪研究发现,该生数学学习困难在智力因素方面的原因主要包括:注意的选择性有误,注意不稳定,注意力不能及时转移;数学思维能力差,数学记忆能力欠缺;元认知发展缓慢等.而该生数学学习困难在非智力因素方面的主要原因则是,学习动机的缺乏和学习态度不端正.

关键词　智力因素;非智力因素;注意;数学思维;元认知;学习动机

1　问题的提出

后进生问题是世界上实施普及义务教育制度的国家普遍存在的问题.后进生的成因很多,而且智力、素质、人格、环境、生理因素等方面复杂地交织在一起.本研究试图充分、具体地揭示一个个体各方面的情况和特征,以更好地认识后进生群体.本研究中的学生 B 是上海交大附中的借读生,每次考试名列年级倒数几名,成绩只有年级平均成绩的一半左右.这样的学生在重点高中的借读生中及普通中学中有一定的典型性.笔者介入他的学习、生活,进行历时一年半的跟踪研究,详细记录了该生所暴露出来的种种问题,并从智力因素和非智力因素两方面分析,归结了该生数学学习困难的原因.

2　研究方法和研究过程

2.1　学生背景资料

经测试,该生智商 94,这在市重点中学是相当低的.他是独生子,家庭经济条件

优越,父母对其学习寄予厚望.从小学三年级起每周到外语大学夜校读英语.升初中时父母花了一大笔钱才使其进入某民办中学.因成绩不好,初二开始请家教直到中考.中考成绩 441.5 分,只能在上海交大附中借读.

2.2 个案研究的四个阶段及方法

第一阶段:自然观察,初步了解(高一上学期).观察的方法贯穿个案研究始终.笔者努力观察一批后进生,体验、研究他们的思想、感情和行为.本阶段观察有两个目的:第一,选一个有上进、学得比较努力但又没有起色的学生;第二,想看一看后进生是否会受到好的学习环境、氛围的影响,主动改进学习方法和态度.到学期结束,我确定了人选为学生 B——一个内向、沉默的男孩.

第二阶段:访谈调查,深入了解(高一下学期).

首先进行家访,实地观察,从该生父母处了解基本情况.然后,我除了平时重点观察他课堂反应、作业情况等,还采用一周一次当面交流的方式,了解他的具体困难以便有针对性地进行学法指导.家访时我注意到该生低着头一言不发,自卑心理使他对老师有畏惧感,同时他又反感任何人的批评、说教.在最初的几次面谈中,他始终保持戒备心理,从不主动向老师咨询,而是等待老师提问,但渐渐地也偶尔抬头看老师一眼.有时也会倾诉自己的苦恼.

在本阶段,除了师生间距离不可能很快消除外,他对自己从不进行深层的思考,笔者无法深入了解他的内心世界,所以只能进行一些疏导,从学法角度提出一般性建议.他不带问题轻松地来,又不进行反思轻松地走,建议并没有落实,故这一阶段学习没有起色,高一下学期数学期终考试仅得 11 分(班平均 64 分).

第三阶段:个别辅导,深入了解(2000 年暑假).

本阶段笔者每周利用 3 个上午帮他从头开始复习高一的知识,使其学会概念理解,提高能力.随着接触增多,师生间的距离逐渐缩短.他在笔者面前不再拘束,甚至将一些不愿告诉父母的心里话讲给笔者听.这使笔者能够真正走进他的内心世界,深入了解造成他数学学习困难的原因.通过辅导,有 3 个最为明显的效果.

(1) 学习积极性有了较大的提高.辅导开始后,他每天花很多时间复习和做练习,不像以前那样轻易放弃难题.他说:"现在觉得做数学题有点兴趣了,但是看到难题、繁题还是不想做."

(2) 分析、解决问题的能力有提高.为了对照,辅导阶段的测验试卷均采用高一时相应章节的测验试卷,3 次测验成绩和以前相比都有了提高:"集合"部分原 45 分,现 60 分;"不等式"部分原 42 分,现 52 分;"复数"部分原 33 分,现 60 分.而且从解答对照中明显看到:以前的解答题部分基本上是空白,现在绝大多数题目已经能入手了,有些题目还做得不错.

(3) 自信心也略有提高.一次做错了题,他保证说:"这是最后一次错了,以后绝不会再错."这话以前从没听他讲过,只会沮丧泄气.这不能不说是一种进步.但是他的运算能力没有提高,主要是未克服对运算的厌烦心理,而且他错误地认为只有分析问题的能力是重要的.他依旧害怕测验、考试,自信心的提高不足以克服他对测验的焦虑心理.以前他有太多失败,现在又太渴望好成绩,多了一层担心.他的心愿是:"要是学习中没有考试就好了."

第四阶段:放手学习,继续观察(高二上学期).

本阶段是检验他运用数学学习方法进行新的学习的效果.在前一阶段的基础上,他很想看看在没有老师辅导下学好数学的能力.这一阶段笔者不主动辅导,而是让他在遇到困难的时候主动找笔者.在初期他自觉性、积极性颇高,常常是笔者吃完午饭,他已经等在办公室了.但同时因学习能力有限,学得很累,常遭受挫折,又不善合理安排时间,学习效率不高.另外,他一直不能端正对待作业和对待数学计算的态度,作业不订正,计算出错,这些都使他的积极性和成绩不成正比.随着时间的推移,他越来越焦虑,也越来越灰心,感到自己无力应付那么多学科,于是开始放弃.由于他的学习自觉性和学习能力都不足以支持他独立学习,所以老师放手让他自己学习的结果就是放松学习.

3　数学学习困难的原因分析

下面就智力因素和非智力因素两个方面对该生在以上四个阶段中数学学习上所暴露出来的问题进行分析.

3.1　智力因素

基于戴斯等提出的 PASS 智力模型:智力有 3 个认知功能系统[1];(1)注意——唤醒系统,(2)同时——继时编码加工系统,(3)计划系统,本文将数学学习的智力因素分成 3 个方面:注意、数学思维、元认知.

3.1.1　注意

注意是心理活动对一定对象的指向和集中.在智商测试中该生注意力的得分是最低的.在学习中主要有以下欠缺:① 注意的选择性有误.在听课或是在自己的复习、解题中,注意力往往集中在解题步骤上,而忽视概念的形成过程,概念间的联系,以及解题的正确性、合理性和完备性.② 注意不稳定.蚊虫叮咬引起的微小身体反应也会严重干扰他的学习;在辅导阶段,他多次在听讲时将思维跳到其他地方,可想而知他在自己学习时分心的情形会更多.③ 注意的保持时间不长,容易产生疲劳感.在辅导中发现,如果知识复习的密度比较大,或者他十分努力地在理解知识内容或解题时,很容易头昏、头疼.④ 注意力不能及时转移.上课听讲时,一旦遇到某处没听懂,他会产生恐慌,导致注意力停顿,不能随课堂节奏进行下去.

3.1.2　数学思维

(1)人类思维活动中,分析和综合是最基本的,其他如比较、抽象、概括和具体化等,都从属于分析、综合过程[2].它们对于改进和完善数学认知结构十分重要.后进生"不会学习",在很大程度上是由于对数学材料缺乏分析、综合过程:知识经过了大脑,却没有被整合到原有的认知结构中,即没有成为自身的知识.这就导致他常常处于以为自己懂了却没有真正弄懂或根本没懂的状态.在概念学习中该生的"懂"只是停留

在某些定义、定理、字词表面,遇到有难度的题目,就会使他认为"懂"的概念土崩瓦解.复习实系数一元二次方程的解,他能够讲出解的 3 种情况,也能解不少关于共轭虚根的题.但面对问题:"当 $a>1$ 时,方程 $x^2+2x+a=0$ 有两个根 α,β,求 $|\alpha|+|\beta|$ 的值."他一点也不知道如何入手.笔者问他这两个根是实根还是虚根,他最初想到韦达定理,后来才想起判别式.当笔者引导他得到:$a>1 \Rightarrow \Delta<0$ 后,说"瞧,这是一对共轭虚根"时,他冒出一句:"你怎么知道是一对共轭虚根,为什么不可以一个实根一个虚根?"由此可见,在他头脑中构建的概念,就像是颤颤巍巍的积木,一有风吹草动就要倒塌.当他知道这是一对"共轭虚根"后,这个概念对他也仅是 4 个字,想不到 $\beta=\bar{\alpha}$,想不到 $|\alpha|^2=\alpha\beta$,也想不到设 $\alpha=x+yi,\beta=x-yi(x,y\in\mathbf{R})$.

(2) 克鲁捷茨基的研究发现[3]:以前建立的方法对能力平常的学生有束缚作用,思维会习惯地回到已建立的模式上.计算

$$\left|\frac{(3+4i)(\sqrt{2}-\sqrt{2i})}{\frac{\sqrt{3}}{2}+\frac{1}{2}i(\sqrt{3}-i)\sqrt{5i}}\right|$$

时,笔者发现该生要算很长时间.原来他是先运算再求模,问他为什么不用模的运算性质(在一小时前笔者指导他看了这条性质的证明及应用).他辩解说这道题的运算并不繁.通过这道题他表示理解了模的运算性质,也体会到了用这条性质的好处.但过了两天,解"若

$$z=\frac{(1+4i)^4(-1-\sqrt{3}i)^7}{(1-2i)^{12}}$$

则 $|z|=?$"时,思维定势使他仍固执地先运算,后求模.

(3) 数学记忆能力欠缺.研究发现该生的记忆类似于情节记忆:以事物的经历顺序,甚至时间、地点记忆.情节记忆如果不辅之以对内容的分析、综合,会成为机械记忆.一方面,该生不善于借助于图形思维.例如,他复习指数、对数函数后,第二天能复述出两者的主要性质,甚至还能说出课本中指数函数是由怎样的例题引入的,但却画错了指数、对数函数的图像.另一方面,不善于辨别、概括,导致错误记忆.例如,他在复习了不等式的性质后,把不等式的加法性质说成:$a>b,b>c \Rightarrow a+b>b+c$,并肯定地说:"书上就是这样写的."后来才发现把不等式中与加法有关的两个性质:$a>b \Rightarrow a+c>b+c$ 和 $a>b,c>d \Rightarrow a+c>b+d$ 混淆起来了.

3.1.3 元认知

董奇等的研究表明[4]:研究者提出的学生自我监控学习能力的 8 种构成成分(计划性、准备性、意识性、方法性、执行性、反馈性、补救性和总结性)是合理的.随着儿童年龄的增长,自我监控能力对儿童学习效果的影响也表现得越来越明显.在本研究中发现,该生元认知的发展比较慢,在执行性、方法性、反馈性、补救性方面表现都比较差.

（1）有计划，没有行动．

高一上学期结束后因为考试成绩极差，他痛下决心，要在寒假预习高一下学期的数学和英语．可一个寒假什么也没预习，还有 3 天就要开学，连寒假作业还没有全部完成．所以尽管要求上进，也想改变自己的现状，但是计划不切自身实际，而且执行性差．

（2）缺乏问题解决的认知策略．

解数学问题一般分 4 个步骤：审题、建立解题方案、实施、回顾．该生做题时往往不先考虑解题方案．例如，判断方程

$$(1-\text{i})x^2+mx-(1+\text{i})=0$$

的根的情况：

（A）2 个实根；（B）一个实根，一个虚根；（C）一对共轭虚根；（D）2 个虚根．他列出两根之和，两根之积，又划掉．想了一会儿，把划掉的重新写出来，后来又划掉．我问他为什么要写韦达定理，他说："不知道."后又说："这是二次方程."

（3）缺乏反馈与补救意识．

他不会主动对自己的学习及效果进行检查、反馈与评价，自然谈不上主动补救．他非常忽视作业订正，后来暴露了真实想法："作业做完了，就不愿再去看一眼."他考试成绩极差，却在寒假做出预习计划，而不是补救计划．

3.2 非智力因素

在与该生接触的过程中，发现他在数学学习中所暴露出来的很多现象都可以归为缺乏学习动机和学习态度差．

（1）学习动机．

从目标指向看，学生的学习动机可分为 3 类：为应付检查和考试表面型学习动机；对所学内容真正感兴趣，要弄懂和掌握的深层型学习动机；为取得满意的学业成绩的成就型学习动机．该生的学习动机是第一种和第三种兼而有之．从学习方法能看出他是围绕考试转，希望提高成绩，是肤浅、消极、被动的学习，缺乏深层型动机，对各门学科都没有兴趣．即使他很喜欢历史读物，但他对历史课同样没有兴趣．从接触中我了解到他学习是按部就班沿父母设计好的道路前进：进高中，考大学，希望找一个挣钱多的工作．如此而已，带着过多的不得已的成分在为别人学．

（2）学习态度．

该生从小患哮喘病，体质较弱，父母很迁就他，生活中包办了一切，造成他比较娇气，缺乏毅力，依赖性强等性格缺陷．在学习上也不能做到勤奋、刻苦、顽强．他希望学习有一条捷径，看到《四轮学习方略》的广告后特地买了一本，却又不愿花时间好好研究；看到杂志上说用《周易》的思想方法有用，又去读《周易》，看不懂时又把它扔到一边．该生求简怕繁，即使在玩电脑游戏时也如此．他说他玩什么都是"三脚猫"．在数学学习上这种性格特征尤其体现在对待运算和分类讨论的态度上．他对运算有很强烈的排斥心理，必须运算时，就会"思想集中不起来，看出去的字是花的"．对于需要分

类讨论的题目,他有时也不是没有分类的意识,只想简单了事,在主观意识中排斥他认为繁的东西.

4 研究结论

该生性格内向,接受力、理解力差,反应慢.他在学习上缺乏努力意识,长期没有高要求,导致思维能力薄弱.但随着接触的加深,越来越发现他数学学习困难的根子主要还是非智力因素.该生的性格缺陷和学习动机的缺乏是阻碍成绩提高的主要内部原因.他缺乏勤奋的品质.即使对某件事有兴趣,一旦需要动脑筋钻研,他也会放弃.因"怕繁",不善数学记忆;他运算能力薄弱,使得并不复杂烦琐的运算也要占据他较大的工作记忆资源,影响了分析问题的能力和情绪.消化知识的意识缺乏,导致知识结构零乱残缺或错误,又影响了新知识的获得,产生恶性循环.

他也较为固执,具有偏执型的性格缺陷.出现学习错误时,他习惯于找借口,不去寻找自身原因,而是说:"数学就是繁,一定要刻意去考虑得很周全."并认为"思维严密的人是那种做人很有心机、城府很深的人".面对作业本上的一个个"大叉"熟视无睹;他甚至一个晚上陷在一道题中不能自拔,导致学习效率低下.以上两大性格缺陷是导致他学习困难的最直接原因.这揭示了为什么当后进生有了上进心和学习积极性仍不能很好完成学业的原因.该生学习积极性的提高并不是由于内部动机的改变,而是教师的爱心和热心激励.由于不是出于对所学内容真正感兴趣的深层型学习动机,所以这种积极性的高涨或低落很容易受到教师关注程度和给予压力大小的影响.

参 考 文 献

[1] 戴斯 J P,纳格利尔里 J A,柯尔比 J R.认知过程的评估——智力的 PASS 理论[M].上海:华东师范大学出版社,1999:12—27
[2] 叶奕乾,祝蓓里.心理学[M].上海:华东师范大学出版社,1988:182—183
[3] 克鲁捷茨基.中小学生数学能力心理学[M].上海:上海教育出版社,1983:337—347
[4] 董奇,周勇,陈红兵.自我监控与智力[M].杭州:浙江人民出版社,1996:122—128

第9章 研究报告的撰写与评价

本章概览

通过前面系统地学习数学教育研究方法，我们可以去完成一项研究了．在进行研究之前必须有一个计划，也就是研究计划．此外，研究成果也需要通过交流才能被大众所知，并促进教育理论的发展，给别人提供借鉴的同时，接受评价，从而完善自己的研究，这就使得交流研究成果部分必不可少．为此，本章来讨论研究报告的撰写与评价问题．

本章将围绕以下三个问题展开：研究报告应该包括哪些内容，怎么撰写？如何撰写学位论文的开题报告？如何评价一份研究报告？

学完本章之后，你就会熟悉规范的学位论文开题报告的细节，并且知道如何写出一篇比较成功的数学教育研究报告，当然，前提是您必须先学会如何进行数学教育研究！

9.1 研究报告的组成部分

9.1.1 研究报告的主要形式

研究报告是研究结束后对整个研究过程的总结性书面材料. 它是研究成果的主要表现形式，是交流研究成果的重要途径.

研究报告可以有多种表现形式，报告内容基本上一致，但由于类型的不同而稍微有差异.

调查报告 研究方法采用的是调查研究的方法，包括提出问题、分析问题、解决问题. 调查报告一般由题目、前言、正文、总结以及附录五部分组成.

实验报告 研究中用到的实验报告，是对整个实验研究的全面总结. 实验报告的撰写有利于实验的总结和推广. 所以在写作时，要对实验的效度进行分析.

学位论文 大学生和研究生在读期间为取得学位证书而写的规范性学术论文. 格式上有严格的要求，要求学生至少能够系统地阐述某一方面具有一定意义的问题. 学位论文的撰写对学生进入教育研究领域有着过渡的作用.

会议论文 多用于学术、科技交流会议上，现场宣读，属于口头性质的论述性报告，因此不需要形成完整的论文形态. 会议论文报告同样需要摘要、引言、正文、参考文献等方面的内容，但不必逐项单独列出，在论文正文中分段叙述即可. 摘要和引言部分介绍研究背景及题目，重点介绍选题原因及意义. 正文部分着重介绍研究的典型方法、经典结果、结论及意义. 会议论文还有另一种书面形式，是参会成员提交的论文，这些主要围绕大会的主题展开，格式和一般的期刊论文一致.

9.1.2 研究报告的一般框架

一般的研究报告都会包括图9.1中三方面的内容，不同的研究报告在正文的写作时侧重点有所不同，这一点在下一节会具体介绍.

图9.1 研究报告的基本内容

9.2　怎样撰写研究报告

尽管研究报告的形式有多种,但其目的都是为了交流研究的成果.基本的呈现方式都是书面的文章,所以在写作上还是有共通之处.图 9.2 简单表示出一般研究报告所包含的基本内容.

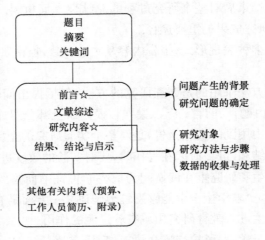

图 9.2　研究报告的一般结构图

9.2.1　题目

不管何种研究报告,题目都是文章的眼睛.用一句话准确地描述出研究对象和研究问题,并且要引人注目.如果题目太长可以使用副标题来补充说明.

对于调查报告,题目必须明确说明研究群体和研究问题.如"数学阅读教学现状调查报告""高中数学青年教师教学素养的调查报告",有副标题的如"数学课程改革向何处去——关于基础教育数学课程与教学改革的调查报告".

实验报告的标题常采用研究课题的名称,包含研究变量,让人对研究问题有清晰的感知.如"高中学优生和学困生解决椭圆问题差异的研究""两种不同的教学方法对高二学生数学成绩的影响——以圆锥曲线的教学为例"等.

9.2.2　前言

前言也称引言、导言,是研究报告的开头部分.在这部分主要阐明以下问题:研究问题的确定,相关文献综述,所要解决的问题和理论框架.

1. 问题产生的背景

即说明问题从何而来的.不需要太多内容,交代清楚过程即可.例如,"算法教学实验报告"中作者是这样来说明背景的:在新课程中算法作为数学及其应用的重要组成部分,第一次成为高中数学必修课的内容,是必修 3 的主要内容之一,为了探索算法教学的经验……这样就简单明了地把问题的背景列了出来.

2. 问题的陈述

问题的陈述也就是问题的表达方式,可以采用叙述或描述的形式,也可采用问题的形式. 一个研究问题的陈述,最重要的一点是它必须能为研究指明足够明确的焦点和方向. 人们从题目中可以立刻了解到你所要研究的焦点是什么,你的研究方向是什么. 例如,在"高中数学青年教师数学素养的调查报告"中,就可以有这样的问题陈述:不同地区的教师的数学素养有何差异? 教龄对青年教师数学素养形成的影响等. 而在定性研究中,允许研究过程中发现许多不确定因素的影响,所以定性研究的问题陈述可以是开放性的.

好的问题陈述可以为研究者提供从事研究的明确方向. 研究问题的陈述是否采用问题的形式,在很大程度上取决于个人的爱好. 如果问题的形式有助于研究,那就应该采用. 实际上,陈述问题的形式并不太重要,重要的是陈述要精确和毋庸置疑,以免所研究的内容发生混乱.

9.2.3　文献综述

文献综述是什么以及怎么写好综述这是我们在第 3 章已经解决的问题. 研究报告中主要是用于交流研究成果,所以文献综述不宜太长. 用尽可能简洁的文字回答清楚研究问题的研究现状、发展趋势以及本文所要研究的主要问题.

以下节选"算法教学实验报告"(韩裕娜,2005):

实验的背景和目的:目前,山东、广东、宁夏、海南 4 省正在实施高中课程标准,在新课程中算法作为数学及其应用的重要组成部分,第一次成为高中数学必修课的内容,是数学 3 的主要内容之一. 为了探索算法教学的经验,我们于 2005 年寒假进行了算法教学的微型实验,以便检验所设计教学方法是否利于学生学习,了解学生学习算法的情况.

9.2.4　研究内容

对于调查报告,正文就是调查内容. 主要是向读者讲明所选择的调查对象,调查中所采用的方法及其合理性,以及具体的调查过程.

对于实验报告,这部分要写清楚实验所使用的研究方法、实验处理、实验的条件、被试情况等,一般也须对整个研究过程的科学性进行评价. 这部分的内容包括:主要概念的阐述;被试的条件、数量、取样方法;实验设计,实验组与控制组情况,以及自变量的操控条件;无关变量的控制;实验的大致流程.

学位论文的正文是主体部分,需回答怎么进行研究、具体的研究方法与实施过程,注意材料的可靠性、理论的运用的合理性及整体的逻辑性.

1. 研究对象

研究对象即被试的选择很重要,也是在进行研究时首先要考虑的问题.在数学教育研究中,受被试的地域、文化等差异的影响,被试的代表性关系到研究结论的推广程度.在开始研究前,研究者就必须考虑清楚怎么选择研究对象,选择的合理性又是什么.例如,"重点中学高二文科学生数学学习态度调查研究"中,研究对象选择了广州市一所重点中学全体高二文科学生,这种被试的选择就代表广州市的重点中学的文科生.

2. 方法与步骤

数学教育研究中最常用的方法有实验法和调查法.根据研究目标和内容来确定方法,这在前面的章节里都有具体的理论指导.用简洁的语言交代清楚研究所经历的过程,让读者能快速地了解你的研究过程.具体见下面例9.1和例9.2的研究步骤.

3. 数据的处理与分析

在研究报告中,这一部分不像研究计划中会给出有针对性的处理方法.一般简单交代下数据收集和处理时所用的方法和工具,两三句话即可交代清楚.

例 9.1　重点中学高二文科学生数学学习态度调查研究(罗静等,2010)

2.1 样 本

本研究共做了两次问卷调查,分别为预调研和正式调查.预调研选择了广州市某重点中学全体高二文科学生,时间为高二第一学期期中考试后一周,共发放问卷 102 份,回收 100 份,其中有效问卷 99 份.

正式调查选择了广州市另一重点中学全体高二文科学生,时间为高二第一学期期末考试后第 3 天,发放问卷 267 份,回收 263 份,其中有效问卷 232 份,有效率达 86.9%,总体情况良好.

2.2 测量工具

本研究采用自己设计的问卷进行调查,问卷设计经过以下四个步骤:

第一步,以态度理论为基础,广泛阅读文献,研究国内应用较广泛的 3 位学者的调查问卷,以 Aiken 的《数学态度量表》为主要参考,归纳出数学学习态度量表的初始模型,其中包括了 36 个题项.

第二步,以初始模型设计了专家意见征询问卷,得到 16 位专家学者的意见后,对初始模型进行修正,主要是筛选重复和不恰当的题项,得出预调研的问卷,包括 26 个题项.

第三步,进行预调研,对回收的问卷进行分析,得出问卷的 α 值为 0.815,说明问卷具有相当高的信度,根据学生的反馈意见,修改部分题项的表述,得到正式调查问卷.

第四步,正式调查,对所得数据进行因子分析,根据所得的结果,删除两个不恰当的题项后,数学学习态度量表的最终模型共有情感成分、认知成分和行为成分 3 大维度共 24 个题项.

所以,《高二文科数学学习态度调查问卷》分为两个部分.第一部分为学生个人资料,包括性别、数学期末考试分数和 X 科科目.第二部分为 5 点李克特量表,5 点为非常不同意、不同意、中立、同意、非常同意,分别赋以 1~5 分.因此,问卷的总分在 24 到 120 分之间.

例 9.2　中学生数学知识建构水平差异性的实验研究(张程等,2004)

1. 被试

为避免被试在年龄、智力水平、学习背景方面的过大差异,我们从首都师范大学附属中学的高二年级中选取一个班的学生作为被试,样本容量为 50 人,被试年龄为 16 至 17 岁.

2. 方法

实验采取使被试通过对所提供的信息进行解释及联想的方法,展现其认知结构.实验是以"不等式"和"多面体"两个具体数学名词为信息源,激活被试已建立起的知识结构.实验采用笔答的方式,测试时间为一节课 40 分钟.

通过对学生自己展现的认知结构进行比较,判别学生建构水平的差异及其类别,分析形成学生建构水平差异的主因素.通过统计检验和访谈的方法,分析学生建构水平差异与数学学习成绩优劣的相关性.

在操作上,我们将得到的影响建构水平差异的诸因素分别与学生的学习成绩进行皮尔逊积差相关性检验或差异的显著性 t 检验.访谈的目的是为了更准确地对实验结果进行分析.

3. 实验步骤

(1) 为了对被试学生有初步的了解建立主试与被试间的信任感,在进行实验前主试到被试所在班级听课一周.

(2) 在测试前,主试向被试说明测试时间及答题的注意事项.

(3) 学生笔答测试卷.

9.2.5　结果、结论与启示

这一部分是对整个研究的总结与分析,寻找规律,并提出新的理论等.不管何种研究报告,研究的结论部分总是更引人注意.特别是在数学教育研究中,从结论中我们可以直接看到实验的效果,会给我们借鉴.如通过看"重点中学高二文科学生数学学习态度调查研究"的结论,可以快速知道,学生的数学学习态度处于中等水平,在数学学习态度的 3 个维度得分中,认知成分得分最高,行为成分得分最低.

1. 结果

从数据中直接得到的信息,运用统计分析方法时,其结果是描述统计以及统计检验中得到的统计量,如数据的平均差、标准差、众数. 撰写结果时注意以清晰、组织良好的方式呈现结果. 图表是很好的选择,可以选择表格、饼图、柱状统计或条形图等来辅助说明结果. 这里仍需注意,这些图表是文字语言的补充,是为了更清晰地说明结果,所以使用也要合理. 如果运用过多,会显得杂乱无章,反而使读者感到困惑. 因此必须学会合理、正确地使用图表. 以下给出表格和图的组织方式以供参考.

(1) **表格**　建构一个相对清晰的表格可以遵照下列规则:表头是表格的名称,它位于表格的上方;行和列要有适当的表目,并且数量上设置要合理,项目不要太多,表格也不易过大,尽量不要超过一页纸;表中的空间要能清楚地分隔信息,不要拥挤,数据较多时,很少使用竖线,如表 9.1 和表 9.2,可以使表格看起来更简洁;一篇报告中的图表格式要一致.

表 9.1　与不等式相关的知识广度差异统计(张程等,2004)

所答知识点个数	39	25	21	20	19	17	16	15	14	13
人数	1	2	1	3	4	2	5	1	4	2
所答知识点个数	12	11	10	9	8	7	6	5	4	2
人数	1	4	2	4	4	1	3	2	1	1

表 9.2　贵州初中学生数学焦虑成因分析(李荣等,2004)

	导致数学焦虑的因素					
	知识	观念	技能	家庭	教师	班集体
人数	101	82	85	91	137	114
百分比(%)	31	25	26	28	42	35

(2) **图示**　包括图画、饼图、统计图、结构图等形式. 在运用图时需注意以下 3 点:图示的名称写于图的下方,这一点和表格有所不同;图片要清晰,各个项目区分清楚,图中的文字数据方便易读(具体见本书中对图的注释);不易过大,一幅图尽可能在一页之内.

2. 结论

研究结果是数据分析的产物,而结论则是研究者根据研究结果作出的推定. 在书写时要引起注意,不能把两者混淆.

(1)结论应包括以下四个方面:①按意义大小的次序确定值得记录的结果;②根据相关理论对所得结果进行分析,得出结论. 当然,结论的提出要严谨,应在全面衡量理论或建议的合理性之后再下结论,不能草率;③对比分析解释你的结果与相关研究的结果的一致性;④讨论结论的外在效度,即它可以推广的程度.

(2) 关于"如何下结论?",可以考虑以下方面:①与研究目的直接相关的问题必须给出回答,研究中提出多少问题就要回答多少;②从结果中能明显得出的推断也可以列出作为结论;③不要只停留在结果本身上,作出对结果无意义的重复,集中于结果所表现出的意义,更有利于得到好的结论;④反思你的结果与相关研究的结果之间的一致或不一致问题;⑤讨论结果的普遍性、适用范围,也就是研究的外在效度;⑥也可以对研究中未解决的问题,根据结果的喻示,作出合乎逻辑的推测.

3. 启示

启示是对整个研究的评价. 这一部分实际上是在对整个研究的回顾和反思的基础上提出建议. 可以是研究中存在的不足之处,也可以是研究过程中得到的可以借鉴的经验,还可以提出一些可以进一步研究的问题等.

9.2.6　研究报告其他部分的撰写

在研究报告中还有一些内容,如摘要、关键词、参考文献,这些也是必不可少的.

1. 摘要

摘要是对"论文的内容不加注释和评论的简短陈述",其作用主要是为读者阅读、信息人员及计算机检索提供方便. 读者通过阅读摘要就可以了解到文章的主题内容,因此它在资料交流方面承担着至关重要的作用.

一般不超过 300 字,因此摘要是独立而又特别的一篇短文. 需用简单、明确、易懂、精辟的语言对全文内容加以概括,留主干去枝叶,提取论文的主要信息. 如研究目的、方法、重要结论都应该在摘要中体现出来. 具体有以下注意事项:

(1) 用第三人称. 作为一种可阅读和检索的独立使用的文体,摘要只能用第三人称. 常见到的不规范的用法有"我们""本文""作者"等,会减弱摘要表述的客观性,有时还会出现逻辑问题. 因此,也不要出现自我评价式的话语.

(2) 不是简单的研究目的与结论的堆砌,需要重新组织.

(3) 要采用规范化的名词术语,尽量避免自创的符号.

以下节选罗静等的《重点中学高二文科学生数学学习态度调查研究》的摘要为例.

摘要:重点中学高二文科学生的数学学习态度处于中等水平,在数学学习态度的 3 个维度得分中,认知成分得分最高,行为成分得分最低. 在情感成分和行为成分上,不同 X 科的学生两两间不存在显著性差异;在认知成分上,X 科为地理的学生分别和 X 科为政治或历史的学生两两间存在显著性差异;在 3 个维度上,成绩优秀学生和成绩中上的学生之间均不存在显著性差异.

2. 关键词

关键词是用以表示研究内容的单词或术语. 很大程度上,寻找参考文献是依据关键词进行索引的,它也标志着一篇文章的辨识度. 按照国家标准(GB3179—92)规定,期刊论文都应在论文的摘要后面给出 3~8 个关键词.

上例中的关键词就可以写为:数学学习态度;情感成分;认知成分;行为成分.

3. 参考文献

在论文后列出参考文献反映出真实的科学依据,体现严肃的科学态度,这是对别人的观点或成果的尊重. 中华人民共和国国家标准 GB7714—87"参考文献著录规则",对文后参考文献的著录项目与著录格式作出了如下规定.

(1) 专著.

格式:[序号]作者. 书名[M]. 出版地:出版社,出版年份:起止页码.

例如,[1]何小亚. 数学学与教的心理学[M]. 广州:华南理工大学出版社,2011:24—27.

(2) 期刊类.

格式:[序号]作者. 篇名[J]. 刊名,出版年份,卷号(期号):起止页码.

例如,[2]臧向红,王晓阳. 中学生数学学习态度刍议[J]. 数学教育学报,1993,2(2):57.

(3) 学位论文.

格式:[序号]作者. 篇名[D]. 出版地:保存者,出版年份:起始页码.

例如,[3]马淑杰. 高中生学优生与学困生课题学习效率的差异性研究[D]. 北京:首都师范大学. 2005.

更多的参考文献的写法规范,请参看 3.3 节的内容.

9.3　学位论文开题报告

陈安之总结成功的五大步骤:明确目标,详细计划,立即行动,修正行动,坚持到底. 学位论文是本科生和研究生阶段学习的重要成果体现,是学术是否成功的标志. 开题报告就是在迈出明确目标与详细计划这两步.

开题报告是本科生或研究生在完成文献调研后写成的关于学位论文选题与如何实施的论述性报告,是在研究开始之前所进行的计划性工作. 开题报告的时间一般在第三个学期末或者第四个学期初(对三年制的研究生而言),即基础课程学习完成之后,研究工作实施之前. 它既是文献调研的聚焦点,又是学位论文研究工作展开的散射点,对研究工作起到定位作用.

9.3.1　开题报告的基本框架

开题报告由于学科与学校的不同少有差异,但基本上都是围绕这些问题展开的. 它主要说明研究这个课题的目的和意义;该课题在国内外研究的历史和现状;论文重点研究的内容;达到什么样的目标;研究采用的方法和步骤;写作进度安排以及引用的主要参考文献资料等.

1. 与一般的研究报告的不同之处

研究报告是在研究结束之后,主要用于呈现研究内容,交流研究成果. 这使得研究报告重在介绍:研究结果、计划实施情况、研究结论的意义和讨论.

学位论文的开题报告是在完成文献调研之后,即将开始实施研究的标志,对整个研究起着引导性的作用. 所以,开题报告更偏重于选题的背景、文献综述、研究方法与进度安排.

2. 基本框架

开题报告一般为表格式,它把要报告的每一项内容转换成相应的栏目,便于按项目填写,避免遗漏. 其内容主要包括论文题目、课题的目的及意义(含文献综述和选题的依据和意义)、课题任务、重点研究内容、实现途径、进展计划及阅读文献目录等(表 9.3).

表 9.3　开题报告结构范例

课题名称			
课题来源		课题类型	
论文的背景、目的和意义			
国内外研究概况			
论文的理论依据、研究方法、研究内容			
研究条件和可能存在的问题			
预期的结果			
论文拟撰写的主要内容			
论文工作进度安排			
参考文献			

9.3.2　撰写注意事项

1. 论文题目

题目是论文的窗口,也好比名字是一个人的标志一样. 好的题目可以引人入胜,对自己研究成果的交流与推广起着重要作用.

在确定论文题目时,以下方面需引起注意.

1) 题目要"精"

"精"不仅指用词简练,还应包含用词的规范.

题目不应太长,超过 10 个字的人名我们看过基本没什么印象. 所以题目最好控制在 20 字以内,不能超过 25 字. 如果题目实在太长,可以考虑使用副标题. 如"高中生数学认识信念的现状对学习的影响",有副标题如"再次呼唤中学数学教学的返朴归真——一次高一新生数学测验调查及启示""从诗歌里蕴涵的数学无限谈起——初二学生对数学无限认识水平的调查研究".

2) 题目要"准"

"准"的意思是文章题目能切中要点,恰如其分地反映研究对象与研究问题. 也可以涵盖文章所涉及的主要关键词. 如一篇论文的题目是"高二学生数学认知结构对数学问题提出能力的影响研究",从题目中我们可以清楚地知道研究的对象和主要问题.

2. 文献综述

文献综述是指围绕某一专题,广泛收集一定时间内的大量一次文献,并在深入了解国内外新进展的基础上,将所选资料经过分析、综合、归纳和述评后写成的文章,属二次文献. 课题研究现状则是在综述的基础上,从中选取与课题密切相关的内容,阐明课题设计的依据、研究的目的和意义,并提出自己的创新之处. 一般而言,综述比课题研究现状所阐述的范围更广泛、更深入,而课题设计则是根据研究者的主观和客观条件,选取其研究现状中的某些具体内容进行研究. 文献综述的内容主要包括:对国内外研究现状的综述;提出的主要观点,创新之处.

3. 研究内容

1) 研究任务

研究的任务其实也就是论文研究所要达到的预定目标,即要解决哪些具体问题. 相对于课题的目的及意义而言,任务必须是具体、明确的,不能笼统地讲,必须一一列出. 只有任务清楚、目标明确而具体,才能知道研究的重点是什么,思路就不会被干扰. 确定任务时,要紧扣论文主题,目标不能定得太多、太高,在用词上力求准确、精练、明了.

2) 拟采用研究方法

指完成论文所采用的研究方法和研究步骤. 选题不同,研究方法则往往不同. 研究方法是否正确,会影响到毕业论文的水平,甚至成败. 在开题报告中,要说明自己准备采用什么样的研究方法. 常用研究方法:调查法、文献法、实验法、统计法、比较法、案例法等. 值得注意的是:①要根据研究目标和内容来确定方法;②选择的方法要具体说明,不能只是简单罗列,而要说明为什么选用这种方法,用这种方法来解决什么问题.

4. 开题报告各部分的逻辑问题

写开题报告仅仅把表格中的各部分内容填写完整是远远不够的. 各部分内容散乱没有条理, 也会让开题报告的质量大打折扣, 所以需要寻找一种方式来组织内容. 如果每一部分都是符合逻辑的, 那就简单了.

1) 问题提出的逻辑

无论开题报告的第一部分要求陈述的具体内容有多大差异, 它都内在地指向研究者要研究的问题. 所谓要研究的问题, 就是在理论或实践中存在但又还没有研究或没有得到彻底研究的问题, 它主要指以下三个方面的内容: ①现有的研究根本就没有意识到或发现新的问题; ②已有的研究没有表达完整或表述不够成熟的视角和方法; ③研究者直觉地预感到可能成立的新观点 (相当于研究假设).

从以上三个方面可以看出, 问题的提出所依据的是问题、方法与观点各自的发展历史以及这三者之间的相互关系所形成的内在逻辑. 考虑到文献摘要是围绕问题、方法与结论来陈述的, 如果研究者能够认真研究文献摘要的话, 完成问题的提出这个任务是不那么困难的.

2) 研究内容的展开逻辑

开题报告中, 课题的价值、研究的目标、研究的内容、拟解决的关键问题以及课题的创新点等是书写的重点所在, 所以这一部分的展开更是要慎重考虑, 理清线索, 最好的就是按分类来书写.

5. 其他细节

有言道: 凡谋之道, 周密为宝. 厚积才能薄发, 所以在写开题报告之前, 要尽可能多地去阅读相关文献, 尽可能想研究中所会遇到的各种可能, 做到胸中有丘壑.

当然, 开题报告一般都有格式要求, 所以在书写的过程中, 要尽可能规范. 例如, 文中一些词语的使用, 参考文献的格式, 段落布局等这些细节问题. 另外, 在开题报告中还有对整体写作进度的安排, 例如,

2015 年 11 月 15 日之前选定题目;

2015 年 11 月 16 日～12 月 15 日收集资料、撰写文献综述;

2015 年 12 月 16～12 月 31 日拟定论文提纲;

2016 年 1 月 1 日～3 月 10 日完成开题报告;

2016 年 3 月 11 日～4 月 10 日完成初稿;

2016 年 4 月 11 日～4 月 30 日完成修改稿;

2016 年 5 月 1～5 月 20 日定稿.

在实际写作过程中, 时间安排一般应尽量提前一点, 千万别前松后紧, 也不能虎头蛇尾, 完不成毕业论文的撰写任务.

通过本节内容的学习,我们学会了作研究的基本要领. 开题报告的写作为我们以后的研究打下了基础."奋斗只是一种行动的昭示,而实际的行动却应该有详细的计划,清楚的段落,坚定的意志和力量". 在这里我们给出一般的研究计划的结果如图 9.3 所示,供读者参考.

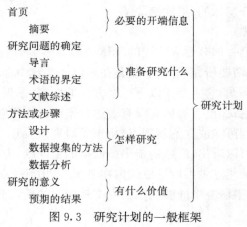

图 9.3　研究计划的一般框架

9.3.3 学位论文答辩注意事项

论文答辩是在论文完成之后,用于总结研究过程、汇报研究成果,也是审查论文的一种补充形式. 同时也是我们完成学业的标志,又是为以后进行研究工作的基础. 通过这种自己陈述加答辩导师组提问的方式,也能全面考察研究者的综合素质. 关于学位论文的答辩,我们给出以下参考意见.

1. 充足的准备工作

答辩都是有时间限制的. 在有限的时间里让别人了解你的研究,这就使得在组织内容的时候要有所侧重,这一点有点类似于会议报告,会侧重于研究方法与结果和结论的展示. 按一定的条理来组织自己的材料,根据需要可以使用投影、插入图、表等. 一般围绕以下问题展开:研究问题是什么? 为什么研究? 怎样研究? 结论是什么? 研究的创新点与不足? 还有什么值得进一步研究的问题?

2. 答辩时注意的问题

(1) 认真倾听记录问题,防止答非所问.

(2) 回答问题要简洁完整,表述有条理. 清楚的逻辑不仅能展现答辩者的思维过程,也有利于答辩委员快速准确地了解你的答案,也易获得好感.

(3) 要对问题归类. 知识性问题,知道就直接回答,不知道的可以坦承不知道,但可以阐述相关的问题. 技术性问题,要承认错误,立即改正.

(4) 辩论时,对自己的研究问题一定要清楚研究观点与立场,不要出现摇摆不定,或妥协的情况.

9.4　如何评价研究报告

高质量的研究有以下八个特点(裴娣娜,1995):①理论建构的完备;②对实践的指导作用;③鲜明的创新性;④切合实际,针对性较强;⑤研究方法科学规范;⑥对研究结果的解释合理;⑦结构严谨,完整,论证深刻有力;⑧文字精炼,简洁流畅,具有可读性.

尽管这些都是对研究本身的评价(如课题的研究价值),但对研究的记录却反映在研究报告中.研究报告是研究成果的重要载体,所以对研究报告的评价很大程度上也能评价出研究本身的价值.研究报告的形成是一个复杂的思维过程,决不是放映式的对研究过程的回顾.一篇好的研究报告需要研究者较强的分析综合能力、雄厚的专业知识基础和写作能力.如何从纷繁复杂的事实材料中提炼出科学观点,以论点论据形式形成有内在逻辑的研究报告体系,并用抽象的文字符号表达出来,需要正确处理形成研究报告过程中的一系列内在关系,遵循若干基本要求,否则,很好的研究结果将会因得不到充分总结而影响效益,甚至写出低劣的研究报告而歪曲了研究的实质.

9.4.1　评价的种类

基本上评价可以分为两类:
(1) 研究者自我评定;
(2) 他评:包括同行专家的评定以及读者的评价.

不管哪一类评价,都必须客观、公正,这就需要有一个公认的指标体系.教育研究质量评价的指标体系,目前为止还没有较容易操作的量化指标.

9.4.2　评价的指标体系

在对研究报告的评价方面,可以有不同的指标体系,但每一种体系的建立都须有合理的解释,并且能对评价结果给出解释和检验.基本上每种评价体系都要符合三点要求:科学性和可行性、定性与定量评价结合、自评与他评的结合.这里给出两种评价指标(表 9.4 和 9.5)以供参考.

表 9.4　学位论文答辩的评价标准（佟庆伟等，1997）

指标	考核项目		满分	评分
答辩评分 40%	毕业设计（论文）质量 50%	写作水平	10	
		规范程度	6	
		完成情况	4	
		成果技术水平（理论分析、计算、实验和实物性能）	14	
		设计（论文）的正确性、创造性和实用性等情况	16	
	答辩表现 50%	仪表	5	
		内容陈述	20	
		回答问题正确性	25	
指导教师评分 30%	（百分制）		100	
评阅教师评分 30%	（百分制）		100	
总分	总分＝答辩评分×40%＋指导教师评分×30%＋评阅教师评分×30%		100	

表 9.5　研究报告的评价标准（佟庆伟等，1997）

指标	考核项目	满分	评分
选题质量 20%	选题价值	6	
	选题难易度	4	
	选题工作量	4	
	选题符合教学培养目标	6	
能力水平 50%	综合运用知识	14	
	查阅文献资料及资料应用	6	
	研究方案设计	8	
	研究方法和手段的运用（或实验操作）	10	
	外语应用	4	
	计算机应用	2	
	创新	6	

续表

指标	考核项目	满分	评分
写作 25%	内容与题目相符	5	
	论文(设计说明书)结构	8	
	语言(表达准确、简练,无病句,符合学术规范)	6	
	文字与标点符号(书写规范,标点符号使用正确,参考文献格式符合要求)	4	
	篇幅	2	
学风 5%	工作态度与纪律	5	
总分	(百分制)	100	

9.4.3　评价研究报告的核心问题

一项研究做得如何,其报告写得好不好,可以从以下核心问题去评判(维尔斯马等,2010):绪论,文献综述,方法或步骤,结果,结论、建议和启示.

1. 绪论

这部分应该提供足够的研究背景,以便读者能够理解研究问题以及研究在教育界的适宜性.研究意义应该至少被提及或暗示出来.评价时会集中于以下问题:

①研究问题是什么?
②在教育界中它适合哪个研究领域?
③研究意义是什么?

2. 文献综述

文献综述应该与研究问题有关,如果两者的相关性看起来是模糊的或是迷失的,这就是文献综述的一个主要缺点.当进行文献综述时,与研究问题的相关性、组织结构、综述中前人研究之间的连续性、总结性段落等方面都是需要考虑的.具体表现为以下问题:

(1) 从参考文献得出的结果是否有逻辑流畅性,即是否对文献进行了较好的组织?

(2) 研究者是否对研究结果进行了综合分析来表明它们与研究问题的相关,而不是将一系列孤立的研究结果罗列在一起?

(3) 综述中是否有概要或充分的总结性段落,以便不时以引用的最后一项研究文献为突然结尾?

(4) 综述是否反映出研究者懂得如何整合综述中所引用的结果,并建立起与研究的问题之间的关系或对研究的问题有什么含义?

3. 方法或步骤

方法和步骤是报告的关键部分,因为读者是从这里知道研究是如何进行的.评价研究方法或研究程序部分是一个关注研究如何实施、研究工作、数据收集、研究设计、数据分析等方面的过程.当评价方法部分时,会提出很多问题,其中一些问题与研究类型有关,具体参考以下问题.

(1) 是否描述了数据收集(测量)工具以便对变量进行操作性界定? 应该说明测量工具的信度和效度.如果研究中使用了调查问卷,问卷项目的内容效度如何? 如果在研究中使用了标准化测验,它是否适合这个情境,是否报告了信度系数? 在实验研究中,试验程序是否具有一致性?

(2) 数据是否足以验证假设或解决研究的问题?

(3) 研究假设是不是明确的、合适的? 例如,在一个 2×4 的研究设计中,两个自变量应该是明确的,而且是研究问题的一部分.

(4) 如果采用了取样法,取样设计是否合适,被试数量是否足够? 如果进行了调查,是否给出了调查问卷的回收率? 很多问卷研究中都没有报告问卷回收率,或者报告了回收率,却忽略了回收率低这一状况.

(5) 对于研究假设、研究问题、数据收集,数据分析方法是否合适? 例如,在分析研究中,可能出现这样的错误:用等距或等比水平的统计分析方法分析顺序水平的数据.如果运用了统计方法,对于研究假设是否有足够的统计检验力? 例如,在实验研究中,被试量是否足够?

(6) 如果研究实施了,它是否避免了变量和其他因素之间的相互干扰,降低了研究的内、外部效度? 例如,如果一个实验是在学校实施的,它是否不受无关变量的影响,能够保持良好的内部效度?

(7) 是否描述了数据分析方法,以便使读者清楚明白?

(8) 研究方法部分是否有一个适当的总结性段落,使得读者可以很清楚地知道研究是如何进行的?

4. 结果

很多研究报告最主要的问题之一是数据报告不充分,例如,可能没有报告平均数,或者报告了平均数却没有报告方差.所以,应该检查研究结果是否建立在数据分析的完整基础之上,并能够解决研究的问题.总体来说,结果部分应该清晰地呈现研究结果,且研究结果是直接由数据分析而来的,它们应该是完整统一的.

在评价研究结果部分时,可能提出这样的问题:

(1) 研究结果是否有逻辑性、是否清晰,以便使研究报告不易出现混淆? 例如,是否合理使用表格而没有繁杂信息?

(2) 结果呈现的格式是否为可接受的格式? 如果运用了表格,标题是否恰当,表头是否正确、清晰?

(3) 结构是否根据数据分析而来? 例如,如果进行了均值比较检验,应该呈现相关的 t 检验和方差分析的信息.

(4) 结果是否为综合性的? 如果进行了假设检验,是否有针对所有假设的检验结果?

(5) 是否有足够的有关研究结果的信息? 例如,如果进行了假设检验,显著性水平是多少? 研究结果的内部效果如何,即是否可以很好地解释研究结果?

(6) 结果中是否避免了易混淆的或者不清晰的符号出现? 有很多符号是被大家广泛接受的,也是非常合适的,但是如果作者使用了特殊的符号,则需要对这个符号进行定义.

(7) 结果部分是否以某种方式进行了总结? 对报告而言,需要有个摘要,总结中的很多内容可以在摘要中加以陈述.

5. 结论、建议和启示

结论部分(有时称为讨论部分)是研究报告的压顶石. 评价这一部分的主要标准是:结论是根据结果得出的,也应该考虑到研究的外部效度,并且对整个报告进行总结. 此外,任何建议和启示都是对研究结论的逻辑上的扩展. 与这部分相关的问题是:

(1) 结论是否确实是对研究结果的总结而不是对研究结果的重述?

(2) 是否清晰地表明哪条结论是根据哪条结果得出的?

(3) 研究所具有的可能的局限性是否列出,并据此解释研究结果?

(4) 是否说明了研究问题对教育的重要性? 一些作者将统计显著性等同于实践中的重要性,但是事实可能并非如此.

(5) 研究的外部效度和概括化是否得到了有效解决,如果确实如此,概括是否基于结论的合理推论? 在这个问题上出现的错误分为两种倾向,一是可能忽略了外部效度,使得读者自己对研究进行概括;二是进行的概括并不是根据研究结果推论而来的.

(6) 是否为后续研究提供了建议? 例如,提出相关领域的研究问题或者对同一个研究问题进行扩展研究.

(7) 研究结论与参考文献中的研究结论有关联吗? 研究结论是否与其他研究者所得的结论一致,如果不一致,是否进行了进一步的解释?

(8) 这部分是否有一个总结性的陈述?

(9) 整个报告是否有适当的总结?

本 章 总 结

一、主要结论

1. **研究报告**   是研究结束后对研究的总结性书面材料. 它是研究成果的主要表现形式、是交流研究成果的重要途径,包括调查报告、实验报告、学位论文和会议论文等.

2. **开题报告**   是本科生或研究生在完成文献调研后写成的关于学位论文选题与如何实施的论述性报告,是在研究开始之前所进行的计划性工作.

3. **摘要**   是对论文的内容不加注释和评论的简短陈述,其作用主要是为读者阅读、信息人员及计算机检索提供方便,用第三人称书写,一般不超过 300 字.

二、知识结构图

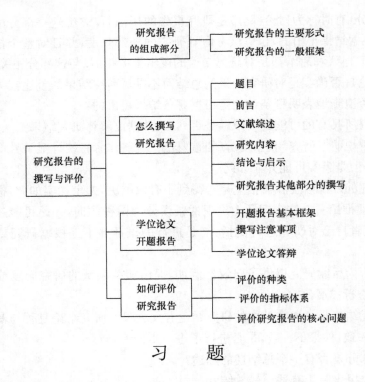

习　题

9.1 研究报告有哪些表现形式? 你们学校的学位论文框架是什么?

9.2 上网查阅一篇数学教育方面的论文,对其作出评价.

9.3 运用所学的知识,查阅文献,写出你的毕业论文开题报告.

案例与反思

围绕以下问题,反思研讨后面的 2 个案例.

问题 1　研究问题的陈述是否清晰?

问题 2　文献综述是否全面?

问题 3　研究方法的选取是否恰当?

问题 4　报告内容是否完整?

案例 1

《高中生统计素养内涵及统计概念图式评价研究》开题报告

姓名	刘为宏	院系	数学科学学院	学　号	2012021452
性别	男	专业	课程与教学论	指导教师	何小亚教授
论文 题目	中文	高中生统计素养内涵及统计概念图式评价研究			
	英文	Study on the Connotation of Senior High School Student's Statistical Literacy and the Evaluation about Statistical Conceptual Scheme			

1　本论文课题国内外概况和文献综述

1.1　本论文课题国内外研究概况

1.1.1　国外研究概括

国际上对统计素养的研究,经历了一个不断发展的过程.

1) Peter Holmes 和 Jerry Moreno 的早期研究

英国的 Peter Holmes(1980)提出统计素养包括以下五个基本方面:数据的收集,数据的记录与表示,数据的提炼,概率,解释与推断. Jerry Moreno 教授在 1998 年的第五届统计学教学国际大会上提出公民应该具备以下基本的统计素养:①用统计说理;②理解统计图;③了解为何要进行基本的统计提炼处理;④会设计一个实验、一个观察性研究、一个调查或一个民意调查;⑤明白统计不证明任何事情;⑥理解不确定性与概率的概念(包括风险分析);⑦能辨认出报纸文章标题所传达的错误信息;⑧了解像"多大算大?"这样的有关统计假设检验的问题. 他称这个培训计划为"公民统计 101 计划". 在 2002 年的第六届统计学教学国际大会上,他继续宣传他的这个计划,并补充了"了解各种统计指数"这一要求.

2) Kirsch, Jungeblut 和 Mosenthal 有关统计素养的五层次框架

Kirsch, Jungeblut 和 Mosenthal(1998)提出有关统计素养的五层次框架——定位(locating),循环(cycling),整合(integrating),生成(generating)和作出推断(making inferences). 他们通过给公民提供一个复杂的文件,令其对其中的内容进行评论,以探讨公民在进行统计推断时,在上面五个环节中需用到的统计知识和统计技能是什么. 美国的几个大规模统计调查(如美国国民素养的调查(NALS),世界公民素养调查(IALS))的分析框架均是参照上述"统计素养"的五层次框架.

这种"统计素养"的五层次框架在某些方面和 Curcio(1987)提出的阅读统计图时的三种水平类似. Curcio 提出,对统计图形的阅读,学生存在着三种水平,即数据本身的阅读、数据之间的阅读和超越图形自身的阅读."对图形本身的阅读"对应于 Kirsch 模型中的"定位";"图形之间的阅读"对应于"整合和生成";"超越图形自身的阅读"对应于"作出推断".

以上学者对统计素养的认识,不仅仅局限于统计知识和方法的掌握上,而且逐渐关注是否能够利用所学的统计知识来解决真实情境中的问题,在解决真实情境问题时需要具备的统计知识是什么. Kirsch 和 Curcio 都提到了读者能否作出"推断",或者说能否做到"超越图形本身的阅读",也就是能否利用已有的统计知识进行批判性思维,这和 Peter Holmes,Jerry Moreno 对统计素养的认识有了较大的变化. 但是对统计问题的情境、对统计素养的影响没有给出具体的论述.

3) Iddo Gal 有关统计素养的研究

Iddo Gal(2002)在国际统计回顾(the International Statistical Review)中发表论文,把"统计素养"定义为:

(1) 人们在各种不同的情境中,对统计信息、与数据相关的观点以及随机现象进行解释和批判性评价的能力;

(2) 能围绕所给的统计信息,讨论和交流他们的观点,如所给信息的意思是什么,有什么特定的意义,对于基于此信息所得到的结论是否认同.

由此可以看出,Gal 非常重视批判性思维,认为对统计论断进行批判性思维是具备"统计素养"的重要特征,并给出了统计素养构成要素的框架(图 9.4).

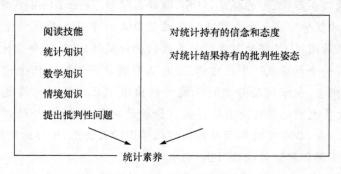

图 9.4　统计素养构成要素

　　这个框架十分强调对"批判性素养"(critical literacy)的培养. Gal 指出人们对于统计及数据的信念和态度与相应的统计知识基础相整合,形成了各自的统计素养.

　　Wild 和 Pfannkuch(1999)有关统计思维的模型和 Gal 的统计素养模型有重合的部分. Wild 和 Pfannkuch(1999)将统计学家进行统计思维的过程用四个维度进行了刻画:

　　(1) 熟悉统计调查过程(提出统计问题、作出计划、收集数据、进行数据分析、得出结论);

　　(2) 能够进行统计思维(统计思维包括一般的思维形式以及基本的统计思维形式:意识到数据的作用,认识到变异,利用统计模型进行推断,将统计情境和实际相结合);

　　(3) 能够得出统计论断(生成论断、寻找依据、进行解释、批判性的思考、作出判断);

　　(4) 对统计持有的信念和态度(质疑的态度、进行假设、好奇心、开放的态度、坚持的精神).

1.1.2 国内研究概况

　　笔者在期刊网上检索,发现与本论文相似的研究有:2009 年苏洪雨的博士论文——《学生几何素养的内涵与评价研究》;2009 年马萍的硕士论文——《山东省某重点高中高一学生统计素养状况的调查研究》;2011 年桂德怀的博士论文——《中学生代数素养内涵与评价研究》.

　　2009 年,苏洪雨在博士论文《学生几何素养的内涵与评价研究》中,基于对国际视野下的几何课程与教学的理解,通过解析几何素养的内涵,构建了几何素养评价模型,并对当前我国初中生的几何素养进行评价与分析.

　　2009 年,马萍在其硕士论文《山东省某重点高中高一学生统计素养状况的调查研究》中,通过梳理国内外统计素养的相关文献的基础上,对什么是"统计素养"进行思考,并围绕统计素养中四个重要因素:统计知识、统计活动、统计问题的情境背景、统计论断的批判性思维编制测试问卷,选择我国山东省某重点高中 404 名高一学生为调查对象,对学生统计素养的状况进行了调查研究.

　　2011 年,桂德怀在其博士论文《中学生代数素养内涵与评价研究》中,对中学生代数素养内涵进行界定,构建了中学生代数素养结构模型与评价指标体系,并对中学生代数素养状况的进行了测评与分析.

1.2 文献综述

1.2.1 国际视野下的统计素养

　　国外学者对"统计素养"的研究开展的较早,不同学者对"什么是统计素养?"持有不同的看法,总的来说可以分成如下三类:从统计知识的角度定义;从统计知识和运用的角度;从统计知识、运用和观念的角度.

1) 从统计知识的角度定义

Peter Holmes,Jerry Moreno 等从统计知识的角度定义"统计素养"(见 1.1.1 的第 1)条).以上两个学者对于统计素养的定义,更多的是从统计知识的角度来进行定义,即掌握了相应的知识、方法和技能就认为具备了相应的素养.而对于影响统计素养的其他要素并没有给出相应的说明.

2) 从统计知识和运用的角度

Kirsch, Jungeblut, Mosenthal 和 Curcio 等综合统计知识和解决问题两个方面对"统计素养"进行界定(见 1.1.1 的第 2)条).以上学者对统计素养的认识,不仅仅局限于统计知识和方法的掌握上,而且逐渐关注是否能够利用所学的统计知识来解决真实情境中的问题,而在解决真实情境问题时需要具备的统计知识是什么.Kirsch 和 Curcio 都提到了读者能否作出"推断",或者说能否做到"超越图形本身的阅读",也就是能否利用已有的统计知识进行批判性思维,这和 Peter Holmes,Jerry Moreno 对统计素养的认识有了较大的变化.但是关于统计问题的情境对统计素养的影响没有给出具体的论述.

3) 从统计知识、运用和观念的角度

Iddo Gal(2002)从统计知识、运用和观念的角度对"统计素养"进行界定(见 1.1.1 的第 3)条).可以看出,较第一、二类观点,Iddo Gal 的定义增加了统计观念的内容,赋予了统计素养情感方面的内容,统计素养内涵变得更加丰富了,包括了知识、应用和情感三个方面的内容.

1.2.2 国内学者眼中的统计素养

国内学者对"统计素养"的研究开展比较晚,借鉴了很多国外的经验.他们对统计素养的理解差异不大,大部分学者认为统计素养应该有三个维度,分别是"统计知识""统计应用能力"和"统计观念".

国内学者对统计素养的界定中,较有代表性的当属浙江工商大学李金昌给出的定义,他认为统计素养就是人们掌握统计基本知识的程度、统计理论方法水平,运用统计方法解决现实问题的能力和所具有的统计世界观.其中:

(1) 统计理论知识是统计理论方法的知识架构,是构成统计素养的基本因素,它既包括民众应该掌握的基本统计知识,同时也包含统计学科的发展水平;

(2) 统计应用能力是构成统计素养的关键因素,它从人们运用统计知识方法的能力与技巧的这个角度来反映统计素养;

(3) 统计观念或统计思想是构成统计素养的核心因素,它从人们对统计本质的理解,即统计认识的角度来反映统计素养,是统计世界观.

陈伟,卢秀容进一步将统计素养划分为三个基本素养,分别是统计基本素养、统计专业素养和统计思想素养,并对它们进行界定.

(1) 统计基本素养是指人们掌握统计基本知识的程度;

(2) 统计专业素养是指掌握统计理论方法水平及运用统计方法解决现实问题的

能力;

（3）统计思想素养,即具有统计方面的世界观与方法论.

游明伦则认为统计素养就是人们日常的统计修为,即人们平日在统计知识、统计技能和统计观念等方面达到的水平及其养成的统计行为习惯的总和.他将统计素养细分为统计理论方法素养、统计思想道德素养、统计法纪素养、统计能力素养、数据消费素养和统计工作行为素养六个方面.其中:

（1）统计理论方法素养是指人们了解和掌握统计知识的数量及程度;

（2）统计思想道德素养是指人们对于统计的认知水平以及面对统计利害关系的时候表现出来的自我控制和自我约束水平;

（3）统计法纪素养是指人们对统计法规的了解程度以及其自觉遵守和执行这些法规的意识水平;

（4）统计能力素养是指人们在统计专业技能、统计思维能力与统计方法运用能力等方面所能达到的水平;

（5）数据消费素养是指人们对数据产品的消费的认识水平以及其所表现出来的识别、选择、解读、使用数据产品的能力水平;

（6）统计工作行为素养是指人们平时在统计工作行为上表现出来的一些态度、作风及它们的差别程度.

游明伦认为理论方法素养是基础,思想道德素养是灵魂,能力素养和数据消费素养是重点,工作行为素养和法律法规素养则是关键.

李俊明确地指出,概率统计的基本素养指的是人们对各种统计信息、基于数据的结论和与机会有关的现象进行解释、审视和交流的知识、能力和态度.

当然也有部分学者持不一样的意见,他们没有将"统计观念"作为统计素养的一部分.蒋志华、陈晓卫和从日玉认为:"统计素养指的是人们掌握统计知识的程度以及应用统计知识的能力."即统计素养应该包括知识素养和能力素养.其中知识素养是基础,包括一些统计的基本术语、常用的统计指标、统计教育中统计知识的掌握;能力素养是核心,包括对收集和整理数据方法的掌握、统计调查能力、常用统计软件操作能力和解释统计结果的能力等.

1.2.3 国内外学者观点总结

由 Peter Holmes, Jerry Moreno 的从统计知识的角度界定统计素养,到 Kirsch, Jungeblut, Mosenthal 和 Curcio 的从统计知识和运用的角度,再到 Iddo Gal, wild 和 Pfannkuch 综合统计知识、运用和观念界定的统计素养,可以发现这是"统计素养"概念不断发展完善的过程,素养的内涵越来越丰富.而国内有关统计素养的研究起步较晚,受到国外研究的影响较大,基本都认为统计素养应包括三个方面:统计知识、统计应用能力和统计观念.

综上所述,不同的人在统计方面的需求不尽相同,有不同的统计素养.无论是国外还是国内的学者,他们定义统计素养的思路有三种:一是从"素养"一词的起源出发,试图用严谨的逻辑演绎出"统计素养"的定义;二是从统计的内容及学科特点这一角度尝试定义统计素养;三是分析一个具有"统计素养"的公民应该拥有什么样的条件或表现.

2　本论文课题的理论和实际应用意义

2.1　本课题的理论价值

（1）完善数学素养的研究体系.

根据内容的不同,数学素养可以分为代数素养、几何素养和统计素养.其中苏洪雨和桂德怀在其博士毕业论文中,分别对几何素养和代数素养进行了较为系统的研究.至于马萍的硕士论文《山东省某重点高中高一学生统计素养状况的调查研究》,笔者认为其侧重于学生现状的调查,没有系统地剖析统计素养的内涵,还有进一步研究的必要.

为此,本论文试图在其基础上进一步完善对统计素养的研究,这在一定程度上充实了有关数学素养的研究,进一步完善了数学素养的研究体系.

（2）引起国内同行的重视.

文章在1.1.3小节中介绍了教育部有关"核心素养"的重大项目.核心素养是关于"我们要培养怎么样的人?"的一个顶层设计,它对课程的开发起着重要的指导作用.作为基本素养之一的数学素养理应成为核心素养之一,而统计作为数学的一部分,作用已越来越明显.因此,学生的"统计素养"是一个重要研究方向,需要更多的学者参与进来一起研究.本文的定位之一亦是引起学者对"统计素养"的兴趣,不断壮大"统计素养"的研究队伍.

（3）搭建高中生统计素养的框架.

统计素养越来越受到大家的关注.然而什么是"统计素养"? 高中生应该具备怎么样的统计素养? 高中生统计素养中包括哪些统计概念、原理? 这些都是目前亟待解决的问题.本研究将在参考国内外有关统计素养研究成果的基础上,利用数学教育心理学的理论,对高中生统计素养进行界定,并回答高中生应该学习哪些概念、原理和认知策略,具备怎样的统计观,以此构建起高中生统计素养的框架体系,为后续研究奠定基础,提供借鉴.

2.2　本课题的实践意义

（1）对统计教学的指导作用.

在统计教学中,有几个关键的问题:①统计教学的目的是什么;②教学内容应该如何选择;③怎么去教统计中的概念和原理;④学生对统计中的概念理解水平如何,存在什么问题;⑤这种理解有没有文理科的差异.高中生统计素养内涵研究关注的就是这样的一些问题:统计教学的目的是什么? 高中生统计素养应由哪些部分组成? 统计观念、原理应该如何理解? 在高中生统计素养的框架搭建起来后,文章将根据框架的内容,制定平均数概念图式量表对高中生进行调研,了解学生对平均数的理解情况,从而顺利地回答问题④,⑤.

（2）提供衡量统计概念理解水平的标准.

怎么去衡量学生统计概念的水平呢？以考试作为衡量学生统计概念理解水平的唯一标准已经不能满足当前社会的需要了，考试成绩高，对概念的理解水平就一定好吗？答案显然是否定的.除了统计概念的定义和公式之外，还有更加重要的内容，如对这个概念的观念.本研究要做的事情就是在搭建高中生统计素养框架体系的基础上，提供衡量统计概念理解水平的标准，从而更客观、更准确、更细致地评价学生.

（3）对教师培训的作用.

在高中统计部分的教学中，教师和学生普遍认为内容很简单，不够重视.一方面是因为一些客观的原因，如高中对统计内容的要求不高，社会普遍认为统计没用；另一方面则是因为教师主观方面的原因，如自身对统计的看法有偏差，对统计具体概念的理解停留在较低的一个水平，总觉得没啥可讲等.本研究构建起统计中某些的具体概念、原理和认知策略的理解系统，分析了几种典型的统计观.这在一定程度上可以提升教师对统计概念、原理和认知策略的理解，形成正确的统计观，让他们理解统计教学的本质和价值，从而有较大的进步.

3 论文的基本内容、结构框架以及要突破的难点

3.1 论文基本内容

在比较国内外相关研究的基础上，笔者确定了研究的主题——高中生统计素养内涵及统计概念图式评价研究.具体问题包括：

（1）高中生统计素养的内涵是什么？

要研究高中生的统计素养，首先面对的问题是"高中生的统计素养是什么".本研究将在综合前人研究的基础上，进行理论分析并给出自己的看法.

（2）如何构建高中生统计素养的框架体系？

"高中生统计素养包括什么内容"，这无疑是一线教学工作者最关心的问题.本研究试图通过文献研究和比较研究，搭建起高中生统计素养的框架体系.

（3）高中生对统计概念图式的掌握情况如何？

统计概念是统计学习的重要内容之一，高中生是否具有良好的统计概念图式呢？本研究将以平均数为例，通过构建平均数概念图式，在广东省内两所市属高中开展调查研究，检测高中生是否具备良好的平均数概念图式.

（4）在教学中如何培养高中生的统计素养？

在课堂中如何培养高中生的统计素养，这是本文的最终目的.本研究将在分析高中生统计素养内涵的基础上，结合平均数概念图式评价研究的结果，对高中统计课堂教学提供确实可行的建议.

3.2 结构框架

1 前言	2 文献述评	3 研究方法
1.1 研究背景	2.1 素质和素养	3.1 理论依据
1.2 研究问题	2.2 数学素养	3.2 研究思路

3.3 要突破的难点

　　难点之一:统计核心素养评价体系的构建面临着"任务重""时间紧""能力局限"等问题;

　　难点之二:调查研究方面,较少愿意"积极"配合的学校,往往导致不能反映学生的真实情况.

4　论文计划、进度及待解决的问题

4.1 论文计划、进度(略)

4.2 待解决的问题

(1) 高中生统计素养的框架;

(2) 平均数概念图式的评价研究;

(3) 论文的统稿.

5　主要参考文献(略)

案例 2

《小学数学与美术整合的研究》开题报告

(谢惠霞,2008)

　　摘要　　儿童心理学告诉我们:儿童是以形象思维为主的,美术能刺激儿童的感官,以唤醒儿童的表现欲望,数学如一个缤纷色彩的乐园,处处充满着美,美感能激发人的学习热情与创作热情.

　　关键词　　报告;整合

1　问题的提出

　　目前我国正在进行一场教育变革,基础教育要向素质教育推进,全面提高学生的思想道德、文化科学,劳动技能和身体心理素质,促进学生的全面发展.作为科学基础的数学学科,课程的研究和改革尤为突出与重要.儿童心理学告诉我们:儿童是以形象思维为主的,美术能刺激儿童的感官,以唤醒儿童的表达欲望,数学如一个五彩缤

纷的乐园,处处充满着美.美感能激发人的学习热情和创新精神.在数学教学中,怎样挖掘数学的内在美,怎样用美去感染熏陶学生,使他们以愉悦的心情投入到尝试中,激发他们的求知欲.基于以上几个方面的考虑进行"小学数学与美术整合的研究"实验.

2　现状分析

《中小学数学课程标准》指出:义务教育阶段的数学课程,其基本出发点是促进学生全面、持续、和谐地发展.它不仅要考虑数学自身的特点,更应遵循学生学习数学的心理规律,强调从学生已有的生活经验出发,让学生亲身经历将实际问题抽象成数学模型并进行解释与应用的过程,进而使学生获得对数学理解的同时,在思维能力、情感态度与价值观等多方面得到进步和发展.人的塑造、人的建构、人的发展始终是数学教育的最高目标,它要求教育所培养的人不仅仅是一个劳动者,而且是一个有明确的生活目标和高尚的审美情趣,既能创造又懂得享受的人.仅仅"用专业知识育人是不够的.通过专业教育,它可以成为一种有用的机器,但不能成为一个和谐发展的人.要使学生对价值有所理解并产生热诚的感情,那是最根本的.他必须获得对美和道德上的鲜明的辨别力.

3　课题界定

《中小学数学课程标准》指出:学生的数学学习内容应当是现实的、有意义的、富有挑战性的,这些内容要有利于学生主动地进行观察、实验、猜测、验证、推理与交流等数学活动.内容的呈现应采用不同的表达方式,以满足多样化的学习需求.有效的数学学习活动不能单纯地依赖模仿与记忆,动手实践、自主探索与合作交流是学生学习数学的重要方式.数学教学活动必须建立在学生的认知发展水平和已有的知识经验基础之上.教师应激发学生的学习积极性,向学生提供充分从事数学活动的机会,帮助他们在自主探索和合作交流的过程中真正理解和掌握基本的数学知识与技能、数学思想和方法,获得广泛的数学活动经验.学生是数学学习的主人,教师是数学学习的组织者、引导者与合作者.那么如何激发学生的学习积极性呢?本课题就是通过数学与美术的联系,让数学发出美的光辉,发现数学的美,学习美的数学,放飞美的梦想,拓展数学思维.

4　研究基础

我们学校是玉州区乃至玉林市最大的小学,是玉林市的窗口学校,拥有各种专业技术人员,有资金、设备、科研手段.特别是我校拥有一批科研知识丰富、领导能力超群、极力支持教师工作、帮助教师成长、深受教师爱戴的好领导.本课题负责人及主要成员均是我校的教学科研骨干教师,从教多年,教学功底深厚,具有出色的教学能力和科研能力,参加课题实验的热情很高,把搞科研当作工作中的重要部分.积极性特高.有诸多优厚条件,为本课题的研究提供了有力的保障.

5　研究价值和研究意义

作为小学数学学科对学生进行美的教育,有着独特的作用.在数学教学中存在着数学本学科的科学美、艺术美,而且存在着数学教学美.数学教学美是通过教与学的活动来表现人的本质力量.数学教学过程不仅仅是学生个体的认识过程,而且是在教师的指导下的一种特殊的审美过程.通过数学教学审美活动,可以极力丰富学生的情感,净化学生的心灵,陶冶学生的情操.同时,通过美的熏陶,可以启迪学生的智慧,提高数学学习的质量.

对小学数学与美术整合的研究,是充分发挥学生主体地位的需要;是培养学生创新意识、探究精神和综合能力的需要;是使学生凸显自主,张扬个性的需要;是使学生人人学习有价值的数学,人人都获得必要的数学,不同的人在数学上得到不同发展的需要;是使学生学会运用数学的思维方式去观察和分析现实社会的需要;是使学生了解基本的美术语言的表达方式和方法,表达自己的情感和思想,美化环境与生活,发展美术实践能力,形成基本美术素养,陶冶高尚的审美情操,完善人格的需要.

6　研究内容

构建数学与美术的整合,体现课程结构的均衡性、综合性和选择性;以美术为契点,将数学与美术课程有机地结合起来,提高学生学习数学的兴趣;让学生充分发挥想象,用美术说数学,以美激情,以美启智,以美促能.

让学生用图画表示生活中的数学,使学生在"画数学"的活动中品位着知识的魅力.感受数学与生活的联系,体验做数学的乐趣.这样,数学的应用意识将在生活中觉醒,数学的创新意识也将在活动中萌发;在教学中体现教师的作用和地位;在实践中构建科学合理的评价体系的研究.

7　研究目标和方法

因为数学与美有着独特的联系,所以我们实验和研究的目的要认真研究美术与数学的内在联系,潜心挖掘数学之美,在数学课堂中渗透美的教育,用艺术的教学手法激励学生学习的兴趣,激发学生爱数学的情怀.让学生充分发挥想象,用图画"说"出生活中的数学,鼓励学生用美术的形式对数学进行构思,引导学生学会将数学内容向生活延伸,张扬形式多样的训练方法,发掘每个孩子的多重潜能,自己去寻找美丽,发现美丽,欣赏美丽,使学生乐此不疲.初步构建小学数学感性培养与理性培养和谐发展的教学新模式,拓广小学数学美育研究的新视野.通过提高学生对小学数学美的感知力,促进学生的审美发展,进而促进学生的全面发展.

本课题遵循理论联系实际原则,边研究边实践,采用文献研究法、自然实验法、个案研究法、行动研究法、经验总结法、实验研究等多种研究方法.

8　实施步骤

8.1　准备阶段

(2006 年 10 月至 2007 年 2 月)成立课题组,制订方案,积极搜集资料,认真学习理论知识,提高理论水平.

8.2　尝试阶段

(2007 年 3 月至 12 月)尝试教学改革,极力挖掘教材的美,在班级中实施操作.

8.3　发展阶段

(2008 年 1 月至 9 月)完善教学改革,利用多种形式,如探究讨论、学生专访、主题实践等方式,提高数学艺术,让数学与美术手拉手,为学生学习数学提供广阔的天空,真正培养学生的综合能力.

8.4　总结阶段

(2008 年 10 月至 12 月)全面总结验收,撰写课题报告及专题总结,接受验收.

本课题的研究.我们在实施中边实践边总结,力求形成丰富的具有较强科学性、系统性、实用性的研究成果,包括研究方案、实验报告、论文、研究报告、结题报告等.

9　经费管理

课题组成员自筹经费.

10　课题研究目前行动情况

接到《关于下达广西教育科学"十一五"规划 2006 年度立项课题的通知》,我们课题组全体成员马上开会,讨论以后的工作计划、具体分工等,并开始查找资料,了解国内外的有关研究情况,而且已经在课堂上开始实施,把美术与数学结合起来,极力挖掘数学之美,寓美于教,激发学生的学习兴趣;以美启智,提高学生探索问题和解决问题的能力,收到了良好的效果.

上篇参考文献

爱因斯坦,英菲尔德. 1962. 物理学的进化[M]. 周肇威,译. 上海:上海科学技术出版社

安晓明. 2000. "亲近"与"疏远"——对某大学师生关系的调查研究[D]. 北京大学博士学位论文

巴比. 2005. 社会研究方法(上,下)[M]. 邱泽奇,译. 北京:华夏出版社.

陈伙平,王东宁,丁革民,等. 2008. 教育科学研究方法[M]. 福州:福建教育出版社

陈杰. 2007. 从"思辩"经"实证"到"理解"—— 试比较三种类型的教育研究范式[J]. 当代教育论坛
(宏观教育研究),(9):10—11

陈向明. 1996. 社会科学中的定性研究方法[J]. 中国社会科学,(6):93—102

陈向明. 2000. 质的研究方法与社会科学研究[M]. 北京:教育科学出版社

陈向明. 2001. 教师如何作质的研究[M]. 北京:教育科学出版社

董奇,申继亮. 2005. 心理与教育研究方法[M]. 杭州:浙江教育出版社

董奇. 1990. 如何提出研究假设[J]. 心理发展与教育,(1):28—30

董奇. 1991. 研究变量操作定义的设计[J]. 教育科学研究,(3):22—24

董奇. 2004. 心理与教育研究方法[M]. 北京:北京师范大学出版社

福勒. 2004. 调查研究方法[M]. 孙振东,等,译. 重庆:重庆大学出版社.

弗林克尔,瓦伦. 2004. 教育研究的设计与评估[M]. 蔡永红,等,译. 北京:华夏出版社

格劳斯. 1999. 数学教与学的研究手册[M]. 陈昌平,译. 上海:上海教育出版社

巩子坤,宋乃庆. 2008. 数学教育研究中值得关注的问题——热点与反思[J]. 数学教育学
报,17(1):1

顾泠沅,杨玉东. 2003. 反思数学教育研究的目的与方法[J]. 数学教育学报,12(2):10—11

桂诗章,杨晓萍. 2007. 教育科研选题的原则与途径[J]. 教学与管理,(1):60—61

郭春彦. 2003. 教育科学研究方法[M]. 北京:人民教育出版社

韩裕娜. 2005. 算法教学实验报告[J]. 数学教育学报,14(4):52—54

何小亚,李耀光. 2013. 初中生数学态度量表的编制及信度效度检验[J]. 数学教育学报,22(2):
37—41

何小亚. 2006. 数学教育研究八忌[J]. 中学数学研究,(12):11

何小亚. 2008. 教育战争与数学教育的出路[J]. 数学教育学报,17(1):70

侯怀银. 2009. 教育研究方法[M]. 北京:高等教育出版社

胡东芳. 2009. 教育研究方法——哲理故事与研究智慧[M]. 上海:华东师范大学出版社

胡森. 1990. 国际教育百科全书. (3). 贵州:贵州教育出版社

胡中锋. 2011. 教育科学研究方法[M]. 北京:清华大学出版社

黄兴丰,翟红村. 2011. 数学教育研究方法:多元并存 各尽其用[J]. 数学教育学报,20(2):73—75

黄一宁. 1998. 实验心理学:原理、设计与数据处理[M]. 西安:陕西人民教育出版社

江懿. 2012. 数学教育硕士学位论文选题研究[D]. 西北师范大学博士学位论文

蒋波. 2006. 竞争-合作学习对小学生成绩影响的实验研究[J]. 教育导刊,(11):31—33

康玥媛.2007.我国数学教育博士学位论文的比较研究[J].数学教育学报,16(4):78

眭依凡.1993.教育科研中的假设及其建立[J].江西教育科研,(4):71

李庆奎,杨骞.2000.观察法及其在数学教育研究中的应用[J].中学数学教学参考,(9):34—35

李荣,吕传汉.2004."数学情境与提出问题"教学模式对缓解贵州初中生数学焦虑的探究[J].数学
　教育学报,13(4):88—89

李士锜.1996.熟能生巧吗[J].数学教育学报,5(3):46—50

李士锜.1999.熟能生笨吗——再谈"熟能生巧"问题[J].数学教育学报,8(3):15—18

李士锜.2000.熟能生厌吗——三谈熟能生巧问题[J].数学教育学报,9(1):23—27

李士锜.2001.PME:数学教育心理[M].上海:华东师范大学出版社

李霞.2006.研究型数学教师成长的个案研究[D].兰州:西北师范大学

连春兴.2002.再次呼唤中学数学教学的返朴归真——一次高一新生数学测验调查与启示[J].数
　学教育学报,11(3):84—87

林崇德.1999.学习与发展——中小学生心理能力发展与培养[M].北京:北京师范大学出版社

刘儒德,陈红艳.2002.小学生数学学习观调查研究[J].心理科学,(2):194—197

龙立荣,李晔.2000.论心理学中思辨研究与实证研究的关系[J].华中师范大学学报(人文社会科
　学版),39(5):129

罗静,何小亚.2010.重点中学高二文科学生数学学习态度调查研究[J].数学教育学报,19(3):
　53—55

梅雷迪斯 D 高尔,沃尔特 R 博格,乔伊斯 P 高尔.2002.教育研究方法导论.6 版[M].许庆豫,等,
　译.南京:江苏教育出版社

宁虹.2010.教育研究导论[M].北京:北京师范大学出版社

欧群慧.2001.走向多元的教育研究方法——定性研究与定量研究的比较[J].云南师范大学学报,
　2(5):28—30

裴娣娜.1995.教育研究方法导论[M].合肥:安徽教育出版社

皮亚杰.1990.皮亚杰教育论著选.卢濬选,译.北京:人民教育出版社

邵光华,张振新.2012.教育研究方法[M].北京:高等教育出版社

沈刚.1996.初中学生几个一知半解的数学概念[J].数学教育学报,5(2):44-47

施铁如.2004.学校教育研究导引[M].广州:广东教育出版社

孙联荣.1995.数学教育中培养批判性思维的探讨[J].数学教育学报,4(4):16—17

佟庆伟,胡迎宾,孙倩.1997.教育科研中的量化方法[M].北京:中国科学技术出版社

陶娟.2011.教育研究方法第三章.研究问题的确定[EB/OL].[2014-05-29].http://www.docin.
　com/p-227380113.html

王光明.2010.数学教育研究方法与论文写作[M].北京:北京师范大学出版社

王嘉毅.1995.定性研究及其在教育研究中的应用[J].西北师大学报(社会科学版),32(2):71

王凯.2009.教育科研论文选题的思维策略[J].北京:教育科学研究,(2):78

王枬.2000.20 世纪教育研究范式的类型分析[J].教育科学,(1):28—29

王晓瑜.2009.教育研究的两种范式:思辨研究与定性研究[J].河南教育学院学报(哲学社会科学
　版),(1):91

维尔斯曼.1997.教育研究方法导论[M].6 版.袁振国,译.北京:教育科学出版社

维尔斯马,于尔斯.2010.教育研究方法导论[M].9 版.袁振国,等,译.北京:教育科学出版社

伍德沃克. 2005. 教育心理学[M]. 8 版. 陈宏兵,等,译. 南京:江苏教育出版社

谢惠霞. 2008.《小学数学与美术整合的研究》开题报告[J]. 科技资讯,2008(10):126

辛治洋,张志华. 2012. 教育科学研究方法:方法与案例[M]. 合肥:中国科学技术大学出版社

新世纪小学数学教材编委会. 蔡金法推荐:研究问题的发现与形成[EB/OL]. [2014-05-29]. ht-
　　tp://www. xsj21. com/lead/Focusing/2014-02-22/121. html

阎琨. 2010. 教育学定性研究特点与研究范式深析[J]. 清华大学教育研究,31(5):56

杨小微. 2002. 教育研究的原理与方法[M]. 上海:华东师范大学出版社

杨新荣,李忠如. 2009. 职前数学教师数学观和数学学习观及数学教学观的定性研究[J]. 数学教育
　　学报,18(3):34—38

杨振宁. 1995. 我的治学经历与体会[J]. 高等教育研究,(5):6

叶立军. 2006. 也谈数学教育研究的国际接轨——与张晓贵先生商榷[J]. 数学教育学报,15(2):91

喻平,徐斌艳. 2011. 中国数学教育的当代研究[J]. 数学教育学报,20(6):6

喻平. 2005. 数学教育的调查研究方法及案例分析[J]. 中学数学教学参考,(Z1):25—27,34

袁振国. 2000. 教育研究方法[M]. 北京:高等教育出版社

张程,张景斌. 2004. 中学数学知识建构水平差异性的实验研究[J]. 数学教育学报,13(2):49—51

张红霞. 2009. 教育科学研究方法[M]. 北京:教育科学出版社

张胜勇. 1995. 反思与建构——20 世纪的教育科学研究方法论. 济南:山东教育出版社

张伟平. 2006. 从诗歌里蕴含的数学无限谈起——初二学生对数学无限认识水平的调查研究[J].
　　上海教育研究,(11):54—57

张晓贵. 2005. 谈数学教育研究的国际接轨[J]. 数学教育学报,14(2):37

张一中. 1998. 心理学的研究方法与应用[M]. 上海:复旦大学出版社

张应强. 2010. 中国教育研究的范式和范式转换——兼论教育研究的文化学范式[J]. 教育研究,
　　(10):3—10

赵新云. 2009. 教育科学研究方法[M]. 北京:中国人民大学出版社

郑广成. 2013. 互教互学法提高小学生数学学习效果的实验研究[J]. 基础教育,(240):160—161

郑日昌,崔丽霞. 2001. 二十年来我国教育研究方法的回顾与反思[J]. 教育研究,(6):19—21

郑毓信. 2003. 数学教育研究之合理定位与若干论题[J]. 数学教育学报,12(3):1

郑仲义. 2004. 学生对归纳和数学归纳法基础的理解[D]. 华东师范大学博士学位论文

朱雁. 2013a. 教育研究问题及其来源[J]. 中学数学月刊,(2):2—3

朱雁. 2013b. 教育研究问题的确定:步骤、策略及标准[J]. 中学数学月刊,(4):2

卓挺亚,张亿钧,李汪洋. 2003. 教育科学研究方法[M]. 海口:南海出版公司

Livio. 2010. 数学沉思录——古今数学思想的发展与演变[M]. 黄征,译. 北京:人民邮电出版社

Boyer E L,Carnegie. 1987. Foundation for the advancement of teaching College: the undergraduate
　　experience in America. New York:Harder & Row Publisher.

Fowler F J. 2002. Survey research methods. Applied social research methods series. Thousand Oaks:
　　Sage Publications.

LinColn Y S,Guba E G. 1985. Naturalistic inquiry. Beverly Hills:Sage Publications.

Polkinghorne D E. 1991. Generalization and qualitative research:Issue of external validity. Paper
　　presented at the annual meeting of the American Education Research Association,Chicago.

下 篇

数学教育测量

第 10 章　教育测量概述

本章概览

　　本章要解决的核心问题是测量与教育测量的概念,教育测量的常用工具以及教育测量的常见分类等知识.为了弄清楚这些问题,我们将学习测量的基本概念、教育测量的可能性及其测量工具、教育测量的常见分类等内容.

　　学完本章之后,我们将对教育测量的基本概念、测量量表及测量类别等知识有一个初步了解.

10.1　测量的基本概念

　　测量就是对客观事物的某种属性,依据某种法则赋予某个数值的过程.这里的客观事物是指测量目标,法则是指测量工具及操作规范,数字是指测量结果,三者是测量的三个方面,缺一不可.例如,用尺进行长度测量并测出某人身高是 1.7 米,这里的"身高"是人(客观事物)的一种属性,"尺及其操作规范"要遵循长度的测量法则,"1.7"是所赋予的数值.

　　中国教育心理学家陈选善曾经指出:"测验是一个或一群标准的刺激,用以引起人们的行为,根据此行为以估计其智力、品格、兴趣、学业等."美国学者史蒂文斯(Stevens)在 1951 年给测量下定义:"从广义而言,测量是根据法则给事物分派数字."美国心理和教育测量学家布朗(Brown)认为:"测验是对行为样本进行测量的系统程序."

以上定义尽管表述不尽相同,但都认为测量的是人的一种行为,是人行为的一个样本.因此,我们认为教育测验是指依照严格的科学程序来编制、施测、记分和解释教育现象及规律的一种测量过程.

从测验或测量的定义可以看出,测量包括三个要素:事物的属性、数字、法则.

1. 事物的属性

事物的属性是表示测量的对象.例如,物体的长度、重量、体积、温度以及一个事件发生的时间长度等,都是事物的物理属性.它们的存在形式比较具体,大多可以被人的感官直接感知.但是,我们还往往需要测量人的心理属性,如学生的智力、个性、品格、技能、能力、态度、情感、兴趣等.它们的存在形式比较抽象,大多只能被人间接感知.

2. 数字

数字是测量结果的一种表示.除了数字,测量结果还可以用"符号"来表示.例如,√、×和△等是图形符号,A,B和C等是字母符号,优、良、中和差等是文字符号,而1,2和3等是数字符号,所以广义的符号包括数字在内.

3. 法则

法则是表示测量的方法.测量方法是连接测量对象和测量结果的桥梁.换句话说,法则就是确定事物属性和数字或符号之间的对应关系.测量对象与测量结果相同,而测量方法却可以不同.例如,测量对象:性别.测量结果:1表示男性,0表示女性.测量方法1:根据第二性征来分派数字;测量方法2:根据性染色体来分派数字.

客观事物的属性一般既可以包括物理属性,又可以包括心理属性,前者比较直观、具体,而后者比较隐蔽、抽象.前者可采用直接测量法,而后者只能用间接测量法.

10.2　教育测量与量表

10.2.1　什么是教育测量

从广义上讲,教育测量就是对于教育领域内的事物或现象,根据一定的客观标准,并依据一定的法则或规则,将考核结果给予数量化描述的一种测量过程.例如,对学生的数学态度、学习成绩,对教师的教育投入、教学方式、教学效果等的测量,都属于教育测量的范围.从狭义上讲,教育测量是指依据一定的法则,对人的知识、技能、学业成就、智力结构、兴趣爱好、个性特点等事物或现象给予数量化的描述过程.

需要说明的是,有人认为测验是一个名词,而测量是一个动词,但本书没有作这样的区分,而是将测验与测量、教育测验与教育测量视为同一概念的两种不同说法而已.

10.2.2　教育测量的可能性

教育测量的主要关注对象是人的心理属性,如学生的知识、技能、情感等,那么心理属性是否可以客观地进行测量呢? 在 20 世纪初,美国心理学家和测验学者为心理属性测量的可能性提供了两个有名的论点.虽然它们不能像数学中的某个定理一样能够被逻辑推理所证明,但我们姑且将它们作为数学中的公理一样来看待.这两个论点如下.

1. 凡客观存在的事物都有其数量

心理特质是客观存在的事物,所以心理特质是有数量的.这个原则是由美国心理学家桑代克在 1918 年提出的.他说,“凡物的存在必有数量.”人的心理现象虽然看不见,摸不着,但它是客观存在的现实,是人脑的物质属性,它有数量的差异.例如,学生的智力有高低之分,成绩有优劣之别,态度有好有坏等,这种程度的不同就是数量的不同.

2. 凡有数量的东西都可以测量

心理特质是有数量的,所以心理特质是可以测量的.这个原则是由美国测验学者麦柯尔(McCal)于 1923 年提出的.人的心理属性也是可以测量的,虽然我们不能用尺来量,或用称来称,但它必定会反映在某种活动之中,或表现在某种行为之中.人们可以通过对人的行为的测量来推测他的某种心理属性.

10.2.3　四种测量量表

由于事物的属性不同,制订的规则不同,在使用数的特性来描述事物属性所达到的程度也就不同.这就产生了不同的测量水平.史蒂文斯将测量的水平分成四种,每一种测量水平都产生与其相应的测量量表.

1. 称名量表

称名测量是测量中最简单的形式,即对事物属性进行分类,同一个数表示同一类的事物.用来描述各类事物的数字仅仅是事物的名称,它只具有相同与不同的特性,没有数量大小的含义.用这类数字表示的量表称为称名量表.

例如,将学生按性别分类:1 表示男生,2 表示女生.对某门学科按照喜欢和不喜欢分类:1 表示喜欢,0 表示不喜欢.那么,“10”就表示男生不喜欢者,“21”就表示女生喜欢者.在这里,数字只是代表事物的符号,只能对事物进行分类,没有数量的大小、多少、位次和位数关系.也就是说,这里的数字只具有数的同一性和区分性,而不具有等级性、等距性和等比性,数字之间不能进行加减乘除运算.

称名量表所测量得到的数据,所允许和适用的统计方法有:比率(相对频数,即某一类的频数与总频数之比)、百分比、列联相关系数、卡方(χ^2)检验.

2. 等级量表

如果对事物的属性按一个标准进行分类,用来描述各个类别的数字,不仅具有区分性,而且具有等级性(位次性),即这些数字能表示事物大小的位次关系,但不具有等距性和等比性.用这样的数字表示的量表称为等级量表或位次量表.

例如,将学生的数学运算能力分成甲、乙、丙,或 A,B,C 三个等级,并分别用 3,2,1 表示.于是学生的数学运算能力的评定就构成了 3>2>1 的等级关系.但是,这些数字只能表示事物相等或不等的关系,而且在不等关系下,只能确定大于或小于的关系,但 3 与 2 和 2 与 1 之间的差距是不相等的,这些数字有时可进行加减运算,但不能进行乘除运算.

等级量表的测量数据,适用的统计方法有中位数、百分位数、等级相关系数、肯德尔和谐系数(多列等级相关),以及符号检验、秩次检验、秩方差分析.

3. 等距量表

有相等单位或由人定参照点的量表称为等距量表.这种量表在数值上不仅具有区分性、等级性,还具有等距性.但是量表的参照点不是绝对零点,而是人定的参照点.

例如,摄氏温度 9℃ 与 6℃ 之差等于 6℃ 与 3℃ 之差,但并不意味着 9℃ 是 3℃ 的 3 倍,这是因为摄氏温度是以冰点为参照点.0℃ 不表示没有温度,因为摄氏温度表上的绝对零点在零下 273℃.这类量表的数值只能作加减运算,不能作乘除运算.它们所适用的统计方法有算术平均数、标准差、积差相关系数及 Z 检验、t 检验、F 检验等.

4. 比率量表

有相等单位和绝对零点的量表称为比率量表.这种量表的数值不仅具有区分性、等级性、等距性,还具有等比性,因为量表上有绝对零点.绝对零点是指量表上标记为 0 的地方,表示所要测量的属性是"无".这类量表的数值既可以比较大小、位次,又可以确定位次关系,量表值可以进行加减乘除运算.例如,甲生身高 143cm,乙生身高 130cm,则可以说甲生比乙生高,且高 13cm,还可以说甲生身高是乙生的 1.1 倍.

除等距量表所适用的统计方法以外,比率量表值还可以有几何平均数和差异系数,比率的测量是测量的最高水平.

上述四种量表依次从高到低的顺序排列,量表的次序越高,对描述事物的数的算术运算就越多.后一种量表的性质,既包含前面各量表的性质,还有其自身特殊的性质.人们习惯运用称名或等级量表进行的测量认为是定性测量,而运用等距或比率量表进行的测量认为是定量测量.

那么,教育测量的结果一般属于哪一种量表呢?实际情形是,这四种量表都可能出现.学生的知识、技能的测验一般属于等级、位次量表,因为测验分数之间只能表明大小的相对位次,但不能表明大多少或小多少.

例如,一次数学测验的平均分为 70 分,则 60 分与 70 分和 90 分与 100 分之间,虽然都相差 10 分,但这两种差异程度是不相等的.众所周知,90 分与 100 分之间的差异难度相比要大得多.这说明测验分数是不等距的.测验分数为零的学生,不表示他在所测验的知识、技能方面为零,这说明测验分数不是从绝对零点开始的.

虽然测验分数属于等级或位次量表,但测量学家仍然把测验分数作为等距量表来处理.一个重要原因是,如果测验编制得好,特别是注意到了两极端分数的微小差异可能会反映着物质属性的巨大差异这一现象时,就可以把本来属于等级量表的分数作为等距量表的分数来处理,并将造成的误差减少到最低程度,而且把测验分数当作等距量表处理时获得的结果确实有意义时,也就表明这样的做法是可行的.

10.3　教育测验的分类

从测验的属性、标准化程度、记分标准、受测人数、测验的功能以及测验所使用的材料与形式等方面考虑,心理与教育测验有多种不同的分类方法.

10.3.1　根据测验属性分类

1. 智力测验

智力测验是最早发展起来的一种心理测验,目的在于测量智力的高低.目前从出生的婴儿到老年人,都有不同年龄阶段的智力测验.

2. 能力倾向测验

能力倾向测验的主要目的在于发现被试的潜在能力,而潜在能力是指被试经过某种教育或培训之后,能够发挥出来的能力.能力倾向测验在职业测验或就业指导方面应用广泛.它分为两类:一类是测量一个人多方面的潜在能力,称为一般能力倾向测验;另一类是测量一个人在某些方面的特殊潜在能力,如音乐、绘画、奥数思维能力等,称为特殊能力倾向测验.

3. 人格测验

人格测验主要测量人的态度、情绪、兴趣、品德、动机、信念、策略、性格、美感等方面的行为,以及行为所引起的心理特征.由于人格一词在心理学上至今尚缺乏统一的定义和严格的范围,而且心理特征的形成原因,既有基于天赋又有受环境教育的影响特点,不易有客观的衡量标准,所以人格测验发展较迟.

4. 教育测验

教育测验又称为成就测验或学习成绩测验,目的在于测量学生在经过学科教育与培训之后所获得的知识与技能.在教学开始时的测验是为了判断学生已有的有关知识,以便安排教学的进度,俗称"摸底测验";教学过程中的测验是为了检查教学的进展与阶段性效果;教学终结时的测验是为了确定学生对所授内容的把握程度并对教学效果进行反馈.测验题目的形式有客观题(包括选择、配对等)、自由应答题(包括填空、解答等)和手工操作等题型.

10.3.2　根据测验的标准化程度分类

1. 标准化测验

标准化测验是由测验专家经过精心和周密编制而成的.测题根据试测结果进行客观筛选,测验经过客观评价而具有较高的信度和效度.标准化测验重在追求测验编制、施测手续、评分方式、分数解释等环节上的标准化操作,使测量误差得到了严格控制.标准化测验一般以大量测验结果为基础,求出常模、建立测验量表,用作说明测验分数的标准.

2. 非标准化测验

非标准化测验又称为教师自编测验,其客观性和标准化程度不如标准化测验.在测验编制、施测手续、评分方式、分数解释等环节上相对标准化测验而言,没有那么严格,其测量误差没有得到有效的控制.但是,教师自编测验也有其优点,表现在:

(1) 可以在一个教学单元的中途和结束,或期中和期末的时候,对较短的教学内容进行测验,随时了解学生的学习状况,可及时改进教学方式;

(2) 测验内容与教材内容、教学目标、教学进度完全一致;

(3) 测验难度易于把握,对学生经常发生的错误针对性强;

(4) 教师自行编制测验可省时、省力、灵活、方便.

10.3.3　根据记分标准分类

1. 常模参照性测验

常模参照性测验是以被测团体的常模(平均数)为参照标准来衡量个体成绩的测验,确定其评分基准是在测验之后,产生于被测团体之内.以个体在团体中所处的位置来解释个体成绩的优劣,一般用百分等级或标准分数等相对分数来表示.例如,某学生的数学为第 80 百分等级,这表明在团体中有 80% 的人在该学生之下.

常模参照性测验的主要目的是区分学生的个别差异和相对水平,常用于选拔性或竞争性考试,这种测验能对学生的学习起到考核、监督作用,但不能确定学生的实际水平和达到目标的程度,缺少对困难和错误的诊断,有时还会降低或提高衡量标准.

2. 标准参照性测验

标准参照性测验是以预定的目标或大纲为参照标准来衡量测验成绩的测验,确定其评分标准是在测验之前,建立在被测团体之外.个体成绩只需与既定目标相比较,不需与团体中的其他人作比较就可以确定其优劣,一般用合格与不合格、达标与未达标、录取与未录取等绝对分数来表示.

标准参照性测验的主要目的是确定被试达到目标的程度,多用于合格性、达标性活动,如学校的期中、期末考试等.测题主要从所要考查的特定目标中选取,而且在测验中的分布可按照测验目标来分组.例如,一个测验拟考查整合与分解、数形结合、空间想象等多个性质不同的教学目标,每个教学目标可由若干道题目组成.这种测验的作用除了用于筛选题目以外,在教学中既可以确定学生的知识、技能达到目标的实际程度,又可以诊断学习中的困难,有助于提高学生学习的目的性,并为教师的教学及时提供反馈信息.

10.3.4　根据同时受测人数分类

1. 个别测验

个别测验是指一个主试在同一时间内,只测量一个被试,多用于智力测验和特殊教育测验,如英语听说能力、数字心算能力等测验.个别测验的优点在于主试对被试的言语、情绪等反应有充分的机会进行仔细观察,缺点在于时间不经济,测验实施不易标准化,只有受过训练的人才能做主试,而且评分主观性强.

2. 团体测验

团体测验是一个主试在同一时间内测量许多被试.绝大多数的教育测验和部分智力测验都属于团体测验.团体测验的优点在于时间经济,主试不需经过专门训练,可反复阅卷,缺点在于对被试的言语、情绪等反应不能仔细观察,对其行为无法控制.

此外,根据测验的不同功能,教育测验可分为普通测验与诊断测验、难度测验与速度测验、预测测验与成绩测验.根据测验所用的材料和形式,教育测验可分为语言或文字测验、非语言或文字测验,这里不再展开详细叙述.

本 章 总 结

一、主要结论

1. 测量就是对客观事物的某种属性,依据某种法则赋予某个数值的过程.测量包括三个要素:事物的属性、数字、法则.

2. 教育测量就是对于教育领域内的事物或现象,根据一定的客观标准,并依据一定的法则或规则,将考核结果给予数量化描述的一种测量过程.

3. 教育测量量表按测量水平不同,可分为四种:称名量表、等级量表、等距量表和比率量表.这四种量表依次从高到低的顺序排列,量表的次序越高,对描述事物的数的算术运算就越多.后一种量表的性质,既包含前面各量表的性质,还有其自身特殊的性质.用称名或等级量表进行的测量为定性测量;用等距或比率量表进行的测量为定量测量.

4. 根据测验属性、标准化程度、记分标准、受测人数、测验功能以及测验所使用的材料与形式等方面,心理与教育测验有多种不同的分类方法.

二、知识结构图

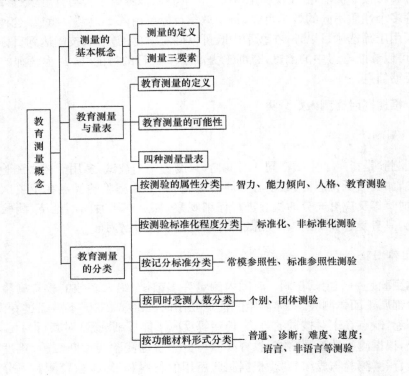

习　题

10.1 什么叫测量?

10.2 什么是测量的三要素?

10.3 什么是教育测量? 为什么说教育测量的实施是可能的?

10.4 称名量表、等级量表、等距量表、比率量表各有何特性和功能? 它们可以进行哪些运算? 适用哪些统计方法?

10.5 教育测验的常见分类标准及其常见类别有哪些?

10.6 教育测量的结果在某种情况下为什么可以作为等距量表来处理?

第 11 章　测验的信度与效度

本 章 目 录

◆ **本章概览**

　　本章要解决的核心问题包括：信度与效度的概念；信度与效度的常见类型及其估计方法；信度与效度的显著性检验；信度与效度的理论概述及其影响因素等内容. 为了弄清这些问题，我们从信度与效度的操作定义、估计方法及其显著性检验，再到信度与效度的理论定义及其影响因素，来展开阐述.

　　学完本章之后，我们对测验的信度和效度将有更加深入的了解，能够运用信度和效度的操作定义估算或确定测验的信度与效度，能够考虑信度或效度的影响因素以提高测验的信度与效度.

11.1　信度的概念

11.1.1　信度的定义

　　信度（reliability）是指测量结果的稳定性程度，有时也称测量的可靠性. 如果能用同一测量工具反复测量某人的同一种心理特质，其多次测量结果间的一致性程度就称为信度. 一般来说，一个好的测量必须具有较高的信度. 在测量过程中，只要遵守其操作规则，其结果就不应随工具的使用者或使用时间等方面的变化而发生较大变化.

　　当然，在实际测量中，我们不太可能用同一种量表去反复测量一个人的同一心理特质. 例如，用某一数学测验若反复测量同一批学生，其测量结果必然会越来越好. 从量化角度，可以给出信度的三种等价定义.

　　定义 11.1　信度就是测验分数中真分数方差与实际测验分数（即获得分数）方差的比率，即

$$r_{tt}=\sigma_\infty^2/\sigma_t^2 \tag{11.1}$$

其中，r_{tt} 表示测验信度，σ_∞^2 表示真分数方差，σ_t^2 表示测验分数方差.

　　定义 11.2　信度就是测验分数中真分数与获得分数的相关系数的平方，即

$$r_{tt}=r_{t\infty}^2 \tag{11.2}$$

　　定义 11.3　信度就是一个测验与它的任意一个"平行测验"之间得分的相关系数，即

$$r_{tt}=r_{tt'} \tag{11.3}$$

　　由信度的上述三个定义可知，信度是针对一批人的测量数据而言的. 定义 1 和定义 2 只有理论意义，因为我们不知道真分数的值，但它却是被测量的对象. 只有定义 3 具有操作意义，它没有用同一种工具反复测量同一个人.

11. 1. 2　信度的作用

信度是衡量测验量表质量高低的一个重要指标,信度不合要求的测验量表是不能使用的,所以人们在编制和使用量表时都特别重视测验信度. 信度的作用具体表现在以下三个方面.

1. 信度是测量过程中的随机误差大小的反映

如果信度很低,测量的随机误差就可能会很大,测量结果与真分数就会产生较大偏差,而且这种偏差完全是随机的,这就让人无法相信测量的结果. 值得指出的是,测量中的系统误差与信度无关,因为系统误差只会对测量结果产生恒定影响,而不会使测量结果呈随机性上下波动.

2. 信度可以用来解释个人测验分数的意义

由于存在测量误差,一个人的测验分数有时比真分数高,有时比真分数低,有时二者相等. 理论上我们可对一个人施测无限多次,然后求测验分数的平均数与标准差,这时的平均数就是这个人的真分数,标准差就是测量误差大小的指标. 但这种做法在实际上是不可行的. 然而,我们可以用一组被试(人数足够多)两次施测的结果来代替对同一个人的反复施测,以估计测量误差的方差. 这时,每个人在两次测验中的分数之差可以构成一个新的分布,这个分布的标准差就是测量的标准误差,可用下式进行计算

$$\sigma_e = \sigma_t \sqrt{1 - r_{tt}} \tag{11.4}$$

其中,σ_e 为测量的标准误差(标准误),σ_t 为测验分数的标准差,r_{tt} 是测量的信度系数.

在已知测量标准误 σ_e 的条件下,按照一定的概率要求,可以对某个测验分数所对应的真分数的所在范围进行区间估计. 例如,如果要求估计的可靠性为 95%,那么真分数(X_∞)就有 95% 的可能性落在获得分数(X_t)加减 1.96 个测量标准误的范围内,即

$$X_t - 1.96\sigma_e < X_\infty < X_t + 1.96\sigma_e$$

如果要求估计的可靠性为 99%,那么真分数(X_∞)就有 99% 的可能性落在获得分数(X_t)加减 2.58 个测量标准误的范围内,即

$$X_t - 2.58\sigma_e < X_\infty < X_t + 2.58\sigma_e$$

例如,某次数学考试的测量标准误为 1.52,一个学生的测验分数为 128 分,那么该学生真分数的 95% 与 99% 的置信区间分别为(125.72, 130.27)与(124.08, 131.92),表示该学生数学测验的真分数有 95% 与 99% 的可能性分别落在上述两个区间内.

需要注意的是,在用测量标准误估计个人的真分数时,首先要检验它是否满足独

立性和均匀性假设. 测量误差的独立性, 可以根据整个测验或折半测验分数间的差异情况来判断. 如果折半测验分数间的差数呈正态分布, 则误差也呈正态分布, 而且误差是独立的, 即随机的. 测量误差的均匀性, 可以通过比较测验分数在各个不同区间差异的标准差是否相等或者大致相等来加以判断.

3. 信度可以帮助不同测验分数进行比较

来自不同测验的原始分数是不能直接进行比较的, 只有将它们转化成尺度相同的标准分数后才能比较. 例如, 小明的语文成绩是 80 分, 数学成绩是 70 分, 很难说是语文好, 还是数学好. 但如果已知小明所在班级的语文平均成绩是 70 分, 标准差是 10 分, 而数学平均成绩是 60 分, 标准差是 7 分, 那么, 我们就可以用平均数为零, 标准差为 1 的 Z 分数, 或者用平均数为 50, 标准差为 10 的 T 分数来比较小明的语文与数学成绩, 结果是数学比语文好.

因为数学的 Z 分数 $Z_1 = \dfrac{70-60}{7} = 1.4$, 而语文的 Z 分数 $Z_2 = \dfrac{80-70}{10} = 1.0$; 或者, 因为数学的 T 分数 $T_1 = 10Z_1 + 50 = 64$, 而语文的 T 分数 $T_2 = 10Z_2 + 50 = 60$, 数学比语文高 4 分. 但是, 两者之间的差异是否具有显著性, 则需要用"差异的标准误"来检验, 其公式为

$$\mathrm{SE}_d = S\sqrt{2 - r_{xx} - r_{yy}} \tag{11.5}$$

其中, SE_d 为差异的标准误; S 为相同尺度的标准分数的标准差; r_{xx} 和 r_{yy} 分别是两个测验的信度系数.

然后将两个标准分数的差异与 $1.96\mathrm{SE}_d$ (0.05 显著性水平) 进行比较, 如果其绝对值大于此值, 则差异显著, 否则差异不显著.

例 11.1　某校五年级进行了两次数学测验, 小张第一次考了 85 分, 此次数学测验年级平均分是 77 分, 标准差是 8 分, 此次测验的信度系数是 0.84; 第二次考了 95 分, 此次数学测验年级平均分是 81 分, 标准差是 10 分, 此次测验的信度系数是 0.91. 问小张这两次数学测验的成绩是否有显著差异?

解　采用标准 Z 分数进行比较, 因为

$$Z_1 = \frac{85-77}{8} = 1, \quad Z_2 = \frac{95-81}{10} = 1.4, \quad Z_2 - Z_1 = 0.4,$$

$$\mathrm{SE}_d = 1 \times \sqrt{2 - 0.84 - 0.91} = 0.5, \quad 1.96\mathrm{SE}_d = 0.98,$$

所以 $|Z_2 - Z_1| < 1.96\mathrm{SE}_d$, 因此小张这两次数学测验的成绩没有显著性差异.

11.2　信度的类型及估计方法

根据测验分数的测量误差的来源, 一般把信度分为如下 4 种类型.

11.2.1　重测信度

重测信度(test-retest reliability)指的是用同一个测验对同一组被试先后施测两次所得结果的一致性程度,其大小等于同一组被试在两次测验上获得分数的相关系数.若对同一组被试先后施测多次,其重测信度可以用每两次测验结果的相关系数的平均数来表示.

当信度较大时,说明前后两次的测量结果比较一致,测量工具比较稳定,被试的心理特质受被试状态和环境变化的影响较小.用这种结果来预测人在短期内的情况是比较好的,因为该结果具有较好的跨时间上的稳定性.重测信度可以表示被试在不同时间两次或多次测验分数的变化情况,故又称稳定系数.

1. 重测信度的计算方法

例 11.2　用同一个算术四则运算的速度测验,对小学五年级 12 名学生先后施测两次.第一次测验结果见表 11.1 第 2 列.经过 3 个月后再施测一次,第二次测验结果见表 11.1 第 3 列.

表 11.1　小学算术四则运算速度测验的重测信度系数计算表

学号 (1)	X_1 (2)	X_2 (3)	X_1^2 (4)	X_2^2 (5)	$X_1 X_2$ (6)
1	20	20	400	400	400
2	20	21	400	441	420
3	21	21	441	441	441
4	22	20	484	400	440
5	23	23	529	529	529
6	23	23	529	529	529
7	23	25	529	625	575
8	24	25	576	625	600
9	25	26	625	676	650
10	26	26	676	676	676
11	26	27	676	729	702
12	27	29	729	841	783
总和	280	286	6594	6912	6745

解　该测验的重测信度可用两次测验分数的积差相关系数表示,有三种等价的计算公式.

方法一　用原始数据.

$$r_u = \frac{\sum X_1 X_2 - \left(\sum X_1\right)\left(\sum X_2\right)/n}{\sqrt{\sum X_1^2 - \left(\sum X_1\right)^2/n}\sqrt{\sum X_2^2 - \left(\sum X_2\right)^2/n}} \qquad (11.6)$$

其中,r_u 表示测验的信度系数;$\sum X_1 X_2$ 表示每个被试三个月先后两次测验分数乘积之和;$\sum X_i (i=1,2)$ 表示第 i 次测验分数之和;$\sum X_i^2 (i=1,2)$ 表示第 i 次测验分数平方之和;n 表示被试人数.

将表 11.1 中的有关数据代入式(11.6),得到该算术四则速度测验的重测信度为

$$r_u = \frac{6745 - 280 \times 286/12}{\sqrt{6594 - 280^2/12} \cdot \sqrt{6912 - 286^2/12}} = 0.94$$

方法二　用平均值和样本标准差.

先算出两次测验分数的平均数和标准差,则计算积差相关系数的公式为

$$r_u = \frac{\sum X_1 X_2 - n \overline{X}_1 \overline{X}_2}{n \sigma_{X_1} \sigma_{X_2}} \qquad (11.7)$$

其中,$\overline{X}_i (i=1,2)$ 表示第 i 次测验分数的平均值;$\sigma_{X_i} (i=1,2)$ 表示第 i 次测验分数的标准偏差.

例 11.2 两次测验分数的平均值分别为 $\overline{X}_1 = 23.333$,$\overline{X}_2 = 23.833$,标准差分别为 $\sigma_{X_1} = 2.248$,$\sigma_{X_2} = 2.824$(可利用 EXCEL 中的 STDEVP 函数,计算基于给定的样本总体的标准偏差),利用式(11.7)就可算出该算术四则测验的重测信度为

$$r_u = \frac{6745 - 12 \times 23.333 \times 23.833}{12 \times 2.248 \times 2.824} = 0.94$$

方法三　用平均值和总体标准差的估计值.

先算出两次测验分数的平均数和标准差,则计算积差相关系数的公式为

$$r_u = \frac{\sum X_1 X_2 - n \overline{X}_1 \overline{X}_2}{(n-1) S_1 S_2} \qquad (11.8)$$

其中,$S_i (i=1,2)$ 表示第 i 次测验分数总体标准差的估计值.

例 11.2 中 $S_1 = 2.348$,$S_2 = 2.949$(可利用 EXCEL 中的 STDEV 函数,估算基于给定样本的标准偏差),利用式(11.8)可算出该算术四则测验的重测信度为

$$r_u = \frac{6745 - 12 \times 23.333 \times 23.833}{(12-1) \times 2.348 \times 2.949} = 0.94$$

2. 重测信度的使用条件

重测信度是使用同一工具对同一批人测量两次,它只允许能够重测的情况下进行计算. 具体来说,它必须满足三个条件:

第一,所测得的心理特质必须是稳定的. 例如,一个成人的性格特点一般是稳定的,所以许多人格测验常使用重测信度. 但是,如果重测信度用于刚入学的儿童可能

就不合适,因为测量结果的不一致很可能是被试水平的变化所致,而不能说明测量工具是否稳定.

第二,遗忘和练习的效果基本上相互抵消. 在做第一次测验时,被试可能会获得某种技巧,但只要间隔的时间适度,这种练习效果基本上会被遗忘掉. 至于两次测验的时间间隔,可以是几分钟、几小时,也可以是几个月甚至是几年,需根据问题的性质和测量的目的而定. 通常,智力测验的时间间隔应在 6 个月左右.

第三,在两次施测的时间间隔内,被试在所要测量的心理特质方面没有获得更多的学习和训练,从而保证被试具有稳定的心理特质.

3. 重测信度的时间间隔

报告重测信度时,应说明两次施测的时间间隔,以及在此期间内被试的相关经历. 因为同一个量表,随着第二次测量的时间不同,重测信度也就不同,所以任何一个测验的重测信度有无限个.

选择重测的时间间隔有两条原则:一是能力测验的时间间隔短一些,人格测验的时间间隔长一些;二是小龄被试的时间间隔短一些,大龄被试的时间间隔长一些. 但对于任何被试的任何测验,间隔时间都不应该超过 6 个月.

4. 重测信度的优缺点

重测信度的优点是简单易懂,操作方便,只需要一套测验. 但它的缺点较多,主要表现在四个方面:

(1) 练习记忆. 被试每接受一次测验等于一次练习,而且练习对于每一个被试的重测分数的提高数量可能不尽相同.

(2) 时间间隔. 如果重测时间间隔太短,被试可能按照第一次的作答记忆用于第二次回答,两次测验得到的分数不独立,出现假性高相关;如果重测时间间隔太长,被试的心理成熟、知识获得不是人人等量增长,从而降低信度系数.

(3) 测题性质. 测题本身的性质也可能由于重复而改变,推理问题尤其突出. 第一次如果答对了,第二次就能够再次答对而无需经过重新思考,思维变成了记忆.

(4) 被试兴趣. 同一测验让被试做两次,第一次感觉有新鲜感,但第二次兴趣度就可能有所降低,或者应付了事.

对于大多数教育测验,使用重测信度并不是得出信度系数的合适方法.

11.2.2　复本信度

复本信度(alternate-form reliability)是指用两个平行测验测量同一批被试所得结果的一致性程度,其大小等于同一批被试在两个复本测验上所得分数的皮尔逊相关系数. 在实际操作中,第一次使用一种测验型式,第二次使用另一种测验等值型式,在同一时间里,对同一组被试施测两次,两次测验分数之间的皮尔逊相关系数就是复本信度系数,所以复本信度也称等值系数.

如果两个复本测验是同时连续施测的,则称这种复本信度为等值性系数.等值性系数的大小主要反映两个复本测验的题目差别所带来的变异情况.如果两个复本测验是相距一段时间分两次施测的,则称这种信度为稳定性与等值性系数.两个复本题目间的差别、两次施测时的情境、被试特质水平等方面的差别都会成为测验结果不一致的重要原因.

1. 复本信度的计算方法

例 11.3　用复本信度对初中三年级 10 名学生进行学绩测验评价.为了避免测验顺序带来的误差,让 5 名学生先做甲型测验,休息 15 分钟后,再做乙型测验,而另 5 名学生的施测顺序恰好相反.这 10 名学生的甲型测验结果见表 11.2 第 2 列 X_1,乙型测验结果见第 3 列 X_2,其测验的复本信度可用甲、乙两型测验分数的积差相关系数来表示.

表 11.2　初中三年级 10 名学生某学绩测验复本信度系数计算表

学号 (1)	X_1 (2)	X_2 (3)	X_1^2 (4)	X_2^2 (5)	$X_1 X_2$ (6)
1	19	20	361	400	380
2	19	17	361	289	323
3	18	18	324	324	324
4	17	18	289	324	306
5	16	17	256	289	272
6	15	15	225	225	225
7	15	13	225	169	195
8	14	15	196	225	210
9	13	12	169	144	156
10	12	12	144	144	144
总和	158	157	2550	2533	2535

解　复本信度也有三种等价的计算公式,现举例说明如下.

方法一　用原始数据.

根据式(11.6)的要求计算表 11.2 中的第 4,5 和 6 列,并将有关数据代入式(11.6),则初中三年级 10 名学生某学绩测验的复本信度(即等值系数)为

$$r_{tt}=\frac{2535-158\times157/10}{\sqrt{2550-158^2/10}\cdot\sqrt{2533-157^2/10}}=0.9$$

方法二　用平均数和样本标准差.

先算出甲、乙两型测验分数的平均数分别为 $\overline{X}_1=15.8,\overline{X}_2=15.7$,标准差分别为 $\sigma_{X_1}=2.315,\sigma_{X_2}=2.610$(可用 EXCEL 中的 STDEVP 函数而得),同时 $\sum X_1 X_2 =$

2535,代入式(11.7),则初中三年级 10 名学生某学绩测验的复本信度为

$$r_{tt}=\frac{2535-10\times15.8\times15.7}{10\times2.315\times2.610}=0.9$$

方法三　用平均值和总体标准差的估计值.

先算出甲、乙两种测验分数的总体标准差的估计值分别为 $S_1=2.440, S_2=2.751$ (可用 EXCEL 中的 STDEV 函数而得),代入式(11.8),则初中三年级 10 名学生某学绩测验的复本信度为

$$r_{tt}=\frac{2535-10\times15.8\times15.7}{(10-1)\times2.440\times2.751}=0.9$$

2. 复本信度的使用条件

第一,应构造出两份或两份以上的真正平行的测验(A,B 卷). 真正平行的含义是指复本测验之间必须在题目内容、数量、形式、难度、区分度、指导语、时限以及所用的例题、公式和测验等其他方面都相同或相似. 换句话说,平行测验就是那种用不同的题目测量同样的内容,而且测量结果的平均值和标准差都相同的两个测验. 显然,构造完全平行的测验几乎是不可能实现的.

第二,被试要有条件接受两个测验. 这些条件包括测验心理(如被试对测验的接纳程度)和测验环境(时间、经费是否允许)等方面. 另外,被试在进行第二次测验时,可能会受到练习和记忆等因素的影响,一些解题策略等技能也会产生迁移效应.

第三,应消除施测顺序效应的影响. 一般可以随机选择一半被试先做 A 卷后做 B 卷,另一半被试先做 B 卷后做 A 卷. 对整个团体而言,两个等值型式施测之间就没有时间间隔了.

3. 复本信度的优缺点

复本信度的最大优点是解决了重测信度的时间间隔难题,但它仍然存在不足,主要表现在以下三个方面:

(1) 练习影响. 等值测验材料的类似性,使得等值测验只能减少但不能消除练习影响.

(2) 测题性质. 被试在进行第二种型式的测验时,题目内容的改变可能不足以消除来自第一种测验型式的迁移影响.

(3) 左右为难. 编制真正的等值测验实际上是非常困难的,两个等值测验如果过分相似,则有重测之嫌;如果过分不相似,则不成为等值测验.

由于这些原因,许多测验需要使用其他方法来估计信度.

11.2.3　内在一致性信度

重测信度评价一个测验在不同时间的一致性程度,复本信度评价一个测验的两

种不同形式之间的一致性;内在一致性信度是评价测验内部测题之间的一致性程度,也称一致性系数.

1. 分半信度

分半信度(split-half reliability)是指将一个测验分成对等的两半后,所有被试在这两半上所得分数的一致性程度.分半信度可以和等值性系数一样解释,即可以把对等的两半测验看成是在短时间内施测的两个平行测验.

分半信度有三种估计方法,举例说明如下.

例 11.4　对初中一年级 10 名学生进行某学绩测验,每答对 1 题记 1 分,答错或漏答 1 题记 0 分,测题从易到难排列见表 2.3 第 2 列,试估计该测验的分半信度.

解　用三种估计方法.

方法一　斯皮尔曼-布朗(Spearman-Brown)公式校正法.

首先,根据测题内容、形式、题数、测题间相关,或者根据测题的平均数和标准差等分布形态相等的原则,将测题分成两半.或者,将测题按难度从易到难排列后,再按照测题序号分半为奇数题组和偶数题组.然后,计算每个被试在两个分半测验分数的积差相关系数,再用斯皮尔曼-布朗加以校正.

先算出每个学生奇数题的分数,用 X_a 表示(表 11.3 第 4 列);再算出每个学生偶数题的分数,用 X_b 表示(表 11.3 第 5 列).然后将第 4,5,6 列的有关数据代入式(11.6),计算出奇偶分数的积关相关系数为

$$r_{hh} = \frac{\sum X_a X_b - \left(\sum X_a\right)\left(\sum X_b\right)/n}{\sqrt{\sum X_a^2 - \left(\sum X_a\right)^2/n}\ \sqrt{\sum X_b^2 - \left(\sum X_b\right)^2/n}}$$

$$= \frac{30 - 17 \times 15/10}{\sqrt{37 - 17^2/10}\ \sqrt{33 - 15^2/10}} = 0.488$$

这个奇偶分数的积差相关系数 r_{hh},仅是原测验一半长度(题数)的信度,即一半测验的信度.但整个测验的信度并不等于分半相关系数 r_{hh} 的两倍,而是需要用斯皮尔曼-布朗公式加以校正,计算公式为

$$r_{tt} = \frac{2r_{hh}}{1 + r_{hh}} \tag{11.9}$$

其中,r_{tt} 表示整个测验的信度系数;r_{hh} 表示一半测验的信度系数.

将有关数据代入式(11.9),得到这 10 名学生某学绩测验的分半信度系数 r_{tt} 为 0.66.

方法二　卢仑(Rulon)公式估计法.

卢仑公式不要求两半测验分数的方差相等,计算公式为

$$r_{tt} = 1 - \frac{\sigma_d^2}{\sigma_t^2} \tag{11.10}$$

表 11.3　初中一年级 10 名学生某学绩测验的内在一致性信度系数计算表

学号 (1)	题序 (2)						总分 $\overline{X}$ (3)	奇 $\overline{X}$ (4)	偶 $\overline{X}$ (5)	XX (6)	X^2 (7)	X^2 (8)	差数 $d=\overline{X}-\overline{\overline{X}}$ (9)	d^2 (10)	$\overline{X}^2$ (11)
	1	2	3	4	5	6									
1	1	0	0	0	0	0	1	1	0	0	1	0	1	1	1
2	0	0	0	1	0	0	1	0	1	0	0	1	−1	1	1
3	1	0	1	0	0	0	2	2	0	0	4	0	2	4	4
4	1	0	0	1	1	0	3	2	1	2	4	1	1	1	9
5	1	1	0	0	0	0	2	1	1	1	1	1	0	0	4
6	1	1	1	1	1	0	5	3	2	6	9	4	1	1	25
7	1	1	1	1	0	1	5	2	3	6	4	9	−1	1	25
8	1	1	1	0	0	1	4	2	2	4	4	4	0	0	16
9	0	1	0	0	1	1	3	1	2	2	1	4	−1	1	9
10	1	1	1	1	1	1	6	3	3	9	9	9	0	0	36
总和	8	6	5	5	4	4	32	17	15	30	37	33	2	10	130
p	0.8	0.6	0.5	0.5	0.4	0.4									
q	0.2	0.4	0.5	0.5	0.6	0.6									
pq	0.16	0.24	0.25	0.25	0.24	0.24									

$$\sigma_a^2 = 0.81, \quad \sigma_a^2 = 1.05, \quad \sigma_t^2 = 2.76$$
$$\sigma_a^2 = 0.96, \quad \sum pq = 1.38, \quad \overline{X} = 3.2$$

其中,r_u表示分半信度系数;σ_d^2表示每个被试两半测验分数之差的方差;σ_t^2表示测验总分的方差.

以表 11.3 来说明计算过程:在奇偶分半之后,先求出每个学生的奇偶分数之差(表 11.3 第 9 列),再计算该差数的方差以及测验总分的方差.

两半测验分数之差的方差为

$$\sigma_d^2 = \frac{\sum d^2}{n} - \left(\frac{\sum d}{n}\right)^2 = \frac{10}{10} - \left(\frac{2}{10}\right)^2 = 0.96$$

测验总分的方差为

$$\sigma_t^2 = \frac{\sum X_t^2}{n} - \left(\frac{\sum X_t}{n}\right)^2 = \frac{130}{10} - \left(\frac{32}{10}\right)^2 = 2.76$$

将上述数据代入式(11.10)就可算出分半信度系数 $r_u = 0.65$.

方法三　弗拉南根(Flanagan)公式估计法.

应用弗拉南根公式估计分半信度,同样不要求两半测验分数的方差相等,计算公式为

$$r_u = 2\left(1 - \frac{\sigma_a^2 + \sigma_b^2}{\sigma_t^2}\right) \tag{11.11}$$

其中,r_u表示分半信度系数;σ_a^2和σ_b^2分别表示两个分半测验分数的方差;σ_t^2表示测验总分的方差.

仍以表 11.3 来说明计算过程:

用表 11.3 第 4,7 和 5,8 列的数据分别计算两半测验分数的方差.

奇数组分数的方差为

$$\sigma_a^2 = \frac{\sum X_a^2}{n} - \left(\frac{\sum X_a}{n}\right)^2 = \frac{37}{10} - \left(\frac{17}{10}\right)^2 = 0.81$$

偶数组分数的方差为

$$\sigma_a^2 = \frac{\sum X_b^2}{n} - \left(\frac{\sum X_b}{n}\right)^2 = \frac{33}{10} - \left(\frac{15}{10}\right)^2 = 1.05$$

将上述数据代入式(11.11)就可算出分半信度为 $r_u = 0.65$.

需要指出的是,若两半分数的方差相等($\sigma_a^2 = \sigma_b^2$),则用三个公式估计出来的分半信度系数都是相同的.

2. 同质性信度

同质性测验是指组成测验的几个部分都以同等程度测量被试的同一种属性,测题之间存在高相关性,而异质性测验则相反.

同质性信度(homogeneity reliability)也称内在一致性系数,是指测验内部所有测题间的一致性程度.它包含两层含义:一是指所有题目测的都是同一种心理特质,二是指所有题目得分之间都具有较高的正相关.

当一个测验具有较高的同质性信度时,说明测验主要测的是某个单一心理特质,实测结果就是该特质水平的反映.如果一个测验同质信度不高,说明测验结果可能是几种心理特质的反映,这时测验结果不好解释.一种可操作的办法是把一个异质测验分成多个同质性分测验,再根据被试在分测验上的得分分别做出解释.一些表面上看起来是测量同一种心理特质的题目,如果其题目间不具有较高的正相关,则不能认为它们具有同质性.我们讨论同质性信度的目的在于判断一个测验是否测到了单一特质,以及估计所测特质的一致性程度.同质性信度的估计方法如下.

方法一　0,1 记分的同质性信度.

对于由答对记 1 分,答错记 0 分的测题组成的测验,其同质性信度可以用库德-理查逊(Kuder-Richardson)信度估计,该方法避免了由于分半方式不同而造成的误差.但它要求测题的难度相等或近似相等以及组间相关等,这些假设条件与斯皮尔曼-布朗公式相同.

公式一　库德-理查逊公式 20(简写 K-R$_{20}$)

$$r_{tt} = \frac{K}{K-1}\left[1 - \frac{\sum pq}{\sigma_t^2}\right] \tag{11.12}$$

其中,r_{tt} 表示库德-理查逊信度系数;K 表示测题数目(或称测验长度);σ_t^2 表示测验总分的方差;p 表示各测题答做对的人数比例;$q=1-p$ 表示各测题答错的人数比例.

用 K-R$_{20}$ 估计表 11.3 资料的同质性信度,因为各题答对人数比例 p 和答错人数比例 q 的乘积和为 $\sum pq = 1.38$,同时 $K = 6, \sigma_t^2 = 2.76$,由公式(11.12)得 $r_{tt} = 0.60$.

公式二　库德-理查逊公式 21(简写 K-R$_{21}$)

$$r_{tt} = \frac{K}{K-1}\left(1 - \frac{K\overline{pq}}{\sigma_t^2}\right) \tag{11.13}$$

其中,$\overline{p} = \dfrac{\sum p}{K}$ 表示各测题答对人数比例的平均值;$\overline{q} = 1 - \overline{p}$ 表示各测题做错人数比例的平均值.

用 K-R$_{21}$ 估计表 11.3 资料的同质性信度,因为各题答对与答错人数比例的平均数分别为 $\overline{p}=0.533, \overline{q}=0.467$,同时 $K=6, \sigma_t^2=2.76$,由式(11.13)得 $r_{tt}=0.55$.

可见,用不同方法估计同一组数据(表 11.3)的内在一致性信度,其结果可能不同.一般来说,K-R$_{20}$ 和 K-R$_{21}$ 与分半信度相比,对测验的内在一致性信度的估计是偏低的,K-R$_{21}$ 尤其如此.当测题的难度差异悬殊的时候,K-R$_{20}$ 也会产生低估.这是因为分半信度是根据被分成的相等的两半计算的,其两半之间的同质性较高,所以相关较高;K-R 信度是根据答对与答错的两部分计算的,其两部分之间异质性较高,所以相关较低. 但对于同一组资料,由于测题排列方法和分半方法不同,K-R 信度也可能高于分半信度.

为了使 K-R$_{20}$ 和 K-R$_{21}$ 能对测验信度作恰当的估计,有人提出了以下的校正方法.

公式三   库德-理查逊信度的校正

$$t_{tt} = \frac{\sigma_m^2}{\sigma_t^2}\left[\frac{\sigma_t^2 - \sum pq}{\sigma_m^2 - \sum pq}\right] \tag{11.14}$$

其中

$$\sigma_m^2 = 2\sum Rp - \overline{X}_t(1 + \overline{X}_t) \tag{11.15}$$

在这里,σ_m^2 表示当测题难度相近时,测验总分最大可能方差的估计值;R 表示测题难度的等级;p 表示测题难度或答对人数的比例;$\overline{X}_t$ 表示测验总分的平均值.

式(11.14)是霍斯特(Horst)于 1953 年发表的,所以又称为霍斯特校正公式(简称 K-R$_{20}'$). K-R$_{20}'$ 公式比较了实际测验方差与最大可能方差之间的近似程度.

由表 11.3 中数据,利用式(11.15)得

$$\sigma_m^2 = 2\times(1\times0.8 + 2\times0.6 + \cdots + 6\times0.4) - 3.2(1 + 3.2) = 6.36$$

再由式(11.14)可算出 $r_{tt} = 0.64$. 可见,与 K-R$_{20}$ 公式相比,用 K-R$_{20}'$ 校正公式计算出的信度系数会略高一些.

当测题的难度变化较大时,K-R$_{21}$ 大大低估了信度系数,为了校正这种低估,又设计出了 K-R$_{21}'$ 公式

$$r_{tt} = 1 - \frac{0.8\overline{X}_t(K - \overline{X}_t)}{K\sigma_t^2} \tag{11.16}$$

由表 11.3 中数据,利用式(11.16)可算出 $r_{tt} = 0.57$.

可见,与 K-R$_{21}$ 相比,用 K-R$_{21}'$ 计算出的信度系数会略高一些.

据美国中西部大学评分办公室研究发现,K-R$_{21}'$ 在应用上有一定价值,经它估计的信度系数既有一定的精度,且计算方便.

方法二   非 0,1 记分测验的同质性信度.

K-R$_{20}$ 和 K-R$_{21}$ 只适用于估计 0,1 记分测题的信度,而克隆巴赫(Cronbach)为估计连续记分法和一切非 0,1 记分法的信度设计了 α 系数

$$r_{tt} = \frac{K}{K-1}\left[1 - \frac{\sum \sigma_i^2}{\sigma_t^2}\right] \tag{11.17}$$

其中,σ_i^2 表示每个测题分数的方差.

例 11.5   用 6 道数学解答题组成的测验对 5 个学生进行施测,其结果见表 11.4 第 2 列,试估计测验的同质性信度.

解   由表 11.4 中的数据可算得,测验总分的方差为

$$\sigma_t^2 = \frac{\sum X_t^2}{n} - \left(\frac{\sum X_t}{n}\right)^2 = \frac{13871}{5} - \left(\frac{261}{5}\right)^2 = 49.36$$

又因为 $\sum\sum X^2 = 49 + 36 + \cdots + 81 = 2407$，$\sum(\sum X)^2 = 34^2 + 51^2 + \cdots +$

$45^2 = 11535$，所以 $\sum \sigma_i^2 = \dfrac{\sum\sum X^2}{n} - \dfrac{\sum(\sum X)^2}{n^2} = 20.0$，再用式(11.17)可算出

$r_{tt} = 0.71$.

　　由 α 系数估计出的信度，是信度中的最低限度.

表 11.4　6 道数学解答题测验的同质性信度系数计算表

学生 n=5 (1)	题序 (2)						总分 X_t (3)	总分平方 X_t^2 (4)
	1	2	3	4	5	6		
1	7	11	8	11	11	10	58	3364
2	6	8	9	7	8	9	47	2209
3	6	10	5	8	9	7	45	2025
4	8	11	6	8	5	10	48	2304
5	7	11	12	14	10	9	63	3969
总和	34	51	40	48	43	45	261	13871
平方和	234	527	350	494	391	411		

11.2.4　评分者信度

　　对于客观性测验，由于每个题目都有固定答案，评分时较少受到评分者主观因素的影响，一般不需要考虑评分者评分的一致性问题. 但对主观性测题组成的测验活动，如数学说课或说题比赛中，不同评分者对同一个选手的评分可能不同，造成测验分数的差异，进而引起测量误差，这时就需要考虑评分者评分的一致性问题.

　　评分者之间的信度有三种估计方法.

1. 积差相关或等级相关估计法

　　如果每份测验，都是由两位评分者以连续分数形式记分，则评分者信度可以用每份测验结果的两个分数之间的积差相关系数来表示，用式(11.6)、式(11.7)或式(11.8)来计算.

　　如果每份测验，都是由两位评分者以等级形式进行评定，则评分者信度可以用每份测验结果的两个等级之间的斯皮尔曼等级相关系数来计算，其公式为

$$r_{tt} = 1 - \frac{6\sum D^2}{n(n^2-1)} \tag{11.18}$$

其中,r_{tt}表示评分者之间的信度系数;D表示每份测验结果的等级差;n表示被试人数.

例 11.6 甲、乙两位评分者(专家)对 10 名说题选手进行评价,评分结果见表 11.5,试计算两位评分者的信度.

表 11.5 两位评分者对 10 名说题选手的评分者信度系数计算表

选手 n=10 (1)	专家甲		专家乙		等级差 D (6)	等级差平方 D^2 (7)
	分数 X (2)	等级 (3)	分数 Y (4)	等级 (5)		
1	94	1	93	1	0	0
2	90	3	85	4	−1	1
3	86	4.5	87	3	1.5	2.25
4	86	4.5	90	2	2.5	6.25
5	72	6	75	6	0	0
6	70	7	71	7.5	0.5	0.25
7	68	8	71	7.5	0.5	0.25
8	65	9	63	10	−1	1
9	61	10	66	9	1	1
10	92	2	83	5	−3	9
总和	784	55	784	55	1	21

解 由表 11.5 中的数据和式(11.18),可算出两位评分者之间的信度系数为 $r_{tt}=0.87$.

2. α 系数估计法

当两名以上评分者用连续记分形式对一组被试的测验结果进行评定时,评分者信度可用式(11.17)来估计 α 系数.

例 11.7 由 3 位评分者对 7 名学生问题解决成果进行成绩评定,结果见表 11.6 第 2 列,试估计评分者信度.

解 每名学生由 3 位评分者评分的方差为

$$\sigma_t^2 = \frac{\sum X_t^2}{n} - \left[\frac{\sum X_t}{n}\right]^2 = \frac{2189}{7} - \left(\frac{123}{7}\right)^2 = 3.96$$

每位评分者对 7 名学生评分的方差之和为

$$\sum \sigma_i^2 = \frac{\sum \sum X^2}{n} - \frac{\sum \left(\sum X\right)^2}{n^2} = \frac{751}{7} - \frac{5129}{7^2} = 2.61$$

再利用式(11.17),可算出 3 位评分者之间的信度系数为 $r_{tt} = 0.51$.

表 11.6　3 位评分者 7 名学生问题解决成果的评分者信度计算表

学生 n=7 (1)	评分者(K=3) (2)			总分 X_t (3)	总分平方 X_t^2 (4)
	1	2	3		
1	6	7	7	20	400
2	5	5	5	15	225
3	5	5	7	17	289
4	4	6	6	16	256
5	6	7	8	21	441
6	5	5	7	17	289
7	3	7	7	17	289
总和	34	42	47	123	2189
平方和	172	258	321		

3. 肯德尔和谐系数估计法

当两位评分者用等级形式对 n 个测验结果进行评定时,可以用两列等级相关系数来表示两位评分者之间的信度. 当 K 位评分者用等级对 n 个测验结果进行评定时,可以用多列等级相关系数(即肯德尔和谐系数)来表示 K 位评分者之间的信度,其计算公式为

$$r_u = \frac{SS_R}{\frac{1}{12}K^2(n^3-n)} \tag{11.19}$$

其中

$$SS_R = \sum(R-\bar{R})^2 = \sum R^2 - \frac{(\sum R)^2}{n} \tag{11.20}$$

在这里,r_u 表示肯德尔和谐系数;SS_R 表示 R 的离差平方和. $\frac{1}{12}K^2(n^3-n)$ 表示评分者完全一致时最大可能的 SS_R.

例 11.8　由 4 位评分者(专家)对 5 名说课比赛选手进行等级评定,结果见表 11.7,试计算评分者的信度.

解　先算出离差平方和 $SS_R = \sum R^2 - \frac{(\sum R)^2}{n} = 842 - \frac{60^2}{5} = 122$,再利用式

(11.19) 和式(11.20) 可算出 4 位评分者对 5 名说课比赛选手等级评定的信度系数为 $r_{tt} = 0.763$.

如果在评定中有相同等级时, 用下面的公式进行校正

$$r_{tt} = \frac{SS_R}{\frac{1}{12}K^2(n^3-n)-K\sum T} \tag{11.21}$$

其中, $T = \dfrac{\sum (m^3-m)}{12}$; m 表示相同等级的个数.

表 11.7　4 位评分者对 5 名说课比赛选手评定的肯德尔和谐系数计算表

教师 $n=5$ (1)	评分者($K=4$) (2)				R (3)	R^2 (4)
	1	2	3	4		
1	3	2	4	3	12	144
2	5	4	5	4	18	324
3	2	1	1	2	6	36
4	4	5	3	5	17	289
5	1	3	2	1	7	49
总和					60	842

例 11.9　由 3 位评分者对 6 名教师的数学教育研究论文进行等级评定, 结果见表 11.8 第 2 列, 试计算评分者之间的信度.

表 11.8　3 位评分者对 6 篇数学教育论文进行等级评定的肯德尔和谐系数计算表

编号 $n=6$ (1)	评分者($K=3$) (2)			等级 (3)			R (4)	R^2 (5)
	1	2	3	1	2	3		
1	5	4	6	5	5	5.5	15.5	240.25
2	3	4	3	3	5	2.5	10.5	110.25
3	2	3	6	1.5	3	5.5	10	100
4	2	1	2	1.5	1	1	3.5	12.25
5	6	4	3	6	5	3	14	196
6	4	2	5	4	2	4	10	100
总和	22	18	25	21	21	21.5	63.5	758.75

解　首先将表 11.8 第 2 列中每个评分者的所评名次排成等级,对相同名次,以它们所占位置的平均数作为等级.例如,第 2 列的第 3 位评分者对 6 篇论文的评定等级,按 6 个不同等级来排序可以是 5,2,6,1,3,4,所以用 2 和 3 的平均数 2.5 来代替原来的等级 3,用 5 和 6 的平均数 5.5 来代替原来的等级 6.然后计算每篇论文等级之和 R 的离差平方和

$$SS_R = 758.75 - \frac{63.5^2}{6} = 86.71$$

同时,由于 $T_1 = \frac{2^2 - 2}{12} = 0.5, T_2 = \frac{3^2 - 3}{12} = 2, T_3 = \frac{2^2 - 2}{12} + \frac{2^2 - 2}{12} = 1$,所以 $\sum T = 3.5$.

将有关数据代入式 (11.21),可算出 3 位评分者对 6 篇数学教育论文评分之间的信度系数,即肯德尔和谐系数为 $r_{tt} = 0.59$.

需要指出的是,信度系数达到多高才算可靠呢?这是个复杂的问题,不可一概而论.因为信度系数是用相关系数来表示的,所以在评价时必须与求得信度系数的环境和条件联系起来.具体的环境与条件是指测验的性质、内容,信度估计的方法,施测的时间间隔,标准化被试样本的容量及分数差异情况等.

这里提供几个一般性的参考标准,一般能力与学绩测验的信度系数应在 0.90 以上;标准化智力测验的信度系数应在 0.85 以上;人格测验的信度系数可稍低,但也应达到 0.7~0.80 或以上.当信度系数小于 0.70 时,不能用测验来对个人进行评价,也不能用来进行团体间的比较;当信度系数大于 0.70 时,可用来进行团体间的比较;大于 0.85 时,可以用来鉴别个人.

11.3　信度的理论概述

11.3.1　真分数的含义

经典测验理论 (class test theory,CTT),也叫真分数理论,该理论认为人的心理特质水平经测量之后应表现为一个数值,只是由于测量误差的存在,实际测量得到的数值往往与该特质的真实水平值之间存在差异.我们把反映被试某种心理特质的纯正而没有误差的分数称为真分数 (true score),把实际测量得到的分数称为测验分数 (observed score).

真分数是一个理论上的构想概念,在实际测量中是很难得到的.我们只能改进测量工具、规范测量过程、完善操作方法等手段来使测验分数尽量接近真分数,或者说使这两种分数之间的误差被控制在可接受的测量范围之内就可以了.

11.3.2　信度与误差的关系

一般地,统计资料可能有三种误差.

1. 抽样误差

抽样误差就是由抽样所带来的误差. 例如,从一个总体中随机抽取几个样本,它们之间的均值不会都相同,而且它们的均值与总体均值也不会全部相同. 这是由抽样误差所产生的.

2. 测量误差

测量误差又称随机误差或偶然误差,是由偶然因素所引起但不易控制的误差. 这些偶然因素不仅来自测量工具本身,如测验题目、问卷、量表等,而且还来自主试、被试和测验环境等.

3. 系统误差

系统误差又称恒定误差,是在测量过程中由与测量无关的因素所引起的有一定规律性和系统性的误差. 例如,数学成绩测验由于在临近中午时施测,可能由于疲劳、饥饿,使所有被试的测验分数都偏低.

在测量中,抽样误差可以忽略不计,因为按照一定方式随机抽取的大样本,其抽取误差的估计值 $S_x = \dfrac{S}{\sqrt{n}}$ 会更小. 虽然系统误差可以使每一个被试的得分普遍偏高或偏低,但这并不会引起两次测验分数的不一致性,它并不影响测验信度. 测量误差才是影响测量信度的主要原因.

11.3.3　信度的理论定义

信度在逻辑上讲是一组测验分数中真分数方差与获得分数(即测验分数)方差的比率. 从理论上讲,每一个被试的获得分数(X_t)与真分数(X_∞)之间是一种线性关系,并且只相差一个测量误差(X_e),即

$$X_t = X_\infty + X_e \tag{11.22}$$

这就是 CTT 理论的数学模型. 真分数在理论上是指一个被试在无限相等的测验上所得分数的平均数,下标∞就是取的这个含义.

CTT 模型主要有 3 个相关假设(Gulliksen,1950)(引自戴海崎,2007):

(1) 若一个人的某种心理特质可以用平行测验反复测量足够多次,则其获得分数的平均值会接近于真分数,而误差分数的均值为零,即

$$\varepsilon(X_t) = X_\infty \quad 或 \quad \varepsilon(X_e) = 0$$

(2) 真分数和误差分数相互独立,即它们的相关系数为零,即

$$\rho(X_\infty, X_e) = 0$$

(3) 各平行测验的误差分数相互独立,即它们的相关系数为零,即

$$\rho(X_{e_1}, X_{e_2}) = 0$$

　　CTT 理论还认为:如果两个题目不同的测验测的是同一特质,并且题目形式、数量、难度、区分度以及测量等值团体后所得分数的分布(平均值和标准差)都是一致的,则称这两个测验为平行测验.

　　然而,用多个平行测验反复测量同一个体的同一种心理特质,往往是很难实现的.在实际测量中,不是用许多平行测验来反复测量同一批被试,而是用一个测验来测量许多被试.因为 CTT 理论认为,每个人的误差都是随机的,而且服从零均值的正态分布.当被试团体足够大时,团体内各种随机误差会相互抵消而趋于零,整个团体的测验分数的均值趋于该团体真分数的均值.这就使得多个被试接受同一个测验,相当于多个平行测验反复测量一个具有团体真分数均值水平的一个个体.

　　如果一个测验满足 CTT 模型的 3 个相关假设,那么获得分数的方差(σ_t^2)等于真分数的方差(σ_∞^2)与误差的方差(σ_e^2)之和,用公式表示为

$$\sigma_t^2 = \sigma_\infty^2 + \sigma_e^2 \tag{11.23}$$

　　现用表 11.9 中 10 个被试在某一测验上的得分来说明三种方差之间的关系,其中的真分数和误差是假设的.

表 11.9　测验分数、真分数、误差三种方差之间的关系

学号 (1)	测验分数 X_t(2)	真分数 X_∞(3)	误差		$X_\infty X_e$ (6)
			X_e(4)	X_e(5)	
1	6	4	2	4	8
2	14	16	−2	4	−32
3	20	24	−4	16	−96
4	24	22	2	4	44
5	10	12	−2	4	−24
6	16	14	2	4	28
7	18	22	−4	16	−88
8	36	34	2	4	68
9	27	28	−1	1	−28
10	29	24	5	25	120
总和	200	200	0.00	82	0.00
平均数 $\overline{X}$	20	20	0.00		
方差 σ^2	75.4	67.2	8.2		
标准差 σ	8.68	8.20	2.86		

　　可以看出,测验分数与真分数的平均数相等,即 $\overline{X}_t = \overline{X}_\infty = 20$.误差的平均数为零,且误差与真分数之间的乘积之和为零,所以误差与真分数相互独立.测验分数的方差等于真分数的方差与误差的方差之和.

　　至此,我们给出信度的理论定义:信度就是一组测验分数中真分数的方差与获得分数的方差的比率,即

$$r_{tt} = \frac{\sigma_\infty^2}{\sigma_t^2} \tag{11.24}$$

或者写成

$$r_{tt} = 1 - \frac{\sigma_e^2}{\sigma_t^2} \tag{11.25}$$

将表 11.9 中的有关数据代入式(11.24)或式(11.25),就可算出信度系数 $r_{tt} = 0.89$.

11.3.4　信度系数与决定系数的关系

决定系数,是指对存在相关关系的两个变量,在因变量的方差中由自变量方差所造成的比率,它在数值上等于两个变量相关系数的平方. 若以 X 表示自变量,Y 表示因变量,则决定系数可表示为 r_{YX}^2. 例如,学生的数学测验分数(Y)随着智商分数(X)的变化而变化,假设二者的相关系数为 $r_{YX} = 0.6$,则决定系数 $r_{YX}^2 = 0.36$,表示约有 36% 的数学分数的方差是由智商分数的方差所造成的,而其余 64% 的数学分数的方差是由智商以外的因素所造成的.

虽然真分数包括在测验分数之内,但是为了从理论上说明信度系数与决定系数的关系,我们假设真分数是与测验分数分开的两个变量. 若以真分数 X_∞ 为自变量,测验分数 X_t 为因变量,那么二者之间相关系数的平方 $r_{t\infty}^2$ 就表示测验分数的方差中由真分数的方差所决定的比率 $\dfrac{\sigma_\infty^2}{\sigma_t^2}$,这正是信度的涵义,表明当测量误差与真分数之间相互独立时,决定系数就等于信度系数,即

$$r_{t\infty}^2 = r_{tt} \tag{11.26}$$

现在对式(11.26)进行证明,表 11.9 中的测验分数与真分数的回归线如图 11.1 所示.

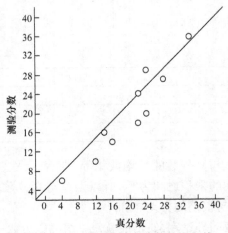

图 11.1　测验分数与真分数的回归线

统计学原理告诉我们,因变量 Y 与回归值 $\hat{Y}$ 之差的标准差,就是估计标准误差 σ_{YX},即

$$\sigma_{YX} = \sigma_Y \sqrt{1 - r_{YX}^2}$$

而表 11.9 中的第 4 列的测量误差恰好就是测验分数与真分数的回归值之间的差数,所以上式可以表示为

$$\sigma_e = \sigma_t \sqrt{1 - r_{t\infty}^2} \tag{11.27}$$

由于 $\sigma_t^2 = \sigma_\infty^2 + \sigma_e^2$,结合式(11.27)可得

$$r_{t\infty}^2 = 1 - \frac{\sigma_e^2}{\sigma_t^2} \tag{11.28}$$

或者写成

$$r_{t\infty}^2 = \frac{\sigma_\infty^2}{\sigma_t^2} \tag{11.29}$$

对比式(11.25)和式(11.26)可知,决定系数等于信度系数.

11.3.5　影响信度的因素

任何引起测验分数误差的因素,都是影响信度的因素,其中最为重要的是测验本身和主试、被试团体.

1. 测验长度对信度的影响

测验长度是指测验所包含的测题(或称项目、题目)的数量. 用分半法求出的信度系数低于整个测验的信度系数的事实表明,测验的长度越大,信度越高. 假如原测验有 5 道测题,信度系数为 0.20,在连续应用斯皮尔曼-布朗公式(11.9) $r_{tt} = \dfrac{2r_{hh}}{1 + r_{hh}}$ 将测验长度成倍增加时,测验长度对信度的影响见表 11.10. 可以看出,原信度值越低,由于长度的增加而提高的信度值越高;原信度值越高,由于长度的增加而提高的信度值越少.

表 11.10　测验长度与信度的关系

测题数目	信度系数	测题数目	信度系数
5	0.20	160	0.89
10	0.33	320	0.94
20	0.50	640	0.97
40	0.67	∞	1.00
80	0.80		

虽然可以通过增加测验长度来改进信度,但是所增加的测题应与原测题是同质

的，而且有相同的难度. 这与斯皮尔曼-布朗公式求分半信度所要求的条件是一样的，即测验是同质性的，而且被分成的两半测验的难度是相等的.

式(11.9)只能求出测验长度增加到原测验长度 2 倍时的信度系数，当增加为原测验长度的 n 倍时，可推导出它的通式为

$$r_{nn} = \frac{nr_{tt}}{1+(n-1)r_{tt}} \qquad (11.30)$$

其中，n 表示增加后的测验长度与原测验长度的比值；r_{nn} 表示测验长度增加到原测验长度的 n 倍时的信度系数；r_{tt} 表示原测验长度的信度系数.

如果要将原测验的信度提高到某一水准，那么现测验长度应变为原测验长度的多少倍呢？这一问题可以利用式(11.30)来求出

$$n = \frac{r_{nn}(1-r_{tt})}{r_{tt}(1-r_{nn})} \qquad (11.31)$$

例 11.10　设原测验信度系数为 0.75，现要将信度系数提高到 0.90，问测验长度要增加到原测验长度的多少倍？

解　将有关数据代入式(11.31)，得 $n=3$，所以测验长度需要增加到原测验长度的 3 倍，信度系数才能从 0.75 提高到 0.90.

2. 测验难度对信度的影响

测验的难度与信度没有直接关系. 但是，当测验分数范围缩小时，信度将降低. 因此，如果测验太难，大部分被试得分低；测验太容易，大部分被试得高分. 这两种情况都会增加分数的集中度，从而降低了测验分数的方差.

这一点可以从信度的定义加以解释. 式(11.25)中的误差方差 σ_e^2，在总体中一般是比较稳定的. 如果测验难度控制不够好，造成测验分数相对集中，使测验分数的方差 σ_t^2 减小，误差方差与测验分数方差之间的比率就会相对增大，信度系数 $r_{tt}=1-\dfrac{\sigma_e^2}{\sigma_t^2}$ 就会减小. 一般来说，测题难度为 0.3～0.7，且平均难度在 0.5 的测验，最有利于提高测验的信度.

3. 主试和被试对信度的影响

1) 被试

就单个被试而言，被试的身心健康状况、应试动机、注意力、耐心、求胜心、作答态度等会影响测量误差，因为这些因素往往会影响被试的心理特质水平的稳定性.

就被试团体而言，整个团体内部水平的离散程度以及团体的平均水平都会影响测量信度，因为我们所计算的信度估计值大都是以相关为基础的，而相关系数的大小往往取决于全体被试得分的分布情况. 当被试团体异质(即团体内水平彼此差异大)时，全体被试的总分分布必然较广，以相关为基础计算出来的信度值必然会大，这就

很可能高估实际的信度值.当团体同质(团体内部水平彼此相差不大)时,其得分分布必定会较窄,以相关为基础计算出来的信度值必然会小,这时又可能低估真正的信度值.

此外,若团体的平均水平太高(大家都得高分)或太低(大家都得低分),同样会使测验总分的分布变窄,低估测量的真正信度.

同一个测验对两组被试进行施测,如果已知一组被试的测验分数方差或标准差、信度系数和另一组被试的测验分数方差或标准差,根据误差方差一般在总体中是比较稳定的这一特点,可以推导出下式以估计该测验应用于另一组被试的信度系数.

$$r_{m} = 1 - \frac{\sigma_t^2 (1 - r_{tt})}{\sigma_n^2} \tag{11.32}$$

其中,r_{m}表示未知的信度系数;r_{tt}表示已知的信度系数;σ_t^2表示信度系数为已知的测验分数的方差;σ_n^2表示信度系数为未知的测验分数的方差.

例 11.11　同一个测验对某一组被试施测,其测验分数的标准差为11,信度系数为 0.80,再对另一组被试施测,其标准差为10,试估计另一组的信度系数.

解　将以上数据代入式(11.31),得 $r_{m} = 1 - \frac{11^2 (1 - 0.80)}{10^2} = 0.76$,所以该测验应用于另一组被试时,其测验分数的信度系数为 0.76.

2) 主试

就施测者而言,若他不按指导手册中的规定施测,或故意制造紧张气氛,或给考生一定的暗示、协助等,则测量信度会大大降低.就阅卷评分者而言,若评分标准掌握不一,如前后松紧不一致,甚至是随心所欲,则也会降低测量信度.

11.4　效度的类型及确定方法

11.4.1　效标关联效度

1. 效标关联效度的概念

效标,就是指效度标准,是指确实能够显示或反映所要测量的事物属性的变量.效标是考察检验测验效度的一个参照标准.效标关联效度,就是以某一测验分数与其效标分数之间的相关来表示的效度,又称为统计效度.它们之间的相关系数就是效标关联效度系数,也称实证效度.

例如,某年全国高考物理学科的测验效度,可以用高三学业水平考试中物理学科的测验分数作为效标,然后求同一组学生高考物理得分与水平考试得分之间的相关系数,这个系数就是该年高考物理测验的效标关联效度系数.当这个相关系数与总体零相关系数有显著差异时,相关系数越高,效度就越高,否则,效度就越低.

为某个测验选择一个最有效的效标是一件既重要又非常困难的事情,因为我们不能凭主观就能判断出哪一个变量确实能反映和显示所要测量的事物属性.总的原则是效标也需要有一定的可靠性（即信度），在某次测验活动中也应该对效标自身进行测量与考察．另外，效标的选择还与测验的种类有关．

例如，智力测验可以用学科成绩、教师评定等级、学习总成绩、受教育年限、年龄等作为效标；能力倾向测验可采用特殊能力或特殊训练的成绩作为效标；教育测验可采用相应的学科成绩或教师的等级评定作为效标．根据测验分数和效标分数两者所获得的时间关系，可以将效标关联效度分成同时效度和预测效度．

同时效度（concurrent validity）是以测验分数与现有效标分数的相关系数来表示的效度．这种效标资料比较容易获得，省时、省力又省钱，所以应用比较普遍．预测效度（predictive validity）是以被试的测验分数与其未来效标分数的相关系数来表示的效度．

例如，要预测初中毕业考试中数学成绩得高分的学生在进入高中阶段以后的数学学习能力的高低，这就要计算初中毕业数学测验的预测效度．在得到被试的考试成绩之后，需要经过长期跟踪调查，积累能反映被试在高中阶段数学学习方面的资料，做出相应的评定，再计算二者的相关．在了解初中毕业数学测验对高中阶段数学学习能力的有效性以后，就可用来预测其他被试的高中数学学习能力．

显然，预测效度比较费时、费力，而且效标变量的样本容量往往小于预测变量的样本容量，因而常会低估了预测效度．

2. 效标关联效度的确定方法

测验分数和效标分数之间的相关系数称为效标关联效度，但由于测验分数和效标分数的类型可以不同，二者之间的相关系数的计算方法也就不同．

方法一　积差相关法．

当测验分数和效标分数均为正态连续变量时，可以用二者之间的积差相关系数来表示测验的效标关联效度．

例 11.12　用一套某市普通高中学业水平考试（数学）卷对高中三年级 15 名理科生进行施测，其测验分数见表 11.11 第 2 列．将这些学生参加当年全国高考的数学成绩作为效标，其测验分数见表 11.11 第 3 列，试估计这次这学业水平考试（数学）卷的效标关联效度．

解　假如综合测验的测验分数和作为效标的高考分数均为正态连续变量，于是测验的同时性效标关联效度可以用二者的积差相关系数表示．

将表 11.11 中有关数据代入式（11.6），可计算出这次综合测验的效标关联效度为

$$r_{tt} = \frac{\sum X_1 X_2 - (\sum X_1)(\sum X_2)/n}{\sqrt{\sum X_1^2 - (\sum X_1)^2/n}\sqrt{\sum X_2^2 - (\sum X_2)^2/n}}$$

$$= \frac{128685 - 1529 \times 1253/15}{\sqrt{156735 - 1529^2/15}\sqrt{106519 - 1253^2/15}} = 0.76$$

表 11.11　某市普通高中学业水平考试(数学)卷的效标关联效度

学号 (1)	学业水平分数 X_1 (2)	高考测验分数 X_2 (3)	X_1^2 (4)	X_2^2 (5)	$X_1 X_2$ (6)
1	85	60	7225	3600	5100
2	108	98	11664	9604	10584
3	102	80	10404	6400	8160
4	102	87	10404	7569	8874
5	110	90	12100	8100	9900
6	97	70	9409	4900	6790
7	98	64	9604	4096	6272
8	93	78	8649	6084	7254
9	113	96	12769	9216	10848
10	93	82	8649	6724	7626
11	101	94	10201	8836	9494
12	106	82	11236	6724	8692
13	100	92	10000	8464	9200
14	111	91	12321	8281	10101
15	110	89	12100	7921	9790
总和	1529	1253	156735	106519	128685

方法二　二列相关法.

当测验分数和效标分数两个均为正态变量,而其中一个变量被人为地划分成二分变量时,测验的效标关联效度系数可以用二列相关系数来表示,其计算公式为

$$r_b = \frac{\overline{X}_p - \overline{X}_q}{\sigma_t} \cdot \frac{pq}{y} \tag{11.33}$$

式(11.33)还可变形为

$$r_b = \frac{\overline{X}_p - \overline{X}_t}{\sigma_t} \cdot \frac{p}{y} \tag{11.34}$$

其中,r_b 表示二列相关系数;σ_t 表示样本所在总体的标准差;$\overline{X}_p$ 表示与二分变量中某一类别(与 p 同类)对应的连续变量的平均数;$\overline{X}_q$ 表示与二分变量中另一类别(与 q 同类)对应的连续变量的平均数;p 与 q 表示二分变量各自类别所占的比率;y 为 p 的正态曲线高度,需查正态分布表;$\overline{X}_t$ 表示连续变量的平均数.

例 11.13　对某校高中三年级 30 名学生进行数学测验,其中实验班(用 1 表示)和非实验班(用 2 表示)的得分见表 11.12,试估计这份数学测验卷的效标关联效度.

解　将高三数学考试分数看作连续变量,而作为效标的实验班和非实验班被人为划分成二分变量,所以高三数学试卷的效标关联效度系数可以用二列相关来表示.

计算 $p = 0.5667$ 的 y 值的方法如下.

首先用 $0.5667 - 0.5000 = 0.0667$,再由 0.0667 为面积值反查正态曲线下面积与高度表(附表 1),找出与该面积值 0.0667 相应的高度 y 值. 如果表中没有与已知面积值非常吻合的数,则可取该面积值所在的最小区间,并且取离区间端点最近的端点值来当作相应的高度. 因为 0.0667 在区间 $[0.06356, 0.06749]$ 内且与右端点的距离比左端点近,所以取与 0.06749 相应的 $y = 0.39322$.

将表 11.12 的有关数据和 y 值代入式(11.33),得数学试卷的效标关联效度系数为

$$r_b = \frac{97.947 - 86.00}{12.85} \times \frac{0.5667 \times 0.4333}{0.39322} = 0.58$$

或者代入式(11.34),可算得相同的结果,请大家自己验证.

表 11.12　某校高中三年级 30 个学生的数学成绩

学号 (1)	测验分数 X_t (2)	实验班 1 (3)	非实验班 0 (4)	学号 (1)	测验分数 X_t (2)	实验班 1 (3)	非实验班 0 (4)
1	68		0	19	106	1	
2	83		0	20	109	1	
3	90		0	21	85		0
4	96		0	22	95	1	
5	75	1		23	110	1	
6	95	1		24	104	1	
7	87		0	25	120	1	
8	96		0	26	86		0
9	99	1		27	89	1	
10	97		0	28	112	1	
11	66		0	29	73	1	
12	84		0	30	99	1	
13	105	1		分数总和平均分数	2783	1462	1321
14	80		0	$\bar{X}$	92.767	97.941	86.00
15	100		0				
16	91	1		标准差	12.850		
17	99	1		人数总和	30	17	13
18	84	1		人数比率		0.5667	0.4333

　　方法三　点二列相关法.

　　当测验分数和效标分数其中一个变量为连续变量,而另一个为真正的二分变量或双峰分布的变量时,测验的效标关联效度系数可以用点二列相关系数来表示,其计算公式有四种等价形式

$$r_{pb} = \frac{\overline{X}_p - \overline{X}_q}{\sigma_t} \cdot \sqrt{pq} \tag{11.35}$$

或者

$$r_{pb} = \frac{\overline{X}_p - \overline{X}_t}{\sigma_t} \cdot \sqrt{\frac{p}{q}} \tag{11.36}$$

或者

$$r_{pb} = \frac{(\overline{X}_p - \overline{X}_q)\sqrt{n_p n_q}}{n\sigma_t} \tag{11.37}$$

或者

$$r_{pb} = \frac{(\overline{X}_p - \overline{X}_t)}{\sigma_t} \cdot \sqrt{\frac{n_p}{n_q}} \tag{11.38}$$

其中,r_{pb} 表示点二列相关系数;p 表示二分变量中某一类别的频数比率;q 表示二分变量中另一类别的频数比率;$\overline{X}_P$ 表示与二分变量中某一类别(与 p 同类)相对应的连续变量的平均数;$\overline{X}_q$ 表示与二分变量中另一类别(与 q 同类)相对应的连续变量的平均数;σ_t 是连续变量的标准差;$\overline{X}_t$ 表示连续变量的平均数;n_p 和 n_q 分别表示二分变量中两个类别的频数;n 表示连续变量的总频数.

　　例 11.14　某校高中一年级 20 名学生进行物理测验,其中 1 表示男,0 表示女,测验得分见表 11.13 的第 2 列,试估计该物理测验的效标关联效度.

　　解　将表 11.13 中的有关数据代入式(11.35),可算得

$$r_{pb} = \frac{63.38 - 58.33}{4.715} \cdot \sqrt{0.40 \times 0.60} = 0.53$$

可以验证,用式(11.35)~式(11.38)算出的效度系数完全相同,在实际应用时究竟选择哪一个公式,可结合数据条件等灵活选用.

　　方法四　四分相关法及 ϕ 相关法.

　　对同一被试样本分别调查两个不同的连续正态变量时,如果人为地将这两个变量各自划分为两个不同的类别,测验的效标关联效度可以用四分相关系数或 ϕ 相关系数来表示.四分相关双称四格表相关,四分相关系数常用皮尔逊余弦 π 近似法计算,其计算公式为

$$r_t = \cos\left[\frac{\pi\sqrt{bc}}{\sqrt{ad} + \sqrt{bc}}\right] \tag{11.39}$$

其中,r_t 表示四分相关系数;a, b, c, d 表示由两个二分变量所分成的四种类别的实际频数.

表 11.13　高中一年级 20 名男女学生的物理测验分数

学号 (1)	测验分数 X_t (2)	男 1 (3)	女 0 (4)	学号 (1)	测验分数 X_t (2)	男 1 (3)	女 0 (4)
1	62		0	15	57	1	
2	57		0	16	64		0
3	68	1		17	56		0
4	58	1		18	65	1	
5	61		0	19	63	1	
6	53		0	20	55		0
7	52		0	分数总和	1207	507	700
8	62		0	平均分数 $\overline{X}$	60.35	63.38	58.33
9	62	1		平方和	73287	32553	41034
10	67	1		离差平方和	444.55	121.88	200.67
11	63		0	标准差 σ	4.715	3.903	4.089
12	67	1		总体标准差估计值 S	4.837	4.173	4.271
13	61		0	人数总和	20	8	12
14	54		0	人数比率	1.00	0.40	0.60

ϕ 相关系数的计算公式为

$$\phi = \frac{ad - bc}{\sqrt{(a+b)(a+c)(b+d)(c+d)}} \tag{11.40}$$

例 11.15　高中生 50 人参加普通高考入学考试的数学成绩(优与良)与他们在大学一年级的高等数学测验成绩(通过和未通过)见表 11.14,试估计高等数学测验的效标关联效度.

表 11.14　高中生 50 人高考数学及其高等数学考试成绩调查表

高考数学成绩	高等数学成绩		总和
	通过(60~100)	未通过(0~60)	
优(120~150) 良(90~119)	$a(15)$ $c(7)$	$b(6)$ $d(22)$	$a+b(21)$ $c+d(29)$
总和	$a+c(22)$	$b+d(28)$	$a+b+c+d(50)$

解　由于作为效标的普通高考入学考试的数学成绩和高等数学考试成绩都是人为二分变量,所以高等数学考试试卷的效标关联效度系数可用四分相关系数或 ϕ 相关系数来表示.

将表 11.14 中的有关数据代入式(11.39),可算得

$$r_t = \cos\left[\frac{\sqrt{6\times 7}}{\sqrt{15\times 22}+\sqrt{6\times 7}}180°\right] = 0.68$$

但是,将表 11.14 中的有关数据代入式(11.40),可算得

$$\phi = \frac{15\times 22 - 6\times 7}{\sqrt{(15+6)(15+7)(6+22)(7+22)}} = 0.47$$

可见,对同一组数据资料,用四分相关系数比用 ϕ 相关系数要高,一般认为只有当 ϕ 相关系数小于 0.3 时,才表示相关较弱.

如果两个变量均为连续正态变量时,用四分相关和积差相关计算出来的相关系数相差不多,而用 ϕ 相关比用积差相关算出来的相关系数要低得多,所以有人建议将 ϕ 相关系数进行校正为 ϕ',即

$$\phi' = \frac{\phi}{0.637} \tag{11.41}$$

方法五　等级相关法.

当测验成绩和效标成绩两个变量中,至少有一个变量是以等级次序排列或以等级次序表示时,测验的效标关联效度系数可以用等级相关系数来表示,其计算公式为

$$r_R = 1 - \frac{6\sum D^2}{n(n^2-1)} \tag{11.42}$$

例 11.16　高中三年级 15 名学生的合情推理能力的测验成绩与相应的等级,见表 11.15 第 2 列和第 3 列,将他们平时的合情推理作业的成绩作为效标,见表 11.15 第 4 列和第 5 列,试估计该合情推理能力测验的效标关联效度系数.

表 11. 15　高中三年级 15 名学生合情推理能力测验的效标关联效度系数计算表

学号 (1)	合情推理能力		平时合情推理能力成绩		等级差	差平方
	X (2)	等级 (3)	Y (4)	等级 (5)	D (6)	D^2 (7)
1	48	2	54	1	1	1
2	67	5	72	10	−5	25
3	83	10	61	3.5	6.5	42.25
4	61	4	65	6	−2	4
5	46	1	64	5	−4	16
6	83	10	74	12	−2	4
7	57	3	59	2	1	1
8	83	10	61	3.5	6.5	42.25
9	92	15	84	15	0	0
10	89	14	82	14	0	0
11	85	12.5	68	7.5	5	25
12	85	12.5	68	7.5	5	25
13	72	6	81	13	−7	49
14	78	7	73	11	−4	16
15	79	8	69	9	−1	1
总和						251.5

解　由于作为效标的平时作业成绩是以等级次序排列的,所以测验分数也应以等级次序排列,则阅读理解能力测验的效标关联效度可以用等级相关系数来表示. 将表 11. 15 的有关数据代入式(11.42),可算出数学合情推理能力测验的效标关联效度系数为

$$r_R = 1 - \frac{6 \times 251.5}{15(15^2 - 1)} = 0.55$$

方法六　列联相关法.

当测验和效标成绩其中一个变量不止分为两个类别时,测验的效标关联效度系数可以用列联相关系数来表示,其计算公式为

$$C = \sqrt{\frac{\chi^2}{N + \chi^2}} \tag{11.43}$$

其中,C 表示列联相关系数;χ^2 表示由 $r \times c$ 列联表(双向表)计算出的 χ^2 值;N 表示样本容量.

列联表是指观测数据按两个或更多属性(定性变量)分类时所列出的频数表,$r \times c$ 列联表的常见形式有 $2 \times 2, 2 \times 3, 2 \times 4, 3 \times 3$ 与 3×4 表等,所以列联相关又称为

列联表相关.

例 11.17　初中三年级 134 名学生的数学学科态度得分及其在该市期末统考中的数学测验成绩见表 11.16. 数学学科态度用《初中生数学学科态度量表》进行测定(附表 2),按照 27% 高低二分法将初中生数学学科态度分为优秀、良好、一般共 3 个等级. 数学测验成绩分为 $A(120\sim150$ 分$)$,$B(90\sim120$ 分$)$,$C(70\sim90$ 分$)$ 和 D(小于 70 分)共 4 个等级,试估计《初中生数学学科态度量表》的预测性效标关联效度.

表 11.16　初三学生 134 人的数学学科态度测验及期末数学成绩分布情况表

数学学科态度得分	数学测验成绩				总和
	A	B	C	D	
优秀	8(3.866)	17(14.082)	10(10.769)	2(8.284)	$n_{r_1}=37$
良好	5(6.373)	30(23.216)	20(17.754)	6(13.657)	$n_{r_2}=61$
一般	1(3.761)	4(13.701)	9(10.478)	22(8.060)	$n_{r_3}=36$
总和	$n_{c_1}=14$	$n_{c_2}=51$	$n_{c_3}=39$	$n_{c_4}=30$	134

解　由于数学学科态度得分与数学测验成绩两个变量均以等级表示,所以《初中生数学学科态度量表》,即数学学科态度测验的效标关联效度可以用列相关系数来表示.

计算列联表的 χ^2 值有两种方法如下:

(1) 理论频数法,其计算公式为

$$\chi^2 = \sum \frac{(f_o - f_t)^2}{f_t} \tag{11.44}$$

其中,f_o 表示实际频数;f_t 表示理论频数,其计算公式为 $f_t = \dfrac{n_r n_c}{N}$,这里的 n_r 表示横行各组的实际频数的总和,即横向边缘次数;n_c 表示纵行各组的实际频数的总和,即纵向边缘次数,N 表示样本容量.

例如,表 11.16 中数学学科态度得分优秀,同时数学测验成绩为 A 等的理论频数为

$$f_t = \frac{37 \times 14}{134} = 3.866$$

将各组的理论频数与实际频数代入式(12.13),可算出

$$\chi^2 = \frac{(8-3.866)^2}{3.866} + \frac{(17-14.082)^2}{14.082} + \cdots + \frac{(22-8.060)^2}{8.060} = 49.92$$

(2) 直接法,不需计算理论频数,其计算公式为

$$\chi^2 = N\left(\sum \frac{f_o^2}{n_r n_c} - 1\right) \tag{11.45}$$

其中，N，f_o，n_r 和 n_c 的意义与式(11.44)中所代表的意义相同.

将表 11.16 中的有关数据代入式(11.45)，可算出

$$\chi^2 = 134 \left(\frac{8^2}{37 \times 14} + \frac{17^2}{37 \times 51} + \cdots + \frac{22^2}{30 \times 36} - 1 \right) = 49.92$$

再利用式(11.43)，可算出《初中生数学学科态度量表》，即初中生数学学科态度测验的预测性效标关联效度为

$$C = \sqrt{\frac{49.92}{49.92 + 134}} = 0.52$$

11.4.2　内容效度

1. 内容效度的概念

内容效度(content validity)是指一个测验实际测到的内容与所要测量的内容之间的吻合程度. 估计一个测验的内容效度就是去确定该测验在多大程度上代表了所要测量的行为领域. 这里，所要测量的内容或行为领域是依据测量目的而定的，它通常包括想要测验的知识范围，以及该范围内各知识点所要求掌握的程度两个方面.

例如，在判断一个高中数学综合测试卷是否有较高的效度时，我们必须分析考题是否有效覆盖或涉及了高中数学所包含的集合、函数、导数、向量、三角函数、不等式、立体几何、解析几何、算法、概率统计、极坐标等内容，而且试题应具备代表性. 其次，我们还要分析试题难度等指标是否较好地反映了课程标准对这些内容在能力水平方面的要求等.

内容效度主要应用于成就测验，因为成就测验主要是测量被试掌握某种技能或学习某门课程所达到的程度. 在这种测验中，题目取样的代表性问题是内容效度的主要考察方面. 内容效度高，则可以把被试在该测验上的分数推论到其在相应的知识总体上去，说在某个方面的水平处在一个什么样的位置. 反之，内容效度低，则这种推论将是无效的.

内容效度也适用于某些用于选拔或分类的职业测验. 这种测验所要测的内容就是实际工作所需的知识和技能，编制这种测验应先对实际工作做较细的分析，否则，题目取样的代表性就难以令人满意. 应该指出的是，内容效度不适合用于能力倾向测验和人格测验.

2. 内容效度的确定方法

内容效度的确定方法主要是逻辑判断法，其工作思路是请有关专家对测验题目与原定内容范围的吻合程度作出判断，其具体步骤如下：

第一，明确欲测内容的范围，包括知识范围和能力要求两个方面，而且范围的确定必须具体、详细，并要根据一定目的规定好各纲目的比例.

第二,确定每个题目所测的内容,并与测验编制者所列的双向细目表(考试蓝图)对照,逐题比较自己的分类与制卷者的分类,并做记录.

第三,制定评定量表,考察题目对所定义的内容范围的覆盖率、判断题目难度与能力要求之间的差异,还要考察各种题目数量和分数的比例以及题目形式对内容的适当性等,对整个测验的有效性做出总的评价.

此外,克隆巴赫还提出过内容效度的统计分析方法,具体做法是:从同一个教学内容总体中抽取两套独立的平行测验,用这两个测验来测同一批被试,求其相关.若相关低,则两个测验中至少有一个缺乏内容效度;若相关高,则测验可能有较高的内容效度(除非两个测验取样偏向同一个方面).

还有一种判断内容效度的方法是重测法,操作过程是:在被试学习某种知识之前作一次测验(如学习函数之前考函数知识),在学过该知识后再作同样的测验.这时,若后测成绩显著优于前测成绩,则说明所测内容正是新近所学内容,进而证明测验对这部分内容具有较高的内容效度.

3. 内容效度的检验

(1) 逻辑判断法.运用逻辑判断法检验测验的内容效度,一般是由本学科领域的专家通过逻辑分析的方法对拟定的测题是否能代表所测内容及课程目标做出判断.这种检验方法可能会由于不同专家的看法不同而影响到整个测验的内容效度,而且缺乏数量化的指标,带有一定的主观性.

(2) 重测法.对同一组被试,用一个测验的两个复本在教学前、后进行测验.在前测时,由于被试对测验内容了解很少,因而得分较低.在教学或训练结束时,再对被试进行测验.如果成绩提高很大,则说明测验对于教学具有较高的内容效度.

然而,怎样才算成绩提高很大呢? 一个比较好的办法是采用均值检验法(即 t 检验),常用的计算公式为

$$t = \frac{\overline{X}_1 - \overline{X}_2}{\sqrt{\dfrac{\sigma_{X_1}^2 + \sigma_{X_2}^2 - 2r\sigma_{X_1}\sigma_{X_2}}{n-1}}} \tag{11.46}$$

其中,$\overline{X}_1$ 和 $\overline{X}_2$ 分别表示两个复本测验分数的平均数;σ_{X_1} 和 σ_{X_2} 分别表示两个复本测验分数的标准差;r 表示两个复本测验分数的相关系数;n 表示样本容量.

或者

$$t = \frac{\overline{X}_1 - \overline{X}_2}{\sqrt{\dfrac{S_1^2 + S_2^2 - 2rS_1S_2}{n}}} \tag{11.47}$$

其中,S_1 和 S_2 分别表示两个复本测验分数的总体标准差的估计值.

例 11.18 在排列组合中的加法与乘法原理教学之前,对 15 名学生进行这两个

单元的内容测验.等教学结束后,再用复本进行测验,两次测验的分数见表 11.17 第 2 列和第 3 列,试估计这次加法与乘法原理单元测验的内容效度.

解　将有关数据代入式(11.46),可算出

$$t=\frac{61.933-79.333}{\sqrt{\dfrac{10.951^2+9.300^2-2\times0.843\times10.951\times9.300}{15-1}}}=-11.051$$

或者,将有关数据代入式(11.47),可算出

$$t=\frac{61.933-79.333}{\sqrt{\dfrac{11.336^2+9.626^2-2\times0.843\times11.336\times9.626}{15}}}=-11.051$$

根据自由度 $df=n-1=14$ 和 t 值表(附表 3)可知,在显著性水平 $\alpha=0.05$ 时,t 的双侧临界值为 $t_{(14)0.05}=2.145$,而实际计算出的 $|t|=11.051>2.145$.于是可认为,教学前后学生在两个复本测验上的得分均值有显著性差异,这次加法与乘法原理单元测验的内容效度较高.

表 11.17　学生 15 人在加法与乘法原理教学前后的单元测验分数情况

学号 (1)	前测 X_1(2)	后测 X_2(3)	学号 (1)	前测 X_1(2)	后测 X_2(3)
1	72	88	11	52	80
2	63	74	12	70	79
3	66	80	13	69	84
4	73	97	14	38	55
5	55	77	15	55	75
6	64	85	平均数 $\overline{X}$	61.933	79.333
7	42	68	标准差 σ_X	10.951	9.300
8	65	77	总体标准差的估计值 S	11.336	9.626
9	68	86	相关系数 r	0.843	
10	77	85			

4. 提高内容效度的方法

提高内容效度的一个可行的方法是专家平行作业法,即由两位以上的专家独立开展增进内容效度的工作,如分别界定测量属性的定义,编写、筛选或修改测题.如果各工作组的内容相近,并且各组的测验分数有较高的相关,那么就可以提高内容效度.此外,对同质性测验来说,删除区分度较低的测题,可以提高测验的内容效度.不

过,需要注意的是,这种做法对异质性测验来说,仅限于具有同质性内容的那一部分.

11.4.3　结构效度

1. 结构效度的概念

结构效度(construct validity)是指一个测验实际测到所要测量的理论结构和心理属性的程度. 或者说,结构效度是指测验分数能够说明基于心理学理论的某种结构或属性的程度. 这里的结构或属性是指心理学理论所涉及的抽象而属假设性的概念或心理特质,如智力、焦虑、外向、动机、态度等,它们通常用某种操作来定义并用测验来测量.

例如,吉尔福特(Guilford)认为创造力是发散性思维的外部表现,是被试对一定刺激产生大量的、变化的、独创性的反应能力. 根据这一理论,他认为创造力测验应重点测量被试思维的流畅性、灵活性和创造性. 测验编好后,如果有足够证据来证明它确实测到了这些属性,则认为它是一个结构效度较高的创造力测验.

结构效度的研究特点主要表现在以下三个方面:

(1) 结构效度的大小首先取决于事先假定的心理特质理论. 如果人们对同一种心理特质有着不同的定义或假设,则会使关于该特质测验的结构效度的研究结果无法比较.

(2) 当实际测量的资料无法证实我们的理论假设时,并不一定就表明该测验结构效度不高,因为还有可能出现理论假设不成立,或者该实验设计不能对该假设作适当的检验等情况.

(3) 结构效度是通过测量和不测量什么的证据累积起来给以确定的,因而不可能有单一的数量指标来描述结构效度. 与内容效度不同,结构效度主要用于智力、人格等心理测验.

2. 结构效度的确定方法

结构效度的确立一般包括三个步骤:①提出理论假设,并把这一假设分解成一些细小的纲目,以解释被试在测验上的表现.②依据理论框架,推演出有关测验成绩的假设.③用逻辑的和实证的方法来验证假设.

例如,韦氏智力测验就是根据这三步来确立结构效度的. 韦克斯勒(Wechsler)首先假定"智力是一个人去理解和应付他的周围世界的总的才能",而不仅仅是推理能力或其他一些具体的技能. 然后,他依据这一定义,编制了 11 个分测验(WAIS-R)或12 个分测验(WASC-R),从十几个方面来说明智力,并声明这些分测验并非是测量不同类型的智力,而是总的智力的各个方面. 测验编好以后,许多研究者从众多角度研究了它的效度. 其中,用因素分析法得到的结论是,该测验实质上测量了三类共同因素,即 A 因素(言语理解因素)、B 因素(知觉组织因素)和 C 因素(记忆和注意集中因素).

具体地说,结构效度的估计有以下一些方法.

方法一   测验内部寻找证据法.

首先,我们可以考察该测验的内容效度,因为有些测验对所测内容或行为范围的定义或解释类似于理论构想的解释,所以,内容效度高实质上也说明结构效度高;其次,我们可以分析被试的答题过程.若有证据表明某一题目的作答除反映所要测的特质以外,还反映其他因素的影响,则说明该题没有较好地体现理论构想,该题的存在会降低结构效度.例如,有些表面上是测量人的性格的题目,实质上还涉及了较多的道德观念,则认为该题会降低性格检验结构效度.若有证据表明该测验不同质,则可以断定该测验结构效度不高.当然,测验同质只是结构效度高的必要条件.

方法二   测验之间寻找证据法.

首先,我们可以去考察新编测验与某个已知的能有效测量相同特质的旧测验之间的相关.若两者相关较高,则说明新测验有较高的效度.这种方法叫相容效度法.其次,我们也可以去考察新编测验与某个已知的能有效测量不同特质的旧测验间的相关.若两者相关较高,则说明新、旧测验的效度不同,因为新测验也测到了其他心理特质.值得说明的是,两测验间相关不高只是新测验效度较高的必要条件,并不是充分条件.这种方法也叫区分效度法.

我们还可以通过因素分析的方法来了解测验结构效度,其原理是:通过对一组测验进行因素分析,找出影响测验的共同因素.每个测验在共同因素上的负荷量(即测验与各因素的相关)就是测验的因素效度,测验分数总变异中来自有关因素的比例就是该测验结构效度的指标.例如,一些研究者对 WISC-R 和 WISC-CR 作因素分析后,发现公共因子有三个,并且其中 A 因子的主要负荷测验为词汇、分类、知识和领悟,B 因子的主要负荷测验为图片排列、木块图、填图和图形拼凑,C 因子的主要负荷测验为算术、数字广度和编码.

方法三   考察测验的实证效度法.

如果一个测验有实证效度,则可以拿该测验所预测的效标的性质与种类作为该测验的结构效度指标,至少可以从效标的性质与种类作为该测验的结构效度指标.这里有两种做法:

其一,根据效标把人分成两类,考察其得分的差异.例如,一组被公认为是性格外向的人在测验中得分较高,另一组被公认为是性格内向的人在测验中得分较低,则说明该测验能有效区分人的内向与外向特征,进而说明该测验在测量人的性格内、外向方面有较高的结构效度.

其二,根据测验得分把人分成高分组和低分组,考察这两组人在所测特质方面是否确有差异.若两组在所测特质方面差异显著,则说明该测验有效,具有较高的结构效度.此外,对于一些被认为是较稳定的特质,若在短期内两次施测的结果差异不太大,则说明该测验符合理论构想.

11.5　效度的假设检验

由于效度系数的估计方法很多,各种方法计算出来的相关系数也有所不同,有的偏高一些,有的偏低一些,所以无法给定一个统一的大小标准来衡量. 我们不能说效度系数为 0.4 的测验一定是无效的,也不能说效度系数是 0.5 的测验就一定是有效的. 但是,因为效度系数本质上是两个变量之间的相关系数,所以只要效度系数能通过统计假设检验,其结果表明与总体零相关有显著性差异,我们就认为该测验是有效的.

检验的基本思想是数理统计学中的小概率事件反证法,先假设需要检验的命题成立,在一次试验中如果出现了小概率事件,则认为该命题不成立. 检验的具体步骤是:首先,假设由测验分数(即样本数据)计算出来的相关系数与代表总体的相关系数没有本质差异. 然后,由测验分数按相应的公式计算出统计量的值,再根据数据的类型和特点分别选用 Z 检验、t 检验、秩和检验和 χ^2 检验等. 最后,比较由计算得到的统计量的值与某种显著性水平所对应的临界值的大小. 如果大于临界值,则认为这个相关系数(即效度系数)在该显著性水平上与总体零相关有显著性差异,从而做出该测验有效的结论.

11.5.1　积差相关系数的检验

当样本容量 $n > 50$,并且效度系数是用积差相关系数表示时,其检验统计量为

$$Z = \frac{r\sqrt{n-1}}{1-r^2} \tag{11.48}$$

其中,r 表示用积差相关系数表示的效度系数;n 表示样本容量,也就是成对数据的对子数.

当样本数据 $n < 50$,并且效度系数是用积差相关系数表示时,其检验统计量为

$$t = \frac{r\sqrt{n-2}}{1-r^2} \tag{11.49}$$

如果根据条件应当用式(11.48)时,计算出来的 Z 值应与 0.05 或 0.01 显著性水平上 Z 统计量的临界值 1.96 或 2.58 进行比较,如果 $1.96 \leqslant |Z| < 2.58$,则说明效度系数在 0.05 显著性水平上与总体零相关有显著性差异. 如果 $|Z| \geqslant 2.58$,则说明效度系数在 0.01 显著性水平上与总体零相关有显著性差异. 这两种情况都表明测验具有有效性. 如果 $|Z| < 1.96$,则说明效度系数在 0.05 显著性水平上与总体零相关无显著性差异,表明测验缺乏有效性.

在例 11.12 中,用积差相关系数算出普通高中学业水平考试(数学)卷的效标关联效度系数 $r = 0.76$,试问该测验的有效性如何?

例 11.12 中 $n=15<50$,用式(11.49)计算 t 统计量的实际值为

$$t=\frac{0.76\sqrt{15-2}}{\sqrt{1-0.76^2}}=4.217$$

根据自由度 df$=n-2=13$,查 t 值表(附表 3),当显著性水平为 0.05 时,t 的双侧临界值 $t_{(13)0.05}=2.160$,而实际的 $|t|=4.217>2.160$,表明效度系数在 0.05 显著性水平上与总体零相关有显著性差异,说明这套普通高中学业水平考试(数学)卷是有效的.

为了简化计算,可以直接对相关系数进行检验. 根据自由度 df$=n-2$ 查相关系数临界值表(附表 4),找到 r 的临界值,然后将实际的 $|r|$ 值与 r 的临界值相比较,再根据比较结果做出相应结论. 这里 df$=n-2=13$,由附表 4 可知,当显著性水平为 0.05 时,r 的双侧临界值为 $r_{(13)0.05}=0.514$,而实际的 $|r|=0.76>0.514$,表明效度系数在 0.05 显著性水平上与总体零相关有显著性差异,与用式(11.49)检验的结果完全相同.

11.5.2　二列相关系数的检验

当用二列相关系数来表示效度系数时,其检验统计量为

$$Z=\frac{r_b}{\frac{1}{Y}\cdot\sqrt{\frac{pq}{n}}} \tag{11.50}$$

其中,式(11.50)中各符号表示的意义与公式(11.33)中相同.

在例 11.13 中,以二列相关法计算出的数学试卷的效标关联效度系数为 0.58,试问该数学试卷的有效性如何?

将例 11.13 中的有关数据代入式(11.50),则

$$Z=\frac{0.58}{\frac{1}{0.39322}\sqrt{\frac{0.5667\times0.4333}{30}}}=2.521$$

由于 Z 统计量的实际值 $|Z|=2.521>1.96=Z_{0.05}$,表明效度系数在 0.05 显著性水平上与总体零相关有显著性差异,说明这份数学测验卷具有有效性.

11.5.3　点二列相关系数的检验

效度系数如果用点二列相关系数表示,则检验方法有两种:一种是相关系数检验法,另一种是均值检验法.

1. 相关系数的检验

对于点二列相关系数的检验,可以用积差相关系数的检验公式(11.50)或直接查相关系数临界值表(附表 4)进行检验.

在例 11.14 中,由点二列相关法计算出的物理测验的效标关联效度系数 $r_{pb}=$ 0.53,试问该测验的有效性如何? 将有关数据代入式(12.17),可算出

$$t=\frac{0.53\sqrt{20-2}}{\sqrt{1-0.53^2}}=2.652$$

根据自由度 df$=n-2=18$,查 t 值表(附表 3),当显著性水平为 0.05 时,t 的双侧临界值 $t_{(18)0.05}=2.101$,而实际的 $|t|=2.652>2.101$,表明效度系数在 0.05 显著性水平上与总体零相关有显著性差异,说明该物理测验是有效的.

如果用 df$=18$,直接查相关系数临界值表(附表 4),找到 0.05 显著性水平 r 的双侧临界值为 $r_{(18)0.05}=0.444$,而实际的 $|r|=0.53>0.444$,表明效度系数在 0.05 显著性水平上与总体零相关有显著性差异,与采用积差相关系数的检验结果是一致的.

2. 均值检验

这里的均值检验法是指通过检验二分变量中两种类别所对应连续变量的均值差异,来确定效度系数与总体零相关差异的显著性. 如果两个均值差异显著,则效度系数与总体零相关的差异也显著,反之亦然.

两个独立样本均值差异的检验统计量,根据样本的大小有所不同. 当样本的两组容量都大于 30 时,其检验统计量为

$$Z=\frac{\overline{X}_1-\overline{X}_2}{\sqrt{\dfrac{\sigma_{X_1}^2}{n_1}+\dfrac{\sigma_{X_2}^2}{n_2}}} \tag{11.51}$$

当样本的两组容量都小于 30 时,对两个独立样本的均值检验统计量来说,有三种形式:

$$t=\frac{\overline{X}_1-\overline{X}_2}{\sqrt{\dfrac{\sum X_1^2-\left(\sum X_1\right)^2/n_1+\sum X_2^2-\left(\sum X_2\right)^2/n_2}{n_1+n_2-2}\cdot\dfrac{n_1+n_2}{n_1 n_2}}} \tag{11.52}$$

或者

$$t=\frac{\overline{X}_1-\overline{X}_2}{\sqrt{\dfrac{(n_1-1)S_1^2+(n_2-1)S_2^2}{n_1+n_2-2}\cdot\dfrac{n_1+n_2}{n_1 n_2}}} \tag{11.53}$$

或者

$$t=\frac{\overline{X}_1-\overline{X}_2}{\sqrt{\dfrac{n_1\sigma_{X_1}^2+n_2\sigma_{X_2}^2}{n_1+n_2-2}\cdot\dfrac{n_1+n_2}{n_1 n_2}}} \tag{11.54}$$

在例 11.14 中,由点二列相关法算出物理测验卷的效标关联效度系数 $r_{pb}=$ 0.53,试问该测验的有效性如何?

将表 11.13 的有关数据代入式(11.52)~式(11.54),可算出

$$t=\frac{63.38-58.33}{\sqrt{\dfrac{32553-507^2/8+41034-700^2/12}{8+12-2}\cdot\dfrac{8+12}{8\times12}}}=2.614$$

或者

$$t=\frac{63.38-58.33}{\sqrt{\dfrac{(8-1)\times4.173^2+(12-1)\times4.271^2}{8+12-2}\cdot\dfrac{8+12}{8\times12}}}=2.614$$

或者

$$t=\frac{63.38-58.33}{\sqrt{\dfrac{8\times3.903^2+12\times4.089^2}{8+12-2}\cdot\dfrac{8+12}{8\times12}}}=2.614$$

　　根据自由度 $df=n_1+n_2-2=18$，查 t 值表（附表 3），找到 0.05 显著性水平 t 的双侧临界值为 $t_{(18)0.05}=2.101$，而实际的 $|t|=2.614>2.101$，表明效度系数在 0.05 显著性水平上与总体零相关有显著性差异，说明该物理测验具有有效性.

11.5.4　四分相关系数的检验

　　效度系数如果用四分相关系数来表示，其检验统计量为

$$Z=\frac{r_t}{\dfrac{1}{Y_1Y_2}\sqrt{\dfrac{p_1q_1p_2q_2}{N}}}\tag{11.55}$$

其中，p_1 和 p_2 分别表示两个变量中某一类别的人数比率；q_1 和 q_2 分别表示两个变量中另一类别的人数比率；Y_1 和 Y_2 分别表示与 p_1 和 p_2 相对应的正态曲线的高度；$N=a+b+c+d$ 表示样本容量总和.

　　在例 11.15 中，高等数学测验成绩用四分相关法计算的效度系数为 0.68，试问该测验的有效性如何？

　　根据表 11.14，$p_1=\dfrac{a+b}{N}=0.42$，则 $q_1=1-p_1=0.58$；$p_2=\dfrac{a+c}{N}=0.44$，则 $q_2=1-p_2=0.56$. 为了求与 p_1 和 p_2 相对应的 Y_1 和 Y_2，分别以 $0.500-0.420=0.080$ 及 $0.500-0.440=0.060$ 为正态曲线下面积，查附表 1，找到 $Y_1=0.39104$ 和 $Y_2=0.39448$.

　　将有关数据代入式（11.55）可得

$$Z=\frac{0.68}{\dfrac{1}{0.39104\times0.39448}\sqrt{\dfrac{0.42\times0.58\times0.44\times0.56}{50}}}=3.027$$

　　因为实际算出的 $|Z|=3.027$，大于 0.01 显著性水平对应的 Z 的临界值 2.58，表明效度系数在 0.01 显著性水平上与总体零相关有显著性差异，说明该高等数学测验具有有效性.

11.5.5　等级相关系数的检验

效度系数如果是用点二列相关系数来表示,其检验统计量可以用式(11.49). 在例 11.16 中,高中三年级合情推理能力测验用等级相关计算的效度系数为 0.55,试问该测验的有效性如何?

将有关数据代入式(11.49),得到

$$t = \frac{0.55 \sqrt{15-2}}{\sqrt{1-0.55^2}} = 2.374$$

根据自由度 $df = n - 2 = 13$,查 t 值表(附表 3),找到 0.05 显著性水平 t 的双侧临界值为 $t_{(18)0.05} = 2.160$,而实际的 $|t| = 2.374 > 2.160$,表明效度系数在 0.05 显著性水平上与总体零相关有显著性差异,说明该合情推理能力测验具有有效性.

11.5.6　ϕ 相关系数和列联相关系数的检验

效度系数如果用 ϕ 相关系数和列联相关系数来表示,二者都以 χ^2 作为检验统计量. ϕ 相关系数与 χ^2 有如下关系

$$\chi^2 = N\phi^2 \tag{11.56}$$

在例 11.16 中,高等数学测验成绩用 ϕ 相关系数表示的效度系数为 0.47,试问该测验的有效性如何?

将有关数据代入式(11.56)可得

$$\chi^2 = 50 \times 0.47^2 = 11.05$$

根据自由度 $df = (r-1)(c-1) = 1$,查 χ^2 值表(附表 5),找到 0.01 显著性水平 χ^2 的临界值为 $\chi^2_{(1)0.01} = 6.63$,而实际的 $\chi^2 = 11.05 > 6.63$,表明效度系数在 0.01 显著性水平上与总体零相关有显著性差异,说明该高等数学测验具有有效性.

列联相关法的效度系数统计量为式(11.43),表明列联相关系数 C 与 χ^2 值之间存在数量关系. 因此,我们可以用 χ^2 统计量来检验 C 与总体零相关的显著性差异.

在例 11.17 中,初三学生数学学科态度测验以列联相关系数表示的效度系数为 0.52,试问测验的有效性如何?

由表 11.17 计算出的 $\chi^2 = 49.92$,再根据自由度 $df = (r-1)(c-1) = 6$,查 χ^2 值表(附表 5),找到 0.01 显著性水平 χ^2 的临界值为 $\chi^2_{(6)0.01} = 16.81$,而实际的 $\chi^2 = 49.92 > 16.81$,表明效度系数在 0.01 显著性水平上与总体零相关有显著性差异,说明该数学学科态度测验具有有效性.

11.6　效度的理论概述

11.6.1　效度的概念

效度(validity)是指一个测验或量表实际能测出其所要测量的事物属性的程度.

在教育测量领域,事物的属性一般是指人的心理特质,所以说效度就是对测验测量到其所要测量的心理特质的程度的估计,效度也称准确性.

美国心理学会曾经指出,测验效度分为三大类,即效标关联效度、内容效度和结构效度.效标关联效度应该在 0.30 以上;内容效度可由专家作出判断;结构效度实质上也是内容效度,因为每一个因子都包含着类似的项目,构成一个理论概念,这些测验题目必须与所要测量的某种心理特性或行为目的相符合.

例如,一个小学生数学测验的成绩,如果同时受到其数学和语文能力的影响(如读不懂题意等),则认为实际测到其所要测量的心理特质(数学能力)的程度不高,它是一个效度不高的数学测验.

关于效度的概念,我们可以从以下三个方面加以理解.

1. 效度是一个相对概念

其一,效度是相对于一定的测量目的而言的,因为效度是指实测结果与所要测量的特质之间的吻合一致性程度,一个测验或量表是否有效主要看它是否达到了测量目的.测量某一特质有效的量表,若用它来测量另一种特质,则必然会无效或效度极低.例如,测量身高很有效的钢尺,若用它来测量体重,则结果必定是无效的.又如,人的测量智力很有效的量表,若用它来测量性格,则必定是效度不高的.

其二,心理特质具有隐蔽性特征,只能通过行为表现来进行推测,所以,心理测量不可能达到百分之百的准确,但可以达到某种程度上的准确.不过,由于任何一个量表的编制都有其目的,所以在正常情况下,一个量表的效度也不会为零.例如,一个数学测验,无论其文字表达如何复杂,它总能测到一定的数学能力,即总会有一定的效度,而不会为零.

2. 效度是测量误差的反映

当一个测验的随机误差较大时,实测结果当然会偏离真值,造成结果的不准确.如果测量中还存在系统误差,则系统误差也会加大测量误差.无论出现哪种情况,也无论是否两种误差都存在,只要出现测量误差,测量的效度必受影响,所以说效度是测量的随机误差和系统误差的反映.

3. 效度应从多方面加以判断

测量的效度就是实际测量的结果与所要测量的心理特质的吻合一致性程度,获取效度的办法也就是拿实测结果与心理特质来比较.然而,因为心理特质是未知的,而且比较抽象和隐蔽的,所以无法把它直接拿来与结果比较,而必须先从多个方面把这种特质描述清楚.由于描述心理特质的角度可以是理论上的,也可以是实践上的,途径很多,所以获取效度的途径也就多种多样.

11.6.2　效度的理论定义

前面给出的效度定义称为效度的操作定义,它告诉我们估计效度所要进行的具体操作. 在此之前,我们把一组测验分数的方差分为真分数方差与实际测验分数方差. 在讨论效度的理论定义时,我们把真分数方差再分成两个子项,则一组测验分数的方差可表示为

$$\sigma_t^2 = \sigma_c^2 + \sigma_s^2 + \sigma_e^2 \tag{11.57}$$

其中, σ_t^2 表示一组测验分数的总方差; σ_c^2 表示由所欲测量的属性(共同因素)引起的方差; σ_s^2 表示与所欲测量的属性无关的特性(无关因素)引起的方差,包括系统误差在内; σ_e^2 表示由误差引起的方差.

在测量理论中,效度的理论定义为:效度就是一组测验分数中,由所欲测量的属性引起的方差与实际测验分数的方差的比率,若以 Val 表示理论效度,则

$$\mathrm{Val} = \frac{\sigma_c^2}{\sigma_t^2} \tag{11.58}$$

11.6.3　效度与信度的关系

在讨论信度的理论定义时,式(11.23)将获得分数(即测验分数)的方差(σ_t^2)分解成真分数的方差(σ_∞^2)和误差的方差(σ_e^2)两部分,即

$$\sigma_t^2 = \sigma_\infty^2 + \sigma_e^2$$

在讨论效度的理论定义时,式(11.57)将获得分数的方差分解成三部分,即

$$\sigma_t^2 = \sigma_c^2 + \sigma_s^2 + \sigma_e^2$$

由以上两个式子可以看出,真分数方差中包括所欲测量的属性引起的方差和与所欲测量的属性无关的特性引起的方差两部分,即

$$\sigma_\infty^2 = \sigma_c^2 + \sigma_s^2 \tag{11.59}$$

可见,当测验总方差(σ_t^2)不变时,如果误差方差(σ_e^2)减少,真分数方差(σ_∞^2)就会增加,则信度($r_{tt} = \sigma_\infty^2 / \sigma_t^2$)就会提高,而信度提高又为效度的提高提供了可能性. 但是,信度提高并不意味着效度一定提高. 如果真分数方差增加,而且由所欲测量的属性引起的方差(σ_c^2)也增加时,那么信度提高时,效度(Val = σ_c^2/σ_t^2)也随之提高;如果真分数增加,其中与所欲测量的属性无关的特性引起的方差也增加时,那么虽然信度提高了,但效度并不会随之提高. 反过来,要具有较高的效度,就必须具有较高的信度. 所以,信度是效度的必要条件而非充分条件. 这就是说,一个测验的效度总是受它的信度制约的.

11.6.4　影响效度的因素

严格地说,凡是与测量目的无关的、稳定的和不稳定的变异来源都会影响测量的效度. 这就是说,测验本身的构成、受测被试的特点、施测过程、阅卷评分、分数的转换

与解释等一切与测量有关的环节都可能影响测量的效度.

影响测量效度的因素主要有以下五个方面.

1. 测验的构成

当组成测验的试题样本没有较好地代表欲测内容或结构时,测量的内容效度或结构效度就会不高. 同时,若题目语义不清、指导语不明、题目太难或太易、题目太少或安排不当等,都会降低测量效度. 一般而言,增加测验的长度可以提高测量信度,进而为提高测量效度提供了可能. 于是,一些研究者得出了测验长度与效度的公式如下

$$r_{(Kx)y} = \frac{Kr_{xy}}{\sqrt{K(1-r_{xx}+Kr_{xx})}} \tag{11.60}$$

其中,$r_{(Kx)y}$ 为测验长度 x 增长至原来的 K 倍后,新测验与效标(y)的相关系数(效度系数);r_{xy} 为原测验的效度系数;r_{xx} 为原测验的信度系数.

2. 测验的实施过程

一个测验在实施过程中,如不遵从指导语的要求,或出现意外干扰,或评分、计分出现差错等,都会降低测量效度.

3. 被试状况

一般情况下,被试的应试动机、情绪、态度、身体状态等,都会影响测量信度,从而引起较大的随机误差,进而影响测量的效度.

就整个被试团体而言,如果缺乏必要的同质性,则很可能会得到不恰当的效度资料. 有时候,同样一个测验,对年龄、性别、文化程度、职业等方面不同的被试团体,常常表现出不同的预测能力,即具有不同的测量效度. 事实上,被试团体的年龄、性别、文化程度、职业等方面的特征,常常成为干涉变量. 我们在考察效度时,要特别注意测验在不同团体上的效果,避免出现测验偏倚(test bias).

4. 效标的性质

由于同一个测验可以有不同效标,同一个效标也可以用不同的效标测量,在评价测量效度时,所选效标的性质是很重要的考虑因素. 有的学者指出,智力测验分数与教师对学生等级评定之间的效度系数只要在 0.30~0.50 就可以了,因为教师的评价会受到智力无关的其他因素的影响. 与此类似,相同科目的标准化测验成绩与教师评价之间的相关应达到 0.60~0.70,两种不同智力测验或标准化测验之间的相关应达到 0.60~0.80 等. 所有这些不同的要求,主要是因为所用效标的不同而提出来的.

在考虑效标与分数相关时,有一个因素是必须重视的,即测验分数与效标之间的是否符合线性关系的问题. 因为皮尔逊积差相关的前提之一是两个变量之间具有线

性关系,否则会得出错误的效度结论.这就要求我们在选用相关系数的计算公式时,注意各公式的使用条件.

5. 测量的信度

前面已经论及,测量信度是测量随机误差的反映,而任何误差的增加都会降低测量效度,所以在考察测量效度时,一定要注意测量信度.信度不高的测验不可能具有很高的测量效度.

11.6.5　提高效度的方法

要想提高测量效度,就必须设法控制随机误差、减少系统误差,同时,还要选择好特别恰当的效标,把效度系数准确地计算出来.

具体来说,下述方法能提高测量效度.

1. 精心编制量表

一份好的测验量表可以避免出现较大的系统误差,这就要求我们编制的题目样本要能较好地代表想要测验的内容或结构,要避免出现题目偏倚.同时,题目的难易程度、区分度、数量都要适当,题目太难、太易、太多、太少都会损害测量效度.此外,测验试卷的印制、题目作答的要求、评分计分的标准、题目意思的表述等,都必须严格检查,避免一切可避免的误差的出现.

2. 妥善组织测验

在测验实施过程中,系统误差一般不太明显,但随机误差却有可能失控,这就要求测验实施者一定要严格按手册指导语进行操作,尽量减少无关因素的干扰,控制随机误差的产生.

3. 创设应试情境

在各种测验中,有些被试往往因种种原因而发挥不出应有水平(如过分焦虑致使水平失常等),因此,我们应创设标准的应试情境,让被试调整好应试心态,让他们从生理上、心理上、学识上等做好应试准备,让被试都能发挥正常水平.否则,焦虑因素和其他无关因素影响过大,必然会降低测量效度,测不到想要测难的内容和结构.

4. 选好正确的效标

在评价一个测验是否有效时,效标的选择是一个重要方面.我们应选择正确的效标,定好恰当的效标测量,并正确地使用有关公式.假若所选效标不当,或所选效标无法量化,则很难正确地估计出测量的实证效度.如果效标及效标测量都合乎要求,则公式的选择是影响效度估计的另一个重要方面.

本 章 总 结

一、主要结论

1. 信度是指测量结果的稳定性程度,有时也称测量的可靠性.如果能用同一测量工具反复测量某人的同一种心理特质,其多次测量结果间的一致性程度就叫信度.

2. 根据测验分数的测量误差的来源,一般把信度分为四种类型:重测信度、复本信度、内在一致性信度和评分者信度.

3. 经典测验理论也叫真分数理论,该理论把反映被试某种心理特质的纯正而没有误差的分数称为真分数,而把实际测量得到的分数称为测验分数.信度的理论定义是指一组测验分数中真分数方差与实测分数(即获得分数)方差的比率.

4. 统计资料中有三种误差:抽样误差、测量误差和系统误差.大样本随机抽取时的抽样误差或忽略不计,系统误差不会影响测验偏度,而测量误差才是影响测量信度的主要因素.

5. 当测量误差与真分数相互独立时,决定系数等于信度系数.影响测量信度的主要因素有测验长度、测验难度和主试、被试团体.

6. 效标关联效度是以某一测验分数与其效标分数之间的相关来表示的效度.效标关联效度的确定及其检验方法主要有:积差相关法;二列相关法;点二列相关法;四分相关及相关法;等级相关法;列联相关法.

7. 内容效度是指一个测验实际测到的内容与所要测量的内容之间的吻合程度.内容效度的确定及其检验方法主要有:逻辑判断法和重测法.

8. 结构效度是指一个测验实际测到所要测量的理论结构和心理属性的程度,也是指测验分数能够说明基于心理学理论的某种结构或属性的程度.结构效度的确定及其检验方法主要有:测验内部寻找证据法;测验之间寻找证据法;考察测验的实证效度法.

9. 效度的理论定义是指在一组测验分数中,由所欲测量的属性引起的方差与实际测验分数的方差的比率.信度是效度的必要条件而非充分条件.

10. 影响效度的因素一般包括测验的构成、测验的实施过程、被试状况、效标的性质、测量的信度.

二、知识结构图

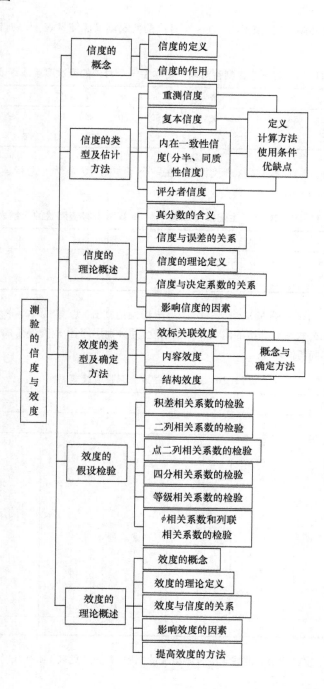

习　题

11.1 某一能力测验对同一组学生,在一个月内的两次测验成绩见表 11.18,试估计该测验的信度.

表 11.18　某一能力测验对同一组学生一个月内的两次测验成绩表

	1	2	3	4	5	6	7	8	9	10	11	12	13	14	15
第一次测验	81	88	58	86	88	67	74	90	80	52	69	62	70	75	72
第二次测验	71	84	65	83	76	64	78	82	74	78	79	76	76	73	73

11.2 A,B 两份等值的某学科难度测验,在一个下午对 10 个学生进行连续测验,结果见表 11.19,试估计测验的信度.

表 11.19　10 个学生连续参加某学科 A、B 两份等值测验的成绩表

	1	2	3	4	5	6	7	8	9	10
A 测验	81	88	58	86	88	67	74	90	80	52
B 测验	71	84	65	83	76	64	78	82	74	78

11.3 10 名学生的某一测验成绩(正确记 1 分、错误记 0 分)见表 11.20,分别用斯皮尔曼-布朗、卢仑、弗拉南根公式估计分半的内在一致性信度,并分别用库德-理查逊公式 20,21,以及它们的校正公式估计其同质性信度.

表 11.20　10 名学生某一测验成绩表

学生序号	题目						总分
	1	2	3	4	5	6	
1	0	0	0	0	0	0	0
2	1	0	0	0	0	0	1
3	1	0	1	0	0	0	2
4	1	1	0	0	1	0	3
5	1	0	0	1	0	0	2
6	1	1	1	0	0	1	4
7	1	1	1	1	1	0	5
8	1	1	0	1	0	1	4
9	0	1	1	0	0	1	3
10	1	1	1	1	1	1	6
总和	8	6	5	4	4	3	30

11.4 对 8 个学生进行由 5 道数学综合题组成的测验,其成绩见表 11.21,试估计测验的同质性信度.

表 11.21　8 个学生 5 道数学综合题的测验成绩表

学生序号	题目					总分
	1	2	3	4	5	
1	6	7	7	6	6	32
2	5	5	5	0	4	19
3	5	5	7	5	5	27
4	5	6	7	6	0	24
5	6	7	7	3	2	25
6	5	5	7	1	6	24
7	3	7	7	1	6	24
8	6	7	7	6	6	32
总和	41	49	54	28	35	207

11.5 3 位评分者对 5 个学生的数学故事演讲比赛评分见表 11.22，试估计评分者信度.

表 11.22　3 位评分者对 5 个学生的数学故事演讲比赛评分表

学生序号	评分者		
	1	2	3
1	10	8	7
2	12	8	4
3	10	6	5
4	12	7	8
5	8	7	5

11.6 4 位评分者对 4 个教师的说课比赛的所评等级见表 11.23，试估计评分者的信度.

表 11.23　4 位评分者对 4 个教师的说课比赛的所评等级表

学生序号	评分者			
	1	2	3	4
1	2	1	1	3
2	6	4	5	6
3	3	2	1	1
4	6	3	3	3

11.7 重测信度、复本信度、内在一致性信度各有什么优缺点？它们各适用于哪种测验？

11.8 信度的理论定义是什么？什么是决定系数？它与信度系数有何关系？

11.9 某测验的信度系数为 0.71,欲将其延长至原测验长度的 1.5 倍,问延长后的测验信度是多少？

11.10 某测验的信度为 0.80,欲将其测验信度提高到 0.95,问测验长度最低限度应增加到原测验长度的多少倍？

11.11 什么是效标关联效度？

11.12 如果以数学高考成绩作为效标见表 11.24,试估计某市数学高考第一次模拟考试的效标关联效度,并说明它的有效性如何.

表 11.24　某市数学高考第一次模拟考试与高考分数对照表

模拟考试分数	79	79	81	97	87	90	95	97	64	85
高考分数	103	89	94	98	96	98	107	108	77	80

11.13 重点中学(用 1 表示)和非重点中学(用 0 表示)高中入学考试的数学成绩见表 11.25,试估计高中入学数学考试的效标关联效度,并说明测验的有效性如何.

表 11.25　某市重点中学与非重点中学高中入学考试数学成绩表

70	65	63	86	67	75	56	72	61	75	68	61	81	81	79
0	1	0	1	1	1	0	1	1	0	0	0	1	1	1

11.14 高三年级男生(用 1 表示)和女生(用 0 表示)的立体几何测验成绩见表 11.26,试估计高中立体几何测验的效标关联效度,并说明它的有效性如何.

表 11.26　高三年级男生和女生立体几何测验成绩表

92	79	81	84	97	88	71	77	57	60	74	65	83	86	59	57
1	0	1	0	1	0	1	0	0	0	1	1	0	1	1	0

11.15 小学二年级 10 个学生数学能力测验分数与教师评定等级(分数越高,等级数值越大)见表 11.27,试估计测验的效标关联效度,并说明它的有效性如何.

表 11.27　小学二年级 10 个学生的数学能力测验分数与教师评定等级表

能力测验分数	97	91	100	61	50	94	75	87	94	95
教师评定等级	8	5	10	2	1	6	3	4	7	9

11.16 调查 376 名学生的初中数学测验与高中数学测验的成绩见表 11.28,试估计初中数学测验的预测效度,并说明其有效性如何.

表 11.28　376 名学生的初中数学测验成绩与高中数学测验成绩表

初中数学测验	高中数学测验		总和
	及格	不及格	
及格	124	68	192
不及格	85	99	184
总和	209	167	376

　11.17 初中三年级 137 名学生的数学态度得分等级及高一数学测验成绩见表 11.29，试估计初中生数学态度测验的预测性效标关联效度.

表 11.29　初中三年级 137 名学生的数学态度得分等级及其高一数学测验成绩表

数学态度得分等级	数学测验成绩			总和
	120~150	90~119	89 分以下	
优秀	23	20	5	48
良好	4	19	28	51
一般	1	13	21	35
总和	28	52	54	134

　11.18 什么叫内容效度？如何确立内容效度？

　11.19 什么叫结构效度？如何确立结构效度？

第 12 章　数 据 整 理

本 章 概 览

　　本章要解决的核心问题是如何在 SPSS 中进行数据整理,可分为数据建立与数据管理两部分工作.为了弄清这些问题,以 SPSS13.0 为例,首先主要学习数据的录入格式与变量属性,接着学习数据管理,分为变量级别与文件级别的调整或转换.

　　学完本章之后,我们将能够在 SPSS 中正确建立数据文件并按研究需要对数据进行管理.

12.1　数据格式概述

　　用调查问卷等方式获得的原始数据资料,准备用 SPSS 软件进行统计分析时,应先将数据文件整理成适合 SPSS 软件运行的数据格式,才能进行正确分析.需要说明的是,本书在介绍 SPSS 软件操作时,用的是 SPSS13.0 软件.

12.1.1　数据录入格式

SPSS 使用的数据格式大致要求如下：

（1）不同观测对象的数据不能在同一条记录中出现，即同一观测数据应独占一行.

（2）每个测量指标或影响因素只能占据一列，即同一指标的观测数值应录入同一变量中.

（3）分析方法有时会对数据格式有特别要求，这时可能会违反"一个观测占一行，一个变量占一列"的原则. 这种情况在配对数据和重复测量数据中最为常见，是因为根据分析模型的要求，需要将同一个观测对象的某个观测指标的不同测量看成不同的指标，因此被录入成不同的变量，这是允许的.

12.1.2　变量属性

SPSS 的数据录入，就是把每个被观测对象的每个观测指标值录入到 SPSS 中. 在录入数据时，大致可以归纳为"数据录入三步曲"：定义变量名，即给每个变量起个名字；指定变量属性，即对每个变量的统计特性做出指定；录入数据，即把每个观测对象的各指标值录入为电子格式.

任何一个变量都应当有对应的变量名，而且除变量名以外，SPSS 还给每一个变量定义许多附加的变量属性，包括变量类型（Type）、变量宽度（Width）、小数位（Decimal）、测量尺度（Measure）等 10 种变量属性.

1. 变量的存储类型

在 SPSS 的视图窗口（Variable View）中，Type 项用于定义变量类型. 选择 Type 单元格时，其右侧会出现按钮 ⋯，单击 ⋯ 会弹出变量类型对话框，如图 12.1 所示.

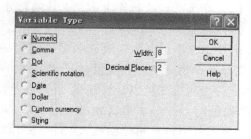

图 12.1　变量类型对话框

SPSS 中的变量有 3 种基本类型：数值型（Numeric）、字符型（Sting）和日期型（Date）.

根据内容和显示方式，数值型又分为 6 种不同表示方法：标准数值型（Numeric)、逗号数值型(Comma)、圆点数值型(Dot)、科学计数型(Scientific Notation)、美元数值型(Dollar)、用户自定义型(Custom Currency).

字符型数据默认显示宽度为 8 个字符单位,区分大小写,不能进行数学运算.日期型数据用来表示日期或时间,主要在时间序列分析中比较有用,在较为简单的分析问题中完全可以用普通数值型数据来代替.

2. 变量的测量尺度

如果只使用变量类型,很多时候并不能准确说明变量的含义和属性.例如,说变量"性别",用"1"表示男,"2"表示女.在这里,1 和 2 只是一个符号,没有任何数字意义,2 并不比 1 大,1 也并不比 2 小.变量"对数学的喜欢程度",用"1"表示非常喜欢,"2"表示喜欢,"3"表示一般,"4"表示不喜欢,"5"表示非常不喜欢等.在这里,1 和 2 虽然也是符号,但它们有顺序之分,1 比 2 喜欢的程度更高.如果以更喜欢为高分,则 1 比 2 大,但具体大多少? 无法衡量.再如变量"数学考试成绩",1 和 2 是有区别的,2 就是比 1 多,且多 1.即使同样是数值型变量 1 和 2,其含义不同时适用的统计方法也就不同.如果只以变量类型来说明变量属性,就不能区分这三个变量值 1 和 2 的区别.为了区分这三类数字,就有了变量的测量尺度这个属性.

Measure 项用于定义变量的测量尺度属性.在统计学中,按照对事物描述的精确程度,测量尺度从低级到高级可分为 4 个层次:定类尺度、定序尺度、定距尺度和定比尺度.

1) 定类尺度

定类尺度(nominal measure)是对事物的类别或属性的一种测度,按照事物的某种属性对其进行分类或分组.定类变量的特点是其值仅代表事物的不同类别或不同属性,不能比较各类别之间的大小,所以各类别之间没有顺序或等级.定类尺度的变量又称为无序分类变量,如性别可取值为"男""女".对定类尺度的变量只能计算频数和频率,如统计某班的男、女生人数或统计男生占总人数的百分比.

2) 定序尺度

定序尺度(ordinal measure)是对事物等级或顺序差别的一种测度,可以比较优劣或排序.定序尺度的变量又称为有序分类变量,同定类变量一样,其数据可以是数值型,也可以是字符型.定序变量除了可以计算频率,还可以计算累积频率.如对数学的喜欢程度这一变量的取值有:1——非常喜欢,2——喜欢,3——一般,4——不喜欢,5——非常不喜欢.对它就可以计算累计频数和累计频率,如统计非常喜欢和喜欢的累计人数及其比例.

3) 定距尺度

定距尺度(Interval Measure)是对事物类别或次序之间间距的测度,其特点是不仅能区分事物的不同类型并进行排序,而且能准确指出类别之间的差距是多少;通常以自然或物理单位为计量尺度,因此测量结果往往表现为数值,可以进行加减运算.

4）定比尺度

定比尺度（Scale Measure）是指能够测算两个测度值之间比值的一种测度，其测量结果也表现为数值，如考试分数. 定比尺度的数据有绝对"零点"，如考试分数为"0"真正表示"没有成绩"，而定距尺度的数据没有绝对"零点"，如智力测验为"0"，并不表示"没有智力". 定比变量是测量尺度的最高水平，它除了具有其他三种测量尺度的全部特点外，可以计算两个测度值比值，可以进行四则运算，而定距变量只能进行加减运算.

SPSS 中默认的变量尺度是定比尺度. 由于后两种尺度在绝大多数统计分析中没有本质上的差别，SPSS 将其合并成一类，称为"Scale"尺度. 这三种尺度在许多统计学书籍中有更通俗的称呼：无序分类变量、有序分类变量和连续性变量. 为方便起见，本书同时采用这两种命名体系.

3. 变量名与变量值标签

SPSS 中的变量视图窗口中的 Label 项，用于定义变量名标签并对变量名的含义进行解释说明. 该标签会在结果中输出以方便阅读，增强变量名的可视性和统计分析结果的可读性. 同一窗口中的 Values 项用于定义变量值标签，对变量取值的含义信息进行解释说明.

例如，对性别数据，假设用"1"表示男，"2"表示女. 用鼠标选中 Values 单元格并点击其右侧按钮，弹出变量值标签对话框，如图 12.2 所示.

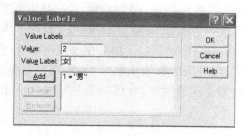

图 12.2　变量值标签对话框

在变量值文本框（Value）和变量值标签文本框（Value Label）中分别输入"1"和"男"，单击下方变黑按钮（Add），该变量值标签就被加入下方的标签框内，再定义"2"为"女"，最后单击 OK，变量值标签设置完成.

4. 变量的定义方式

为研究方便，在 SPSS 中，数据录入前一般应先定义变量属性. 例如，在一份关于高中生数学态度调查的不记名自陈问卷中，就包含了序号、学校、年级、班级、性别、出生年月等被试数据信息（变量）.

　　定义变量,首先要定义变量名,变量名是变量的唯一标识.在 SPSS 的变量视图
(Variable View)窗口中,如图 12.3 所示.在变量名(Name)列,以行为单位依次输入
6 个变量的变量名:id,school,grade,class,sex 和 born,可以看到 SPSS 会在变量类
型(Type)等其他列中自动填入默认值.在绝大多数情况下,SPSS 给出的默认数据类
型和数据精度已经能满足数据分析的要求,这时变量定义就可以结束了.否则,应对
不满足条件的选项进行自定义设置.

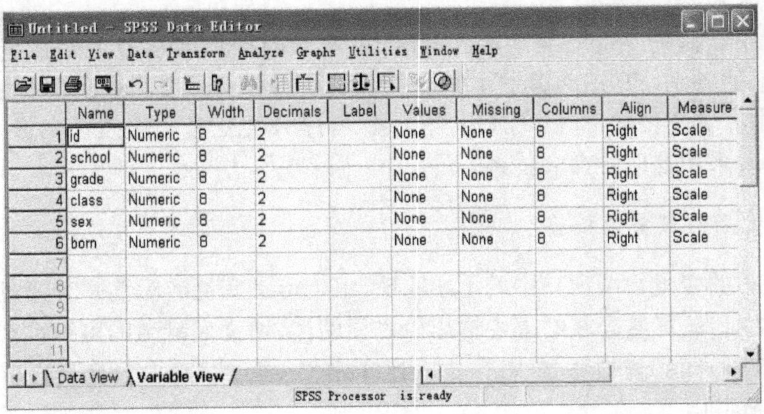

图 12.3　变量视图窗口

　　变量 id 是指被试序号,属于无序分类变量,可以将相应的测量尺度重新定义为
定类尺度(Nominal).但值得指出的是,因为变量 id 只是方便检查和核对问卷,不参
与后边的数据分析工作,所以其变量类型可采用默认形式不作修改.变量 school 是
学校名,属字符型变量,可将其类型(Type)由数值型(Numeric)改成字符型(String).
变量 born 代表出生年月,为日期型数值变量(Date).在变量视图(Variable View)窗
口,可以看到在对变量类型作出修改时,变量的某些属性也会相应发生改变.

12.2　数据录入与保存

　　只要打开 SPSS,系统就会自动生成一个空的 SPSS 格式的数据文件,用户只要
按自己的需要定义变量、输入数据,然后保存即可完成数据的录入与保存工作.

　　操作界面说明　SPSS 的数据编辑窗口由若干行和列组成,每一行对应一条记
录,每一列对应一个变量.第一行和第一列的单元格边框为深色,表示该数据单元为
当前单元格,如图 12.4 所示.

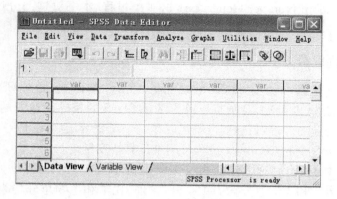

图 12.4　数据视图窗口

1. 数据录入

在数据编辑窗口的左下方,可以看到数据视图(Data View)和变量视图(Variable View).数据录入可以在数据视图中直接通过键盘完成,而变量属性的设置都在变量视图中进行.在实际操作中,有人习惯于先在 EXCEL 中按 SPSS 中的数据格式要求录入数据,再把 EXCEL 中的录入的数据直接复制到 SPSS 的数据视图窗口中.

2. 数据保存

在 SPSS 中选择 File→Save,如果数据文件已经存储过,则系统会自动按原文件名保存数据;否则弹出 Save Data As 对话框,将所要保存的文件指定文件名和保存路径就可以了.另外,SPSS 还允许将数据保存为很多种非 SPSS 格式的数据.在 Save Data As 对话框中可以看到,最下方有一个"保存"列表框,单击它可以看到有常用的 Excel,SAS 数据格式和纯文本格式等数据类型.

12.3　变量级别的数据管理

对变量进行整理操作,主要集中在 Transform 菜单,包括计算新变量、记录排序、变量计数等过程.在 SPSS 中,Transform 菜单的常用过程主要包括如下三点.

(1)计算新变量:Compute 过程可以计算新变量,是该菜单中最常用和重要的过程.

(2)变量转换:包括 Recode,Visual Bander,Count,Rank Cases,Automatic Recode 这 5 个过程,它们都可以看成 Compute 过程在某一方面的强化与打包.

(3)专用过程:包括提取日期型变量中的"年"或"月"或"日"或"星期"部分 Date/Time、建立时间序列 Create Time Series、缺失值替代 Replace Missing Values 和设定随机种子 Random Number Generators 这 4 个过程. 本书对这部分过程不展开详细叙述.

12.3.1　计算新变量

计算新变量是指在原有 SPSS 格式的数据文件基础上, 根据研究需要, 使用 SPSS 的算术表达式及函数, 对所有记录或满足 SPSS 的条件表达式的记录, 经计算得到一个目标变量的过程. 目标变量既可以是一个新变量, 也可以是一个已经定义过的原有变量. SPSS 中的 Compute 过程可用来计算新变量.

例 12.1　数据 data12-01 包含高三年级某班学生在某次月考中六门功课的成绩, 其中语文、数学和英语总分均为 150 分, 物理、化学和生物总分均为 100 分. 现要求统计英语成绩在 90 分以上 (含 90 分) 学生的语文和数学的平均成绩 (score).

解　按 Transform→Compute 顺序, 打开如图 12.5 所示的对话框, 在 Target Variable 框中输入新变量名用来接收计算的值, 这里命名为"score".

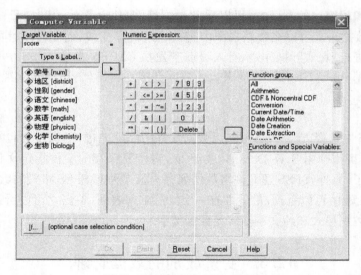

图 12.5　计算新变量值对话框

因为是生成新变量, 所以单击图 12.5 中源变量框上方的 Type & Label 按钮, 展开变量类型和标签对话框, 将标签命名为"平均分", 类型默认为数值型, 如图 12.6 所示. 单击 Continue 按钮, 回到如图 12.5 所示的主对话框.

如果要计算全部学生的平均成绩, 则直接在主对话框中操作即可, 但现在只需对符合一定条件 (英语成绩≥90) 的记录进行变量转换.

单击如图 12.5 中左下方的 If 按钮, 出现如

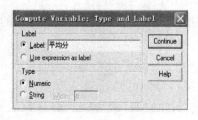

图 12.6　变量类型与标签对话框

图 12.7 所示的窗口,点击 Include if case satisfies condition 选项,然后用手工方式或利用软键盘按钮和函数下拉菜单,输入条件表达式.

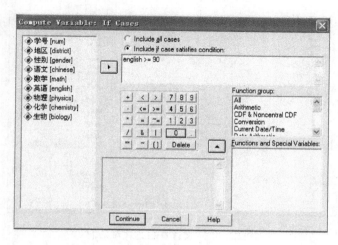

图 12.7　计算新变量(IF Cases)窗口

　　将源变量框中的英语[english]通过中间的黑色小箭头或者直接双击英语[english]使其进入条件表达式框中,再利用软键盘输入条件表达式中的"≥90",表示只对英语成绩在 90 分以上(含 90 分)的学生进行统计分析.

　　单击 Continue 按钮,重新回到如图 12.5 所示的主对话框,在 Numeric Expression 对话框中,用手工方式或者利用软键盘和函数下拉菜单输入计算表达式.

　　如图 12.8 所示,在函数组(Function group)下拉框,选择 All 或 Statistical,再在 Functions and Special Variables 下拉框,选择函数 Mean 并双击或单击中部向上的黑色小箭头按钮,在 Numeric Expression 框中出现 MEAN(?,?).系统自动选中 MEAN(?,?)中的第一个"?",双击源变量框中的语文[chinese],接着手工选中 MEAN(chinese,?)中余下的那个"?",双击源变量框中的数学[math],这时 MEAN(?,?)变成 MEAN(chinese, math).单击"OK",可以看到,在数据 data12-01 中的最右侧生成了一个新变量,即平均分(score),如图 12.9 所示.

　　如果要对全部学生生成一个新变量,但是对不同学生采用的表达式不相同,则可以通过多次调用 Compute 过程来实现.

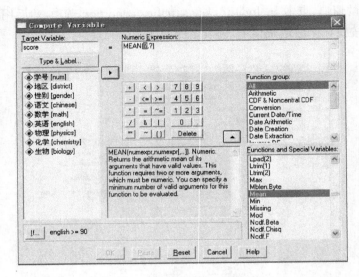

图 12.8 定义计算表达式对话框

	num	district	gender	chinese	math	english	physics	chemistry	biology	score
1	1	5	1	91	84	86	65	45	49	.
2	2	3	2	103	104	95	86	68	89	103.50
3	3	5	1	112	89	93	67	67	46	100.50
4	4	1	1	98	85	91	75	72	85	91.50
5	5	3	2	92	109	92	72	72	61	100.50
6	6	2	1	87	99	85	61	39	70	.
7	7	3	1	99	106	88	61	66	60	.
8	8	1	1	116	120	100	79	59	82	118.00
9	9	3	2	101	86	93	81	67	76	93.50
10	10	5	1	96	100	96	81	69	47	98.00
11	11	1	1	99	73	94	74	56	63	86.00
12	12	1	1	103	61	82	63	67	54	.
13	13	2	2	110	112	95	77	67	49	111.00

图 12.9 生成新变量 Compute 过程计算结果

12.3.2 变量值的分组与合并

在数据分析中,常常需要将连续变量转换为等级变量,或者将分类变量的不同等级进行合并.用 Recode 过程可以很好地完成这一任务,Recode into Same Variables 是对原变量值进行替换,而 Recode into Different Variables 是根据原变量值生成一个新变量来表示分组情况.为了保持原始数据的完整性,一般选择后一种合并方式.

1. 连续变量的分组

在 SPSS 中,可以将连续变量按照某种一一对应关系转换为以等级或定序方式存在的离散变量,而且生成的新变量值,既可以赋给原有变量,也可以生成一个新变量. 用 Recode 过程和 Visual Bander 过程都可以完成这一任务,但前者更简单和常用.

例 12.2　在数据 data12-01 中生成新变量 grade,当英语成绩小于 90 时取值为"不及格",大于等于 90 且小于 105 为"及格",大于等于 105 且小于 120 为"良好",大于等于 120 分为"优秀".

解　按菜单 Transform→Recode→Into Different Variables 顺序打开新变量定义主对话框,如图 12.10 所示. 从源变量框中将英语[english]选入 Numeric Variable - >Output Variable 对话框中. 这时 Output Variable 栏的边框反白变黑,在 Name 框中键入变量名 grade,在 Label 框中键入"等级",单击 Change 按钮. 可以看到,中间变量转换框 Numeric Variable->Output Variable 中的表达式 english -->? 变为新表达式 english -->grade.

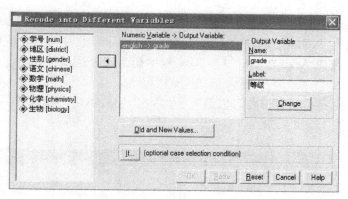

图 12.10　新变量定义对话框

在新变量定义主对话框继续定义等级(grade)的属性和取值. 单击 Old and New Values 按钮,弹出相应对话框. 由于等级(grade)属于字符型变量,建议先选中右下角的"Output variables are strings"复选框,再分步定义等级(grade)的变量值时会更方便些,如图 12.11 所示.

第一步,选择 Old Value 栏中的第 6 行 Range,在其下面框中键入"120",再选择 New Value 栏中的 Value 项,在其右边框中输入"优秀",单击变黑按钮 Add. 在 Old - >New 框中会出现表达式"120 thru Highest - >'优秀'".

第二步,选择 Old Value 栏中的第 4 行 Range,在其下面的左、右两个框中分别输入"105"和"120",再选择 New Value 栏中的 Value 项,在其右边框中输入"良好",单击变黑按钮 Add. 在 Old - >New 框中出现表达式"105 thru 120 - >'良好'".

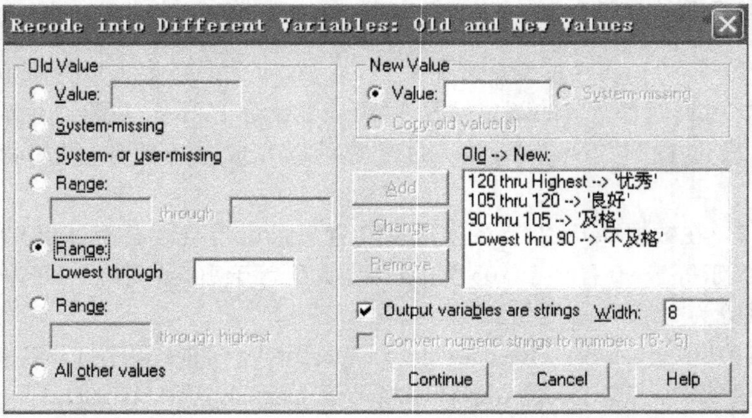

图 12.11 属性及其变量值定义对话框(grade)等级

第三步,仍然选择 Old Value 栏中的第 4 行 Range,设置方法与第二步完全相同,在 Old －>New 框中出现表达式“90 thru 105 －>‘及格’”.

第四步,选择 Old Value 栏中的第 5 行 Range,在其下面复选项 Lowest through 的右边框中输入“90”,再选择 New Value 栏中的 Value 项,在其右边框中输入“不及格”,单击变黑按钮 Add,在 Old －>New 框中会出现表达式“Lowest thru 90 －>‘不及格’”.

单击 Continue,运行程序.可以看到,在数据 data12-01 中生成了一个新变量等级(grade),如图 12.12 所示.

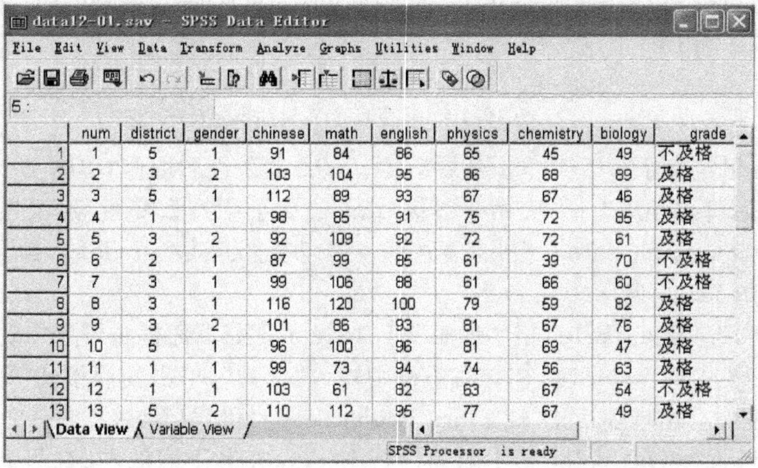

	num	district	gender	chinese	math	english	physics	chemistry	biology	grade
1	1	5	1	91	84	86	65	45	49	不及格
2	2	3	2	103	104	95	86	68	89	及格
3	3	5	1	112	89	93	67	67	46	及格
4	4	1	1	98	85	91	75	72	85	及格
5	5	3	2	92	109	92	72	72	61	及格
6	6	2	1	87	99	85	61	39	70	不及格
7	7	3	1	99	106	88	61	66	60	不及格
8	8	3	1	116	120	100	79	59	82	及格
9	9	3	2	101	86	93	81	67	76	及格
10	10	5	1	96	100	96	81	69	47	及格
11	11	1	1	99	73	94	74	56	63	及格
12	12	1	1	103	61	82	63	67	54	不及格
13	13	5	2	110	112	95	77	67	49	及格

图 12.12 利用 Recode 过程生成新变量等级(grade)

在 Recode 过程中,选中复选项 Output variables are strings Width,可以将连续变量转化为字符型离散变量;选中复选项 Convert numeric strings to numbers,可以将数值型字符变量转化为数值变量;如果上述两个复选项都不选,则系统默认输出数值型新变量.

2. 分类变量的合并

Recode 过程也常用于合并某个分类变量的几个水平为一个水平.

例 12.3 将在数据 data12-01 中生成的等级(grade)变量,转换成新的等级(grade1)变量,要求将"优秀""良好""及格"这 3 个水平合并成 1 个水平为 PASS,将"不及格"水平转换为 NOPASS.

解 按菜单 Transform→Recode→Into Different Variables 顺序打开新变量定义主对话框,如图 12.13 所示.从源变量框中将等级[grade1]移入 String Variable ->
Output Variable 框.在右边的 Output Variable 栏,将 Name 值定义为 grade1,Label 值定义为"新等级".

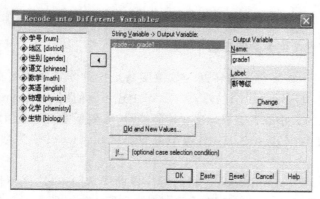

图 12.13 新变量定义主对话框

按顺序单击 Change→Old and New Values 按钮,打开 Old and New Values 对话框,如图 12.14 所示.选择"Output variables are strings"复选框,在 Old Value 栏

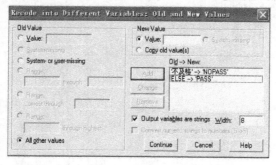

图 12.14 新变量属性及其取值定义对话框

的第一行复选项 Value 框中输入"不及格",在 New Value 栏的复选项 Value 框中输入"NOPASS",单击 Add;在 Old Value 栏,选择 All other values,在 New Value 栏的复选项 Value 框中输入"PASS",单击 Add. 按顺序单击 Continue 和 OK 按钮,在数据 data12-01 中就会生成新变量 grade1,输出结果如图 12.15 所示.

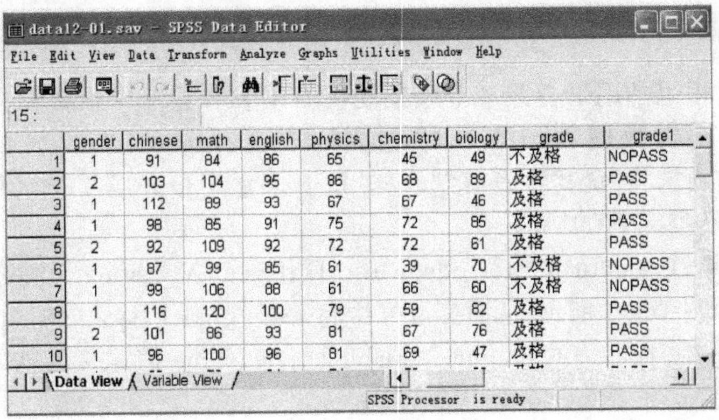

图 12.15　新变量属性及其取值定义对话框

12.3.3　字符变量转换为数值变量

在数据分析中,将字符变量转换为数值变量是一种非常实用的功能. 除了使用 Recode 过程手工设定转换规则以外,在 SPSS 中还可以使用 Automatic Recode 过程自动按原变量值的大小或者字母排序生成新变量,而变量值就是原值的大小次序.

例 12.4　在数据 data12-02 中,将字符型变量 district 转换为数值型变量 new district.

解　因为 Automatic Recode 过程的操作界面非常简单,这里不作详细介绍,直接给出相应的设置界面和输出结果,如图 12.16～图 12.18 所示.

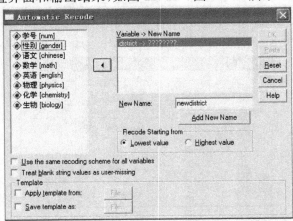

图 12.16　Automatic Recode 主对话框

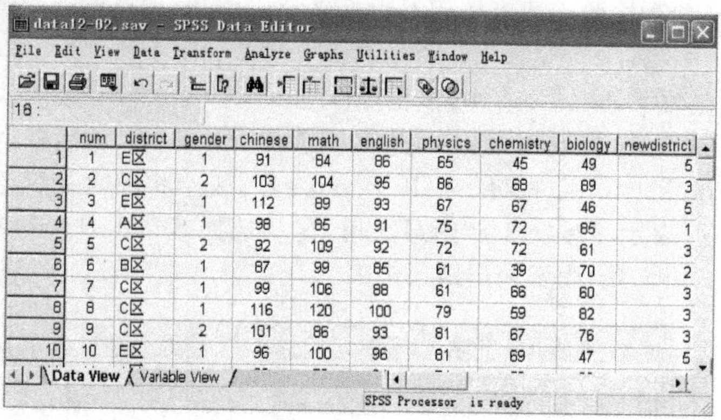

图 12.17　Automatic Recode 过程数据视图输出窗口

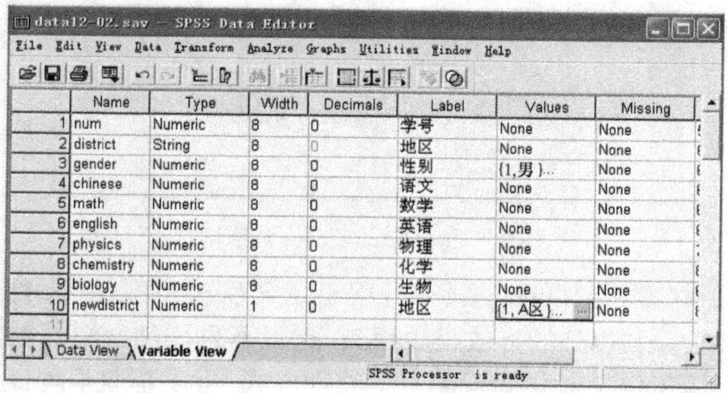

图 12.18　Automatic Recode 过程变量视图输出窗口

可以看出,经过 Automatic Recode 过程,由变量(district)生成了新变量(newdistrict),如图 12.17 所示.变量类型(Type)由字符型(String)相应变成了数值型(Numeric),而且系统按英文字母顺序给新变量赋值,如将数字"1"赋给"A 区",将数字"5"赋给 E 区,如图 12.18 所示.

Automatic Recode 的排序功能和 Rank Cases 类似,不同之处在于 Automatic Recode 可用于字符型变量.字符型变量转换成数值型变量后,就可以进行连续变量的统计分析,如用 One-Way ANOVA 来比较这 5 个不同地区学生的数学成绩是否有显著差异.

12.3.4　变量的编秩

编秩,就是将记录按照某个变量值的大小来排序. Rank Cases 过程就是用来排序的一个专用过程,它根据某个变量值的大小排出次序(秩次),并将秩次结果存储到一个新变量中.这样做有什么好处呢?

因为在许多时候参数检验的条件不被满足,这时不得不用非参数检验的方法,而稍微复杂些的非参数检验无法直接用对话框来完成,需要先计算秩次再进行分析(详见第 16 章).

例 12.5　在数据 data12-01 中,试根据性别分组计算数学成绩的秩次.

解　按 Transform→Rank Cases 顺序,打开 Rank Cases 对话框,如图 12.19 所示. 在 Assign Rank 1 to 栏,选择 Smallest value 项,表示将秩次 1 赋给最小值;选择 Largest value 项,表示将秩次 1 赋给最大值,这里选择 Smallest value 项. 选择 Display summary tables 项,表示输出结果报表.

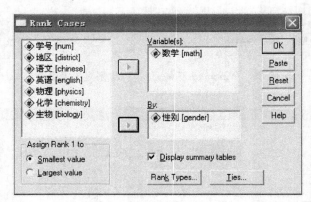

图 12.19　Rank Cases 对话框

在图 12.19 中,Rank Types 按钮,可用于定义秩次类型,默认类型为最常用的 Rank(秩分数). 秩分数以外的方法很少用到,这里不再详细介绍其他的几种秩次类型. Ties 按钮可用于定义对相同观测量的处理方式,可以是取平均值、最小秩次、最大秩次或当作一个记录处理,默认值为平均秩次.

将数学[math]选入 Variable(s)框,将分组变量性别[gender]选入 By 框,其余选项使用默认方式. 单击"OK",系统将建立一个新变量 Rmath,其取值为根据性别分组后的数学[math]变量值的秩次,结果如图 12.20 所示.

	num	district	gender	chinese	math	english	physics	chemistry	biology	Rmath
1	1	5	1	91	84	86	65	45	49	9.000
2	2	3	2	103	104	95	86	68	89	16.500
3	3	5	1	112	89	93	67	67	46	12.500
4	4	1	1	98	85	91	75	72	85	10.500
5	5	3	2	92	109	92	72	72	61	21.000
6	6	2	1	87	99	85	61	39	70	16.500
7	7	3	1	99	106	88	61	66	60	21.500
8	8	3	1	116	120	100	79	59	82	23.000
9	9	3	2	101	86	93	81	67	76	6.000
10	10	5	1	96	100	96	81	69	47	18.000

图 12.20　根据性别分组的数学成绩的秩次结果

12.4　文件级别的数据管理

Transform 菜单提供的基本上只限于变量级别的数据管理,但实际工作中常常需要对整个数据文件进行加工. 例如,对文件中的记录进行排序、拆分、筛选等处理,或者对数据文件按某个指定的分类变量进行分类汇总等工作. 这里介绍几个简单但很实用的分析过程.

12.4.1　记录排序

数据编辑窗口中的记录一般是由录入时的先后顺序决定的,但在实际工作中,如果希望按照某种顺序来观察一批数据. 例如,需要对数据 data12-01 中的数学成绩由高到低的顺序来浏览. SPSS 中的记录排序就是将数据编辑窗口中的数据,按照某个或某几个变量值的升序或降序重新排列,被指定的变量称为排序变量. 当对所有记录排序时,按照排序变量取值的大小次序对记录重新整理后显示. 当对记录进行分组排序时,在每个组内按照排序变量取值的大小次序对记录进行排序.

对单变量排序,SPSS 提供了一种快捷方式,就是在数据表格的变量名处单击右键,右键菜单中的最后两项是 Sort Ascending 和 Sort Descending. 对多变量排序,需要使用 Data 菜单中的 Sort Cases 过程.

例 12.6　在数据 data12-02 中,按地区升序和性别降序进行排序.

解　按照 Data→Sort Cases 顺序,打开 Sort Cases 对话框,如图 12.21 所示. 将地区[district]选入 Sort by 对话框,默认升序 Sort Ascending,再将性别[gender]选入 Sort by 对话框,选择降序 Descending.

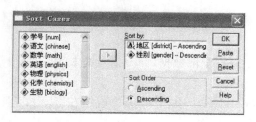

图 12.21　Sort Cases 对话框

经过排序以后,原记录的排列次序会被打乱,因此对时间序列等数据,如果没有存放标志记录的变量,如年份等,则应注意保存原数据的排列顺序,以免数据混乱.

12.4.2　记录拆分

如果需要分组进行统计分析,或者只需分析其中的一部分数据,如分别求出男、女生的平均成绩,则可通过拆分数据来实现,Split File 过程可完成这一功能,如

图 12.22 所示.

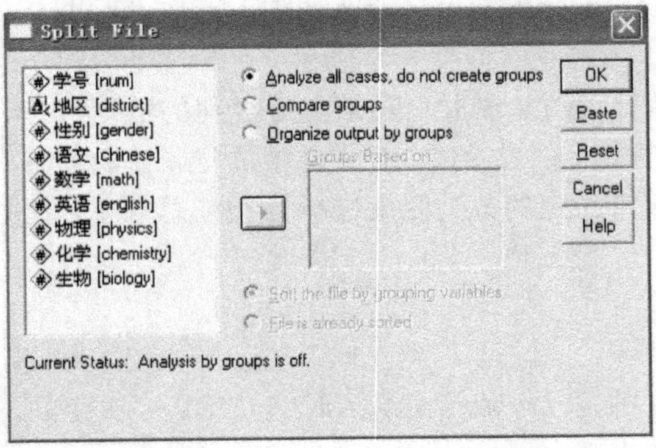

图 12.22　Split File 过程主对话框

这里简单介绍 Split File 对话框中,一些常用复选项的用途.

Analyze all cases,do not create groups 项,表示不拆分文件.

Compare groups 项,按所选变量拆分文件,各组分析结果放在一起便于比较.

Organize output by groups 项,按所选变量对文件进行拆分,各组分析结果将单独放置.

Groups Based on 项,用于选择拆分数据文件的变量.

Sort the file by grouping variables 和 File is already sorted 项,要求拆分时将数据按所用的拆分变量排序.

对数据集进行拆分后,在状态栏右侧会出现"Split on"的文字提示,表明拆分正在生效,它将在以后的数据分析中一直有效,而且会被储存在数据集中,直到再次进行拆分设定为止.

12.4.3　记录筛选

分析者有时不需要分析全部数据,而只需要分析其中的一部分.这时,可以考虑用 Select Cases 过程.

例 12.7　在数据 data12-01 中,分析英语成绩在 90 分以上(含 90 分)学生的语文平均分与数学平均分.

解　使用 Data→Select Cases 过程,可以大大简化分析者的工作,对话框设置界面如图 12.23 所示.

1. Select 栏:用于确定筛选方式

All cases:分析所有记录.

If condition is satisfied:只分析满足条件的记录,单击下方的 If 按钮后弹出 Select Cases:If 对话框,用于定义筛选条件.

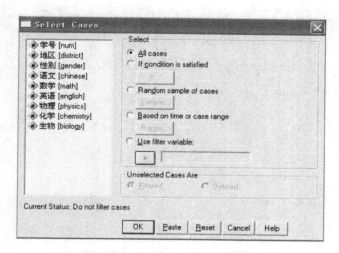

图 12.23　Select Cases 对话框

本例中选择 If condition is satisfied 项,并单击 If 按钮,打开相应对话框,如图 12.24所示,通过中间黑色小箭头或者用双击相应变量的方式,从源变量框中将英语[english]移入右上方的条件表达框中.

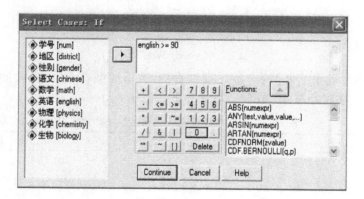

图 12.24　Select Cases：If 对话框

点击 Continue,回到 Select Cases 主对话框.单击"OK",结果如图 12.25 所示.可以看到,数据编辑窗口的最右侧增加了一列新变量 filter_ $,变量值为"0"表示该记录未被选中,在该记录号上显示一条从左下至右上的斜划线;变量值为"1"表示该记录符合条件,被选中进行数据分析.

按 Analyze→Descriptive Statistics→Descriptives 顺序,打开 Descriptives 描述性统计对话框,将语文[chinese]和数学[math]选入 Variables 中,其余保持默认设置,如图 12.26 所示.

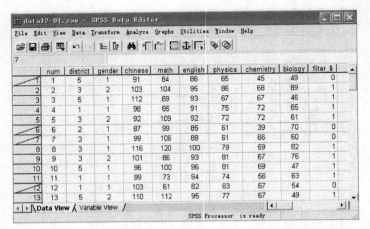

图 12.25 英语成绩在 90 分以上(含 90 分)的学生记录

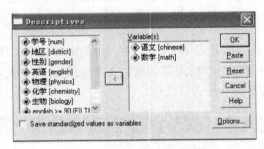

图 12.26 Descriptives 对话框

单击"OK",输出结果见表 12.1. 可以看到,英语成绩在 90 分以上的 29 个学生的语文平均分为 100.28 分,数学平均分为 94.41 分.

表 12.1 语文与数学成绩的描述性统计结果

	N	Minimum	Maximum	Mean	Std. Deviation
语文	29	81	116	100.28	8.476
数学	29	41	135	94.41	19.253
Valid N(listwise)	29				

Random sample of cases:从原数据中按某种条件抽样,使用下方的 Sample 按钮进行具体设定,可以按百分比抽取记录,或者精确设定从前若干个记录中抽取多少个记录.

Based on time or case range:基于时间或记录序号来选择记录,使用下方的 Range 按钮设定记录序号的范围.

Use filter variable:使用筛选指示变量来选择记录,必须在下面选入一个筛选指示变量,该变量取值为非 0 的记录将被选中,进行以后的分析.

2. Unselected Cases Are 栏:用于选择对未被选中的记录的处理方式

Filtered:表示未被选中的记录只是被隔离,这些记录的记录号上会被加上斜杠以示区别,同时系统会自动产生一个名为 filter_$ 的筛选指示变量,被选中的记录该变量取值为 1,反之为 0.

Deleted:表示未被选中的记录将被删除,一般不要使用,以免误删数据.

对数据进行筛选后,可看到状态栏右侧出现"Filter on"的提示,表明筛选正在生效,它将在以后的数据分析中一直有效,而且会被储存在数据集中,直到再次进行筛选设定为止.

12.4.4 数据汇总

分类汇总就是按指定的分类变量对观测值进行分组,对每组记录的各个变量求指定的描述统计量,结果可以存入到新的文件中(Create new data file),也可以替换当前的数据文件(Replace working data file). 例如,对于学生基本情况的数据,现在希望了解不同性别学生的平均分数情况. 这就需要对数据按照不同性别进行分类,然后再分别求出各类学生的分数平均值. 这个过程本质就是一个数据的分类汇总过程.

在 SPSS 中,实现数据分类汇总需要经过三大步骤. 首先,指定分类变量和汇总变量. 然后,SPSS 自动根据分类变量的取值将数据记录分成若干类,并对每类记录分别记算汇总变量的描述统计量. 最后,将分类汇总的计算结果保存到一个 SPSS 数据文件中.

例 12.8 根据数据 data12-01 中的性别变量,对学生的数学平均成绩进行汇总.

解 按 Data→Aggregate 顺序,打开 Aggregate Data 对话框,如图 12.27 所示. 从源变量框中,指定分类变量到 Break Variable(s)框中,接着指定汇总变量到 Aggregated Variable(s)框中.

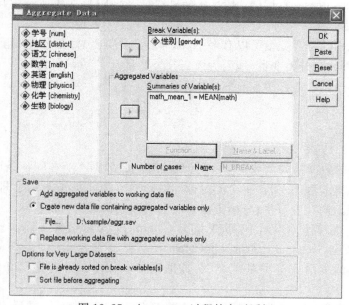

图 12.27 Aggregate 过程的主对话框

　　使用 Function 按钮,可以指定对汇总变量计算哪些描述统计量,如图 12.28 所示,分别为常用汇总函数 Summary Statistics、特定值 Specific Values、记录数 Number of cases、百分比 Percentages 和百分片断 Fractions.

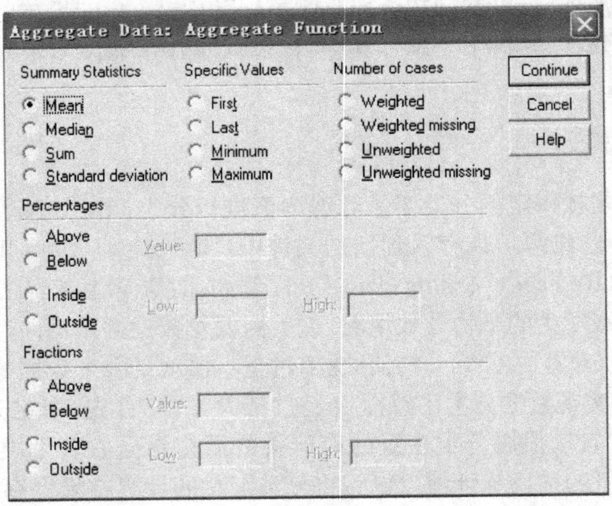

图 12.28　Aggregate Function 对话框

　　以最常用的第一组为例,可选用的函数有均值、中位数、总和、标准差共 4 种. SPSS 默认对各类分别计算汇总变量的均值.

　　如果希望在结果数据文件中保存分类组的记录数,则选择 Aggregated Variable(s) 框中的 Number of cases 复选框. SPSS 在结果数据文件中自动生成一个默认名为 N_ BREAK 的变量.

　　分类汇总中的分类变量可以有多个,称为多重分类汇总. 如分类变量依次为性别和地区,则性别为主分类变量,地区为第二分类变量.

本 章 总 结

一、主要结论

　　1. SPSS 的数据格式大致要求:不同观测对象的数据不能在同一条记录中出现,即同一观测数据应独占一行;每个测量指标或影响因素只能占据一列,即同一指标的观测数值应录入同一变量中;分析方法有时会对数据格式有特别要求.

　　2. SPSS 的变量属性,包括变量名(Name)、变量类型(Type)、变量宽度(Width)、小数位(Decimal)、测量尺度(Measure)等 10 种属性.

　　3. SPSS 的变量有 3 种基本类型:数值型(Numeric)、字符型(Sting)和日期型(Date).

　　4. SPSS 变量的测量尺度从低级到高级可分为 4 个层次:定类尺度、定序尺度、定距尺度和定比尺度. 后两种尺度在绝大多数统计分析中没有本质上的差别, SPSS 将其合并成一类, 称为"Scale"尺度. 这 3 种尺度在许多统计学书籍中称为: 无序分类变量、有序分类变量和连续性变量.

5. 变量级别的数据整理主要集中在 Transform 菜单, 包括计算新变量(Compute); 变量转换, 如变量值的分组与合并(Recode)、字符型变量转换为数值型变量(Automatic Recode)、变量的编秩(Rank Cases)等过程.

6. 文件级别的数据整理主要集中在 Data 菜单, 包括记录排序(Sort Cases), 或者在数据视图窗口用右键快捷方式)、记录拆分(Split File)、记录筛选(Select Cases)、数据汇总(Aggregate)等过程.

二、知识结构图

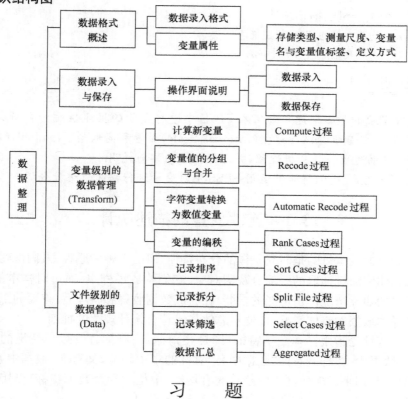

习 题

12.1 针对数据文件 data12-01, 进行以下练习:

(1) 生成一个新变量, 变量名为 Tzk, 变量名标签为"主科总分", 变量值为语文、数学两科总分. 按主科总分高低进行排序, 并将文件保存为 data12-01a. sav.

(2) 生成一个新变量, 变量名为 Class, 变量名标签为"等级", 规定英语成绩在 90 分以上(含 90 分)的成绩为合格, 否则为不合格.

12.2 针对数据 data12-03, 分别统计男生、女生(1 表示男生, 0 表示女生)的平均总分.

第 13 章　变量的描述统计

◆本章概览

    本章要解决的核心问题是如何在 SPSS 中进行变量的描述性统计分析. 为了解决这个问题,我们分别介绍连续型(Interval,Scale)变量和离散型(Nominal,Ordinal)变量的 SPSS 描述性统计分析过程,并进行相应的举例说明.

    学完本章之后,我们将能够运用 SPSS 中对变量进行描述性统计分析.

13.1　连续变量的描述统计

    统计分析的根本目的是研究总体的分布特征,但由于种种原因,人们得到的往往只能是从总体中随机抽取的一部分观测对象,它们构成了样本. 通过对样本的研究,从而对总体的实际情况作出可能的推断. 在完成数据收集和整理后,首要的工作就是了解这个样本数据的整体情况,以便对总体作出符合统计规律的推断.

    描述性统计是指用样本数字特征(即描述指标)去概括总体数字特征的统计方法. 在一批数据中,数据既有向"数据中心"靠拢的集中趋势,又有向"数据中心"背离的离散趋势. 常用来反映数据集中趋势的有均数、中位数和众数等指标,而用来反映离散趋势的有全距、方差、标准差和四分位数等指标.

13.1.1　连续变量的 SPSS 描述统计

    SPSS 中的数据变量有 4 种类型:名义型(Nominal)、定序型(Ordinal)、定距型(Interval)和定比型(Scale). 也有人将名义型称为定类型,将定距型和定比型统称为连续型(Scale). SPSS 的许多模块都可以完成描述性统计工作. 除了各种用于统计推断的过程会附带进行相关的描述性统计功能以外,SPSS 还专门提供了 4 个可用于连续型变量的统计描述过程,它们都集中在 Descriptive Statistics 的子菜单中.

1. Frequencies 过程

该过程可产生原始数据的频数表,并能计算各种百分位数.如图 13.1 所示,它所提供的统计描述功能非常全面,而且对话框的布置基本上按照数据的集中趋势、离散趋势、百分位数和分布指标四大块进行归类.Frequencies 过程可以给数据直接绘制相应的统计图,如用于连续变量的直方图,用于分类变量的饼图和条形图等,这里不作详述.

2. Descriptives 过程

该过程可用于一般性的统计描述,相对于 Frequencies 过程而言,它不能绘制统计图,所能计算的统计量也少,但使用频率却是最高的.如图 13.2 所示,它适用于对服从正态分布的连续变量进行描述.

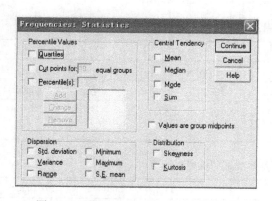

图 13.1　Frequencies:Statistics 对话框

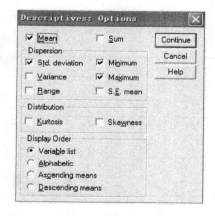

图 13.2　Descriptives:Options 对话框

3. Explore 过程

该过程可用于对连续性数据分布状况不清楚时的探索性分析,它可以计算许多描述统计量,给出各种统计图,进行简单的参数估计.

4. Ratio 过程

该过程可用于对两个连续变量计算相对比描述指标,由于该过程的使用机会相对比较少,这里不再详述.

13.1.2　连续变量的描述统计举例

方法一　使用 Explorer 过程.

例 13.1　以数据 data12-01 为例,用 Explorer 过程对男、女生的数学成绩进行描述.

解 按 Analyze→Descriptive Statistics→Explore 顺序,打开 Explore 对话框,如图 13.3 所示.从源变量框中将数学[math]选入 Dependent List 框,将分组变量性别[gender]选入 Factor List 框,系统将按该分组变量(因素)的取值进行分组分析,其余选项采用系统默认设置.单击 OK,结果见表 13.1 和表 13.2.

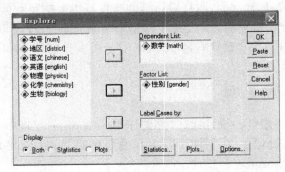

图 13.3   连续变量 Explore 过程主对话框

表 13.1   男、女生频数统计表

		Cases					
		Valid		Missing		Total	
	性别	N	Percent	N	Percent	N	Percent
数学	男	23	100.0%	0	0%	23	100.0%
	女	30	100.0%	0	0%	30	100.0%

表 13.2   男生数学成绩的描述统计量

	性别			Statistic	Std. Error
数学	男	Mean		82.91	4.973
		95%Confidence Interval for Mean	Lower Bound	72.60	
			Upper Bound	93.23	
		5%Trimmed Mean		84.71	
		Median		89.00	
		Variance		568.901	
		Std. Deviation		23.852	
		Minimum		10	
		Maximum		120	
		Range		110	
		Interquartile Range		32	
		Skewness		−1.305	0.481
		Kurtosis		2.653	0.935

由表 13.1 可见,男、女学生的频数统计,男生有 23 人,女生有 30 人,无缺失值. 表 13.2 给出了男生数学成绩的描述性统计结果.

1) 集中趋势指标

可以看到 23 名男生的数学平均成绩为 82.91 分,去掉两侧各 5%有极端值之后,截尾均数为 84.71 分,中位数为 89.00 分.由于去掉极端值之后,均数、截尾均数和中位数相差不大,可推测出数据大体上是对称分布的.

2) 离散趋势指标

数学成绩的方差 568.901,标准差为 23.852.全部男生的最低分为 10 分,最高分为 120 分.最高分与最低分的差即全距为 110 分,中间一半的男生的数学成绩差即为四分位数间距为 32 分.

3) 分布特征指标

给出了表示数据偏离正态分布程度的偏度系数为 -1.305,峰度系数为 2.653 以及它们的标准误.关于偏度和峰度的概念,这里不再详述.

4) 参数估计

给出了总体均数的参数估计结果,可见均数的标准误为 4.973,相应的总体均数 95%置信区间为 72.60~93.23.关于置信区间的概念,这里不再详述.

在统计描述表格之后,Explore 过程还会给出数学成绩关于性别的茎叶图和箱图,这里不作详述.

方法二 使用其他过程.

上面使用 Explore 过程对数据进行了分析,下面演示用另外两个过程的分析结果.由于这两个过程不能直接对数学成绩进行分组描述,因此这里只给出不分性别的分析结果.如果希望得到分组描述的话,可以采用已经介绍过的 Select Cases 过程进行数据拆分.

1. Descriptive 过程

该过程操作简单,只需要将希望描述的变量选入即可,分析结果见表 13.3.

表 13.3 Descriptive 过程数学成绩的描述统计

	N	Minimum	Maximum	Mean	Std. Deviation
数学	53	10	135	90.64	23.161
Valid N(listwise)	53				

2. Frequencies 过程

该过程默认值给出原始频数表,如果希望得到各种统计量,则需要分析者自行指定.

例如,在上述分析中,已经得到了描述集中趋势的均值、中位数等,以及描述离散趋势的方差、标准差和极差等统计量.如果研究者还希望得到数学成绩的四分位数和其他常用的百分位数是多少,则可以利用 Frequencies 过程来得到,具体操作步骤为:按 Analyze→Descriptive Statistics→Frequencies 顺序,打开 Frequencies 主对话框,从源变量框中把数学[math]选入 Variable(s)框.点击 Statistics 按钮,弹出 Frequen-

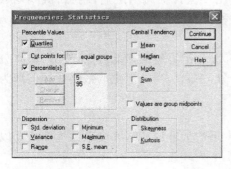

cies:Statistics 对话框,在 Percentile Value 栏中,选择 Quartiles 项,输出四分位数.选择 Percentile(s)项,在其后面的空框中输入 5 以输出 5%分位数,点击 Add.再次选择 Percentile(s)项,在其后面的空框中输入 95 以输出 95%分位数,如图 13.4 所示.

在图 13.4 所示的对话框,单击 Continue,回到 Frequencies 主对话框.单击 OK,结果见表 13.4.

图 13.4　Frequencies:Statistics 对话框

表 13.4　Frequencies 过程分位数

N	Valid	53
	Missing	0
Percentiles	5	44.50
	25	81.00
	50	95.00
	75	106.00
	95	121.20

可以看出:所有学生的数学成绩的四分位数为 81.00,95.00 和 106.00,表示有 25%的学生的数学成绩低于 81 分,有 50%的学生的数学成绩低于 95 分,有 75%的学生的数学成绩低于 106 分.另外,有 90%的学生的数学成绩为 44.50~121.20.

13.2　分类变量的描述统计

13.2.1　分类变量的 SPSS 描述统计

相对连续变量而言,分类变量的描述性统计体系更为简单.由于分类变量不能进行四则运算,因此对变量中包含的几个类型进行各自的频数统计以及它们在所有类型中所占的比例,就变得非常重要了.

1. 频数分布的描述

对于分类变量,首先希望了解各类别的样本数有多少,其次还对相对数量感兴趣,如各类别人数占总人数的比例是多少? 这些信息往往被整理在同一张频数表中,各类别的样本数和所占比例分别被称为频数和百分比,这里的百分比是指本类别出现的次数/总次数×100%.

例如,对 53 名高三学生进行"语文、数学和英语这 3 门功课,你最喜欢哪一门"的单选题问卷调查中,选择语文、数学和英语的人数分别是 16,27,10. 这些数字即为每门功课对应的频数,但是如果不知道总人数为 53,就无法确认 16 这个数字究竟有多大,所以提出用百分比概念. 这里有 25% 的学生最喜欢数学,9% 的学生最喜欢英语,这些百分比数字即为该门功课的相对频数(或称百分比),通过它们就可以了解和推断被调查学生群体对这 3 门功课的偏好程度.

在对有序分类变量进行描述时,除给出各个类别的频数和百分比以外,还往往给出累积频数和累积频率. 积累频数是指本类别及其较低类别出现次数的和,而累积频率是指本类别及较低类别出现次数的和与总次数的百分比. 如在某项调查中,希望了解每个被试的文化程度,用 1,2,3,4 分别表示高中及以下、大专、本科、研究生及以上. 如果主试不仅希望了解各类别被试的人数及比例,还希望了解大专及以下和研究生及以上的人数所占比例,就需要用到累积频数与累积频率. 累积指标有时也可用于无序分类变量的情况.

2. 集中趋势的描述

除原始数据外,如果希望了解哪一个类别出现的频数最多,可以使用众数来描述这种集中趋势. 众数是指出现次数最多的那个数. 众数有时可以有多个,而且只有集中趋势显著时,才能用众数作为总体的代表值. 当分类变量的类别较少时,原始频数表并不复杂,这时众数的使用价值并不高.

对于分类数据,数据的离散程度实际上是和集中程度相关联的,往往受相同参数的控制,因此对分类变量不需要分别描述其集中趋势与离散趋势.

3. 分类变量的联合描述

频数表可以描述一个分类变量的数值分布情况,但是研究者有时希望对两个甚至多个分类变量的频数分布进行联合观察. 例如,希望了解不同性别学生在各地区中的频数分布及其百分比构成. 这时需要将这些分类变量的类别交叉起来,分别统计各类别组合下的频数大小.

两个分类变量各类别交叉而成的复合频数表称为行×列表,也称列联表. 在一般的调查报告中,经常看到研究者用列联表进行变量的交叉分析.

以二维 2×5 列联表为例,假设有 n 个被试根据性别 A 和地区 B 属性分类. 属性

A 分两类：A_1 和 A_2 分别表示男性和女性；属性 B 分五类；$B_1 \sim B_5$ 分别表示五个不同地区. n 个被试中既属于 $A_i(i=1,2)$ 类，又属于 $B_j(j=1,2,\cdots,5)$ 类的有 n_{ij} 个，见表 13.5.

表 13.5   二维 2×5 列联表

地区 性别	B_1	B_2	⋯	B_5	合计
A_1	n_{11}	n_{12}	⋯	n_{15}	$n_1.$
A_2	n_{21}	n_{22}	⋯	n_{25}	$n_2.$
合计	$n._1$	$n._2$	⋯	$n._5$	n

表 13.5 中，除合计栏中的每一个单元格反映了 A，B 两属性在某种类别交叉下的频数情况，而合计栏则分别反映了 A，B 两属性各自类别的频数情况，且合计栏中的数据有以下换算关系：$n_1.=n_{11}+n_{12}+\cdots+n_{15}$，$n._1=n_{11}+n_{21}$，其他依此类推.

除了给出原始频数，各单元格还可以给出行百分比、列百分比和总百分比等，分别用于反映该单元格频数占所在行、列、总样本的构成比情况.

4. SPSS 中的相应功能

SPSS 中的许多分析过程都可以完成分类变量的描述统计任务，但专门用于分类变量描述统计的过程有两个，均集中在 Descriptive Statistics 子菜单中.

（1）Frequencies 过程：针对单个分类变量输出频数表，从而得到频数、百分比和累积百分比等统计量. 除原始频数表外，还可给出描述集中趋势的众数，以及直接绘制用于分类变量的条图和饼图等.

（2）Crosstabs 过程：能对两个或多个分类变量进行联合描述，可以产生列联表，并计算相应的行、列、合计百分比和行、列汇总指标等. 该过程还具有分类资料的统计推断功能，如用列联表进行相关分析等.

13.2.2 分类变量的描述统计举例

仍以数据 data12-01 为例，我们来学习分类变量的描述在 SPSS 中的具体实现方法.

方法一   使用 Frequencies 过程.

例 13.2   以数据 data12-01 为例，用 Frequencies 过程描述学生总人数是多少，男、女生各有多少人，以及各地区的学生人数有多少？

解   使用 Frequencies 过程输出这两个变量的频数分布表，具体操作为：

按 Analyze→Descriptive Statistics→Frequencies 顺序，打开 Frequencies 对话框，从源变量框中把性别[gender]和地区[district]选入 Variable(s)框.

点击 OK,结果见表 13.6～表 13.8.

表 13.6　样本量统计表

		性别	地区
N	Valid	53	53
	Missing	0	0

首先输出统计量列表,因为这里没有选择输出任何统计量,所以只给出了有效样本量. 可见总共有 53 名学生,没有缺失值.

表 13.7 给出了性别的频数表,Frequency 为频数,Percent 为各组频数占总频数的百分比(包含缺失记录在内),Valid Percent 为各组频数占总频数的有效百分比,Cumulative Percent 为各组频数占总频数的累积百分比. 由于没有缺失值,所以 Percent 与 Valid Percent 完全相同.

表 13.7　性别频数表

		Frequency	Percent	Valid Percent	Cumulative Percent
Valid	男	23	43.4	43.4	43.4
	女	30	56.6	56.6	100.0
	Total	53	100.0	100.0	

表 13.8 给出了不同地区学生人数的统计结果,读者可自行分析,这里不再详述.

表 13.8　不同地区学生人数的统计结果

		Frequency	Percent	Valid Percent	Cumulative Percent
Valid	A 区	12	22.6	22.6	22.6
	B 区	8	15.1	15.1	37.7
	C 区	12	22.6	22.6	60.4
	D 区	9	17.0	17.0	77.4
	E 区	12	22.6	22.6	100.0
	Total	53	100.0	100.0	

方法二　使用 Crosstabs 过程.

例 13.3　以数据 data12-01 为例,请用 SPSS 统计性别和地区的交叉频数分布情况,以及各种百分比情况.

解　Crosstabs 过程可以完成这一任务,具体操作为:

按 Analyze→Descriptive Statistics→Crosstabs 顺序,打开 Crosstabs 主对话框,将性别[gender]选入 Row(s)框,将地区[district]选入 Column(s)框,如图 13.5 所示.

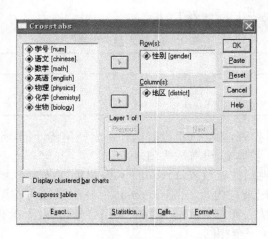

图 13.5　Crosstabs 过程主对话框

交叉表的数据可以是数值型,也可以是字符型变量.从源变量框中选择一个或多个分类变量移入 Row(s) 框,作为分布表中的行变量.从源变量框中选择一个或多个分类变量移入 Column 框,作为分布表中的列变量.选择一个控制变量进入 Layer 框,该变量决定频数分布表的层数,被称为层变量.关于层变量,这里不再详述,读者可阅读 SPSS 中关于表格制作的内容.

在 Crosstabs 主对话框的左下角,有两个复选项.选择 Display clustered bar charts 项,显示各组中各变量的分类条形图;选择 Suppress tables,只输出统计量,不输出交叉表.Crosstabs 过程非常强大,在其主对话框中还提供了 4 个子对话框选项,这里不再详细叙述.

单击如图 13.5 所示的 Cells 按钮,在子对话框 Cell Display 中(图 13.6)定义列联表单元格中需要显示的指标,选择 Percentages 栏中的 3 种百分比. Row 表示行百分比,即单元格频数占所在行观测量总数的百分比;Column 表示列百分比,即单元格频数占所在列观测量总数的百分比;Total 表示单元格中频数占全部观测量总数的百分比.

依次单击 Continue 和 OK,结果见表 13.9. 表 13.9 就是性别和地区的交叉表,行变量是性别,列变量是地区.例如,在 23 名男生中,有 4 人来自 A 区,占全体男生的 $4/23$(17.4%),而且来自 A 区的学生一共有 12 人,其中男生占 $4/12$(33.3%). 还有如来自 C 区的女生占全体学生总数的 $7/53$(13.2%),而来自 E 区的学生占全体学生总数 $12/53$(22.6%).

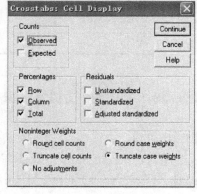

图 13.6　Crosstabs:Cells 过程对话框

表 13.9　性别和地区的交叉频数分布表

			地区					Total
			A 区	B 区	C 区	D 区	E 区	
性别	男	Count	4	3	5	5	6	23
		%within 性别	17.4%	13.0%	21.7%	21.7%	26.1%	100.0%
		%within 地区	33.3%	37.5%	41.7%	55.6%	50%	43.4%
		%of Total	7.5%	5.7%	9.4%	9.4%	11.3%	43.4%
	女	Count	8	5	7	4	6	30
		%within 性别	26.7%	16.7%	23.3%	13.3%	20%	100.0%
		%within 地区	66.7%	62.5%	58.3%	44.4%	50%	56.6%
		%of Total	15.1%	9.4%	13.2%	7.5%	11.3%	56.6%
Total		Count	12	8	12	9	12	53
		%within 性别	22.6%	15.1%	22.6%	17.0%	22.6%	100.0%
		%within 地区	100.0%	100.0%	100.0%	100.0%	100.0%	100.0%
		%of Total	22.6%	15.1%	22.6%	17.0%	22.6%	100.0%

本 章 总 结

一、主要结论

1. 变量的描述性统计,可分为连续型变量与离散型变量的描述性统计两大类.

2. 连续型变量的描述性统计结果,除了集中趋势指标、离散趋势指标、分布特征指标和参数估计等指标,还包括统计图等形式.

3. 连续型变量的统计描述过程主要集中在 Descriptive Statistics 的子菜单中,常用的有 Frequencies,Descriptives,Explore 等过程.

4. 分类型变量的描述性统计结果,除了频数分布的描述、集中趋势的描述、分类变量的联合描述等指标以外,还包括统计图等形式.

5. 分类型变量的统计描述过程主要集中在 Descriptive Statistics 的子菜单中,常用的有 Frequencies,Crosstabs 过程.

二、知识结构图

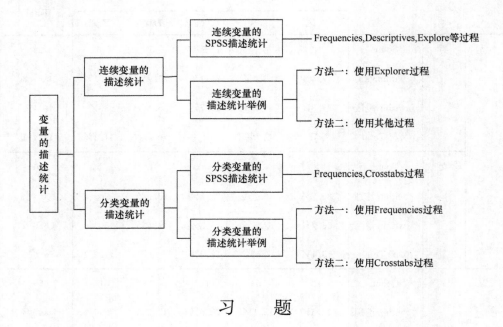

习　　题

13.1 根据数据 data13-01,分析学生的身高和体重分布情况,尝试分性别和合并描述.

13.2 根据数据 data13-01,分析学生的性别、受教育程度的分布情况,并尝试分析性别与受教育程度之间的关系.

第 14 章 均 值 检 验

本章概览

　　本章要解决的核心问题是如何在 SPSS 中进行均值检验(t 检验).均值检验分为两大类:一是单样本 t 检验,是将样本均值与一个已知总体的均值或预期均值进行比较与检验.二是两样本 t 检验,又分为独立样本 t 检验和配对样本 t 检验,都是对两个样本均值进行比较.为了弄清楚这些问题,在对 t 检验进行概括性介绍以后,接着举例说明 SPSS 的相应操作过程,并对结果进行解释.

　　学完本章之后,我们将能够用 SPSS 进行均值比较与检验.

14.1　均值检验概述

　　在连续变量的统计推断中,均值检验(t 检验)和方差分析是两种常用方法,其中 t 检验又是最基本的检验方法,也是统计学中具有里程碑意义的一个杰作.它最初由 Gosset 在 1908 年以笔名"Student"发表的一篇关于 t 分布的论文中提出来的,由此开创了小样本计量资料进行统计推断的先河,迎来了统计学的新纪元.通过 t 检验,我们能够获得两组数据均值之间的差异在统计意义上是否显著的.

　　例 14.1　某校学生参加全区数学统考,现随机抽取 109 份试卷进行研究,见数据表 data14-01.已知全区考生的成绩服从正态分布,平均成绩为 90 分.请推断该校学生的平均成绩在 0.05 水平上与全区考生的平均成绩是否有显著差异.

如果从统计学角度考虑,这是一个典型的对总体均数的假设检验问题. 这里的 90 分可以看成总体均数,而研究目的就是推断样本所在总体的均数是否等于这一已知总体均数.

根据假设检验知识,给出两种可能的假设如下.

$H_0: \mu = \mu_0$,样本均数与假设总体均数的差异完全是抽样误差造成的;

$H_1: \mu \neq \mu_0$,样本均数与假设总体均数的差异,除了由抽样误差造成外,确实反映了实际的总体均数与假设的总体均数之间的差异.

那么,究竟哪一种假设是正确的呢?

根据假设检验的步骤,首先假定 H_0 是成立的,即该样本确实是从均数为 90 的总体中抽取而得,其具体的统计描述指标见表 14.1.

表 14.1　109 名学生数学考试成绩的描述性统计

	N	Mean	Std. Deviation	Std. Error Mean
成绩	109	91.06	13.226	1.267

可以看出,样本均数不等于 90,而是 91.06,两者间存在差异,用公式表示为 $\overline{X} - \mu = 1.06$. 这种差异究竟是大还是小? 我们无法判断. 为此,我们需要找到某种方式对这一差值进行标准化,而标准化的方式应当是将该差值除以某种表示离散程度的指标.

根据样本均数的抽样规律:假设已知一个正态分布的总体 $N(\mu, \sigma^2)$,现从中进行随机抽样研究. 规定每次抽样的样本容量为 n,同时计算出每个样本的平均数 $\overline{X}$. 由于这种抽样可以进行无限多次,这些样本均数就会构成一个分布. 统计学家发现,该分布正好就是 $N(\mu, \sigma^2/n)$. 这就是说,样本均数所在分布的中心位置和原数据分布的中心位置相同,而样本均数的标准差 $(\sigma_{\overline{X}})$ 为 $\sigma_{\overline{X}} = \sigma/\sqrt{n}$.

为了区分样本所在总体的标准差,通常称样本均数的标准差为样本均数的标准误或简称标准误(standard error of mean,所以有的书上也称为均值标准误). 因此,样本均数 $\overline{X}$ 的分布规律为正态分布 $N(\mu, \sigma^2/n)$,只需进行如下的标准化变换:

$$u = \frac{\overline{X} - \mu}{\sigma/n} \tag{14.1}$$

可以证明,u 服从标准正态分布 $N(0,1)$. 也就是说,若数据服从正态分布 $N(\mu, \sigma^2)$,样本容量为 n 的样本均数 $\overline{X}$ 出现在区间 $\left[\mu - 1.96 \frac{\sigma}{\sqrt{n}}, \mu + 1.96 \frac{\sigma}{\sqrt{n}} \right]$ 内的概率为 0.95. 这样我们就完成了对差值的标准化工作,可以具体计算出相应 H_0 总体中抽

得当前样本的概率大小,从而作出统计推断结论.

但是,在计算样本均数的标准差 $\sigma_{\overline{X}}$ 时需要用到总体标准差 σ,但在实际中它常常未知,能够使用的仅仅是样本标准差 S 而已. Gosset 发现,如果用样本标准差来代替总体标准差进行计算,即 $S_{\overline{X}} = S/\sqrt{n}$,由于样本标准差 S 会随样本而变,相应的标准化统计量的变异成分要大于 u,它的密度曲线看上去有些像标准正态分布,但是尖一些,而且尾巴长一些,称这种分布称为 t 分布,相应的标准化后的统计量称为 t 统计量.

t 统计量的分布规律与样本容量有关,更准确地说是和自由度有关. 自由度(degree of freedom,df)是信息量大小的一个度量,描述样本数据能自由取值的个数. 在 t 分布中由于有给定的样本均数这一限定,所以自由度为 $\mathrm{df} = n - 1$. 当自由度增加时,可以用标准正态分布来近似 t 分布.

t 检验就是用 t 分布的特征,将 t 作为检验统计量来进行的检验. 由于 Gosset 已经对不同自由度时的 t 分布下面积的概率分布规律进行了很好的总结,所以就可以用 t 统计量来回答上述关于均数的假设检验问题了. 具体的统计量计算为

$$t = \frac{\overline{X} - \mu}{S_{\overline{x}}} = \frac{\overline{X} - \mu}{S/\sqrt{n}}, \quad 自由度\ \mathrm{df} = n - 1 \tag{14.2}$$

14.2 单样本 t 检验

14.2.1 单样本 t 检验的概念

如果已知总体均数,进行样本均数与总体均数之间的差异显著性检验就属于单样本 t 检验. 单样本均数检验问题是一种关于总体均数的检验问题,这种问题中只有一个随机抽取的样本,研究的目的是推断这个样本相应的总体均数是否等于(或大于,或小于)某个已知的总体均数.

14.2.2 单样本 t 检验的实例

SPSS 中的 One-Sample T Test 过程可用来进行单样本 t 检验,该过程对每个检验变量给出的统计量为:均值、标准差和均值标准误. 该过程计算每个变量值与总体均值之间差的平均值,进行该差值为 0 的 t 检验并计算该差值的置信区间,研究者还可以指定检验的显著性水平.

这里直接利用例 14.1 中的数据来演示如何在 SPSS 中进行单样本 t 检验.

解 按 Analyze→Compare Mean→One Sample T Test 顺序展开 One-Sample T Test 单样本 t 检验对话框,如图 14.1 所示. 将成绩[chengji]从源变量框移到 Test Variable(s)框,并将目标达标线 90 输入 Test Value 框后面的矩形框内,其余保持默

认状态.

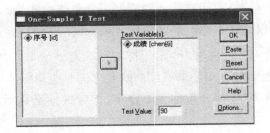

图 14.1 单变量 t 检验对话框

单击 OK,运行程序.描述性统计结果见表 14.1,数学成绩的样本均数为 91.06,标准差 13.226,标准误 1.267,而且样本均值比目标达标线 90 分略高.

表 14.2 数学成绩的单样本 t 检验的分析结果

	Test Value=90					
					95%Confidence Interval of the Difference	
	t	df	Sig. (2-tailed)	Mean Difference	Lower	Upper
成绩	0.840	108	0.403	1.064	−1.45	3.58

从表 14.2 可见,t 值为 0.840,自由度为 108,双尾 t 检验的 p 值为 0.403,大于 0.05 显著性水平.Confidence Interval of the Difference 是差值的 95% 置信区间.当总体标准差未知时,差值的 95% 的置信区间=均值差值 $\pm 1.96 \times$ 标准误,具体算式为 $1.064 \pm 1.96 \times 1.267$(这里系统输出了 3 位小数),结果是表 14.2 中的 Lower 和 Upper 两项中的数值 −1.45 和 3.58. 实际上是有 95% 的样本均值与总体均值之间的差值落在 $(-1.45, 3.58)$ 以内,均值差值的 95% 的置信区间包含 0.

可以认为,该校学生的考试成绩在 0.05 水平上与全区考生的平均成绩没有显著差异.

14.3 独立样本 t 检验

在实际问题中,除了一个总体的检验问题,还会碰到两个总体均值比较的问题,此时可以考虑成对独立样本的 t 检验来进行分析.

14.3.1 独立样本 t 检验的概念

进行独立样本 t 检验要求被比较的两个样本彼此独立,即没有配对关系,而且两个样本分别应来自两个正态总体 $X_1 \sim N(\mu_1, \sigma_1^2)$ 和 $X_2 \sim N(\mu_2, \sigma_2^2)$.

两个样本方差相等与不等时使用的计算 t 值的公式不同,因此应该先对方差进行齐性检验. SPSS 会给出方差齐与不齐时的两种计算结果的 t 值和相应 t 检验的显著性概率,同时还给出对方差齐性检验的 F 值和 F 检验的显著性概率. 研究者需要根据 F 检验的结果来判断 t 检验输出中的哪个结果以做出最后结论.

方差齐性的检验假设是:两个独立样本来自方差相等的两个总体,进行 F 检验. 如果用 $\overline{X_1}, \overline{X_2}$ 表示两个样本的均值,n_1, n_2 分别为两个样本的样本容量,ν_1, ν_2 为两个样本的方差. 当方差齐($\nu_1 = \nu_2$)与不齐($\nu_1 \neq \nu_2$)时,计算 t 值的公式分别如下.

(1) 方差齐时的公式

$$t = \frac{|\overline{X_1} - \overline{X_2}|}{S_c \sqrt{\dfrac{1}{n_1} + \dfrac{1}{n_2}}} \tag{14.3}$$

式(14.3)中,分母是两个样本均数之差的标准误,其中 S_c 是合并方差,公式为

$$S_c = \sqrt{\frac{\sum (X_1 - \overline{X_1})^2 + \sum (X_2 - \overline{X_2})^2}{n_1 + n_2 - 2}} \tag{14.4}$$

(2) 方差不齐时比较两个样本的均值,可以对变量进行适当变换使样本方差具有齐性,再使用以上 t 检验计算公式进行计算分析. SPSS 提供了对变量进行转换的一些常用函数. 也可以使用公式(14.4)计算 t 值并进行检验. SPSS 在独立样本 t 检验过程的输出结果中,同时输出方差不齐时使用公式(14.4)计算的 t 值

$$t = \frac{|\overline{X_1} - \overline{X_2}|}{\sqrt{\dfrac{\nu_1}{n_1} + \dfrac{\nu_2}{n_2}}} \tag{14.5}$$

独立样本 t 检验与配对样本 t 检验均使用 T Test 过程,但调用该过程的菜单不同,对数据文件结构的要求也有所不同.

14.3.2 独立样本 t 检验的实例

例 14.2 数据 data14-02 是某校高三年级 8 个理科班参加全区数学统考的成绩,其中 2 班和 5 班是重点班,3 班和 7 班是实验班,其余 4 个班都是普通班. 从重点班和实验班中随机抽取 2 班和 7 班,试推断这该校重点班与实验班的数学成绩是否存在显著差异.

解 按 Analyze→Compare Means→Independent-sample T test 顺序,打开 Independent-Samples T Test 主对话框,如图 14.2 所示.

从源变量框中将数学[math]移入 Test Variable(s)框,选择分组变量班级

［class］选入 Grouping Variable 框，再点击变黑按钮 Define Groups，在第一组 Group1 复选框中输入 2，在第二组 Group2 复选框中输入 7，其余使用系统默认设置.

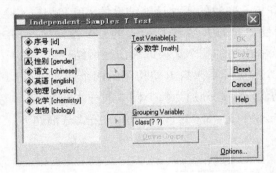
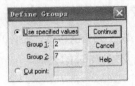

图 14.2　独立样本检验定义组别对话框

单击 Continue，回到主对话框，再单击 OK，结果见表 14.3 和表 14.4.

表 14.3　分析变量的简单描述性统计

	班级	N	Mean	Std. Deviation	Std. Error Mean
数学	2	53	89.57	18.705	2.569
	7	58	103.59	13.158	1.728

表 14.3 是分析变量的简单描述性统计，读者一看就明白，不再详述.

表 14.4　数学成绩的独立样本 t 检验结果

		Levene's Test for Equality of Variances		t-test for Equality of Means					95%Confidence Interval of the Difference	
		F	Sig.	t	df	Sig. (2-tailed)	Mean Difference	Std. Error Difference	Lower	Upper
数学	Equal variances assumed	3.154	0.079	−4.598	109	0.000	−14.020	3.049	−20.063	−7.977
	Equal variances not assumed			−4.528	92.42	0.000	−14.020	3.096	−20.169	−7.871

表 14.4 给出了方差齐性检验结果，以及用 t 检验和校正后的 t 检验两种方法分别计算出的检验结果.

　　(1) 方差齐性检验(Levene 检验)结果, F 值为 3.154, 显著性概率 $p = 0.079 >$ 0.05, 说明重点班与实验班的数学成绩方差差异不显著, 因此, 在 t 检验结果中选择 Equal variances assumed, 即选择假设两组方差相等时的 t 检验结果.

　　(2) t 栏显示两个 t 值, 这里的 t 值为 -4.598, 自由度 df 为 109, 双尾 t 检验显著性概率为 $p < 0.05$.

　　(3) Mean Difference 两组均值之差为 -14.02, 数学平均成绩 2 班低于 7 班. Std Error Difference 均值差值的标准误为 3.049.

　　(4) 95% Confidence Interval of the Difference 均值差值的 95% 置信区间为 $(-20.063, -7.977)$, 不包含 0, 说明两组均值之差与 0 有显著性差异.

　　可以得出结论: 从 t 检验得到的 $p < 0.05$, 而且 95% 置信区间不包含 0, 均说明该校重点班与实验班的数学平均成绩有显著性差异.

　　例 14.3　在某人格量表的编制初期, 研究者为了检验全部题目的区分度而进行项目分析. 随机抽取 100 名被试进行问卷测试, 完成反向题记分等数据整理后的文件如 data14-03 所示, 试判断这些题目的区分度.

　　解　可分为三个步骤.

　　(1) 用 Computer 过程, 分别求出各被试在全部题目上的量表总分(用变量 tota 表示). 具体方法是: 在 Computer Variable 窗口中的 Numeric Expression 框中, 输入所有题目变量(a1~a22), 并在各变量之间用加号(+)连接, 或者直接输入函数 sum (a1 to a22). 用 Data/Sort Cases 过程(或右键快捷菜单), 将总分变量 tota 由高到低(或由低到高)进行排序. 一般取观测量的 27% 所对应的被试总分作为高低分组的两个界限, 分别是 56 和 43.

　　(2) 用 Recode/Into Different Variables 过程, 将被试分成高分和低分两个组别(用变量 group 表示, 变量名为"组别", 当然还有一部分被试不在高低二组之内), 即变量 group 有高、低两个水平, 可取高分组为 1, 低分组为 2.

　　(3) 按 Computer Means→Independent-Sample T Test 顺序打开独立样本 t 检验对话框, 将全部题目 a1~a22 选入检验变量 Test Variable(s)框, 将变量 group 选入分组变量框, 在 Define Groups 子对话框, 分别定义组别 group1 为 "1", group2 为 "2".

　　至此, 进行项目分析的 SPSS 设置已全部完成, 部分输出结果见表 14.5.

表 14.5　量表编制的项目分析(独立样本 t 检验)

		Levene's Test for Equality of Variances		t-test for Equality of Means					95%Confidence Interval of the Difference	
		F	Sig.	t	df	Sig. (2-tailed)	Mean Difference	Std. Error Difference	Lower	Upper
a1	Equal variances assumed	0.200	0.657	7.254	55	0.000	1.293	0.178	0.935	1.650
	Equal variances not assumed			7.128	46.471	0.000	1.293	0.181	0.928	1.658
a2	Equal variances assumed	1.576	0.215	7.459	55	0.000	1.233	0.165	0.902	1.565
	Equal variances not assumed			7.463	54.478	0.000	1.233	0.165	0.902	1.565
a3	Equal variances assumed	0.106	0.746	7.406	55	0.000	1.326	0.179	0.967	1.685
	Equal variances not assumed			7.282	46.843	0.000	1.326	0.182	0.960	1.692
a4	Equal variances assumed	5.156	0.027	4.810	55	0.000	0.900	0.187	0.525	1.275
	Equal variances not assumed			4.717	45.263	0.000	0.900	0.191	0.516	1.284
a5	Equal variances assumed	0.011	0.918	4.942	55	0.000	1.000	0.202	0.594	1.406
	Equal variances not assumed			4.961	54.928	0.000	1.000	0.202	0.596	1.404

　　独立样本 t 检验完成了高低两个组在 a1~a22 个题目上的得分均值的差异显著性检验. 在表 14.5 中,先看每个题目组别的样本方差齐性检验 F 值,如果显著性概率 p 值(Sig. 值)小于 0.05,表明两个组别样本的方差不相等,这时看"Equal variances not assumed"所对应的 t 值,如果 t 值显著,则该题目具有区分度.

　　除参考 p 值外,还可以看均值差的 95% 的置信区间,如果 95% 置信区间不包含 0,则表明两者的差异显著. 如果方差齐性检验的 F 值不显著,p 值大于 0.05,表明两个组别的样本方差相等,即具有方差齐性,这时看"Equal variances assumed"所对应的 t 值,如果 t 值显著,则该题目具有区分度.

　　根据以上原则,表 14.5 中的 5 个题目的 t 值均达到了显著,表明这 5 个题目都具有区分度,即能够区分不同被试的反应程度. 当然,如果题目较多,且都达到显著,研究者可以根据实际需要挑选区分度更高的题目,以减少量表题目数量. 将挑选出来的具有区分度的题目作因素分析,以检验量表的结构效度,这是量表编制的后续工作了.

14.4 配对样本 t 检验

14.4.1 配对样本 t 检验的概念

进行配对样本 t 检验时,要求被比较的两个样本有配对关系,要求两个样本均来自正态总体.常见的配对方法是,将被试对象按某些重要特征相近的原则配成对子,每个对子中的两个个体随机地接受实验处理.

常见的配对设计有四种情况.

(1)同一被试接受一种处理的前后数据.例如,在同一年级随机抽取部分学生,在考前心理辅导课的之前与之后,分别测量其考试焦虑得分,每个学生接受心理辅导前后的考试焦虑得分构成一对数据,比较这部分学生在辅导前后的平均考试焦虑得分是否有显著差异.

(2)同一被试的两个部位或两个时期的数据.例如,一个人在上午和下午的逻辑思维能力构成一对数据.测量若干人在同一时期的逻辑思维能力数据(假设可测),比较这两个时期的平均逻辑思维能力是否有显著差异.

(3)同一被试接受两种处理的前后数据.例如,一个人在听了愉悦性故事与悲伤性故事以后的情绪指数构成一对数据.测量若干人在两种处理后的情绪数据(假设可测),比较平均情绪数据是否有显著差异.

(4)配对的两组被试分别接受两种处理后的数据.例如,选择年龄、性别、智力等因素基本相同的若干对被试,让他们接受不同的教学方法.根据测试成绩,比较两种教学方式是否有显著差异.

14.4.2 配对样本 t 检验的实例

例 14.4 随机选取 20 名考试焦虑症患者,用《考试焦虑量表(Test Anxiety Scale,TAS)》对他们进行测试(前测)之后,再进行为期两周的考试心理辅导.两周以后,用同一份《考试焦虑量表》对他们进行再次测试(后测),测试结果见数据 data14-04,其中 pre_t 是前测时的考试焦虑得分,post_t 是后测时的考试焦虑得分.请判断考试心理辅导对缓解考试焦虑是否有效?

解 按 Analyze→Compare Means→Paired-Samples T Test 顺序,打开 Paired-Samples T Test 配对样本 t 检验主对话框,如图 14.3 所示.

配对变量为考试心理辅导前、后的考试焦虑分数,即变量 pre_t 和 post_t.在源变量框中先后单击变量 pre_t 和 post_t,它们将依次出现在左下部的 Current Selections 框中的变量栏 Variable1 和 Variable2 的后面.鼠标单击中间向右的箭头按钮,将配对变量选入 Paired Variables 框,其余设置用默认方式.单击 OK,结果见表 14.6～表 14.8.

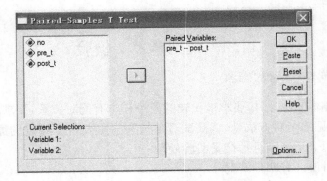

图 14.3　配对样本 t 检验主对话框

表 14.6　考试心理辅导前、后学生考试焦虑的简单描述统计量

		Mean	N	Std. Deviation	Std. Error Mean
Pair 1	pre_t	18.80	20	7.061	1.579
	post_t	14.15	20	5.363	1.199

表 14.6 中的信息简单明了,不再叙述.

表 14.7　考试心理辅导前、后学生考试焦虑的相关系数

		N	Correlation	Sig.
Pair 1	pre_t & post_t	20	0.913	0.000

由表 14.7 可知,考试心理辅导前、后学生考试焦虑的相关系数为 0.913,显著性检验概率小于 0.001,表明心理辅导前、后的学生考试焦虑有明显的线性关系.

表 14.8 输出配对变量差值的 t 检验结果,可见 Mean 均值之间的差值为 4.650,Std. Deviation 差值的标准差为 3.083,Std. Error Mean 差值的标准误为 0.689,95% Confidence Interval of the Difference 差值的 95% 置信区间为 [3.027, 6.093],不包含 0. t 检验的 t 值为 6.746,自由度 df 为 19,双尾 t 检验的显著性概率 $p<0.001$.

表 14.8　对配对变量差值的 t 检验

		Paired Differences							
					95% Confidence Interval of the Difference				
		Mean	Std. Deviation	Std. Error Mean	Lower	Upper	t	df	Sig. (2-tailed)
Pair 1	pre_t-post_t	4.650	3.083	0.689	3.207	6.093	6.746	19	0.000

可以得出结论：由于95％置信区间不包含0,而且双尾 t 检验的显著性概率 $p<$ 0.001,可以认为考试心理辅导对学生考试焦虑的缓解有显著影响,而且这种影响是积极的.

配对样本 t 检验实质上是对差值进行零均值的单样本 t 检验. 在数据 data14-04 中先用 Compute 过程生成差值变量(chazhi),变量值等于辅导前(pre_t)与辅导后(post_t)的学生考试焦虑分数的差. 这里只给出该差值的单样本 t 检验结果,见表 14.9和表 14.10.

表 14.9 单样本 t 检验的描述性统计结果

	N	Mean	Std. Deviation	Std. Error Mean
差值	20	4.6500	3.08263	0.68930

表 14.10 单样本 t 检验的分析结果

			Test Vable＝0		95％Confidence Interval of the Difference	
	t	df	Sig. (2-tailed)	Mean Difference	Lower	Upper
差值	6.746	19	0.000	4.65000	3.2073	6.0927

对比配对样本 t 检验结果,可以发现它们之间存在一些细微差异,但最终的统计推断结果却是一致的.

本 章 总 结

一、 主要结论

1. 均值检验分为两大类：一是单样本 t 检验,是对一个样本的平均数与总体平均数差异的检验. 二是两样本 t 检验,又分为独立样 t 检验和配对样本 t 检验,是对两个样本平均数差异的检验.

2. 单样本 t 检验用 One-Sample T Test 过程,该过程对每个检验变量给出的统计量有：均值、标准差和均值标准误等指标. 独立样本 t 检验用 Independent Sample T Test 过程,要求被比较的两个样本彼此独立,没有配对关系,而且两个样本分别来自两个正态总体. 由于两个样本方差相等与不等时使用的 t 统计量公式不同,因此,在独立样本 t 检验之前,应对方差进行齐性检验.

3. 配对样本 t 检验用 Paired-Sample T Test 过程,要求被比较的两个样本有配对关系,要求两个样本均来自正态总体. 常见的配对方法是,将被试对象按某些重要特征相近的原则配成对子,每个对子中的两个个体随机地接受实验处理. 常见的配对设计有 4 种情况:同一被试接受一种处理的前后数据;同一被试的两个部位或两个时期的数据;同一被试接受两种处理的前后数据;配对的两组被试分别接受两种处理后的数据.

二、 知识结构图

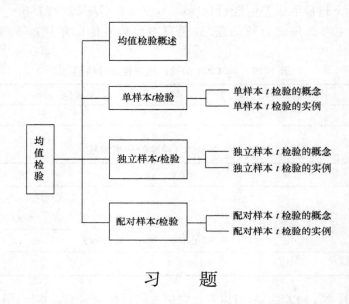

习　题

14.1 某区期末数学测验的平均分为 90.7 分,现从某中学随机抽取 30 份试卷,其分数分别为

| 85 | 100 | 70 | 107 | 110 | 54 | 109 | 100 | 109 | 67 | 55 | 85 | 92 | 120 | 98 |
| 81 | 100 | 84 | 84 | 84 | 111 | 101 | 84 | 68 | 98 | 100 | 108 | 94 | 91 | 98 |

试推断该校高三数学水平与全区是否基本一致($\alpha=0.05$)?

14.2 根据学生考试成绩数据 data14-05,分析不同性别学生的这次考试成绩,在 0.05 水平下是否存在显著差异?

14.3 由 10 名学生组成一个随机样本,让他们分别采用 A 和 B 两套试卷进行测验,结果见表 14.11,试从样本数据出发,分析两套试卷是否有显著差异.

表 14.11　10 名学生参加 A 和 B 两套试卷测验的分数

| 试卷 A | 78 | 63 | 72 | 88 | 49 | 91 | 68 | 76 | 55 | 85 |
| 试卷 B | 71 | 45 | 61 | 83 | 51 | 74 | 55 | 61 | 39 | 77 |

第 15 章 方 差 分 析

本章概览

　　本章要解决的核心问题是如何在 SPSS 中进行方差分析. 方差分析模型较多,我们结合教育研究的实际情况,选择介绍单因素方差分析、两因素方差分析和协方差分析这三类常见模型. 在介绍了方差分析的概念、基本原理、假设条件及假设检验之后,对上述三类模型的 SPSS 操作过程及其主要输出结果进行了较详细叙述.

　　学完本章之后,我们将能够用 SPSS 对试验数据进行单因素方差分析、两因素方差分析和协方差分析.

15.1　方差分析概述

15.1.1　为什么要进行方差分析

前面提到的有关统计推断的方法,如单样本、两样本 t 检验等,其涉及的对象千变万化,但在本质上都属于均值检验.若要检验一组样本所对应的总体的均值是否为某一数值,则用单样本 t 检验;若要检验两组样本所对应的两总体的均值是否相同,则用两样本 t 检验. 但是,如果遇到以下情形,该如何处理?

例如,随机选择 300 名小学生,用《数学焦虑量表》进行问卷调查,以了解该地区小学生群体的数学焦虑状况,见数据 data15-01(吴明隆,2000).我们可以通过 t 检验考察男、女学生的数学焦虑是否有显著差异.可是,如果我们想继续了解不同家庭状况的小学生的数学焦虑是否有显著差异,那么,我们能否用 6 次 t 检验进行统计分析?

上述问题本质上是在单一处理因素下,多个不同水平(或简单地理解为多个组别)之间连续型观测数据的比较问题,目的是通过对多组样本的研究,来判断这些不同组的样本所对应的各总体的均值是否相同. 如果假设检验拒绝了各个总体的均值相同的原假设,研究者将更加关注究竟是几个总体的均值不相同. 这时,传统的 t 检验已经不再适用.

那么,能否用两两 t 检验来解决多组之间的比较问题? 答案是否定的,因为这样做可能会大大增加犯第一类型错误的概率.例如,用 6 次 t 检验来比较不同家庭状况学生的数学焦虑是否存在显著性差异时,如果对于某一次比较,犯第一类型错误的概率 α 取 0.05,那么连续 6 次比较,犯第一类型错误的概率不是 α^6,而是 $1-(1-\alpha)^6 \approx 0.2649$! 显然,这已经不再是一个小概率事件了.因此,对多个均值进行比较时,不宜采用 t 检验作两两比较.

15.1.2　方差分析的基本原理

方差分析是检验多组样本所对应的各总体的均值是否相同的一种方法,其基本原理是认为不同处理组均值间的差异的基本来源有两个:

(1) 组内差异. 由随机误差(如测量误差)或由个体间差别而造成的差异,用变量在各组的均值与该组内变量值之偏差平方和的总和表示,记作 SS_w,组内自由度 df_w.

(2) 组间差异. 由不同的处理(如实验条件)造成的差异,用变量在各组的均值与总均值之偏差的总平方和表示,记作 SS_b,组内自由度 df_b.

例如,$k \times m$ 个实验对象随机分到 k 个组,分别进行 k 种处理,要研究这 k 种处理间的均值是否有显著性差异,即处理是否有作用.假如测得的实验数据见表 15.1,其中,$i=1,\cdots,m$ 是实验序号;$j=1,\cdots,k$ 是处理序号;x_{ij} 是第 i 个被试在第 j 种处理后的因变量观测值.

表 15.1 单因素 k 水平完全随机设计

i \ j	1	2	3	4	$\cdots$	k
1	x_{11}	x_{21}	x_{31}	x_{41}	$\cdots$	x_{k1}
2	x_{12}	x_{22}	x_{32}	x_{42}	$\cdots$	x_{k2}
3	x_{13}	x_{23}	x_{33}	x_{43}	$\cdots$	x_{k3}
4	x_{14}	x_{24}	x_{34}	x_{44}	$\cdots$	x_{k4}
$\vdots$	$\vdots$	$\vdots$	$\vdots$	$\vdots$		$\vdots$
m	x_{1m}	x_{2m}	x_{3m}	x_{4m}	$\cdots$	x_{km}

Fisher 爵士为后人奠定了方差分析的理论基础：将总变异分解为由研究因素造成的变异和由抽样误差造成的变异，或者说是总偏差平方和可以分解为组间偏差平方和与组内偏差平方和，即 $\mathrm{SS}_t = \mathrm{SS}_b + \mathrm{SS}_w$. 通过比较来自于不同部分的变异，借助 F 分布作出统计推断. 后人又将线性模型思想引入方差分析，为这一方法提供了近乎无穷的发展空间.

总均值的计算公式如下，其中 x_{ij} 是第 j 种处理组对第 i 个实验对象的观测值.

$$\overline{x} = \frac{\sum_{j=1}^{k}\sum_{i=1}^{m} x_{ij}}{k \times m} \tag{15.1}$$

第 j 种处理组均值为

$$\overline{x}_j = \frac{\sum_{i=1}^{m} x_{ij}}{m} \tag{15.2}$$

组间偏差平方和如下，反映处理间差异，组间自由度 $\mathrm{df}_b = k-1$.

$$\mathrm{SS}_b = m \sum_{j=1}^{k} (\overline{x}_j - \overline{x})^2 \tag{15.3}$$

组内偏差平方和如下，即总误差偏差平方和，组内自由度 $\mathrm{df}_w = k(m-1)$.

$$\mathrm{SS}_w = \sum_{j=1}^{k}\sum_{i=1}^{m} (x_{ij} - \overline{x}_j)^2 \tag{15.4}$$

总偏差平方和为

$$\mathrm{SS}_t = \sum_{j=1}^{k}\sum_{i=1}^{m} (x_{ij} - \overline{x})^2 \tag{15.5}$$

为了消除观测量的影响，SS_b，SS_w 除以各自的自由度得到其均方值，即组间均方和组内均方

$$\mathrm{MS}_b = \frac{\mathrm{SS}_b}{\mathrm{df}_b}, \quad \mathrm{MS}_w = \frac{\mathrm{SS}_w}{\mathrm{df}_w} \tag{15.6}$$

两者的比值符合 F 分布，分子、分母的自由度分别为 $k-1$ 和 $k(m-1)$.

$$F = \frac{\mathrm{MS}_b}{\mathrm{MS}_w} \tag{15.7}$$

F 为组间均方与组内均方的比率数. 如果 $F \leqslant 1$,说明数据的总变异中处理效应(因素)引起的变异所占比例小于或等于由实验误差引起的变异,只能认为处理效应为 0;当 $F > 1$,且落入 F 分布的否定域,即当统计量 $F > F_\alpha(\mathrm{df}_1, \mathrm{df}_2)$ 时,表明实验数据的变异主要由处理效应造成,从而有足够理由拒绝处理效应为 0 的原假设,认为 k 个实验处理中至少有一个处理效应不为 0,就可以推断各样本所对应的各总体的均值不完全相同.

15.1.3　方差分析的常见术语

1. 因素与处理

因素是影响因变量变化的客观条件,处理是影响因变量变化的人为条件,但人们习惯上把因素和处理统称为因素. 在方差分析中,自变量是分类数据,因变量是连续数据,即"因素"与"处理"都应作为分类变量出现,它们只有有限个值. 如果"因素"或"处理"是一个连续变量,则应用分组定义水平的方法事先将它们变为具有有限个值的离散变量.

2. 水平

因素的不同等级称为水平. 例如,性别因素在一般情况下只研究两个水平,即男、女;初中生所在年级一般只研究三个水平,即初一、初二和初三. 又如,在研究学生考试焦虑对考试成绩的影响时,将考试焦虑得分按序排列,再用分组定义方式,一般取观测量的 27% 为高低分组的界限,将考试焦虑分为轻度、中等和严重这三个等级.

3. 单元

方差分析中的单元(cell)是指各因素水平之间的各个组合. 例如,某研究问题中的因素有性别,分男、女两个水平,分别取值为 1,2;有年级,分初一、初二、初三三个水平,分别取值为 1,2,3. 那么,两个变量的组合形式占 6 个单元,如[2,3]表示被试是一个初三男生.

4. 主效应、简单效应与交互效应

主效应(main effects)是指因变量在一个因素各水平间的平均差异.

简单效应(simple main effects)是指在其他因素固定在某一水平时,因变量在某一因素不同水平间的差异.

当一个因素的简单效应随另一个因素水平的变化而变化时,称这两个因素之间存在交互效应(interaction effects),交互效应又称为交互作用. 如果两个因素间存在交互效应,意味着一个因素对因变量的作用会受到另一个因素的影响.

5. 均值比较、单元均值与边际均值

均值的相对比较是比较各因素对因变量效应大小的相对比较. 均值的多重比较是研究因素单元对因变量的影响之间是否在在显著性差异. 在多因素方差分析中, 每种因素水平组合的因变量均值称为单元均值. 在某单一因素水平上的因变量均值称为边际均值. 交互效应比较的是各单元格均值, 而主效应比较是的边际均值.

15.1.4   方差分析的假设条件与假设检验

1. 假设条件

(1) 独立性: 各样本是相互独立的, 来自真正的随机抽样, 保证方差按照分析模型那样具有可加性.

(2) 正态性: 各样本分别来自正态分布的总体 $N(\mu_i, \sigma_i^2)$, 即方差分析模型要求各单元格的残差必须服从正态分布, 否则应使用非参数分析.

(3) 方差齐性: 各样本所对应的各总体的方差相同, 即模型要求各单元格都满足方差齐性 (变异程度相同) 的要求.

可见, 在方差分析中, 正态性要求各单元格数据的残差服从正态分布, 方差齐性则要求各单元格数据的方差相同. 在各假设条件中, 对独立性的要求是最严格的, 但除了重复测量的方差分析以外, 该条件一般都可得到满足.

下面是对正态性和方差齐性的考虑.

1) 单因素方差分析

对正态性和方差齐性的检验已成为单因素方差分析的标准步骤, 要求因变量总体在因素的各个水平上都呈正态分布. 如果不能保证正态分布, 则每组样本量不少于15 人. 对于方差齐性, 各组间样本量相差不太大时, 方差轻微不齐只会对方差分析的结果有少许影响. 一般最大与最小方差之比小于 3 时, 方差分析的结果是稳定的.

2) 单元格内无重复数据的方差分析

以配伍设计、交叉设计和正交设计的方差分析为常见, 这时不需要考虑正态性与方差齐性问题, 因为正态性和方差齐性以单元格数据为考察对象, 而这些设计中的每个单元格内只有一个数据, 也就无法进行分析了.

3) 有重复数据的多因素方差分析

有学者认为, 在多因素方差分析中, 极端值的影响远大于方差齐性的影响. 在实际分析中可直接考察因变量的分布情况, 如果数据分布不是明显偏态, 而且无极端值, 就可以认为满足正态性条件. 多因素方差分析一般不考虑方差齐性的问题.

应当注意的是, 在方差分析中, 各组样本容量的均衡性能够在一定程度上弥补正态性或方差齐性得不到满足时对检验结果所产生的影响, 这一点在多因素分析中尤其明显, 因此在实验设计阶段就应当注意到均衡性问题.

2. 假设检验

假设有 k 个样本,如果原假设 $H_0: \mu_1 = \mu_2 = \cdots = \mu_k = \mu$,即 k 个样本所来自的各总体的均值相同.

如果经过计算,组间均方远远大于组内均方,则 $F > F_{0.05(df_b, df_w)}$,$p < 0.05$,从而推翻原假设,说明样本来自不同的正态总体,也就是说处理所造成的均值差异具有统计学意义. 否则,$F < F_{0.05(df_b, df_w)}$,$p > 0.05$,则接受原假设,各组样本所对应的各总体的均值相同,各处理间无差异.

15.1.5　方差分析的过程

1. One-Way ANOVA 过程

One-Way ANOVA 过程是单因素方差分析过程,在 Analyze 菜单中的 Compare Means 过程组中,在方差相等或不相等的情况下进行均值的比较或多重比较.

2. General Linear Model(GLM)过程

GLM 过程由 Analyze 菜单直接调用,可以完成简单的多因素方差分析和协方差分析. 既可以分析各因素的主效应,又可以分析各因素间的交互效应,还可以通过 Model 对话框建立某些特定的交互效应模型. 可以绘制轮廓图来比较各因素各水平的单元格均值,能帮助研究者直观地判断因素间是否存在交互效应.

在 General Linear Model 菜单中有四个子菜单,每个子菜单完成不同类型的方差分析任务,由于第四个过程相对用得较少,这里只简单介绍前三个过程.

(1) Univariate 过程. Univariate 过程提供回归分析和一个因变量与一个或几个自变量(因素)的方差分析.

(2) Multivariate 命令. Multivariate 命令调用 MANOVA 过程进行多因变量的多因素方差分析. 当研究问题具有两个或两个以上的因变量,要研究一个或多个自变量与因变量集之间的关系时,应选用 Multivariate 命令.

(3) Repeated Measures 命令. Repeated Measures 命令调用 GLM 过程进行重复测量方差分析. 当一个因变量在同一研究中不只在一种条件下测量,要检验有关因变量均值的假设时,应该使用该过程. 需要注意的是,在数据结构中,每次测量都应视为不同的记录.

15.2　单因素方差分析

15.2.1　单因素方差分析的概念

单因素方差分析考察单一自变量对单一因变量的变化关系,它检验的是因变量在单一自变量上的组间差异.

　　在单因素方差分析中,自变量根据某种特质被划分为两个或两个以上组别(也称为水平),考察不同小组在因变量上的不同变化是否相似,具体来说就是通过比较组间变异以考察不同小组的分布形式是否相同. 如果不同小组存在显著差异,则有理由相信因变量的变化是由自变量引起的.

15.2.2　单因素方差分析的实例

　　例 15.1　两种不同的数学教学模式 A,B,在某校同年级中随机选择 12 个平行班,随机平均分成 4 个组. 实验方案是:第一组用常规教学模式,第二组在常规教学模式基础上加用模式 A,第三组在常规教学模式基础上加用模式 B,第四组在常规教学模式基础上同时加用模式 A 和模式 B. 两个月以后,全体被试进行数学综合能力测试,见数据 data15-02. 试推断不同数学教学模式对数学成绩是否有显著性影响.

　　解　在 SPSS 中定义两个变量:一个是模式(method),数据型,取值为 1,2,3,4,代表 4 种教学模式;另一个是成绩(chengji),数值型,其值为数学考试分数. 注意,不要将模式定义为 4 个变量,而应是一个变量的 4 种不同水平.

　　在方差分析之前,应注意其假设条件,如果样本严重违反方差齐性,则会对结果产生严重影响. 在正态性方面,当样本容量较大时,方差分析对正态性的要求是稳健的. 因此,对数学成绩先进行预分析,再进行单因素方差分析.

　　1. 预分析

　　方法一　用 Means 过程.
　　具体操作为:按 Analyze→Compare Means→Means 顺序,打开 Means 对话框. 从源变量框中将成绩[chengji]移入因变量 Dependent List 框,将模式[method]移入自变量 Independent List 框. 运行程序,得到数学成绩的一般性描述统计,见表 15.2.
　　可以看出,4 个组的标准差相差不大,即方差可能是齐的.

表 15.2　各实验组数学成绩的描述统计

模式	Mean	N	Std. Deviation
常规	69.78	105	12.302
常规+A	73.53	101	10.936
常规+B	73.58	97	12.186
常规+A+B	79.82	98	10.136
Total	74.10	401	11.952

　　方法二　用 Explore 过程.
　　具体操作为:按 Analyze→Descriptive Statistics→Explore 顺序,打开 Explore 对话框,如图 15.1 所示. 将成绩[chengji]选入因变量框中,将模式[method]选入固定因素框.

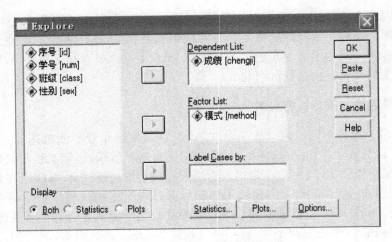

图 15.1   Explore 过程主对话框

如图 15.2 所示，在 Plots 子对话框中，选择 Normality Level with Levene Test 项，进行正态性检验，不输出茎叶图（Stem-and-leaf）；在 Spread Vs. Level with Levene Test 栏，选择 Untransformed 项，进行方差齐性检验. 在 Boxplots 栏，如果选择 Factor levels together 项，系统将按变量的分组顺序输出因变量成绩的正态 Q-Q 图，以辅助判断是否符合正态性要求.

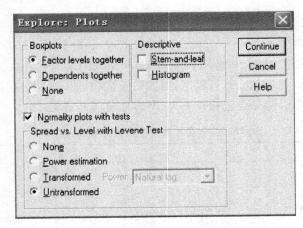

图 15.2   Explore 过程的 Plots 子对话框

从表 15.3 可见，在模式各水平上，虽然第四处理组的成绩未达到正态分布的要求，但在单因素方差分析中，如果因变量总体不能满足在因素各水平上都呈正态分布时，则要求每组样本量不少于 15 人. 由于本例中各组样本量至少都在 97 人以上，因此可以认为符合单因素方差分析的正态性假设条件要求.

表 15.3 各实验处理组成绩的正态检验

	模式	Kolmogorov-Smirnov[a]			Shapiro-Wilk		
		Statistic	df	Sig.	Statistic	df	Sig.
成绩	常规	0.076	105	0.160	0.931	105	0.000
	常规+A	0.081	101	0.096	0.980	101	0.134
	常规+B	0.079	97	0.155	0.955	97	0.002
	常规+A+B	0.101	98	0.015	0.956	98	0.003

a. Lilliefors Significance Correction.

由表 15.4 可见,常用的根据均值的 Levene 检验统计量为 0.462,$p=0.709>0.05$,表明在模式各水平上,各实验处理组的成绩都达到了方差齐性要求,可以进行单因素方差分析.

表 15.4 各实验处理组成绩的方差齐性检验

		Levene Statistic	df1	df2	Sig.
成绩	Based on Mean	0.462	3	397	0.709
	Based on Median	0.419	3	397	0.740
	Based on Median and with adjusted df	0.419	3	361.322	0.740
	Based on trimmed mean	0.405	3	397	0.749

2. 具体操作

按 Analyze→Compare Means→One-Way ANOVA 顺序,打开主对话框,如图 15.3 所示. 将成绩[chengji]选入 Dependent List 框,将模式[method]选入 Factor 框.

单击 Options 按钮,在弹出对话框中,如图 15.4 所示. 选择 Homogeneity of variance test 进行方差齐性检验.

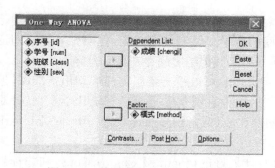

图 15.3 单因素方差分析主对话框

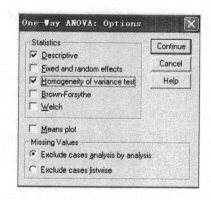

图15.4 单因素方差分析 Options 对话框

运行程序,输出结果见表 15.5~表 15.7.

表 15.5　各实验组数学成绩的描述性统计

	N	Mean	Std. Deviation	95% Confidence Interval for Mean			Minimum	Maximum
				Std. Error	Lower Bound	Upper Bound		
常规	105	69.78	12.302	1.201	67.40	72.16	23	90
常规+A	101	73.53	10.936	1.088	71.38	75.69	50	97
常规+B	97	73.58	12.186	1.237	71.12	76.03	39	95
常规+A+B	98	79.82	10.136	1.024	77.78	81.85	61	97
Total	401	74.10	11.952	0.597	72.92	75.27	23	97

表 15.6　方差齐性检验结果

Levene Statistic	df1	df2	Sig.
0.462	3	397	0.709

表 15.7　各实验组数学成绩的单因素方差分析结果

	Sum of Squares	df	Mean Square	F	Sig.
Between Groups	5219.752	3	1739.917	13.304	0.000
Within Groups	51919.455	397	130.779		
Total	57139.207	400			

表 15.6 给出了方差齐性检验的结果,Levene 统计量为 $0.462(p = 0.709 >$ $0.05)$,验证了表 15.4 中的假设检验结果(第一行),可以认为各样本所来自的总体满足方差齐性的要求.

表 15.7 为单因素方差分析结果,第一列为变异来源,其中 Between Groups 为组间变异,Within Groups 为组内变异,Total 为总变异. 第 2,3,4 列分别为离差平方和、自由度、均方. 检验统计量 F 值为 13.304,显著性概率 $p < 0.05$.

由此可认为:不同教学模式对数学成绩的影响有显著性差异.

15.2.3　均值间的多重比较方法

由表 15.7 可见,各教学模式组之间的数学成绩有显著差异,但研究者更想知道是哪些组之间存在显著差异,或者是哪一组与其他组之间存在显著差异.

虽然 Options 对话框中的 Means Plots 项,可以输出各组的样本均值折线图,但是 SPSS 没有给出相应的假设检验来支持这种直观差异是否具有统计学意义. 针对这种情况,SPSS 提出的解决办法是:两两比较(或者说多重比较,Multiple Comparison).

SPSS 中的多重比较分为两种类型:计划好的(Planned Comparisons)和非计划好的(Post-Hoc Comparisons).

所谓计划好的多重比较,也称为事前比较,是指在实验之前,研究者根据相关理论或实验目的,决定要通过多重比较来考察某个组与多个组或者某几个特定组之间的相互差别,是一种验证性分析.非计划好的多重比较,也称为事后比较,是指因为欠缺完整的信息,研究者无法做出正确的预测或建立一个检验模式,需要对数据或变量进行探究,是一种探索性分析.如果方差分析表明多组间差异显著,则可以进行多重比较.否则,表示各组均值无显著差异,就无需进行事后比较.

在 One-Way ANOVA 主窗口中,计划好的比较用 Contrasts 按钮,非计划好的用 Post Hoc 按钮.单击 Post Hoc 按钮,出现如图 15.5 所示的对话框.在方差齐性框内有 14 种两两比较的方法,而在方差非齐性框内要少得多,只有 4 种.因为方差严重非齐性时,会严重影响方差分析的结果,在实际工作中往往求助于使用变量转换或非参数检验.

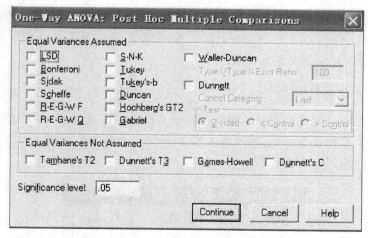

图 15.5 多重比较选择对话框

以下简单介绍 4 种常见的多重比较方法:

(1) LSD 法:最灵敏,一般用于事前比较.

(2) Scheffe 法:对多组均值的线性组合是否为 0 进行假设检验(即所谓的 Contrast),多用于进行比较的两组间样本量不相等或想进行复杂的比较时,用该方法有较强的稳健性.

(3) Dunnett 法:用于多个试验组与一个对照组之间的比较.

(4) Tukey 法:最迟钝,要求各样本含量相同,一般用于事后比较.

15.2.4 两两比较方法的选择策略

两两比较的方法非常之多,该如何选择? 很多统计学家对方差分析的两两比较的策略提出了自己的看法.常见的选择策略有以下几种.

(1) 如果两个均值间的比较是独立的,或者虽有多个样本均值,但事先已计划好要做某几对均值的比较,则不管方差分析的结果是不是显著的,都应该进行两两比较. 一般采用 LSD 法.

（2）如果事先未计划进行多重比较，在方差分析得到有统计意义的 F 值之后，可以利用多重比较进行探索性数据分析，这时比较方法的选择要根据研究的目的和样本的性质.

例如，需要进行多个试验组和一个对照组的比较时，可采用 Dunnet 法；需要进行任意两组间的比较而且各组样本含量相同时，可选用 Tukey 法；若样本含量彼此不同时，可采用 Scheffe 法. 但是，如果事先未计划进行多重比较，且方差分析未检出差别时，不应当进行多重比较.

（3）事先未计划好的多重比较，各组间的差别可能是由抽样误差等因素造成的，要推断这种差别确实来源于自变量的作用时，最好重新设计实验.

（4）如果研究者在试验设计之初就事先设想需要比较特定几组的均值，称为 Planned Comparison 或 Prior Comparison，则可通过 One-Way ANOVA 对话框中的 Contrast 按钮所对应的功能来实现.

例如，如果要对原假设 $H_0 : \mu_1 = \dfrac{\mu_2 + \mu_3 + \mu_4}{3}$，即 $H_0 : 3\mu_1 - \mu_2 - \mu_3 - \mu_4 = 0$ 进行检验. 单击 One-Way ANOVA 对话框中的 Contrasts 按钮，在 Contrasts 子对话框中的 Coefficients 栏右边的空框中，依次输入数字 $3, -1, -1, -1$，每输入一次数字，就单击一次 Add，如图 15.6 所示.

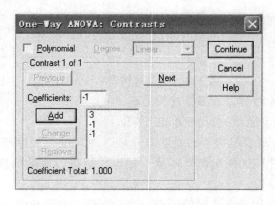

图 15.6　单因素方差分析两两比较对话框

15.2.5　多重比较的数据解释

由表 15.8 所示，LSD 法多重比较结果表明：第一组与其余三组间的均值；第四组与第三组、第二组间的均值，都存在显著性差异，而第二组与第三组间的均值没有显著性差异.

表 15.8　LSD 法数学成绩均值的多重比较结果

(I)模式	(J)模式	Mean Difference(I-J)	Std. Error	Sig.	95% Confidence Interval	
					Lower Bound	Upper Bound
常规	常规+A	−3.754*	1.594	0.019	−6.89	−0.62
	常规+B	−3.796*	1.611	0.019	−6.96	−0.63
	常规+A+B	−10.035*	1.606	0.000	−13.19	−6.88
常规+A	常规	3.754*	1.594	0.019	0.62	6.89
	常规+B	−0.043	1.626	0.979	−3.24	3.15
	常规+A+B	−6.282*	1.622	0.000	−9.47	−3.09
常规+B	常规	3.796*	1.611	0.019	0.63	6.96
	常规+A	0.043	1.626	0.979	−3.15	3.24
	常规+A+B	−6.239*	1.638	0.000	−9.46	−3.02
常规+A+B	常规	10.035*	1.606	0.000	6.88	13.19
	常规+A	6.282*	1.622	0.000	3.09	9.47
	常规+B	6.239*	1.638	0.000	3.02	9.46

＊表示 $p < 0.05$. 后同.

15.3　两因素方差分析

15.3.1　两因素方差分析的概念

　　两因素方差分析是对一个独立变量是否受两个因素或变量影响而进行的方差分析. SPSS 软件调用 UNIANOVA 过程,以检验不同水平组合之间的因变量均数由于受不同因素的影响而是否具有显著差异的问题. 在这个过程中可以分析每一个因素的主效应,也可分析因素间的交互效应. 可以进行协方差分析,以及分析各因素与协变量之间的交互作用. 两因素方差分析要求因变量是从多元正态总体随机抽样而得,且总体中各单元的方差相同,也可以通过方差齐性检验选择均值比较结果.

　　因变量和协变量必须是数值型变量,协变量与因变量彼此不独立. 因素变量是分类变量,可以是数值型,也可以是长度不超过 8 的字符型变量. 固定因素变量(Fixed Factor)是反映处理的因素,随机因素是随机设置的因素,是在确定模型时需要考虑会对实验结果有影响的因素. 两因素方差分析属于多因素方差分析的范畴.

15.3.2　两因素方差分析的步骤

　　以完全随机化设计 2×3 水平的两因素方差分析为例,因素 A 有两个水平,分别为 a_1, a_2;因素 B 有三个水平,分别为 b_1, b_2, b_3. 各单元均值与边际均值的数据结构见

表 15.9.

如果交互作用不显著,则进行主效应检验,直接比较其边际均值. 例如,因素 A 的主效应在于比较 A_1,A_2 之间的差异,以说明这两个水平组中哪个组较好. 因素 B 的主效应在于比较 B_1,B_2,B_3 之间的差异,以说明这三个水平组中哪个组较好. 边际均值的比较,就是独立样本单因素方差分析的结果比较,因素 A 虽然只有两个水平,但仍然可用方差分析进行检验,当然也可用独立样本 t 检验进行分析.

表 15.9　两因素方差分析的数据结构

		因素 B			边际均值
		b_1	b_2	b_3	
因素 A	a_1	a_1b_1	a_1b_2	a_1b_3	A_1
	a_2	a_2b_1	a_2b_2	a_2b_3	A_2
边际均值		B_1	B_2	B_3	

如果交互作用显著,比较边际均值就没有实际意义,因为有交互作用,因素 A 和 B 之间是相互影响的,即因素 A 在某水平上的效果会受到因素 B 的影响,而因素 B 在某水平上的效果也会受到因素 A 的影响. 这时所要比较的是:

(1) 因素 B 在 a_1 水平的比较,即比较 a_1b_1,a_1b_2,a_1b_3 单元间均值是否有显著差异,相当于有条件的单因素方差分析,即在 A=1 情况下,进行 b_1,b_2,b_3 三个水平组的比较. 具体操作时,用 select 过程选择条件为 A=1,然后以因素 B 为分组变量,以数学成绩为因变量进行单因素方差分析.

类似地,因素 B 在 a_2 水平的比较,即比较 a_2b_1,a_2b_2,a_2b_3 单元间均值是否存在显著性差异.

(2) 因素 A 在 b_1 水平的比较,即比较 a_1b_1,a_2b_1 单元间均值是否有显著差异,相当于有条件的单因素方差分析(或用 t 检验),即在 B=1 情况下,进行 a_1,a_2 两个水平组的比较. 具体操作时,用 Select 过程选择条件为 B=1,然后以因素 A 为分组变量,以数学成绩为因变量进行单因素方差分析(或用 t 检验).

类似地,可完成因素 A 在 b_2 或 b_3 水平的比较,即分别对 a_1b_2,a_2b_2 单元间均值和 a_1b_3,a_2b_3 单元间均值进行比较.

以上这些比较就是前面所提到的变量的简单效应,也就是单元均值间的比较.

15.3.3　两因素方差分析的实例

情形一:交互作用不显著.

例 15.2 用《小学学习经验调查问卷》随机对 300 名小学生进行测试,见数据 data15-01(吴明隆,2000). 该经验调查问卷包含三个分量表:数学焦虑(27 道题)、数学态度(30 道题)与数学投入动机(14 道题). 采用李克特量表五点记分法. 试推断学生性别与家庭状况是否对数学成绩的增长有显著的交互作用?

解　进行方差分析首先需要保证每个单元格数据服从正态分布且具有方差齐性,因此在本例中,需要检验 6 个单元格数据的分布特征.

Explore 过程是检验各单元格数据是否符合正态分布的合适工具,但该过程的缺省功能是对因素的主效应进行检验.在例 15.2 中,当把学生性别[sex]和家庭状况[hom]都添加到因素列表框(Factor List)中时,运行 Explore 将在学生性别的两个水平上分别检验数据是否符合正态性,以及在家庭状况的三个水平上分别检验数据的正态性,它并不对各单元格数据进行检验.因此,我们需要使用句法命令进行相应的检验,最简单的办法是先用菜单命令生成一个句法语句的模板,然后在此基础上稍作改动.

1) 预分析

按 Analyze→Descriptive Statistics→Explore 顺序,打开主对话框.从源变量框中,将数学成绩[mch]移入 Dependent List 框,将学生性别[sex]和家庭状况[hom]移入 Factor List 框.

单击 Plots 按钮,弹出相应对话框,如图 15.7 所示.在 Boxplots 栏,系统默认选择 Factor Levels together 项,表示因变量按因素变量分组生成并列的箱图;选择 None 表示不输出箱图.在例 15.2 中,选择 Normality plots with tests 项,表示对各单元格数据进行正态分布检验;在 Spread vs level with levene test 栏,选择 Untransformed 项,表示方差齐性检验前不需对数据进行变换.

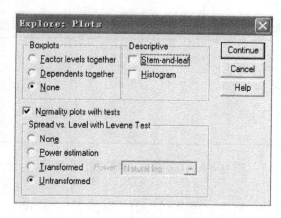

图 15.7　探索性过程 Plots 对话框

按 Continue 回到主对话框,运行程序,就会发现输出的是数学成绩在每个因素不同水平上的正态性和方差齐性检验结果,而不是对各因素单元格内的数据进行检验,见表 15.10~表 15.13.

表 15.10   数学成绩在学生性别两水平上的正态性检验

	学生性别	Kolmogorov-Smirnov[a]			Shapiro-Wilk		
		Statistic	df	Sig.	Statistic	df	Sig.
数学成绩	男	0.108	146	0.000	0.969	146	0.002
	女	0.093	154	0.002	0.959	154	0.000

a. Lilliefors Significance Correction.

表 15.11   数学成绩在学生性别两水平上的方差齐性检验

		Levene Statistic	df1	df2	Sig.
数学成绩	Based on Mean	0.000	1	298	0.995
	Based on Median	0.020	1	298	0.887
	Based on Median andwith adjusted df	0.020	1	297.317	0.887
	Based on trimmed mean	0.000	1	298	0.994

表 15.12   数学成绩在家庭状况三水平上的正态性检验

	家庭状况	Kolmogorov-Smirnov[a]			Shapiro-Wilk		
		Statistic	df	Sig.	Statistic	df	Sig.
数学成绩	1	0.103	100	0.011	0.963	100	0.006
	2	0.097	100	0.021	0.967	100	0.013
	3	0.134	100	0.000	0.958	100	0.003

a. Lilliefors Significance Correction.

表 15.13   数学成绩在家庭状况三水平上的方差齐性检验

		Levene Statistic	df1	df2	Sig.
数学成绩	Based on Mean	2.099	2	297	0.124
	Based on Median	2.055	2	297	0.130
	Based on Median and with adjusted df	2.055	2	296.746	0.130
	Based on trimmed mean	2.098	2	297	0.125

重新回到 Explore 主对话框,单击 Paste,将弹出一个句法命令窗口,如图 15.8 所示.

在上述句法窗口中,只需直接在"VARIABLES= mch BY sex hom"语句中的 "sex hom"中间插入一个"BY"(关键词一般用大写,但小写也可以),就可以检验各单元格的数据分布了,修改后的程序语句如图 15.9 所示.

单击 Run 菜单,并选择 All 子菜单,或者选中全部程序语句,并单击菜单栏上向右的快捷小黑箭头,执行如图 15.9 中所示的程序语句,输出结果见表 15.14~表 15.16.

由表 15.14 可见,在学生性别和家庭状况各单元格内的数学成绩的 K-S 正态性检验结果,6 个单元格中有半数是服从正态分布的. 与 K-S 正态性检验结果相比,当样本量小于 50 时,用 Shapiro-Wilk 检验的结果相对更加精确.

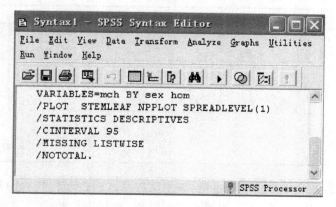

图 15.8　SPSS Syntax Editor 程序语句编辑窗口

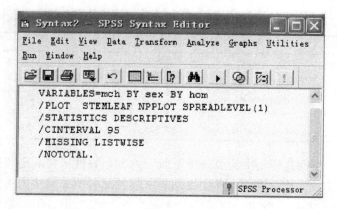

图 15.9　Explore 过程生成的程序语句

从表 15.15 中的有效单元格样本量(N)或者从表 15.14 中的自由度(df)可知,每个单元格内的样本数至少都在 42 人以上,可以对数学成绩进行两因素方差分析.

表 15.14　两因素方差分析中数学成绩的正态性检验

	学生性别	家庭状况	Kolmogorov-Smirnov[a]			Shapiro-Wilk		
			Statistic	df	Sig.	Statistic	df	Sig.
数学成绩	男	1	0.107	54	0.177	0.959	54	0.064
		2	0.087	42	0.200*	0.967	42	0.261
		3	0.151	50	0.006	0.947	50	0.025
	女	1	0.139	46	0.025	0.951	46	0.051
		2	0.112	58	0.067	0.953	58	0.026
		3	0.146	50	0.010	0.943	50	0.018

*. This is a lower bound of the true significance.

a. Lilliefors Significance Correction.

表 15.15　学生性别与家庭状况各单元格样本量的描述性统计

	学生性别	家庭状况	Cases					
			Valid		Missing		Total	
			N	Percent	N	Percent	N	Percent
数学成绩	男	1	54	100.0%	0	0.0%	54	100.0%
		2	42	100.0%	0	0.0%	42	100.0%
		3	50	100.0%	0	0.0%	50	100.0%
	女	1	46	100.0%	0	0.0%	46	100.0%
		2	58	100.0%	0	0.0%	58	100.0%
		3	50	100.0%	0	0.0%	50	100.0%

表 15.16 为方差齐性的检验结果. 从左至右：Levene 统计量、自由度 df1、自由度 df2 和显著性水平值. 自上而下：根据均值的结果、根据中位数的结果、根据中位数与调整后的自由度所得的统计量值、根据调整后的均值所得的统计量值.

表 15.16　两因素方差分析中数学成绩的方差齐性检验

		Levene Statistic	df1	df2	Sig.
数学成绩	Based on Mean	0.856	5	294	0.511
	Based on Median	0.535	5	294	0.750
	Based on Median and with adjusted df	0.535	5	273.52	0.750
	Based on trimmed mean	0.843	5	294	0.520

例 15.2 中，根据各种集中趋势统计量所做的方差齐性检验的显著性水平均大于 0.05，可以得出结论：数学成绩在学生性别与家庭状况各个单元格内的数据具有方差齐性. 虽然多因素方差分析中一般不需考虑方差齐性问题，但这里还是给出方差齐性的检验结果.

在两因素方差分析中，如果单元格数据不符合正态分布的要求时，可以增加样本量，保证每个单元格内的样本数不少于 15 个，因为大样本的方差分析并不要求服从正态分布. 或者是，如果数据分布不是明显偏态且无极端值，就可以认为满足正态性条件. 也有学者指出，对数据进行正态性检验时，几乎所有的数据都会拒绝正态分布的假设，进行统计计算时只要数据接近正态分布就可以了.

每个单元格数据在 3 个以上时才能输出偏度（skewness）系数，才能进行方差齐性检验. 每个单元格数据在 4 个以上时才能输出峰度（kurtosis）系数. 偏度和峰度系数是考察数据的正态性的两个指标，对于它们所表示的意义，这里不再详述. 两（多）因素方差分析一般不考虑方差齐性问题.

在例 15.2 中，对正态性与方差齐性的检验更多地体现为演示性与象征性意义. 在实际的两（或多）因素方差分析中，由于抽样的随机性，一般可以直接用 GLM 过程对数据进行分析. 至于方差齐性的检验，则可以选择 Options 子对话框中的 Homogeneity tests 复选项来考察.

但是,在两因素方差分析之前,对数据的正态性与方差齐性进行检验还是有可取之处,如此可以帮助我们去改进实验设计或反思数据质量.

2) 具体操作

按 Analyze→General Linear Model→Univariate 的顺序,打开主对话框,如图 15.10所示. 将数学成绩[mch]选入 Dependent Variable 因变量框中,再将学生性别[sex]、家庭状况[hom]选入 Fixed Factor(s)自变量框中.

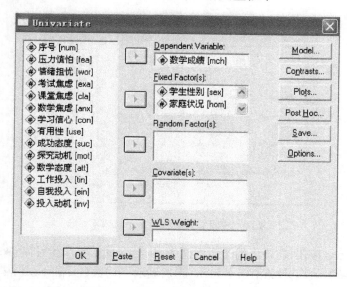

图 15.10 两因素方差分析主对话框

单击 Model 按钮,由于选择全模型比较,所以窗口采用默认设置. 全模型中包括所有的主效应和交互效应. 例 15.2 中为学生性别(sex)、家庭状况(hom)以及它们(sex ∗ hom)之间的交互效应.

单击 Plots 按钮,弹出相应对话框,如图 15.11 所示. 从源变量框中将变量 sex 移

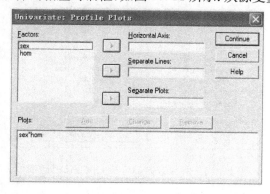

图 15.11 两因素方差分析图形设置对话框

入横坐标（Horizontal Axis）栏,将变量 hom 移入分线（Separate Lines）栏.单击 Add 按钮,在 Plots 框中出现图形表达式 sex * hom.

　　单击 Post Hoc 按钮,在弹出的子对话框中,从源变量框将学生性别（sex）、家庭状况（hom）选入 Post Hoc for 框,如图 15.12 所示.如果交互作用不显著,就直接显示学生性别（sex）、家庭状况（hom）的多重比较结果（与独立样本 t 检验或单因素方差分析的推断结果相同,都是边际均值的比较）.在假设方差齐性栏中选择一种事后多重比较方法,这里选择 Scheffe 项,按 Continue 回到主对话框.

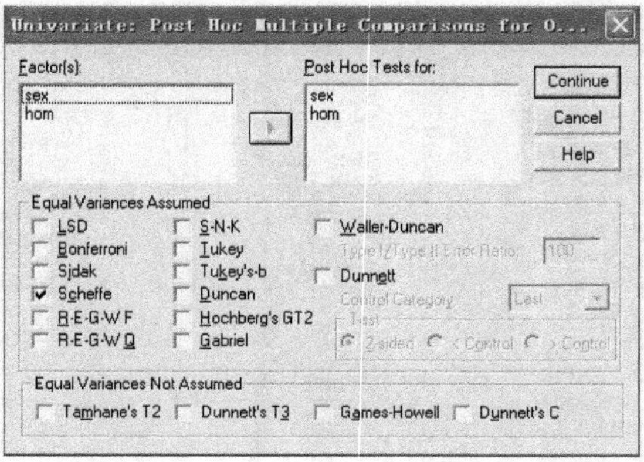

图 15.12　两因素方差分析多重比较对话框

　　单击 Options 按钮,在弹出的子对话框中,从源变量框将学生性别（sex）、家庭状况（hom）、学生性别 * 家庭状况（sex * hom）选入显示平均数（Display Means for）框,并在 Display 栏中选择变量的描述统计（Descriptive statistics）选项,如图 15.13所示.

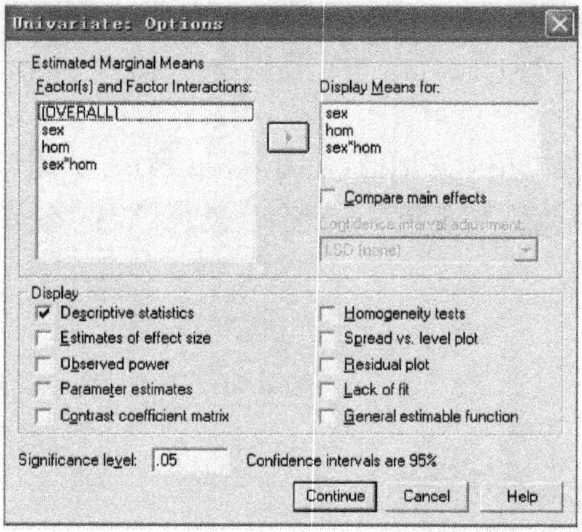

图 15.13　两因素方差分析 Options 对话框

运行程序,输出结果见表 15.17 和表 15.18.

表 15.17 数学成绩的各单元格数值描述性统计

学生性别	家庭状况	Mean	Std. Deviation	N
男	1	23.74	9.921	54
	2	25.21	9.938	42
	3	20.80	11.384	50
	Total	23.16	10.534	146
女	1	24.46	10.927	46
	2	28.50	9.660	58
	3	25.16	10.603	50
	Total	26.21	10.448	154
Total	1	24.07	10.349	100
	2	27.12	9.863	100
	3	22.98	11.162	100
	Total	24.72	10.583	300

表 15.17 为各因素单元格数学成绩的描述性统计,读者一看就明白,这里不再详述.

表 15.18 为数学成绩的两因素方差分析的结果,是被试者组间效果的比较.由该表可知,因为学生性别与家庭状况的交互作用不显著($F=0.806$,$p=0.448>0.05$),所以直接看学生性别和家庭状况的主效应,F 值分别为 5.326($p=0.022<0.05$)和 3.621($p=0.028<0.05$),均达到显著性水平.

表 15.18 数学成绩的两因素方差分析结果

Source	Type III Sum of Squares	df	Mean Square	F	Sig.
Corrected Model	1671.962[a]	5	334.392	3.090	0.010
Intercept	180251.057	1	180251.057	1665.630	0.000
sex	576.337	1	576.337	5.326	0.022
hom	783.621	2	391.811	3.621	0.028
sex* hom	174.479	2	87.240	0.806	0.448
Error	31816.075	294	108.218		
Total	216861.000	300			
Corrected Total	33488.037	299			

a. R Squared=0.050(Adjusted R Squared=0.034).

　　讨论学生性别与家庭状况的交互效应,可以观察其边际均值图,如图 15.14 所示.如果图 15.14 中 3 条线平行,则说明两因素没有交互作用.但是,反过来却不一定成立.也就是说,如果两因素没有交互作用,则图 15.14 中 3 条线有可能不严格平行.这时,我们采用更重视数值结论(表 15.18)而放弃来自图形的直观判断.

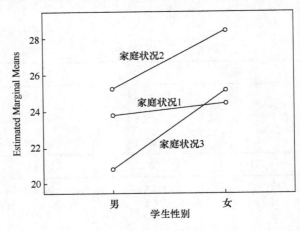

图 15.14　数学成绩的边际均值

　　由此推断:在主效应方面,学生性别、家庭状况对学生数学成绩的增长有显著差异;而在交互效应方面,学生性别与家庭状况的交互作用不显著.

　　由于学生性别与家庭状况的交互作用不显著,所以接下来讨论学生性别与家庭状况的主效应.

　　学生性别有两种水平,其主效应可以用独立样本 t 检验,直接比较两水平边际均值间的差异(结果见表 15.19),也可以用单因素方差分析来比较这种差异(结果见表 15.20).

表 15.20　男女生数学成绩独立样本 t 检验的假设检验结果

| | | Levene's Test for Equality of Variances | | t-test for Equality of Means | | | | | 95%Confidence Interval of the Difference | |
		F	Sig.	t	df	Sig. (2-tailed)	Mean Difference	Std. Error Difference	Lower	Upper
数学成绩	Equal variances assumed	0.000	0.995	−2.517	298	0.012	−3.050	1.212	−5.435	−0.666
	Equal variances not assumed			−2.517	296.9	0.012	−3.050	1.212	−5.435	−0.665

表 15.20　男女生数学成绩的单因素方差分析结果

	Sum of Squares	df	Mean Square	F	Sig.
Between Groups	697.309	1	697.309	6.337	0.012
Within Groups	32790.727	298	110.036		
Total	33488.037	299			

可以看出,表 15.19 中采用独立样本 t 检验时的 95% 置信区间不包含 0,而表 15.20 中采用单因素方差分析的显著性概率 $p = 0.012 < 0.05$. 可见,由两种不同的分析过程可得到相同的推断结论:女生的数学成绩显著优于男生的数学成绩.

表 15.21～表 15.23 输出的是数学成绩的边际均值和各单元格均值的描述统计结果.

表 15.21　男女生数学成绩的边际均值描述统计

学生性别	Mean	Std. Error	95%Confidence Interval	
			Lower Bound	Upper Bound
男	23.252	0.866	21.548	24.955
女	26.039	0.842	24.381	27.696

表 15.22　家庭状况下数学成绩的边际均值描述统计

家庭状况	Mean	Std. Error	95%Confidence Interval	
			Lower Bound	Upper Bound
1	24.099	1.044	22.045	26.153
2	26.857	1.054	24.783	28.931
3	22.980	1.040	20.933	25.027

表 15.23　性别与家庭状况的单元格均值描述统计

学生性别	家庭状况	Mean	Std. Error	95%Confidence Interval	
				Lower Bound	Upper Bound
男	1	23.741	1.416	20.955	26.527
	2	25.214	1.605	22.055	28.373
	3	20.800	1.471	17.905	23.695
女	1	24.457	1.534	21.438	27.475
	2	28.500	1.366	25.812	31.188
	3	25.160	1.471	22.265	28.055

　　因素 B 即家庭状况有三个水平,需要进行多重比较才能知道究竟哪一组较优.由表 15.24 可知,第二组的数学成绩要显著优于第三组($p=0.020<0.05$),而第一组与第二组、第一组与第三组之间的数学成绩无显著性差异.

表 15.24　家庭状况之间数学成绩的多重比较结果

(I)家庭状况	(J)家庭状况	Mean Difference (I-J)	Std. Error	Sig.	95%Confidence Interval Lower Bound	Upper Bound
1	2	−3.05	1.471	0.118	−6.67	0.57
	3	1.09	1.471	0.760	−2.53	4.71
2	1	3.05	1.471	0.118	−0.57	6.67
	3	4.14*	1.471	0.020	0.52	7.76
3	1	−1.09	1.471	0.760	−4.71	2.53
	2	−4.41*	1.471	0.020	−7.76	−0.52

　　由于两因素方差分析可输出的结果较多,综合以上数据并整理成两个主要表格,见表 15.25 和表 15.26.

　　可以得出以下结论:

　　(1) 学生性别与家庭状况对数学成绩的交互作用不显著,但单一因素的主效应均达到了显著性差异.

　　(2) 学生性别的边际均值比较,性别的主效应检验表明,女生的数学成绩显著优于男生.

　　(3) 家庭状况的多重比较发现,"他人照顾组"(第二组)的数学成绩显著优于"双亲照顾组"(第三组)的数学成绩.

表 15.25　学生性别与家庭状况在数学成绩上的描述统计

	单亲家庭组 (100)	他人照顾组 (100)	双亲照顾组 (100)	边际均值
男生(146)	23.741(54)	25.214(42)	20.800(50)	23.252
女生(154)	24.457(46)	28.500(58)	25.160(50)	26.039
边际均值	24.099	26.857	22.980	(24.723)

表 15.26　学生性别与家庭状况对数学成绩的两因素方差分析结果

变异来源	偏差平方和 (SS)	自由度 (df)	均方 (MS)	F 值	事后比较
学生性别(sex)	576.337	1	576.337	5.326*	女生优于男生
家庭状况(hom)	783.621	2	391.811	3.621*	第二组优于第三组

续表

变异来源	偏差平方和 (SS)	自由度 (df)	均方 (MS)	F 值	事后比较
交互作用 (sex * hom)	174.479	2	87.240	0.806 *	
总和(total)	31816.075	294	108.218		

情形二：交互作用显著

例 15.3　数据 data15-03(吴明隆，2000)是用数学信念问卷对不同性别与年级的 300 名学生进行测试的结果，其中，

年级分为三个级组：小学四年级组、小学六年级组和初中二年级组.

数学解题信念设置 4 个题项：

t1 表示"做完数学问题，再验算一下比较好"；

t2 表示"做数学问题时，应随时检查每个步骤"；

t3 表示"做应用题时，可以用很多方法来(如画图)帮助我们了解问题意思"；

t4 表示"做数学问题时，如果找不出解题方法，我不轻易放弃."

bel 表示"解题信念"，是 t1,t2,t3,t4 四题的总分.

试推断不同性别与年级的学生在解题信念上是否有显著的交互作用？

解　用两因素方差分析. 自变量有两个：学生性别(A)和学生年级(B)，均为分类变量；因变量是数学信念(bel)，为连续变量. 如果两因素间交互作用显著，则要做因素的简单效应分析及多重比较.

1) 预分析

预分析的目的是检验数据是否符合两因素方差分析的假设条件，主要是正态性检验，因为多因素方差分析中一般不需考虑方差齐性问题. 按照例 15.2 中的方法，用 Explore 过程发现解题信念在各单元格内的数据不符合正态分布的要求，见表 15.27.

表 15.27　两因素方差分析中解题信念的正态性检验

	学生 性别	学生 年级	Kolmogorov-Smirnov[a]			Shapiro-Wilk		
			Statistic	df	Sig.	Statistic	df	Sig.
解题信念	男	小四	0.164	53	0.001	0.811	53	0.000
		小六	0.150	52	0.005	0.873	52	0.000
		初二	0.148	53	0.005	0.930	53	0.004
	女	小四	0.239	47	0.000	0.874	47	0.000
		小六	0.195	48	0.000	0.900	48	0.001
		初二	0.202	47	0.000	0.821	47	0.000

a. Lilliefors Significance Correction.

事实上，由于学生的解题信念在程度上相差不太大，大部分数据集中在某个较小

的范围.这时,极少数几个偏离均值较远的数据,也可能使全体数据出现不服从正态分布的情形.

例15.3中,学生性别与学生年级各单元格内的样本量较大,至少达到47人(是15人的3倍以上).虽然正态性假设没有被满足,但我们仍然使用两因素方差分析模型,以演示其实际操作过程.

由于事先不知道性别与年级间是否具有统计意义上的交互作用,所以按 Analyze→General Linear Model→Univariate 顺序,打开 Univariate 对话框,如图15.15所示.从源变量框中选择解题信念[bel]移入因变量框,将学生性别[A]和学生年级[B]移入自变量(固定因素)框.

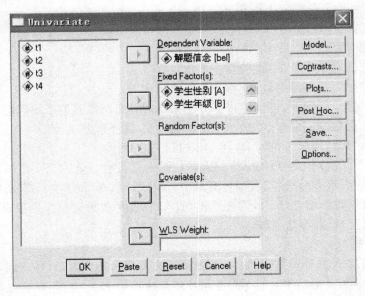

图 15.15　解题信念的两因素方差分析主对话框

单击 Model 按钮,选择全模型(Full factorial),表示除主效应检验以外,还将对性别与年级进行交互效应检验.单击 Plots 按钮,打开相应对话框,与例15.2中的设置一样,输出解题信念边际均值图.其余采用默认设置.

单击 OK,运行程序.解题信念的两因素方差分析结果,见表15.28.

表 15.28　解题信念的两因素方差分析结果

Source	Type III Sum of Squares	df	Mean Square	F	Sig.
Corrected Model	700.150[a]	5	140.030	11.284	0.000
Intercept	76365.495	1	76365.495	6153.585	0.000
A	207.795	1	207.795	16.744	0.000

Source	Type Ⅲ Sum of Squares	df	Mean Square	F	Sig.
B	207.607	2	103.804	8.365	0.000
A * B	259.486	2	129.743	10.455	0.000
Error	3648.517	294	12.410		
Total	80510.000	300			
Corrected Total	4348.667	299			

a. R Squared=0.161(Adjusted R Squared=0.147).

由表 15.28 可知,解题信念的两因素方差分析结果表明,性别和年级之间存在显著的交互作用($F=10.455$,$p<0.001$).

通过解题信念的边际均值图,进一步确认性别与年级之间是否存在交互作用,如图 15.16 所示.图中 3 条线非常明显地不平行,再考虑表 15.28 中的数据分析结果,检验性别与年级交互效应的 F 值为 10.455,显著性概率 $p<0.05$.

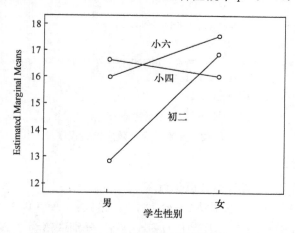

图 15.16　解题信念的边际均值

由此推断:性别和年级之间确实存在交互作用.由于交互作用显著,考虑主效应就变得无实际意义,因为性别与年级对解题信念的影响存在相互作用.因此,直接进行简单效应和多重比较检验.

2)具体操作

年级的简单效应可以帮助研究者了解在某一性别群体中,不同年级学生的解题信念是否有显著性差异.如果差异显著,则继续进行多重比较,进一步弄清楚这种差异究竟存在于哪些年级之间.性别的简单效应可以帮助研究者了解在某一年级群体中,不同性别学生的解题信念是否有显著差异.

SPSS 没有提供检验简单效应的菜单模式,而是需要自行编写语句命令,这可能给读者带来了一些困难.但是,这里面涉及的句法并不复杂,读者完全可以掌握.

例 15.3 中需要检验的简单效应及多重比较,可分为以下 5 种情形.

比较 1:在男生群体中,不同年级的学生的解题信念是否有显著性差异.

比较 2:在女生群体中,不同年级的学生的解题信念是否有显著性差异.

比较 3:在小学四年级群体中,男、女学生的解题信念是否有显著性差异.

比较 4:在小学六年级群体中,男、女学生的解题信念是否有显著性差异.

比较 5:在初中二年级群体中,男、女学生的解题信念是否有显著性差异.

其中,比较 1 和比较 2 为年级的简单效应;比较 3、比较 4 和比较 5 为性别的简单效应.

(1) 因素 A,即性别的简单效应检验及其多重比较.

打开数据文件 data15-03,按顺序单击 File→New→Syntax,打开 Syntax1 对话框,如图 15.17 所示.在该对话框中编写以下的程序语句(其中的句法标点均为英文状态).

```
Subtitle'因素 A 的简单效应检验'.
manova bel by A (1,2)B(1,3)
/print=cellinfo(means)homogeneity(bartlett,cochran)
/contrast(A)=special(1  1  1  -1)
/error=withincell
/design=A within B(1),A within B(2),A within B(3).
```

图 15.17　性别的简单效应检验程序

程序语句解释:

第一行为统计分析批注,不会被执行.

第二行为"MANOVA"的语法(不分大小写)格式:MANOVA 因变量 by 自变量一自变量二.其中,B(1,3)表示因素 B 有三个水平,分别取值为 1,2,3,但在括号中只需按从小到大的顺序标出取值的下边界 1 与上边界 3 即可.

第三行为"PRINT"输出指令,关键词 cellinfo(统计量数)可输出单元格的基本统计量;cellinfo(means)可输出单元格均值、标准差以及单元格内样本数;homogeneity(统计量数)可进行方差齐性检验.这里输出 Bartlett—Box F 检验与 Cochran's C 检验的统计量值.

第四行为参数比较,关键词 SPECIAL 定义事后比较矩阵,因为因素 A 有两个水平:A1 表示男生、A2 表示女生,所以多重比较矩阵的规模为 2×2. "special(1 1 1 —1)"括号中的前两个数字"1"表示常数项的比较系数,一般取相等系数 1,而后两个数字"1"和"—1"表示男、女生解题信念的单元格均值差,即男生解题信念的单元格均值减去相同年级水平的女生解题信念的单元格均值.

第五行为输出单元格误差值.

第六行为分析模型,是因素 A 在 B(1),B(2),B(3)水平上的简单效应比较.

保存程序并执行:先用 Edit 菜单中的子菜单 Select All 选中全部语句,再通过 Run 菜单中的子菜单 All 来执行,或者用鼠标选中全部语句,再通过菜单栏中的向右快捷键执行,还可以直接用 Run 菜单选择 All 来执行.

从图 15.18 可知,在性别的简单效应检验中,小学六年级、初中二年级的统计量 F 值都达到了显著性水平,分别为 $4.52(p=0.034<0.05)$、$34.44(p<0.05)$.

```
* * * * * * A n a l y s i s   o f   V a r i a n c e-- design  1* * * * * *
Tests of Significance for bel using UNIQUE sums of squares
Source of Variation        SS       DF      MS      F    Sig of F
WITHIN CELLS           3648.52     294    12.41
A WITHIN B(1)             9.07       1     9.07    0.73   0.393
A WITHIN B(2)            56.09       1    56.09    4.52   0.034
A WITHIN B(3)           427.45       1   427.45   34.44   0.000
```

图 15.18　性别的简单效应检验

图 15.19 中的多重比较结果表明:在性别的简单效应上,小学四年级的男、女生的解题信念没有显著差异($t=0.85472,p=0.3940>0.05$),而小学六年级、初中二年级的男、女生的解题信念有显著性差异($t=-2.12602,p=0.03434<0.05;t=-5.86889,p<0.05$),而且均值差 t 都为负值,表示女生的解题信念显著优于男生.

```
Estimates for bel
    ——Individual univariate.9500 confidence intervals
    A WITHIN B(1)
Parameter     Coeff.Std.Err.    t-Value    Sig.t Lower - 95% CL-Upper
    2  0.602559508  0.70498    0.85472    0.39340  - .78488   1.99000
    A WITHIN B(2)
Parameter     Coeff.Std.Err.    t-Value    Sig.t Lower - 95% CL-Upper
    3 - 1.4982937   0.70474   - 2.12602   0.03434  - 2.88527  - 0.11131
    A WITHIN B(3)
Parameter     Coeff.Std.Err.    t-Value    Sig.t Lower - 95% CL-Upper
    4 - 4.1374405   0.70498   - 5.86889   0.00000  - 5.52488  - 2.75000
```

图 15.19　性别简单效应检验的多重比较结果

(2) 因素 B,即年级的简单效应检验及其多重比较.

再次打开数据 data15-03,按顺序单击 File→New→Syntax,打开 Syntax1 对话框,如图 15.20 所示.在该对话框中编写以下程序语句:

```
Subtitle'因素 B 的简单效应检验一'.
    manova bel by A(1,2)B(1,3)
    /print=cellinfo(means)homogeneity(bartlett,cochran)
    /contrast(B)=special(1 1 1 1 -1 0 0 1 -1)
    /error=withincell
    /design=B within A(1),B within A(2).
```

图 15.20　因素 B 的简单效应检验程序(一)

第四行为参数比较,因为因素 B 有三个水平:B1 表示小四、B2 表示小六、B3 表示初二,所以多重比较矩阵的规模为 3×3. "special($1\ 1\ 1\ 1\ -1\ 0\ 0\ 1\ -1$)"括号中的前三个数字"1"表示检验模型中常数项的比较系数,一般取相等系数 1,接着的三个数字是变量水平的比较系数,表示 B1 与 B2 的比较,而最后的三个数字同样是变量水平的比较系数,表示 B2 与 B3 的比较.

这里还缺少 B1 与 B3 的比较,因此还要再进行一次因素 B 的简单效应检验及多重比较,只需将图 15.20 中的第四行改为"contrast(b)=special($1\ 1\ 1\ 1\ 0\ -1\ 0\ 1\ -1$)"即可,其余语句可保持不变.

第五行表示分析模型,是因素 B 在 A(1),A(2)水平上的简单效应比较.

运行程序,输出结果如图 15.21 和图 15.22 所示.

```
* * * * * * A n a l y s i s   o f   V a r i a n c e——design  1* * * * * *
    Tests of Significance for bel using UNIQUE sums of squares
    Source of Variation      SS      DF     MS      F    Sig of F
    WITHIN CELLS          3648.52   294   12.41
    B WITHIN A(1)          436.15    2   218.07   17.57   0.000
    B WITHIN A(2)           56.21    2    28.10    2.26   0.106
```

图 15.21　年级的简单效应检验结果(一)

```
Estimates for bel
    ——Individual univariate.9500 confidence intervals
    B WITHIN A(1)
    Parameter  Coeff.Std.Err.  t-Value  Sig.t Lower- 95%  CL-Upper
    2  .588696769  0.68760  0.85617  0.39260  - 76454   1.94193
    3  3.18488814  0.68760  4.63192  0.00001  1.83165   4.53812
    B WITHIN A(2)
    Parameter  Coeff.Std Err.  t-Value  Sig.t Lower- 95%  CL-Upper
    4  - 1.5383651  072268  - 2.12810  0.03416  - 2.96105  - 0.11586
    5  0.751135074  0.72288  1.03908  0.29962  - 0.67155  2.17381
```

图 15.22　年级简单效应检验的多重比较结果(一)

从图 15.22 可知:参数(Parameter)2 表示在 A1 水平时,B1 与 B2 的比较,两者差异不显著($t=0.85617$,$p=0.39260>0.05$);参数(Parameter)3 表示在 A1 水平时,B2 与 B3 的比较,两者差异显著($t=4.63192$,$p=0.00001<0.001$),B2 优于 B3.

参数(Parameter)4 表示在 A2 水平时,B1 与 B2 的比较,两者差异显著 ($t=-2.12810,p=0.03416<0.05$),B2 优于 B1;参数(Parameter)5 表示在 A2 水平时,B2 与 B3 的比较,两者差异不显著($t=1.03908,p=0.29962>0.005$).

需要再进行一次因素 B,即年级的简单效应检验及事后多重比较,以获得 B1 与 B3 的比较结果,如图 15.23 所示. 参数(Parameter)2 表示在 A1 水平时,B1 与 B3 的比较,两者差异显著($t=5.51433,p<0.001$),B1 优于 B3. 参数(Parameter)4 表示在 A2 水平时,B1 与 B3 的比较,两者差异不显著($t=-1.08331,p=0.27956>0.05$).

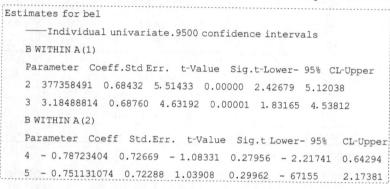

图 15.23　年级简单效应检验的事后多重比较结果(二)

至此,我们对性别与年级的简单效应检验的程序语句及其输出结果进行了一个较为细致的介绍. 现把有关数据整理成以下 3 个表格,见表 15.29~表 15.31.

表 15.29　两因素方差分析的描述统计

	小学四年级 (100)B1	小学六年级 (100)B2	初中二年级 (100)B3
男生(158)A1	16.604(53)	16.000(52)	12.830(53)
女生(142)A2	16.043(47)	17.563(48)	16.830(47)

注:括号内为人数.

表 15.30　学生性别、年级在解题信念上两因素方差分析结果

变异来源	偏差平方和 (SS)	自由度 (df)	均方 (MS)	F 值
学生性别(A)	207.80	1	207.80	16.74***
学生年级(B)	207.61	2	207.61	8.36***
交互作用(A*B)	259.49	2	129.74	10.45***
误差(Error)	3648.52	294	12.41	
总和(total)	4323.42	299		

＊＊＊表示 $p<0.001$.

由表 15.30 可知,性别与年级对解题信念的交互作用显著($F = 129.74$, $p = 10.45 < 0.001$),虽然性别与年级的主效应也达到显著,但由于交互作用显著,所以不需进行主效应的比较,而继续作简单效应分析.

表 15.31　学生性别、学生年级在解题信念简单效应的方差分析结果

变异来源	偏差平方和 (SS)	自由度 (df)	均方 (MS)	F 值	事后比较
学生性别(A)					
小四(B1)	9.07	1	9.07	0.73	
小六(B2)	56.09	1	56.09	4.52*	女生—男生
初二(B3)	427.45	1	427.45	34.44***	女生—男生
学生年级(B)					
男生(A1)	436.15	2	218.07	17.57***	小六—初二 小四—初二
女生(A2)	56.21	2	28.10	2.26	
单元格	3648.52	294	12.41		

* $p < 0.05$；* * $p < 0.01$；* * * $p < 0.001$.

由表 15.31 可知,从简单效应的方差分析来看,性别因素在小六年级和初二年级上均达到了显著,F 值分别为 4.52($p < 0.05$)、34.44($p < 0.001$).在小学六年级学生群体中,女生的解题信念显著优于男生的解题信念;在初二年级学生群体中,女生的解题信念也显著优于男生的解题信念.从年级因素的简单效应来看,在男生水平的 F 值达到显著($F = 17.57$, $p < 0.001$),小学交年级男生的解题信念显著优于初中二年级男生的解题信念.

进行简单效应的检验,还有一个比较好的方法是,转化为"有条件"的简单效应检验.在例 15.3 中,在已经知道性别与年级有交互作用时,如果要讨论年级在男生水平上的简单效应,即比较 A1B1,A1B2,A1B3 这三个单元格间均值的差异,则可以用"有条件"的单因素方差分析,即在性别 A=1 条件下,进行 B1,B2,B3 这三个组的均值比较.

如果要讨论性别在初二年级上的简单效应,即比较 A1B3,A2B3 这两个单元格的均值差异,则可以用"有条件"独立样本 t 检验,即在年级 B=3 条件下,进行 A1,A2 均值的比较.因为单因素的方差分析和独立样本 t 检验在之前已作过详细介绍,这里不再详细演示.

在教育研究中,一般较少涉及三个或三个以上因素的多因素方差分析,因为模型的复杂性有时会带来结果的难以解释性.

15.4　协方差分析

15.4.1　协方差分析的概念

在教育研究与测量的实施过程中,常常会遇到某些难以控制或者无法严格控制

的非处理因素,这些非处理因素对实验结果会产生干扰和影响,这时可以考虑采用协方差分析模型.

协方差分析,是指利用线性回归方法消除混杂因素的影响后进行的方差分析. 也就是说,先从因变量的总偏差平方和中去掉协变量对因变量的回归平方和,再对残差平方和进行分解,进行方差分析. 自变量是分类变量,而且相互独立. 协变量一般为连续变量,而且协变量与因变量存在一定的相关关系,即彼此不独立. 因变量与协变量之间是否线性相关,可以通过经验得知或用 Graphs 菜单中的 scatter 命令作散点图来初步判断.

15.4.2　协方差分析的假设条件

1. 正态分布

在自变量(因素)的任何水平上,以及对应于协变量的任意值,因变量值呈正态分布. 对于大样本,即使正态分布不被满足,方差分析也可以得到较为可信的结果. 在多数情况下,每个单元格内的数据(即每个实验条件下的被试)达到 15 个就可以了.

2. 方差齐性

每个单元格内的因变量均值满足方差齐性. 如果各组方差不齐,而且各单元样本量不相等,则方差分析结果不可靠.

3. 独立性

样本必须从总体中随机抽取,因变量的值相互独立.

4. 斜率同质性

在自变量(因素)的各个水平上,协变量和因变量是线性关系,而且对于自变量的每个水平,协变量相对于因变量的斜率相同. 如果斜率不相同,则协方差分析结果不可靠.

15.4.3　协方差分析的实例

例 15.4　某学校在高一年级随机选择一半班级采用创新教学法,而另一半班级采用传统教学法. 两个月以后,从这两种教学法班级中各随机抽取一个班,实验前后用相同试卷进行考试,其成绩见数据 data15-04. 请比较创新教学法和标准教学法的效果.

解　分两个步骤进行.

(1) 斜率同质性检验

按 Analyze→General Linear Model→Univariate 的顺序打开主对话框,将期末成绩[after]移入 Dependent Variable 框,将教学方法[class]移入 Fixed Factor(s)框,

将摸底成绩[before]移入协变量框(Covariate(s)),如图 15.24 所示.

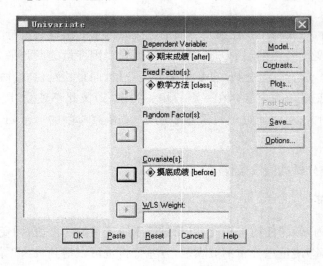

图 15.24　两因素协方差分析主对话框

单击主对话框中的 Options 进入子对话框,从源变量框中选择教学方法[class]移入 Display Means for 栏. 在 Display 栏,选择 Descriptive statistics 和 Homogeneity tests,如图 15.25 所示. 单击 Continue 回到主对话框.

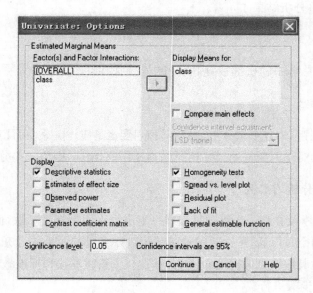

图 15.25　两因素协方差分析 Options 子对话框

单击 Model 按钮进入子对话框,如图 15.26 所示. 在 Specify Model 栏,选择 Custom 为自定义模型,选择教学方法(class)和摸底成绩(before)分别移入 Model

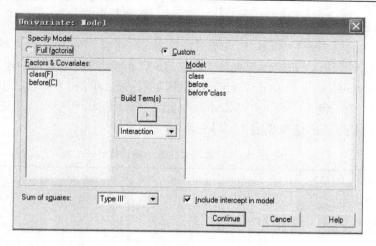

图 15.26 两因素协方差分析 Model 子对话框

框.选择 Built Terms 下拉框的 Interaction,同时选中教学方法(class)和摸底成绩(before)移入 Model 框.

依次单击 Continue 和 OK,运行程序,部分输出结果见表 15.32.

表 15.32 期末成绩的两因素协方差分析结果

Source	Type III Sum of Squares	df	Mean Square	F	Sig.
Corrected Model	2764.872[a]	3	921.624	13.481	0.000
Intercept	10155.687	1	10155.687	148.550	0.000
class	67.542	1	67.542	0.988	0.323
before	1069.407	1	1069.407	15.643	0.000
class * before	16.641	1	16.641	0.243	0.623
Error	6221.249	91	68.365		
Total	434637.500	95			
Corrected Total	8986.121	94			

a. R Squared=0.308(Adjusted R Squared=0.285).

协方差分析中检验斜率同质性的方法是考察自变量与协变量之间是否存在显著的交互作用,如果交互作用显著,说明不满足斜率同质性假设,这时进行协方差分析没有意义.

从表 15.32 可以看出,摸底成绩与教学方法之间交互作用不显著($F=0.243$,$p=0.623>0.05$),表示可以进行协方差分析.

(2) 具体操作

按 Analyze→General Linear Model→Univariate 的顺序,打开主对话框,如图 15.24所示.将期末成绩[after]移入 Dependent Variable 框,将教学方法[class]移

入 Fixed Factor(s)框,将摸底成绩[before]移入协变量框 Covariate(s).

单击主对话框中的 Options 进入子对话框,如图 15.25 所示. 从源变量框中选择教学方法[class],移入 Display Means for 栏. 在 Display 栏,选择 Descriptive statistics 和 Homogeneity tests,单击 Continue 回到主对话框. 单击 Model 按钮,进入子对话框,如图 15.26 所示. 在 Specify Model 栏,选择 Full Factorial. 依次单击 Continue 和 OK,运行程序,输出结果见表 15.33~表 15.35.

表 15.33   期末考试成绩的描述统计

教学方法	Mean	Std. Deviation	N
标准教学法	62.6196	8.14943	46
创新教学法	70.9898	9.50356	49
Total	66.9368	9.77737	95

表 15.33 给出了有关自变量(教学方法)不同水平的描述统计结果.

表 15.34   单因素协方差分析检验结果

Source	Type III Sum of Squares	df	Mean Square	F	Sig.
Corrected Model	2748.231[a]	2	1374.115	20.266	0.000
Intercept	10584.208	1	10584.208	156.102	0.000
before	1085.947	1	1085.947	16.016	0.000
class	316.273	1	316.273	4.665	0.033
Error	6237.890	92	67.803		
Total	434637.500	95			
Corrected Total	8986.121	94			

a. R Squared=0.306(Adjusted R Squared=0.291).

表 15.34 给出了协方差分析结果,例 15.4 要考察的问题是不同教学方法(标准方法、新方法)对因变量(期末成绩)的提高是否存在显著差异. 分析结果显示,当控制了协变量(摸底成绩)时,自变量的效应显著($F=4.665, p=0.033<0.05$),表明两种教学方法的效果之间存在差异. 如果自变量有三个或三个以上水平,且检验显示不同水平间存在显著差异时,还要进行事后多重比较. 本例中,自变量只有两种水平,所以不需进行两两比较了.

表 15.35   两组的修正均数及其差别的假设检验

教学方法	Mean	Std. Error	95%Confidence Interval	
			Lower Bound	Upper Bound
标准教学法	64.735[a]	1.324	62.105	67.365
创新教学法	69.004[a]	1.277	66.469	71.540

a. Covariates appearing in the model are evaluated at the following values:摸底成绩=57.9158.

表 15.35 进一步给出了根据协变量调整后的自变量均值及区间估计结果. 通常情况下, 调整后与调整前的均值(表 15.33)存在一定差异.

本 章 总 结

一、主要结论

1. 方差分析是检验多个总体均数间差异是否具有统计意义的一种方法, 其基本原理是认为不同处理组的均值间的差异基本来源有两个: 组内差异与组间差异.

2. 方差分析中的常见术语有因素与处理、水平、单元、主效应、简单效应、交互效应、均值比较、单元值、边际均值, 等等.

3. 方差分析的假设条件主要有三个: 一是独立性, 各样本是相互独立的; 二是正态性, 各样本分别来自正态分布的总体; 三是方差齐性, 要求各单元格的变异程度相同.

4. 单元格内无重复数据的方差分析, 不需要考虑正态性与方差齐性, 因为每个单元格内只有一个数据, 无法进行检验.

5. 有重复数据的两(多)因素方差分析, 可直接考察因变量的分布情况. 如果数据分布不是明显偏态, 而且无极端值, 就可以认为满足正态性条件. 两(多)因素方差分析一般不考虑方差齐性问题. 也有学者指出, 对数据进行正态性检验时, 几乎所有的数据都会拒绝正态分布的假设, 进行统计计算时只要数据接近正态分布就可以了.

6. 有重复数据的两(多)因素方差分析, 每个单元格数据至少在 3 个以上时才能输出偏度(skewness)系数, 才能进行方差齐性检验; 至少在 4 个以上时才能输出峰度(kurtosis)系数. 偏度和峰度系数是考察数据正态性的两个指标.

7. 单因素方差分析(One-way ANOVA)考察单一自变量对单一因变量的变化关系, 它检验的是因变量在单一自变量上的组间差异. 如果分析结果显示各组间差异显著, 则需要进行多重比较检验.

8. 在单因素方差分析中, 必须先进行正态性和方差齐性检验. 如果不能保证正态分布, 则每组样本量不少于 15 人. 各组间样本量相差不太大时, 方差轻微不齐只会对方差分析的结果有少许影响. 一般最大与最小方差之比小于 3 时, 方差分析的结果是稳定的.

9. 两因素方差分析(UNIANOVA)是对一个独立变量是否受两个因素或变量影响而进行的方差分析, 以检验不同水平组合之间的因变量均数由于受不同因素的影响而是否具有显著差异的问题. 该过程可以分析每个因素的主效应, 各因素间的交互效应, 还可以进行协方差分析, 以及各因素与协变量之间的交互作用.

10. 协方差分析是指利用线性回归方法消除混杂因素的影响后进行的方差分析, 它先从因变量的总偏差平方和中去掉协变量对因变量的回归平方和, 再对残差平方和进行分解, 进行方差分析. 自变量是分类变量, 而且相互独立. 协变量一般为连续变量, 而且协变量与因变量存在一定的相关关系, 即彼此不独立.

二、知识结构图

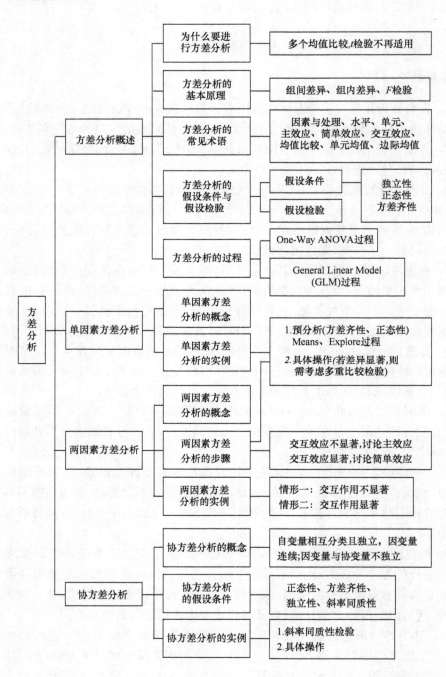

习　　题

15.1 从不同科目教师担任班主任的四个班级中,分别随机抽取 10 名学生,记录其测验成绩,数据见表 15.36. 在数据中定义变量(group)表示四个不同的组,变量(math)表示这些学生的数学成绩. 试推断在 0.05 显著性水平下,在不同班主任的班级中数学成绩是否有显著差异.

表 15.36　四个组学生成绩的调查结果

第一组	成绩	第二组	成绩	第三组	成绩	第四组	成绩
1	106	2	72	3	60	4	96
1	82	2	102	3	94	4	40
1	115	2	73	3	103	4	88
1	130	2	97	3	80	4	74
1	81	2	61	3	106	4	92
1	103	2	71	3	64	4	105
1	106	2	98	3	75	4	83
1	114	2	112	3	59	4	50
1	85	2	90	3	87	4	84
1	109	2	113	3	60	4	68
1	91	2	75	3	84	4	51
1	71	2	54	3	84	4	74
1	65	2	65	3	69	4	80
1	91	2	68	3	62	4	68
1	71	2	48	3	63	4	97

15.2 为了提高一种橡胶的强度,考虑三种不同的促进剂(因素 A)、四种不同份量的氧化锌(因素 B)对强度的影响,对配方的每种组合重复试验两次,总共试验了 24 次,得到结果见表 15.37. 试分析两个因素的主效应及其交互效应.

表 15.37　橡胶强度配方的试验数据

A:促进剂	B:氧化锌			
	1	2	3	4
1	31,33	34,36	35,36	39,38
2	33,34	36,37	37,39	38,41
3	35,37	37,38	39,40	42,44

15.3 某研究者想研究 3 种不同活动教学法对学生数学学习的影响,从一个班级中随机抽取 15 名学生参与这 3 种实验教学,学期结束后进行测验,以进一步了解哪种活动教学法对学生教学

最为有效.实验处理前后 3 种不同组别的受试者前后测得成绩见表 15.38.

表 15.38　实验前后 3 种不同组别的受试者成绩

组别	前测成绩	后测成绩
教学法一	85,70,78,82,90	78,70,80,78,85
教学法二	70,75,95,80,88	80,82,95,82,90
教学法三	79,68,65,85,86	82,75,70,80,88

　　15.4　某一研究者想了解学生性别和年级是否在学习焦虑上有显著的交互作用,从大学一、二、三年级中各随机抽取 10 名学生进行学习焦虑量表测验,表 15.39 为 30 名大学生在学习焦虑量表上的得分情况(男性为 0,女性为 1).

表 15.39　30 名大学生在学习焦虑量表上的得分

性别	大学一年级	大学二年级	大学三年级
0	6	15	13
0	6	11	12
0	10	12	10
0	8	14	12
0	9	13	10
1	16	12	20
1	18	9	26
1	20	8	24
1	12	10	18
1	15	12	22

第 16 章 非参数检验与卡方检验

本章概览

本章要解决的核心问题是如何利用 SPSS 进行分类变量的统计分析. 为了解决这个问题,在了解非参数检验的意义及其基本概念基础上,介绍了有序分类变量的三种非参数检验方法,分别是两个独立样本的非参数检验、多个独立样本的非参数检验和秩变换分析方法. 在了解卡方检验的基本原理及其计算方法与意义基础上,介绍了无序分类变量的两种卡方检验方法,分别是样本率与已知总体率的比较、两(多)个率或构成比的比较.

学完本章之后,我们将能够运用 SPSS 和对符合上述模型的数据进行统计分析.

16.1 非参数检验

16.1.1 非参数检验的意义

通过前面章节的学习,大家已经懂得如果想检验两个正态总体是否具有相同的均值,做一个 t 检验就可以了,而如果要想知道三个或三个以上正态总体是否具有相同的均值参数,则需要用到方差分析,这是两种典型的参数统计方法. 参数统计方法往往假设统计总体的分布形态是已知的,然而在更多场合,常常由于缺乏足够信息,无法合理地假设一个总体具有某种分布形式,这时就不能使用相应的参数检验方法了.

　　非参数检验方法能帮助解决上述问题,该方法主要用于那些总体分布不能用有限个实参数来刻画,或者不考虑被研究对象为何种分布以及分布是否已知的情形,其对总体分布几乎没有什么假定,只是有时对分布的形状做一些如连续、对等的假设.

　　非参数检验方法的着眼点不是有关总体参数的比较,其推断方法与总体分布无关(distribution-free),其进行的并非是参数间的比较,而是分布位置、分布形状之间的比较,研究目标总体与理论总体的分布是否相同,或者各样本所在总体的分布位置是否相同等,不受总体分布的假定限制,适用范围广.

　　需要注意的是,非参数检验指的是其推断过程和结论与原总体参数无关,并非说在推断过程中什么分布参数都不用. 事实上,秩分析方法就用到了秩分布的参数. 非参数检验可以用来对有序分类变量进行统计分析.

　　和参数检验相比,非参数检验的优势如下.

　　在稳健性方面:对总体分布的约束条件大大放宽,对个别偏离较大的数据的敏感度有所降低,更加贴近研究中的实际情况.

　　在数据方面:对数据的测量尺度无约束,对数据的要求也不严格,什么数据类型都可以做.

　　在样本方面:适用于小样本、无分布样本、数据污染样本、混杂样本等数据.

16.1.2　非参数检验的基本概念

　　1. 数据预处理

　　当手中有了数据,首先要对它们进行充分、直观的了解,直方图、茎叶图、箱图、Q—Q 图等可以帮助对数据的分布形状进行探索,避免因对数据性质缺乏了解而盲目使用不合理甚至错误的统计方法,所以数据的预处理很重要.

　　2. 顺序统计量

　　非参数统计方法并不假定总体分布,往往把观测值的顺序及其性质作为研究对象,只利用大小关系而不利用具体的数值信息. 对于样本数据 $X_1, X_2, \cdots, X_n$,如果按升幂排列,则有

$$X_{(1)} \leqslant X_{(2)} \leqslant \cdots \leqslant X_{(i)} \leqslant \cdots \leqslant X_{(n)} \tag{16.1}$$

以上次序就是顺序统计量,其中第 i 个顺序统计量为 $X_{(i)}$,对它的性质的研究构成了非参数统计的理论基础之一.

　　3. 秩及秩统计量

　　对于样本 $X_1, X_2, \cdots, X_n$,按从小到大排成一列,若 X_i 在这一列中占据第 R_i 位,则

称 X_i 的秩为 R_i, $R_i = \sum_{j=1}^{n} I(X_j \leqslant X_i)$, 即小于或等于 X_i 的样本点的个数, 称 $R = (R_1, R_2, \cdots, R_n)$ 是原样本的秩统计量.

4. 结和结统计量

在许多情况下, 数据中会出现相同值, 如果排秩就会出现同秩现象, 就像考试中的并列第 5、并列第 7, 这种情况被称为数据中的结(Ties). 结中数据的秩是它们按大小顺序排列后所处位置的平均值. 结统计量用 τ_i 表示, 为第 i 个结中的观测值. 例如, 原数据 2, 2, 5, 7, 7, 7, 10, 该序列一共有两个结: $\tau_1 = 2$, $\tau_2 = 3$. 原数据从小到大排列对应的位置为 1, 2, 3, 4, 5, 6, 7, 因此, 原数据中 2 的秩为对应位置 1 和 2 的均值 1.5, 同样 7 的秩为 4, 5, 6 的均值 5, 相应数据的秩分别为 1.5, 1.5, 3, 5, 5, 5, 6.

对结的修正与否会直接影响到统计检验的结果, 但 SPSS 自动帮助研究者完成这一任务. 非参数检验方法实在是太多了, 在此选择一些较为常见的方法跟大家介绍.

16.1.3　两个独立样本的非参数检验

1. Mann-Whitney U 检验概述

Mann-Whitney U 检验是由 Mann 和 Whitney 在秩和基础上发展起来的, 用来检验两个独立样本是否取自同一总体的一种常用方法.

设有 $X_1, X_2, \cdots, X_n$ 和 $Y_1, Y_2, \cdots, Y_n$ 两个总体具有连续分布, 其中, 原假设 H_0: 两总体分布的中心位置相同; 备择假设 H_1: 两总体分布的中心位置不相同.

将 m 个 x, n 个 y 数据混合排序, 计算出每个数值在混合样本中的所在位置次序, 即等级或秩 R. 在有结的情况下, 每个结得到平均秩. 分别计算出样本 X 和 Y 的秩和, 即令 $W_X = \sum_{i=1}^{m} R_i$, $W_Y = \sum_{j=1}^{n} R_j$. 显然, 如果这两个总体分布的中心位置相同, 则两个样本中各数据的秩次都应当围绕平均秩次 $(N+1)/2$ 均匀分布, 样本 X 的秩和应当接近于 $m(N+1)/2$, Y 的秩和接近 $n(N+1)/2$. 如果和该理论值差别较大, 则可推断两样本所在总体的中心位置是有差异的.

构造每个样本的 U 统计量为

$$U_{XY} = mn + m(m+1)/2 - \sum_{i=1}^{m} R_i, \quad U_{YX} = mn + n(n+1)/2 - \sum_{j=1}^{n} R_j \qquad (16.2)$$

其中, U_{XY} 表示 Y 的观测值大于 X 的观测值个数, 且有 $mn = U_{XY} + U_{YX}$, $m + n = N$, 则式(16.2)可简化为

$$U_{XY} = W_Y - n(n+1)/2, \quad U_{YX} = W_X - m(m+1)/2 \qquad (16.3)$$

当 m, n 均大于 10 时, U 近似服从正态分布, 进一步计算标准正态分布的统计

量为

$$Z = \frac{U - u}{\sigma} = \frac{U - mn/2}{\sqrt{mn(m+n+1)/2}} \tag{16.4}$$

在 X, Y 的样本有相同均值,即混合样本有结时,可用结统计量对 Z 值进行修正,由于公式复杂,这里不再给出. 在 SPSS 中对结的修正是自动进行的,因而不需对此特别关注.

除了 Mann-Whitney U 检验,Wilcoxon 秩和检验更为常见,这两种方法是独立提出的,但仅仅是统计量的构造不同,其原理和检验结果完全等价,这里不再单独解释,SPSS 在分析时同时给出这两种统计量.

2. 分析实例

例 16.1　从 100 名小学生中随机抽取 20 名学生,其小学毕业会考的语文成绩与初中入学时的语文考试成绩,见数据 data16-01,试推断这 100 名小学生的毕业会考的语文成绩与初中入学时的语文考试成绩是否有显著差异.

解　按 Analyze→Nonparametric Tests→2 Independent Samples 顺序打开主对话框,如图 16.1 所示,变量的操作过程与两独立样本 t 检验完全相同,不再重复解释. 运行程序,相应结果见表 16.1 和表 16.2.

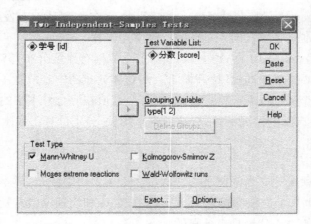

图 16.1　两独立样本非参数检验主对话框

表 16.1　秩的描述统计

	考试类型	N	Mean Rank	Sum of Ranks
分数	毕业会考	10	11.45	114.50
	入学考试	10	9.55	95.50
	Total	20		

表 16.2　两独立样本非参数检验[b]

	分数
Mann-Whitney U	40.500
Wilcoxon W	95.500
Z	-0.719
Asymp. Sig(2-tailed)	0.472
Exact Sig. [2 * (1-tailed Sig.)]	0.481[a]

a. Not corrected for ties.

b. Grouping Variable：考试类型.

表 16.1 给出了两种考试分数的平均秩次、秩和等统计量,但它们之间的差异究竟有无统计意义呢?

表 16.2 给出了检验结果,包括 Mann-Whitney U 统计量、Wilcoxon W 统计量和 Z 值(即常用的 u 值),近似和精确概率分别为 0.472 和 0.481,都大于 0.05,可见这 100 名小学生的毕业语文考试分数与其初中入学语文考试分数没有显著差异.

在 SPSS 的非参数检验菜单中,2 Independent Samples 还提供了其他 3 种对两个独立样本进行非参数检验的统计量,这里不再详述.

16.1.4　多个独立样本的非参数检验

1. Kruskal-Wallis H 检验概述

多样本问题主要涉及如何检验几种不同的因素或处理所产生的结果是否有显著差异.用方差分析来比较多个组别的均值是否有显著差异时,数据需满足一定的假设条件.然而,这些条件实际上常常得不到满足,这时 F 检验就受到了限制.也就是说,当把差异显著性检验从两个独立总体推广到多个独立总体时,参数检验的方法为方差分析.但是,如果方差分析的假设条件得不到满足时,就要用到非参数检验的方法了.

Kruskal 和 Wallis 设计了一种类似于 Wilcoxon 秩和检验的方法,来解决多个独立随机连续分布样本的比较问题.Kruskal-Wallis H 检验可以看成两样本 Wilcoxon 秩和检验的推广:将数据转化为秩统计量,因为秩统计量的分布与总体分布无关,可以摆脱总体分布的束缚.具体来说,就是把大小为 $n_1, n_2, \cdots, n_k$ 的样本混合起来成为一个单样本,将数据按大小顺序排秩,每一个观测值在新样本中都有自己的秩.如果有相同数据,就取秩的平均值.记观测值 x_{ij} 的秩为 R_{ij},对每一个样本观测值的秩求秩和 R_i,再找到它们在每组中的平均值 $\overline{R}_i = R_i/n$,这里的检验假设仍然针对分布的中心位置,原假设 $H_0: m_1 = m_2 = \cdots = m_k$;备择假设 H_1:至少有一个 m_j 不同.如果原假设为真,则秩应在 k 个样本之间均匀分布,即多样本的实际秩和与期望秩和的偏差应很小,K-W 检验便建立在这一基础上.若这些 R_i 相差太大,就可以怀疑原假设.

K-W 检验构造的统计量为

$$H = \frac{12}{N(N+1)} \sum_{i=1}^{k} n_i \, (\overline{R}_i - \overline{R})^2 = \frac{12}{N(N+1)} \sum_{i=1}^{k} \frac{R_i^2}{n_i} - 3(N+1) \quad (16.5)$$

其中 $N = \sum_{i=1}^{k} n_i$，$R = \sum_{i=1}^{k} \frac{R_i}{N} = \frac{N+1}{2}$，$R_i$ 是样本 i 的秩和，k 是总体个数，N 是所有样本个体总数，n_i 是样本 i 的个体数（样本大小可以不同）.

可以验证 Mann-Whitney 统计量就是 Kruskal-Wallis 统计量 H 在两样本时的特例. 在存在结时，检验统计量 H 同样可修正为

$$H_c = \frac{H}{1 - \sum_{i=1}^{g} (\tau_i^3 - \tau_i)/(N^3 - N)} \quad (16.6)$$

在大样本条件下，当 $\min(n_1, n_2, \cdots, n_k) \to \infty$ 时，在 H_0 下，H 近似服从 $\chi^2(k-1)$ 分布.

2. 分析实例

例 16.2 某市教育局从 3 所不同大学共招聘了 21 名毕业生来该市中小学担任教师，3 所不同的大学可看作 3 个独立样本. 试用半年后，人事科对他们的综合能力进行考核，并评出了这些新教师的表现成绩见表 16.3，SPSS 数据见 data16-02. 人事科想就此评价新教师的综合能力在这 3 所大学之间是否存在显著差异.

表 16.3   三所大学毕业生的综合表现评分

大学 A	35	25	10	40	75	60		
大学 B	60	85	35	80	90	95	80	95
大学 C	80	40	65	80	90	30	85	

解 按 Analyze→Nonparametric Tests→k Independent Samples 顺序打开主对话框，如图 16.2 所示，操作界面非常简单. 单击 OK，运行程序，结果见表 16.4 和表 16.5.

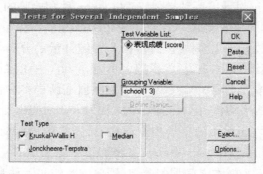

图 16.2   多个独立样本非参数检验主对话框

表 16.4 各样本秩的描述统计

	毕业学校	N	Mean Rank
表现成绩	A 大学	6	5.58
	B 大学	8	14.50
	C 大学	7	11.64
	Total	21	

表 16.5 Kruskal-Wallis 检验结果[a,b]

	表现成绩
Chi-Square	7.269
df	2
Asymp. Sig.	0.026

a. Kruskal Wallis Test.

b. Grouping Variable：毕业学校.

Kruskal-Wallis H 检验分别给出了从 3 所大学招聘的毕业生人数及其综合能力表现的平均秩. 表 16.5 中 H 统计量的近似显著性概率 $p=0.026<0.05$，表明毕业于不同大学的毕业生的综合能力有显著差异.

在上述多组比较中，只能判断它们是否存在差异，但究竟哪两组之间存在差异，需要进行多重比较. 但是，SPSS,SAS 等软件都没有提供多重比较的功能包，这时可采用以下两种对策.

（1）当样本量较小时，直接使用两组比较的方法进行两组间的非参数检验.

（2）当样本量较大时，可采用秩变换分析，操作方便，结论也更加准确. 秩变换分析方法在后面再详述.

此外，SPSS 还提供了两种可以对多个独立样本进行非参数检验的方法，如图 16.2所示. 但是，Median 中位数检验效率不高，而 Jonckheere-Terpstra 检验对 K 个总体有自然先天排序（升序或降序）时非常有效，这里均不再详述.

16.1.5 秩变换分析方法

秩变换分析是一种通用的非参数分析方法，就是先求出原变量的秩次，然后使用求出的秩次变量代替原变量进行参数分析. 当数据的正态性和方差齐性等特征不符合已知模型的要求且样本量较大时，可以考虑用秩分析方法. 当样本量较大时，秩变换分析的结果和相应的参数检验方法基本一致，但该方法可以充分利用已知的参数检验方法，如多样本的两两比较、多元回归等，从而大大扩展了非参数检验方法的范围.

SPSS 中的 Rank 过程可以用来求出秩次，该过程默认得到从 $1\sim n$ 均匀分布的秩次. 研究者也可以自行指定生成正态分布的秩次，但秩分析中样本量通常都较大，这样做基本不影响分析结果.

例 **16.3**　某学校高中二年级学生一共 14 个班,其中 4 个创新班、4 个实验班和 8 个普通班.用分层取样随机抽取 2 个创新班、2 个实验班和 4 个普通班,其期末考试化学成绩见数据 data16-03,试判断创新班、实验班和普通班之间的化学成绩是否有显著差异.

解　这是单因素三水平的均值比较问题,可以考虑单因素方差分析.

先用 Means 过程得到成绩在班别水平上的描述性统计,见表 16.6.可以得出,最大与最小标准差之比约为 1.69(11.817/6.992),则最大与最小方差之比约为 2.86<3,显示方差可能是齐的.

表 16.6　成绩在班别各水平的描述统计

班别	Mean	N	Std. Deviation
创新班	67.58	227	11.817
实验班	69.97	109	11.774
普通班	81.66	113	6.992
Total	71.71	449	12.265

再用 Explore 过程却发现,成绩(score)的正态性和方差齐性实际上都不能被满足,见表 16.7 和表 16.8.读者可以验证,用常见的几种数据变换,如对数变换、平方根变换、平方变换和倒数变换等,都不能使正态性和方差齐性得到改善.

表 16.7　成绩在班别水平的正态性检验

	班级	Kolmogorov-Smirnov[a]			Shapiro-Wilk		
		Statistic	df	Sig.	Statistic	df	Sig.
成绩	创新班	0.065	227	0.020	0.978	227	0.001
	实验班	0.134	109	0.000	0.960	109	0.002
	普通班	0.147	113	0.000	0.910	113	0.000

a. Lilliefors Significance Correction.

表 16.8　成绩在班别水平的方差齐性检验

		Levene Statistic	df1	df2	Sig.
成绩	Based on Mean	20.222	2	446	0.000
	Based on Median	18.217	2	446	0.000
	Based on Median and with adjusted df	18.217	2	416.293	0.000
	Based on trimmed mean	20.309	2	446	0.000

　　成绩的正态性检验还可以用图形来初步观察,在非参数检验中被称为数据的预处理.例 16.3 中绘制成绩按班别的三维分布直方图,具体的操作过程为:按 Graphs →Interactive→Histogram 顺序,打开 Create Histogram 对话框,选择指定变量选项卡 Assign Variables,并单击右上角的图形类型按钮,展开图形类型下拉菜单选项,如图 16.3 所示.

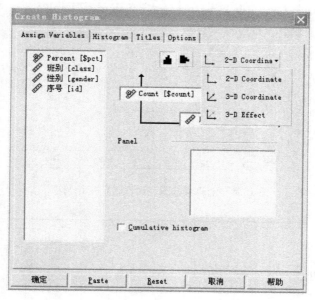

图 16.3　创建直方图对话框指定直方图类型

　　这里选择图形类型为 3-D Coordinate.从源变量框中选择要被描述的变量进入坐标轴框内,一般 x 轴(水平横轴)为分类变量,y 轴(水平纵轴)为连续变量,如图 16.4 所示.单击确定按钮,输出如图 16.5 所示的三维直方图.

　　从图 16.5 中可以看出,三种不同班别的化学成绩的正态分布特征并不理想.例 16.3 中,如果忽略单因素方差分析的正态性与方差齐性的假设条件,则得到的输出结果见表 16.9 和表 16.10.

表 16.9　单因素方差分析的结果

	Sum of Squares	df	Mean Square	F	Sig.
Between Groups	15393.813	2	7696.906	66.011	0.000
Within Groups	52003.381	446	116.600		
Total	67397.194	448			

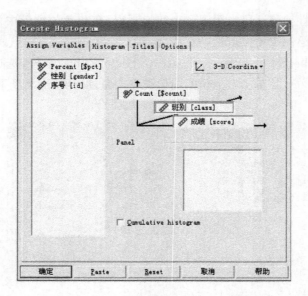

图 16.4 创建直方图对话框指定变量选项

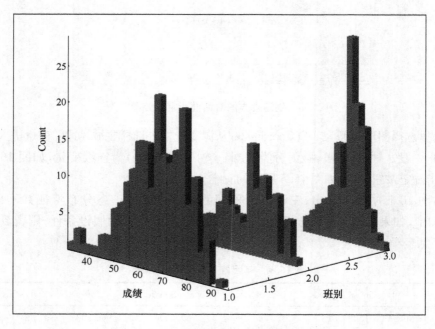

图 16.5 三种不同班别的成绩分布直方图

表 16.10　单因素方差分析成绩的多重比较结果

(I)班别	(J)班别	Mean Difference (I-J)	Std. Error	Sig.	95%Confidence Interval	
					Lower Bound	Upper Bound
创新班	实验班	−2.391	1.258	0.058	−4.86	0.08
	普通班	−14.082*	1.243	0.000	−16.53	−11.64
实验班	创新班	2.391	1.258	0.058	−0.08	4.86
	普通班	−11.691*	1.450	0.000	14.54	8.84
普通班	创新班	14.082*	1.243	0.000	11.64	16.53
	实验班	11.691*	1.450	0.000	8.84	14.54

　　* 表示 $p < 0.05$. 后同.

　　可以看出：化学成绩在班别水平上有显著差异（$F = 66.011, p < 0.05$）. 用 LSD 法事后多重比较检验显示，创新班与普通班、实验班与普通班之间的化学成绩有显著差异，因为它们对应 F 统计量的显著性概率都小于 0.05，而创新班与实验班（$p = 0.58 > 0.05$）之间的化学成绩无显著差异.

　　然而，在违背正态性和方差齐性条件下的单因素方差分析结果，我们还是心存疑虑，即使这种违背程度被认为是轻微的. 由于例 16.3 中样本量较大，有 400 多例，可以考虑用非参数检验方法中的秩变换分析法，具体操作分两步.

　　第一步：求成绩的秩次.

　　按 Transform→Rank Cases 进入主对话框，从源变量框中选择因变量成绩 ［score］进入 Variable(s)框，其余保持默认设置，如图 16.6 所示.

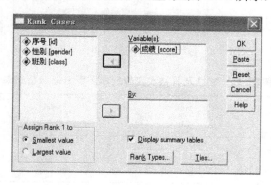

图 16.6　Rank Cases 秩次主对话框

　　单击 OK，从图 16.7 中可以看到，在原数据集的右边增加了一个新变量(Rscore).

　　第二步：单因素方差分析.

　　在求出原变量成绩(score)的秩次以后，就可以用新变量秩次(Rscore)来替代原变量成绩(score)进行单因素方差分析(One-Way ANOVA)，变量设置如图 16.8 所

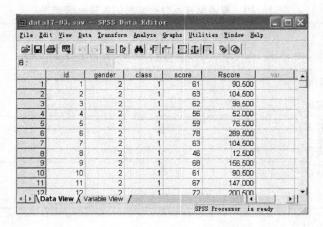

图 16.7 求出秩次后的化学成绩数据集

示. SPSS 将对这两个变量分别进行分析,而且方差分析与多重比较的结果在同一表中输出,对成绩在进行秩变换之前、后的分析结果进行对比. 运行程序,结果见表 16.11和表 16.12.

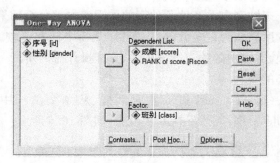

图 16.8 成绩和秩次变量的单因素对话框

表 16.11 成绩及其秩次变量的单因素方差分析结果

		Sum of Squares	df	Mean Square	F	Sig.
成绩	Between Groups	15393.813	2	7696.906	66.011	0.000
	Within Groups	52003.381	446	116.600		
	Total	67397.194	448			
RANK of score	Between Groups	2068183.84	2	1034092	84.330	0.000
	Within Groups	5469059.16	446	12262.464		
	Total	7537243.00	448			

表 16.12　单因素方差分析成绩及其秩次的多重比较结果

Dependent Variable	(I)班别	(J)班别	Mean Difference(I-J)	Std. Error	Sig.	95%Confidence Interval	
						Lower Bound	Upper Bound
成绩	创新班	实验班	−2.391	1.258	0.058	−4.86	0.08
		普通班	−14.082*	1.243	0.000	−16.53	−11.64
	实验班	创新班	2.391	1.258	0.058	−0.08	4.86
		普通班	−11.691*	1.450	0.000	−14.54	−8.84
	普通班	创新班	14.082*	1.243	0.000	11.64	16.53
		实验班	11.691*	1.450	0.000	8.84	14.54
RANK of score	创新班	实验班	−25.749081*	12.904237	0.047	−51.10974	−0.38842
		普通班	−162.886086*	12.749002	0.000	−187.94166	−137.83051
	实验班	创新班	25.749081*	12.904237	0.047	0.38842	51.10974
		普通班	−137.137006*	14.866642	0.000	−166.35438	−107.91963
	普通班	创新班	162.886086*	12.749002	0.000	137.83051	187.94166
		实验班	137.137006*	14.866642	0.000	107.91963	166.35438

从表 16.10 和表 16.12 中可以看出:用单因素方差分析,结果显示创新班与实验班的化学成绩没有显著性差异($p=0.058>0.05$).用秩变换分析法,对成绩进行秩变换后再进行单因素方差分析,结果却显示创新班与实验班之间有显著性差异($p=0.047<0.05$).

在单因素方差分析关于方差齐性检验时,曾有这样的经验:一般来说,如果因变量在自变量各水平上的最大方差与最小方差之比小于 3,则可认为方差是齐性的.然而,经验有时不一定可靠!例 16.3 就是一个很好的证明.虽然最大与最小方差之比为 2.86<3,对原变量采用单因素方差分析,其结果与采用秩变换分析的结果是不完全相同的.因此,在进行数据分析之前,研究者只有充分探索数据的分布形状等特性,才能选择合理的统计分析方法,提高统计结论的合理性与科学性.

16.2　卡方检验

16.2.1　卡方检验的原理

变量可分为连续变量与分类变量两大类,后者又可以分为有序、无序变量两种.对于各组所在的总体为定量变量平均水平的比较,可以考虑 t 检验和方差分析.对于各组所在总体有序分类变量的分布情况的比较,可以考虑以秩和检验为基础的非参数检验.现在将介绍的卡方(χ^2)检验则用于检验某个分类变量各类的出现概率是否等于指定概率,以及用于检验无序分类变量各水平在两组或多组间的分布是否一致.

卡方检验是以卡方分布为基础的一种常用假设检验方法,主要用于分类变量,根据样本数据推断总体的分布与期望(理论)分布是否有显著差异,或推断两个分类变量是否相互关联或相互独立,其原假设是 H_0:观测频数与期望频数没有差别;备择

假设是 H_1：观测频数与期望频数有差别.

卡方检验的主要思想是：首先假设 H_0 成立，在此前提下计算出卡方值，它表示观测值与期望值之间的偏离程度. 根据卡方分布、卡方统计量以及自由度，可以确定在 H_0 假设成立下获得的当前统计量及其相伴概率 p. 如果 p 值很小，说明观测值与期望值偏离太大，应当拒绝原假设，表示比较资料之间有显著差异，否则不能拒绝原假设，即不能认为实际情况与理论假设有差别.

16.2.2　卡方值的计算与意义

卡方值表示观测值与理论值之间的偏离程度，那么如何来计算这种偏离程度呢？英国统计学家皮尔逊在 1900 年首次提出了卡方（χ^2）统计量，其计算公式为

$$\chi^2 = \sum \frac{(A-E)^2}{E} = \sum_{i=1}^{k} \frac{(A_i - E_i)^2}{E_i} = \sum_{i=1}^{k} \frac{(A_i - np_i)^2}{np_i} \quad (i = 1, 2, \cdots, k)$$

(16.7)

其中，A 表示某个类别的观测频数，E 表示基于 H_0 假设条件下计算出来的期望频数，称 A 与 E 的差为残差，它表示某个类别的观测值与理论值的偏离程度. A_i 为 i 水平的观测频数，E_i 为 i 水平的期望频数，n 为总频数，p_i 为 i 水平的期望频率. 当 n 比较大时，卡方统计量近似服从 $k-1$ 个自由度的 χ^2 分布.

从式（16.7）可见，当观测频数与期望频数完全一致时，卡方值为 0. 当观测频数与期望频数越接近时，两者的差异就越小，卡方值就越小；反之，当观测频数与期望频数差别越大时，两者的差异就越大，卡方值就越大. 换句话说，大的卡方值表示观测频数远离期望频数，即表示远离原假设；小的卡方值表示观测频数接近期望频数，即表示接近原假设. 因此，卡方值是观测频数与期望频数之间的一种度量指标，也是原假设是否成立的度量指标. 如果卡方值大，就倾向于拒绝原假设；如果卡方值小，就倾向于不拒绝原假设. 但卡方在每个具体研究中究竟要多大时才能拒绝原假设呢？这要借助于卡方分布求出所对应的 p 值来确定.

16.2.3　拟合问题——样本率与已知总体率的比较

1. 问题概述

利用单样本均值比较的 t 检验，可以检验样本所在的总体均值与已知均值是否存在显著差异，这是针对连续变量而言. 如果是分类变量，就不能使用均值比较的 t 检验，而是要用进行率比较的卡方检验.

假设一个总体中的某个变量有 n 个水平. 现在已知有一个样本，该样本中的变量也有 n 个水平，即是一批分类数据. 现在需要用这批分类数据去判断总体各取值水平出现的概率是否与已知概率相符，即该样本是否的确来自已知的总体分布. 这就是本小节所讲的样本率与已知总体率的比较问题，也有人称为拟合问题，在统计学上可以用卡方检验来解决这类问题.

2. 分析实例

例 16.4　小凤和小恒做投掷骰子实验,骰子为六面体,每个面上只有一个点数,点数从 1~6,他们一共做了 50 次实验,结果见表 16.13. 试问这颗骰子是否是均匀的?

表 16.13　掷一颗六面体骰子 50 次的实验观测结果

朝上的点数	1	2	3	4	5	6
出现的次数	6	7	5	7	15	10

解　本例实质上是一个关于均匀分布的检验,可以分成两大步骤.

第一步:数据录入.

有两种方式,分别是数据 data16-04 和 data16-04a. 前者是原始数据的直接录入方式,只有一个变量. 当实验次数大量增加时,数据的录入量随之增大,建议使用 data16-04a 方式录入数据. 但在数据分析之前,要将频数(Frequency)先定义为加权变量,具体过程为打开数据 data16-04a,按 Data-Weight cases 顺序

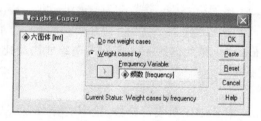

图 16.9　定义加权变量的对话框

打开相应对话框,如图 16.9 所示. 选中 Weight cases by,将频数[frequency]移入右边的空白框. 单击 OK,回到主对话框. 可以看到,数据视图的右下角会出现 Weigh On 字样,表示加权变量定义完成. 经过加权后的变量与用原始数据录入方式的同名变量是等价的.

第二步:具体操作.

当加权变量定义完成后,就可以进行卡方检验. 打开数据 data16-04a,按 Analyze→Nonparametric Tests→Chi-Square 顺序,展开相应对话框,如图 16.10 所示.

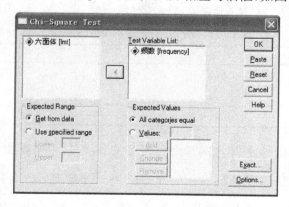

图 16.10　Chi-Square Test 对话框

从源变量框中选择频数[frequency]进入 Test Variable List 对话框. 如果各组中的期望值有不同时,在 Expected Values 栏,选中 Values,再在其后面的空白框中输入期望值. 本例实质上是均匀分布检验,可直接使用系统默认值.

单击 OK,运行程序,结果见表 16.14. 由上到下依次是卡方值、自由度及其显著性水平概率值.

表 16.14 骰子均匀卡方检验结果

	frequency
Chi-Square[a]	8.200
df	4
Asymp. Sig.	0.085

a. 0 cells (0.0%)have expected frequencies less than 5. The minimum expected cell frequency is 10.0.

16.2.4 相关问题——两(多)个率或构成比的比较

1. 问题概述

率又称比率或百分数,比率的分布服从二项分布 $B(n,p)$,当 $np \geqslant 5$ 时近似服从正态分布. 卡方检验可以用来检验两个(或多个)分类变量之间是否有相互关联,所以两(多)个率或构成比的比较问题属于相关性检验问题.

在讲解二分类变量相关问题的卡方检验之前,先来了解一下列联表. 列联表是用于描述和检验分类变量间相关关系的最基础的技术,它实际上是两个变量的联合频数表,每一行是列变量在行变量取值相同时的频数表,而每一列是行变量在列变量取值相同时的频数表.

最简单的列联表包含两个二分变量,变量各水平的组合共有四种情形,故又称为四格表. 一般地,假设分类变量 A 和 B,变量 A 仅有两个水平为 a_1, a_2,变量 B 仅有两个水平为 b_1, b_2,其频数分布表(即 2×2 列联表)见表 16.15.

表 16.15 两个二分变量的 2×2 列联表

A \ B	b_1	b_2	总计
a_1	a	b	$a+b$
a_2	c	d	$c+d$
总计	$a+c$	$b+d$	$a+b+c+d=n$

如果要检验变量 A 和 B 之间是否有相互关系,即是否相互独立,则可以通过频率直观地判断两个条件概率 $P(B=b_1 \mid A=a_1) = \dfrac{a}{a+b}$ 与 $P(B=b_1 \mid A=a_2) = \dfrac{c}{c+d}$ 是否相等. 如果它们相等,则表示变量 A 和 B 之间没有关系;如果它们相差较大,就认为它们有关系.

2. 分析实例

例 16.5 某肿瘤研究所随机调查了 9965 人,数据结果见表 16.16,试推断吸烟是否与患肺癌有关?

表 16.16 吸烟与患肺癌的 2×2 列联表调查数据

	不患肺癌	患肺癌	总计
不吸烟	7775	42	7817
吸烟	2099	49	2148
总计	9874	91	9965

解 在 SPSS 中采用加权变量的方式录入调查数据(data16-05),其格式如图 16.8 所示.

(1) 定义权重变量.

按 Data→Weight Cases 顺序打开主对话框,选中 Weight cases by,再从源变量框中选择频数(Freq)移入 Frequency Variable 下面的空白框内. 单击 OK,在 SPSS 数据视图窗口的右下角出现 Weight On 字样,表示已经将频数(Freq)定义成了权重变量. 由于受到窗口大小的限制,图 16.11 中没有将 Weight On 显示出来.

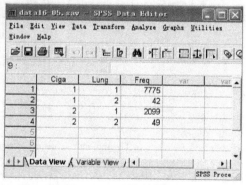

图 16.11 2×2 列联表数据的 SPSS 格式

(2) 列联表分析.

按 Analyze→Descriptive Statistics→Crosstabs 顺序,打开如图 16.12 所示的卡方检验主对话框. 从源变量框中将变量 Ciga 移入行变量 Row(s)框,将变量 Lung 选入列变量 Column(s)框.

单击 Statistics 按钮,在弹出的对话框中选择 Chi-square 复选项,输出结果如图 16.13 所示.

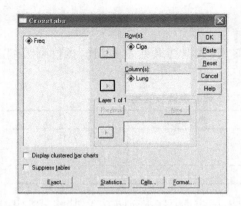

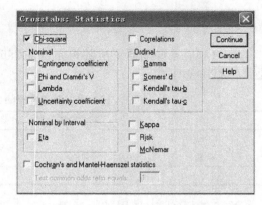

图 16.12　卡方检验主对话框　　　　图 16.13　Crosstabs：Statistics 对话框

在卡方检验结果中，(皮尔逊 χ^2 检验)Pearson chi-square test 是常用的检验方法，其检验假设是行、列变量相互独立，当自由度大于 1，单元格频数大于 5 时，检验效果较好.

表 16.17　皮尔逊 χ^2 检验结果

	Value	df	Asymp. Sig. (2-sided)	Exact Sig. (2-sided)	Exact Sig. (1-sided)
Pearson Chi-Square	56.632[b]	1	0.000		
Continuity Correction[a]	54.721	1	0.000		
Likelihood Ratio	45.684	1	0.000		
Fisher's Exact Test				0.000	0.000
Linear-by-Linear Association	56.626	1	0.000		
N of Valid Cases	9965				

a. Computed only for a 2×2 table;

b. 0 cells(0.0%)have expected count less than 5. The minimum expected count is 19.62.

由表 16.17 可见，皮尔逊 χ^2 统计量值为 56.632，相应的显著性概率 $p < 0.05$. 可以得出结论：吸烟与患肺癌之间存在显著性相关关系.

本 章 总 结

一、主要结论

1. 非参数检验方法主要用于总体分布不能用有限个实参数来刻画，或者不考虑被研究对象为何种分布以及分布是否已知的情形，其对总体分布几乎没有什么假定，只是有时对分布的形状做一些如连续、对等的假设.

2. 非参数检验方法的着眼点不是有关总体参数的比较，其推断方法与总体分布无关，其进行的并非是参数间的比较，而是分布位置、分布形状之间的比较，研究目标总体与理论总体的分布是否相同，或者各样本所在总体的分布位置是否相同等，不受总体分布的假定限制,适用范围广.

　　3. 相比参数检验,非参数检验对总体分布的约束条件大大放宽,更加贴近研究中的实际情况;对数据的测量尺度无约束,什么数据类型都可以做;适用于小样本、无分布样本、数据污染样本、混杂样本等数据.

　　4. 非参数检验中的基本概念有数据的预处理、顺序统计量、秩及秩统计量、结和结统计量等.

　　5. 两个独立样本非参数检验的常用方法有 Mann-Whitney U 检验;多个独立样本非参数检验的常用方法有 Kruskal-Wallis H 检验.

　　6. 秩变换分析是一种通用的非参数分析方法,就是先求出原变量的秩次,然后使用求出的秩次变量代替原变量进行参数分析. 当数据的正态性和方差齐性等特征不符合已知模型的要求且样本量较大时,可以考虑用秩分析方法.

　　7. 卡方检验是以卡方分布为基础的一种常用假设检验方法,主要用于分类变量. 根据样本数据推断总体的分布与期望分布是否有显著差异,或推断两个分类变量是否相互关联或相互独立.

　　8. 介绍了卡方检验的两个应用,一是拟合问题,即样本率与已知总体率的比较;二是相关问题,即两(多)个率与构成比的比较.

二、知识结构图

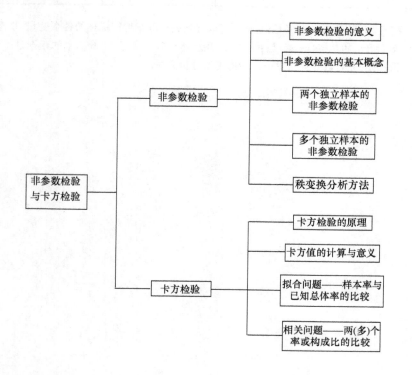

习　题

16.1　研究两所不同大学学生的每月消费支出是否存在显著差异. 随机抽取每校各 10 名学生,调查其消费支出数据见表 16.18.

表 16.18　两所大学各 10 名学生每月支出调查数据

学校编号	1	1	1	1	1	1	1	1	1	1
支出/元	685	698	739	705	651	733	693	709	656	649
学校编号	2	2	2	2	2	2	2	2	2	2
支出/元	657	707	661	695	668	678	631	655	626	639

16.2　四所学校的学生参加数学竞赛,从每所学校随机抽取若干名参赛学生的竞赛成绩见表 16.19. 试分析这四所学校学生的竞赛成绩是否存在显著差异?

表 16.19

学校 1	80	88	87	87	90	88	85			
学校 2	99	91	98	98	99	96	92	98		
学校 3	89	82	81	80	86	86	86	84		
学校 4	76	77	75	78	76	73	71	80	75	80

16.3　打开 SPSS 的自带数据 Cars. sav,可以看到关于汽车特征描述的各个变量,现希望比较不同国家生产的汽车的功率(horse)是否存在显著差异? 提示:由于变量功率的正态性不够理想,可以考虑变量转换(如对数变换),也可以考虑用秩分析方法.

第17章 相关分析与回归分析

本章概览

　　本章要解决的核心问题是如何用 SPSS 进行简单相关分析与一元线性回归分析.为了解决这些问题,在了解相关分析与一元线性回归分析的概念、原理及其意义基础上,学习如何用 SPSS 来实现相关分析与一元线性回归分析的操作过程及其结果分析.

　　学完本章之后,我们将能够用 SPSS 对两变量作简单相关分析与一元线性回归分析.

17.1 相关分析

17.1.1 相关分析概述

　　相关分析是用于分析两个随机变量之间线性相关程度的一种统计方法,而相关系数是描述两个变量之间线性相关关系强弱程度和方向的统计量,常用 r 表示. 在进行相关分析之前,往往先对两个观测变量之间的相关情况进行简单描述,即用散点图初步考察这两个观测变量之间的关系,再进行相关系数的计算与分析,然后根据假设检验的结果,由样本中两个观测变量间的相关性推论到总体中两个变量的相关性.

　　(1) 服从正态分布的两个连续变量的相关程度,采用皮尔逊积差相关系数.

　　(2) 如果数据分布不满足正态分布的条件,应使用斯皮尔曼和肯德尔相关分析法.①对有序数据或不满足正态分布假设的等间隔数据,采用斯皮尔曼相关系数. 它是根据数值的秩而不是根据实际观测值计算的. 也就是说,先对原始变量排秩,然后根据各秩使用斯皮尔曼相关系数公式进行计算. ②对两个有序变量或两个秩变量间相关程度的测度,采用肯德尔相关系数. 它在分析时考虑了结点(秩次相同)的影响.

17.1.2　相关系数的意义

变量之间的相关程度由相关系数来度量,相关系数 r 在 $-1 \sim 1$,其绝对值越接近于 1,表明两变量之间的相关程度越高;绝对值越接近于 0,表明两变量之间的相关程度越低. 相关系数的正负号表明相关方向,即正相关与负相关.

一般来说,两个变量间相关程度的强弱可以分为以下几个等级:当 $|r| \geqslant 0.8$ 时,视为高度相关;当 $0.5 \leqslant |r| < 0.8$ 时,视为中度相关;当 $0.3 \leqslant |r| < 0.5$ 时,视为低度相关;当 $0 < |r| < 0.3$ 时,视为极弱相关,或者视为不相关.

也有学者认为,相关系数达到多少算高相关,通常依据具体的研究问题而定. 例如,在行为科学领域,通常把相关系数 0.1 视为低相关,0.3 视为中等相关,0.5 以上视为高相关.

17.1.3　相关分析的实例

1. 皮尔逊相关系数

例 17.1　随机选取 8 名女大学生并测量其身高和体重,见数据 data17-01,试分析身高和体重之间是否存在线性相关关系.

解　身高(height)和体重(weight)可视为两个连续正态变量,采用皮尔逊积差相关系数.

(1) 散点图.

按 Graphs→Scatter/Dot 顺序,打开 Scatter/Dot 对话框,如图 17.1 所示. 系统提供 5 种类型的散点图,常用的是简单散点图(Simple Scatter),显示一对相关变量的分布趋势.

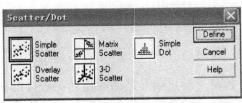

图 17.1　Scatter/Dot(散点图)主对话框

选择 Simple Scatter 并单击 Define 按钮,展开 Simple Scatter plot 对话框,如图 17.2所示. 将体重[weight]作为 Y Axis 变量,将身高[height]作为 X Axis 变量.

单击 Simple Scatter plot 对话框底部的 Titles 按钮,可以对散点图进行标题命名. 本例中命名为"身高与体重关系散点图". 单击 Continue 和 OK,就得到身高与体重的散点图,如图 17.3 所示. 从该图可以看出,体重随着身高的增加而增加,而且这些散点(数据点)分布可能存在直线变化的趋势.

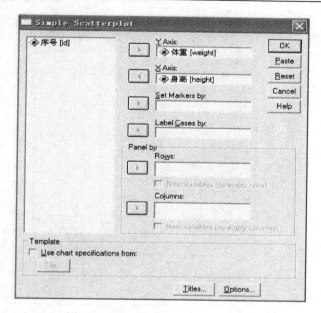

图 17.2　Simple Scatter plot 对话框

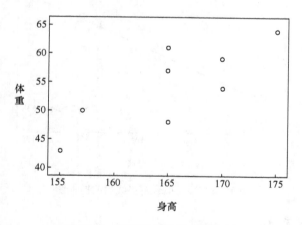

图 17.3　身高与体重关系散点图

　　在结果输出窗口直接双击散点图,也可以完成标题设置. 双击后,弹出图表编辑(Chart Editor)窗口,单击插入标题(Insert a title)快捷按钮,如图 17.4 所示,该快捷按钮在快捷菜单栏中第一行,从左数第 10 个.

　　为了进一步确认两个变量之间的线性变化趋势,可以在散点图中添加拟合直线(Add Fit Line at Total). 添加拟合直线按钮,在如图 17.4 所示的快捷菜单栏中第二行的第 5 个按钮. 添加拟合直线以后,在散点图右下角会显示测定(决定)系数为0.638(R Sq Linear),如图 17.5 所示. 测定系数在数值上等于两个变量间直线相关系数的平方,可算出相关系数约为 0.798,表明身高与体重可能有较强的相关性.

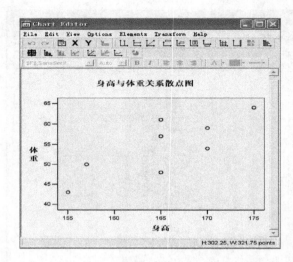

图 17.4　图表编辑(Chart Editor)对话框

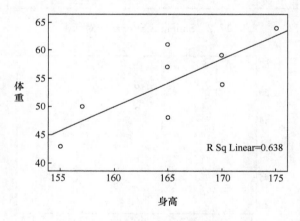

图 17.5　添加拟合趋势线后的散点图

(2) 计算相关系数.

对已经打开的数据 data17-01,按 Analyze→Correlate→Bivariate 顺序,打开相应对话框,将变量身高[height]和体重[weight]选入 Variables 对话框,如图 17.6 所示.在 Correlation Coefficients 栏,选择皮尔逊相关系数.

在 Test of Significance 栏,选择双侧检验 Two-tailed 项.选中 Flag significant correlations 项,要求在输出相关系数的右上角用一个星号表示显著性检验水平为 0.05,两个星号表示显著性检验水平为 0.01,三个星号表示显著性检验水平为 0.001.单击 OK,输出结果见表 17.1.

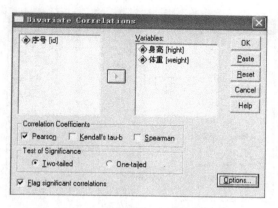

图 17.6　二元变量相关系数定义对话框

表 17.1　身高与体重的皮尔逊相关系数

		身高	体重
身高	Pearson Correlation	1	0.798
	Sig. (2-tailed)		0.017
	N	8	8
体重	Pearson Correlation	0.798*	1
	Sig. (2-tailed)	0.017	
	N	8	8

*. Correlation is significant at the 0.05 level (2-tailed).

由表 17.1 可知,身高和体重之间的(皮尔逊)相关系数为 0.798,双侧检验显著性概率 $p=0.017<0.05$,表明身高和体重之间存在显著相关.

如果两个变量之间的相关系数具有显著意义时,就表示这两个变量显著线性相关.在实际工作中,有时会跳过散点图观察而直接定量探讨相关系数及其显著性检验结果.

2. 斯皮尔曼秩相关系数

例 17.2　(参见例 11.6)甲、乙两个评分者对 10 名说课者进行评价,评分结果见数据 data17-02,试计算斯皮尔曼等级相关系数,即两位评分者的信度.

解　对两列变量均为等级变量的呈线性相关的数据,可用斯皮尔曼相关系数.

按 Analyze→Correlate→Bivariate 顺序,打开相应对话框.将分析变量甲评分[a]和乙评分[b]选入右边 Variables 框,如图 17.7 所示.在 Correlation Coefficients栏,选择斯皮尔曼相关系数,其余采用系统默认方式.

由表 17.2 可知,斯皮尔曼秩相关系数为 0.872($p=0.001<0.05$),表明甲、乙两位评分者的评分之间具有显著线性相关性.从信度的观点来看,就是甲、乙两位评分

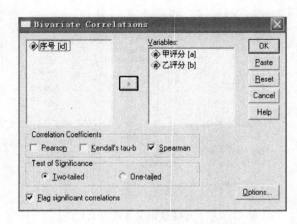

图 17.7　二元变量相关系数定义对话框

者对 10 名说题比赛选手的评价具有较高的一致性.

表 17.2　两个评分者之间的斯皮尔曼相关系数

			甲评分	乙评分
Spearman's rho	甲评分	Correlation Coefficient	1.000	0.872**
		Sig. (2-tailed)		0.001
		N	10	10
	乙评分	Correlation Coefficient	0.872**	1.000
		Sig. (2-tailed)	0.001	
		N	10	10

＊＊Correlation is significant at the 0.01 level(2-tailed).

3. 肯德尔等级相关系数

例 17.3（参见例 11.8）　由 4 位评分者对 5 名说课比赛选手进行等级评分,评分结果见数据 data17-03,试计算肯德尔等级相关系数,即 4 位评分者的信度.

解　多个评分者对多个事物的评价是否具有一致性问题,实际上是多列等级变量之间的相关性问题,目的在于计算评分者信度的高低,可以用肯德尔等级相关系数.

按 Analyze→Nonparametric Tests→K Related Samples 顺序,打开非参数检验相关系数定义对话框,如图 17.8 所示.将 5 个等级变量移入 Test Variables 框,并在 Test Type 栏,选择 Kendall's W 项.

单击 OK,就可以得到肯德尔相关系数为 0.763($p=0.016<0.05$),表明 4 位评分者对 5 位选手的评价具有较高的一致性,即具有较高的评分者信度.

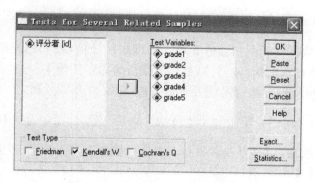

图 17.8　多个相关样本检验对话框

17.2　回归分析

17.2.1　回归分析概述

在实际研究中,常常遇到彼此相关的两列或多列变量. 根据不同研究目的,可以从不同角度去分析变量间的关系. 当我们想了解变量间关系的强弱程度时,可以用相关分析求出相关系数并探讨其显著性意义. 假如我们想用数学经验公式来确定变量间的某种数量关系,以进一步探讨变量间的解释与预测的关系时,这样的数理统计方法称为回归分析.

只有一个自变量的线性回归分析称为一元线性回归分析,也称为简单线性回归分析. 限于篇幅,只介绍一元线性回归及其 SPSS 操作实例,为进一步学习和掌握多元线性回归方程及一些常见的曲线回归方程等内容提供知识储备.

17.2.2　一元线性回归

1. 一元线性回归方程的概念

以变量 Y 为因变量,X 为自变量,ε 为随机误差,假设 $\varepsilon \sim N(0, \sigma^2)$,则 Y 与 X 之间的线性相关关系可用数学模型表示为

$$Y = a + bX + \varepsilon \tag{17.1}$$

由式(17.1)得到 Y 的估计值为

$$\hat{Y} = \hat{a} + \hat{b}X \tag{17.2}$$

其中,$\hat{Y}$ 为 Y 的估计值;$\hat{a}$ 为常数,表示该直线在 Y 轴上的截距;常数 $\hat{b}$ 为该直线的斜率,也称回归系数,表示当自变量 X 变化一个单位时,因变量 Y 平均变化 $\hat{b}$ 个单位.

2. 一元线性回归方程的建立

为了由样本数据得到回归参数 a 和 b 的理想估计值,我们将使用普通最小二乘法估计. 对每一个样本数据 (X_i, Y_i),最小二乘法考虑观测值 Y_i 与其回归值 $E(Y_i) = a + bX_i$ 的离差越小越好. 综合考虑 n 个离差值,定义离差平方和为

$$Q(a, b) = \sum_{i=1}^{n} (Y_i - E(Y_i))^2 = \sum_{i=1}^{n} (Y_i - a + bX_i)^2 \tag{17.3}$$

所谓最小二乘法,就是寻找参数 a, b 的估计值 $\hat{a}, \hat{b}$,使式 (17.3) 定义的离差平方和达到极小,即寻找 $\hat{a}, \hat{b}$,满足

$$Q(\hat{a}, \hat{b}) = \sum_{i=1}^{n} (Y_i - \hat{a} - \hat{b}X_i)^2 = \min_{a, b} \sum_{i=1}^{n} (Y_i - a - bX_i)^2 \tag{17.4}$$

由式 (17.4) 求出的 $\hat{a}, \hat{b}$ 就称为回归参数 a, b 的最小二乘估计. 称

$$\hat{Y}_i = \hat{a} + \hat{b}X_i \tag{17.5}$$

为 $Y_i (i = 1, 2, \cdots, n)$ 的回归拟合值,简称回归值或拟合值. 称

$$e_i = Y_i - \hat{Y}_i \tag{17.6}$$

为 $Y_i (i = 1, 2, \cdots, n)$ 的残差.

残差平方和

$$\sum_{i=1}^{n} e_i^2 = \sum_{i=1}^{n} (Y_i - \hat{a} - \hat{b}X_i)^2 \tag{17.7}$$

从整体上刻画了 n 个样本观测点 $(X_i, Y_i)(i = 1, 2, \cdots, n)$ 到回归直线 $\hat{Y}_i = \hat{a} + \hat{b}X_i$ 距离的长短.

由于 Q 是关于 $\hat{a}, \hat{b}$ 的非负二次函数,所以它的最小值总是存在的. 根据高等数学中求极值的方法,在式 (17.4) 中求 Q 关于参数 a, b 的一阶偏导数,并令其等于零,然后解得到的一阶偏导方程组,就可以得到满足条件的参数 a, b 的估计值 $\hat{a}, \hat{b}$.

先对 a 求偏导,并令其等于零,得到 $\dfrac{\partial Q}{\partial a}\Big|_{a=\hat{a}} = -2 \sum (Y_i - \hat{a} - \hat{b}X_i) = 0$,整理得

$$\hat{a} = \overline{Y} - \hat{b}\,\overline{X} \tag{17.8}$$

再对 b 求偏导,并令其等于零,得到 $\dfrac{\partial Q}{\partial b}\Big|_{b=\hat{b}} = -2 \sum [X_i(Y_i - \hat{a} - \hat{b}X_i)] = 0$,并将式 (17.8) 代入,整理得

$$\sum \{X_i [(Y_i - \overline{Y}) - \hat{b}(X_i - \overline{X})]\} = 0 \tag{17.9}$$

又因为 $\sum [(Y_i - \overline{Y}) - \hat{b}(X_i - \overline{X})] = 0$,式 (17.9) 可变为

$$\sum \{X_i [(Y_i - \overline{Y}) - \hat{b}(X_i - \overline{X})]\} = \sum [X_i(Y_i - \overline{Y})] - \hat{b} \sum [X_i(X_i - \overline{X})] = 0 \tag{17.10}$$

所以

$$\hat{b} = \frac{\sum [X_i (Y_i - \overline{Y})]}{\sum [X_i (X_i - \overline{X})]} \tag{17.11}$$

可以证明式(17.11)与式

$$\hat{b} = \frac{\sum (X_i - \overline{X})(Y_i - \overline{Y})}{\sum (X_i - \overline{X})^2} \tag{17.12}$$

是相等的,但是,式(17.12)更具实际意义,反映了回归系数与变量离均差之间的数量关系.

3. 一元线性回归方程的检验

当我们得到回归方程式(17.2)后,还不能马上就用它去作分析和预测,还需要对回归方程进行检验. 在对回归方程检验时,通常需要正态性假设 $\varepsilon_i \sim N(0, \sigma^2)$,以下的检验内容若无特别声明,都是在此正态性假设下进行的. 下面介绍三种检验方法.

方法一　F 检验.

这里的 F 检验是指用方差分析的方法,对回归方程整体进行的检验. 在回归分析中,因为变量 Y 的总离差平方和可以分解如下:

$$\begin{aligned}
SS_t &= \sum (Y_i - \overline{Y})^2 = \sum [(Y_i - \hat{Y}_i) + (\hat{Y}_i - \overline{Y})]^2 \\
&= \sum (Y_i - \hat{Y}_i)^2 + 2\sum (Y_i - \hat{Y}_i)(\hat{Y}_i - \overline{Y}) + \sum (\hat{Y}_i - \overline{Y})^2
\end{aligned}$$

其中

$$\begin{aligned}
\sum (Y_i - \hat{Y}_i)(\hat{Y}_i - \overline{Y}) &= \sum (Y_i - \hat{a} - \hat{b}X_i)(\hat{a} + \hat{b}X_i - \hat{a} - \hat{b}\overline{X}) \\
&= \hat{b} \sum (Y_i - \hat{a} - \hat{b}X_i)(X_i - \overline{X})
\end{aligned}$$

又因为

$$\begin{aligned}
\sum (Y_i - \hat{a} - \hat{b}X_i)(X_i - \overline{X}) &= \sum (X_i Y_i - \overline{X}Y_i - \hat{a}X_i + \hat{a}\overline{X} - \hat{b}X_i^2 + \hat{b}\overline{X}X_i) \\
&= \sum X_i Y_i - \overline{X}\sum Y_i - \hat{a}\sum X_i + n\hat{a}\overline{X} - \hat{b}\sum X_i^2 \\
&\quad + \hat{b}\overline{X}\sum X_i \\
&= \sum X_i Y_i - n\overline{X}\,\overline{Y} - n\hat{a}\overline{X} + n\hat{a}\overline{X} - \hat{b}\sum X_i^2 + n\hat{b}\,\overline{X}^2 \\
&= \sum X_i Y_i - n\overline{X}(\hat{a} + \hat{b}\overline{X}) - \hat{b}\sum X_i^2 + n\hat{b}\,\overline{X}^2 \\
&= \sum (X_i Y_i - \hat{b}X_i^2) - n\hat{a}\overline{X} \\
&= \sum [X_i(\hat{a} + \hat{b}X_i) - \hat{b}X_i^2] - n\hat{a}\overline{X} \\
&= \hat{a}\sum X_i - n\hat{a}\overline{X} = n\hat{a}\overline{X} - n\hat{a}\overline{X} = 0
\end{aligned}$$

所以

$$SS_t = \sum (Y_i - \overline{Y})^2 = \sum [(Y_i - \hat{Y}_i)^2 + (\hat{Y}_i - \overline{Y})^2]$$

$$= \sum (Y_i - \hat{Y}_i)^2 + \sum (\hat{Y}_i - \overline{Y})^2 \tag{17.13}$$

这就是说,总离差平方和可以分解成两部分:$SS_R = \sum (\hat{Y}_i - \overline{Y})^2$ 称为回归平方和,描述回归方程对因变量变异的解释量;$SS_e = \sum (Y_i - \hat{Y}_i)^2$ 称为残差平方和,描述回归平方和解释不了的那部分变异量.

同时,总离差平方和还可表示为

$$SS_t = \sum (Y_i - \overline{Y})^2 = \sum (Y_i^2 - 2\overline{Y}Y_i + \overline{Y}^2) = \sum Y_i^2 - 2\overline{Y}\sum Y_i + n\overline{Y}^2$$

$$= \sum Y^2 - \frac{\left(\sum Y\right)^2}{n} \tag{17.14}$$

用类似于方差分析的方法,见表 17.3,通过比较各部分变异(方差)的大小对回归方程整体的有效性进行 F 检验. 具体方法是,对于给定的显著性水平 α,查分子自由度为 1,分母自由度为 $n-2$ 的 F 值表,得到临界值 F_e. 如果 $F < F_e$,则说明在该显著性水平上,回归方程有意义,否则回归方程无意义.

表 17.3　一元线性回归方程检验方差分析表

方差来源	平方和	自由度	均方	F 值	p 值
回归	SS_R	$df_R = df_t - df_e = 1$	$MS_R = SS_R / df_R$	$F = MS_R / MS_e$	$p(F > F\text{ 值}) = p$ 值
残差	SS_e	$df_e = n - 2$	$MS_e = SS_e / df_e$		
总和	SS_t	$df_t = n - 1$			

方法二　t 检验.

这里的 t 检验是指对回归系数的显著性检验. 利用回归方程可以计算出与某一 X 值相对应 Y 值的估计值 $\hat{Y}$,但是实际上,与某一 X 值对应的 Y 值并不都落在回归直线上,估计值 $\hat{Y}$ 是所有可能 Y 值的平均值 $\overline{Y}$,与某一 X 值相对应的 Y 值围绕着 $\hat{Y}$ 呈正态分布. Y 围绕 $\hat{Y}$ 上下浮动范围的大小,可以利用回归方程对 Y 进行估计时,估计误差的大小来估计.

对 Y 进行估计的标准误用 S_{YX} 表示,根据回归方程的意义,可以得到

$$S_{YX} = \sqrt{\frac{\sum (Y - \hat{Y})^2}{n - 2}} \tag{17.15}$$

当样本容量较大时,可以由下式近似计算

$$S_{YX} = S_Y \sqrt{1 - r^2} \tag{17.16}$$

其中,S_Y 是变量 Y 的样本标准差,r 是变量 X 与 Y 的相关系数.

在回归直线上,当与所有自变量 X 相对应的各组因变量 Y 的残差值都服从正态分布,并且残差方差齐性时,由 X 估计 Y 的回归系数的标准误为

$$SE_b = \frac{S_{YX}}{\sqrt{\sum(X-\overline{X})^2}} \tag{17.17}$$

当样本容量较大时,回归系数估计的标准误可以表示为

$$SE_b = \frac{S_Y}{S_X}\sqrt{\frac{1-r^2}{n-2}} \tag{17.18}$$

其中,S_Y 是变量 Y 的样本标准差,S_X 是变量 X 的样本标准差,r 是变量 X 与 Y 的相关系数.

回归系数 t 检验的具体步骤如下.

第一步,提出假设 $H_0:\beta=0$,$H_1:\beta\neq 0$.

第二步,当原假设成立时,计算统计量的值

$$t = \frac{\hat{b}-\beta}{SE_b} \tag{17.19}$$

其中,分别用式(17.15)和式(17.17)计算出 S_{YX} 和 SE_b.

第三步,对于给定显著性水平 α,查自由度为 $n-2$ 的双侧 t 值表.如果计算得到的 t 值大于 $t_{\alpha/2}$,则说明回归系数显著,也就说明回归方程是有意义的.

在一元线性回归中,回归方程有效性的方差分析与回归系数显著性的检验是等价的,方差分析中的 F 值等于回归系数显著性检验中的 t 值的平方.

方法三　相关系数的检验.

由于一元线性回归方程讨论的是两个变量之间的线性关系,所以可以用两个变量之间的相关系数来检验回归方程的显著性.

设 $(X_i,Y_i)(i=1,2,\cdots,n)$ 是变量 (X,Y) 的 n 组样本观测值,记 $L_{XY}=\sum\limits_{i=1}^{n}(X_i-\overline{X})(Y_i-\overline{Y})$,$L_{XX}=\sum\limits_{i=1}^{n}(X_i-\overline{X})^2$,$L_{YY}=\sum\limits_{i=1}^{n}(Y_i-\overline{Y})^2$,则回归系数 $\hat{b}=L_{XY}/L_{XX}$.

结合式(17.16)可得,变量 X 与 Y 之间的相关系数又可表示为

$$r = \frac{L_{XY}}{\sqrt{L_{XX}L_{YY}}} = \hat{b}\sqrt{\frac{L_{XX}}{L_{YY}}} \tag{17.20}$$

由式(17.20)可以得到一个很有用的结论,就是一元线性回归系数 $\hat{b}$ 的符号与相关系数 r 的符号相同.

相关系数的检验有相关系数绝对值的临界值检验表,但 SPSS 等可以方便地计算相关系数并进行检验.

SPSS 中计算和检验相关系数的第一种方法,在相关分析中已经提到,就是点击 Analyze→Correlate→Bivariate 进入相关系数对话框,选择皮尔逊就可计算出两个变量之间的简单相关系数,并进行双侧或单侧显著性检验,检验统计量为

$$t = \frac{r\sqrt{n-2}}{\sqrt{1-r^2}} \tag{17.21}$$

　　当 $|t| > t_{a/2}(n-2)$ 时,认为变量 Y 与 X 的回归系数显著不为零,但 SPSS 中没有给出 t 值,而是直接给出了显著性概率 p 值(sig).

　　SPSS 中计算和检验相关系数的第二种方法,是用一元线性回归模型,具体操作是:按 Analyze→Regression→Linear 顺序,打开 Linear Regression 对话框,单击该对话框下面的 Statistics 项,打开相应对话框,如图 17.9 所示.默认选项为 Estimates 和 Model fit 两项.选择 Model fit 项,可输出两变量间的相关系数(系统用 R 表示)、决定系数 R^2、调整后的决定系数、估计标准误及方差分析表.如果选择 Descriptives 项,则除了输出 Model fit 项所输出的结果以外,还输出两个变量的相关系数,并进行单侧(1-tailed)显著性检验.对于对称分布的统计量,单侧检验的 p 值的 2 倍就是双侧检验的 p 值.

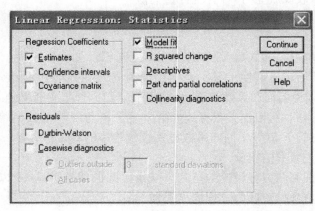

图 17.9　线性回归 Statistics 对话框

　　对一元线性回归方程来说,回归系数显著性的 t 检验、相关系数的显著性检验是完全等价的,因为式(17.19)和式(17.21)实际上是相等的.

4. 决 定 系 数

　　由回归平方和与残差平方和的关系,我们知道如果在总离差平方和中回归平方和所占比例较大,说明线性回归效果就越好,表明回归直线与样本观测值的拟合优度越好.反之,如果残差平方和所占比例较大,说明线性回归效果就越差,表明回归直线与样本观测值的拟合优度越差.这里把回归平方和与总离差平方和之比称为决定系数(coefficient of determination),也称为判定系数、确定系数、测定系数,记为 R^2,即

$$R^2 = \frac{\mathrm{SS}_R}{\mathrm{SS}_t} = \frac{\sum (\hat{Y} - \overline{Y})^2}{\sum (Y - \overline{Y})^2} \tag{17.22}$$

因为 $\sum (\hat{Y} - \overline{Y})^2 = b^2 \sum (X - \overline{X})^2$,所以

$$R^2 = \frac{b^2 \sum (X - \overline{X})^2}{\sum (Y - \overline{Y})^2} = \frac{L_{XY}^2}{L_{XX} L_{YY}} = r^2 \tag{17.23}$$

这就是说,在一元线性回归方程中,决定系数 R^2 等于相关系数 r 的平方.

决定系数是回归直线与样本观测值拟合优度的相对指标,反映了因变量的变异能用自变量解释的比例. 例如, $R^2 = 0.775$,说明变量 Y 的变异中有 77.5% 是由变量 X 引起的. 决定系数在 0~1,越接近 1 表示拟合优度越好;反之,表示拟合效果不好,应进行修改,可以增加新的观测数据或考虑曲线回归.

17.2.3　回归分析的实例

例 17.4　某班 53 名学生期中(X)与期末(Y)数学考试的成绩,见数据 data17-04,试用 SPSS 计算期末成绩对期中成绩的回归方程,并进行有效性检验.

解　在一元线性回归分析之前,可以作散点图以观察数据的分布情况,也可以先求两个变量的相关系数. 如果数据有线性变化趋势或者两个变量有显著线性相关,则可以尝试建立一元线性回归模型. 这里直接进行回归分析.

按 Analyze→Regression→Linear 顺序,打开相应对话框,如图 17.10 所示. 从源变量框中将因变量[Y]选入 Dependent 框,将自变量[X]选入 Independent 框.

在回归方法下拉框中,选择默认选项强制进入法(Enter),表示在建立回归方程时把所选中的自变量全部保留在方程中. 其他方法,如逐步回归(Stepwise)、消除法(Remove)等用在多元线性回归模型中,用于设定变量进入模型的方式,这里不再详述.

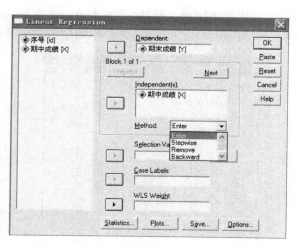

图 17.10　线性回归分析主对话框

单击 Statistics 按钮,按需要可选择一些统计量. 例如,在 Regression Coefficients

栏,选择 Estimates 项,可输出回归系数及相关统计量,包括回归系数、标准误、标准化回归系数、t 值及显著性水平等.

选择 Model fit 项,可输出相关系数 R、决定系数 R^2、调整系数、估计标准误及方差分析表. 在 Resduals 栏,如果选择 Durbin-Watson 项,输出 Durbin-Watson 统计量值以及可能是异常值的观测量诊断表. 这里保持默认设置,如图 17.11 所示,单击 Continue 返回主对话框.

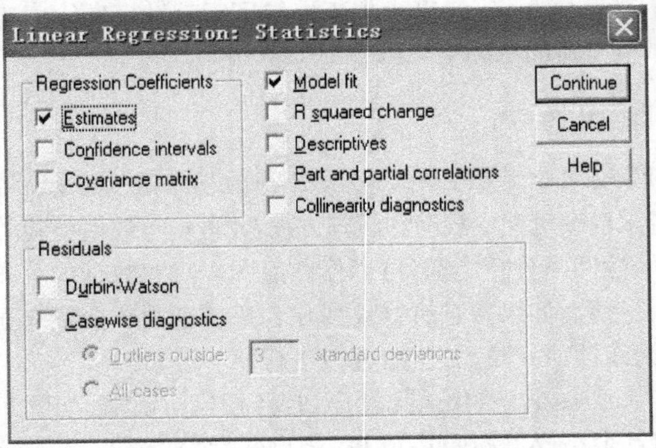

图 17.11　线性回归分析的 Statistics 对话框

回归方程建立后,除了检验方程的显著性,还需检验所建立的方程是否违反回归假定,需要进行残差分析,这部分内容较复杂且理论性较强,这里不作介绍,请读者参阅相关资料.

可以决定在回归方程中是否输出常数项. 单击 Options 按钮,在打开如图 17.12 所示的对话框,选中 Include constant in equation 项,可输出常数及其检验结果.

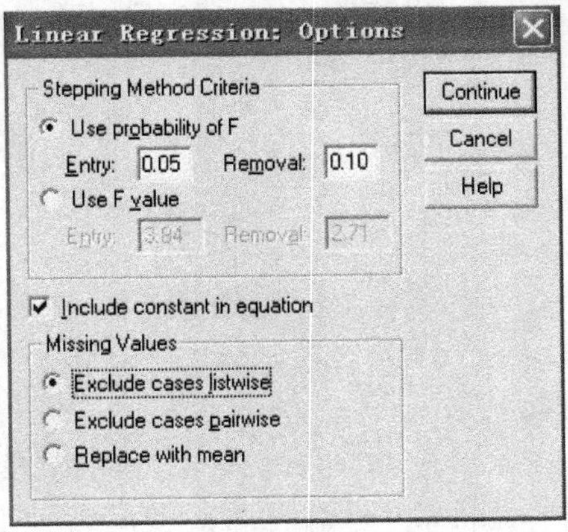

图 17.12　线性回归分析的 Options 对话框

在 Options 对话框中保持默认设置,单击 Continue 返回主对话框. 单击 OK,结果见表 17.4~表 17.6.

表 17.4 模型拟合概述

Model	R	R Square	Adjusted R Square	Std. Error of the Estimate
1	0.817[a]	0.668	0.661	11.572

a. Predictors:(Constant),期中成绩.

表 17.5 回归方程的显著性检验之方差分析表[b]

Model		Sum of Squares	df	Mean Square	F	Sig.
1	Regression	13728.673	1	13728.673	102.52	0.000[a]
	Residual	6829.780	51	133.917		
	Total	20558.453	52			

a. Predictors:(Constant),期中成绩;b. Dependent Variable:期末成绩.

表 17.6 回归系数及其显著性检验结果[a]

Model		Unstandarized Coefficients		Standardized Coefficients	t	Sig.
		B	Std. Error	Beta		
1	(Constant)	22.504	7.082		3.178	0.003
	期中成绩	0.897	0.089	0.817	10.125	0.000

a. Dependent Variable:期末成绩.

从表 17.4 可以看出,自变量与因变量之间的相关系数为 0.817,拟合直线回归的决定系数为 0.668,调整后的决定系数为 0.661,标准误的估计为 11.572.

由表 17.5 可见,回归平方和为 13728.673,残差平方和为 6829.780,总平方和为 20558.453,对应的 F 统计量值为 $102.52(p<0.05)$,可以认为所建立的回归方程有效.

表 17.6 给出了常数项,非标准化与标准化回归系数的值,同时对其进行显著性检验. 本例中,非标准化回归系数为 0.897,标准化回归系数为 0.817,回归系数显著性检验 t 值为 $10.125(p<0.05)$,回归方程显著,含常数项的回归方程是 $Y=22.504+0.897X$.

建立回归方程的目的之一是进行预测,即根据自变量的值估计预测因变量的值. 在回归方程有效的前提下,研究者希望对于给定的预测变量 X 的一个具体观测值 X_0,能预测因变量 Y 的平均值,或者预测某一个观测的 Y_0 的值.

例如,可以用回归方程来预测期中数学考试成绩为 100 分的同学,在期末数学考试中的平均成绩;也可以用来预测假如某个学生的期中数学考试是 100 分,那么该学生在这次期末数学考试中,将会得到多少分. 这两种情况下的点预测值是相同的(约为 112 分),不同的是标准误.

　　SPSS 能提供以上两种预测值,具体操作为:在如图 17.10 所示的线性回归模型分析主对话框中,单击 Save 出现相应对话框,如图 17.13 所示.

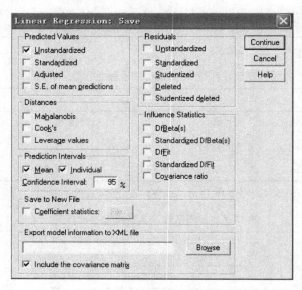

图 17.13　回归分析预测值定义对话框

　　在 Predicted Values 栏,选择 Unstandardized 项,输出非标准化的点预测值. 在 Prediction Intervals 栏,选择 Mean 和 Individual 项,其余默认设置. 单击 Continue 和 OK,结果如图 17.14 所示.

	X	Y	PRE_1	LMCI_1	UMCI_1	LICI_1	UICI_1	va
1	78	103	92.46197	89.27073	95.65322	69.01153	115.91241	
2	89	79	102.32782	98.57597	106.07967	78.79453	125.86110	
3	81	81	95.15266	91.91436	98.39095	71.69577	118.60955	
4	97	111	109.50298	104.84312	114.16283	85.80797	133.19799	
5	84	87	97.84334	94.47313	101.21356	74.36788	121.31881	
6	69	90	84.38991	80.82733	87.95250	60.88606	107.89377	
7	88	95	101.43092	97.76947	105.09238	77.91188	124.94997	
8	72	108	87.08060	83.72102	90.44018	63.60666	110.55454	
9	57	74	73.62717	68.72762	78.52673	49.88386	97.37048	
10	60	85	76.31786	71.80972	80.82600	52.65222	99.98350	
11	87	69	100.53403	96.95640	104.11165	77.02789	124.04017	

图 17.14　保存预测值后的数据窗口

　　由图 17.14 所示的数据窗口可以看出,新增加了 5 列数据.第一列为 pre_1 的变量对应的数据表示预测变量对应的因变量的非标准化预测值.例如,期中数学考试为 100 的学生,用回归方程预测的期末数学成绩的点预测值为 112.19;均值预测的区间估计的上下限分别用 lmci_1 和 umci_1 表示;个体预测的区间估计的上下限分别用 lici_1 和 uici_1 表示.

　　例如,期中数学考试为 100 的学生,均值预测 95% 的预测区间为(107.13,117.26),个体预测 95% 的预测区间为(88.42,135.97).

本 章 总 结

一、主要结论

　　1. 相关分析是用来描述变量之间线性相关程度的一种统计方法,而相关系数是描述两个变量之间线性相关关系强弱程度和方向的统计量,常用 r 表示.

　　2. 在进行相关分析之前,往往先对两个变量之间的相关情况进行简单描述,即用散点图初步考察这两个变量之间的关系,然后再进行相关系数的计算与分析.

　　3. 服从正态分布的两个连续变量的相关程度,采用皮尔逊积差相关系数.

　　4. 如果数据分布不满足正态分布的条件,应使用斯皮尔曼和肯德尔相关分析法.具体是:对有序数据或不满足正态分布假设的等间隔数据,采用斯皮尔曼相关系数.对两个有序变量或两个秩变量间相关程度的测度,采用肯德尔相关系数.

　　5. 用数学经验公式来确定变量间的某种数量关系,以进一步探讨变量间的解释与预测的关系时,这样的数理统计方法称为回归分析.

　　6. 以变量 Y 为因变量,X 为自变量,ε 为随机误差,假设 $\varepsilon \sim N(0,\sigma^2)$,则 Y 与 X 之间的线性相关关系可用数学模型表示为 $Y = a + bX + \varepsilon$,则称 $\hat{Y} = \hat{a} + \hat{b}X$ 为 Y 与 X 之间的一元线性回归方程,其中 $\hat{Y}$ 为 Y 的估计值,常数 $\hat{a} = \overline{Y} - \hat{b}\overline{X}$,回归系数 $\hat{b} = \dfrac{\sum (X_i - \overline{X})(Y_i - \overline{Y})}{\sum (X_i - \overline{X})^2}$.

　　7. 一元线性回归方程的检验有三种等价方法:基于方差分析对回归方程整体的 F 检验、对回归系数的 t 检验、相关系数的显著性检验.

　　8. 在一元线性回归方程中,决定系数 R^2 等于相关系数 r 的平方.决定系数是一个回归直线与样本观测值拟合优度的相对指标,反映了因变量的变异能用自变量解释的比例.

　　9. 建立回归方程的目的之一是进行预测,即根据自变量的值估计预测因变量的值.在回归方程有效的前提下,研究者希望对于给定的预测变量 X 的一个具体观测值 X_0,能预测因变量 Y 的平均值,或者预测某一个观测的 Y_0 的值.SPSS 能提供这两种预测值.

二、知识结构图

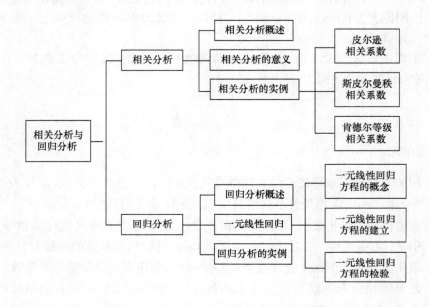

习　　题

17.1 某班 10 名学生的身高与体重的数据见表 17.7,试用散点图观察身高与体重的变化趋势,并进行相关分析.

表 17.7　10 名被试身高与体重的测量结果

编号	1	2	3	4	5	6	7	8	9	10
身高/cm	170	173	160	155	173	188	178	183	180	165
体重/cm	50	45	47	44	50	53	50	49	52	45

17.2 从某班随机抽取 10 名学生,他们在同一次月考中的数学和物理成绩见表 17.8,试分析数学和物理成绩是否等级相关.

表 17.8　10 名学生在同一次月考中的数学和物理成绩

编号	1	2	3	4	5	6	7	8	9	10
数学成绩	122	105	123	90	87	95	85	97	113	116
物理成绩	92	86	98	76	85	89	67	78	88	90

17.3 表 17.9 是 1985 年美国 50 个州和哥伦比亚特区公立学校中教师的人均年工资 y(美元)和对学生的人均经费投入 x(美元).

(1) 建立 y 对 x 的散点图, 可以用直线回归描述两者之间的关系吗?

(2) 建立 y 对 x 的线性回归方程, 并检验方程的有效性.

表 17.9 教师的人均年工资和对学生的人均经费投入

序号	y	x	序号	y	x	序号	y	x
1	19 583	3346	18	20 816	3059	35	19 538	2642
2	20 263	3114	19	18 095	2967	36	20 460	3124
3	20 325	3554	20	20 939	3285	37	21 419	2752
4	26 800	4542	21	22 644	3914	38	25 160	3429
5	29 470	4669	22	24 624	5417	39	22 482	3947
6	26 610	4888	23	27 186	4349	40	20 969	2509
7	30 678	5710	24	33 990	5020	41	27 224	5440
8	27 170	5536	25	23 382	3594	42	25 892	4042
9	25 863	4168	26	20 627	2821	43	22 644	3402
10	24 500	3547	27	22 795	3366	44	24 640	2829
11	24 274	3159	28	21 570	2920	45	22 341	2297
12	27 170	3621	29	22 080	2980	46	25 610	2932
13	30 168	3782	30	22 250	3731	47	26 015	3705
14	26 525	4247	31	20 940	2853	48	25 788	4123
15	27 360	3982	32	21 800	2533	49	29 312	3608
16	21 690	3568	33	22 934	2729	50	41 480	8349
17	21 974	3155	34	18 433	2305	51	25 845	3766

第 18 章　因 素 分 析

本章概览

本章要解决的核心问题是如何利用 SPSS 和 LISREL 进行因素分析. 为了解决这个问题,在介绍因素分析概念及其意义基础上,详细介绍了探索性因素分析模型及其相关术语,举例说明如何用 SPSS 进行探索性因素分析. 接着,在介绍验证性因素分析概念、模型及其定义与评价基础上,举例说明如何用结构方程理论与模型进行验证性因素分析.

学完本章之后,我们将能够利用 SPSS 或结构方程模型进行因素分析.

18.1　因素分析概述

18.1.1　因素分析的概念

因素分析(factor analysis)是指从为数众多的可观测变量中,概括和推论出少数几个不可观测的潜变量(即因素,因子)的一种统计分析技术,目的是用最少的因素概括和解释大量的观测事实,建立起最简洁、最基本的概念系统,以揭示事物之间的本质联系.

在对某一研究对象的特质进行探讨时,可从各个不同方面搜集资料,进行各种各样的观测.例如,对初中生的数学能力这一特质进行测定,可以用一定的方法测量.如整式与分式,直线平行与垂直,平方根与立方根,因式分解,一元二次方程,全等三角形与圆,这六个方面都可以用一定的工具(如测验卷)进行测量,以获得可观测的数据(见 data18-1). 在因素分析中,这六个方面称为可观测变量.

现在假定,这六个测验能够测量所要测量的特质,但这六个方面的数据究竟反映了学生的哪些特点呢,是分六个方面,还是五个、四个、三个、两个或者一个方面? 根据相关的思想,如果不同测验所获得的数据之间相关很高,则这两个测验具有一致性,或者说所测量的特质具有一致性.所以,可先计算六次测验的平均分数之间的相关,即六个变量之间的相关矩阵,见表 18.1.

表 18.1　六项测验分数的相关矩阵

		$m1$	$m2$	$m3$	$m4$	$m5$	$m6$
Correlation	$m1$	1.000	0.820	0.758	0.511	0.836	0.397
	$m2$	0.820	1.000	0.420	0.535	0.835	0.161
	$m3$	0.758	0.420	1.000	0.441	0.385	0.619
	$m4$	0.511	0.535	0.441	1.000	0.121	0.827
	$m5$	0.836	0.835	0.385	0.121	1.000	−0.158
	$m6$	0.397	0.161	0.619	0.827	−0.158	1.000

根据相关矩阵进行因素分析,经过因素提取、因素数目的确定、旋转等步骤,得到两个因素 F_1 和 F_2. 测验 1,2,5 与 F_1 有关,从表 18.1 中也可以看出 1,2,5 之间的相关程度较高,而测验 3,4,6 与 F_2 有关. 根据专业知识,测验 1,2,5 是关于代数方面的测验,可将这一因素称为"代数能力". 测验 3,4,6 是关于几何方面的测验,可将这一因素称为"几何能力". 这样,通过因素分析大大压缩了变量数目,找到了一些测验所不能测量的潜变量——"代数能力"和"几何能力",从而使人们对初中生的数学能力的认识更加清晰了.

18.1.2　因素分析的意义

因素分析是心理学研究中常用的一种统计分析方法. 在测验编制、因素提取、测验结构效度的检验、心理特质属性结构的构建、测验工具的核准等方面,都要用到因素分析方法.

1. 发现规律

因素分析可以从众多可观测变量中,探寻所测量的共同的潜变量,即因素或因子,从而确定所测量的心理特质的维度或结构,使人们对诸如"能力""人格""智力"等结构特质进行规律性认识. 从庞大的数据中发现规律,因素分析是可借助的最有力工具之一.

2. 理论构建的验证

因素分析分为探索性因素分析(exploratory factor analysis,EFA)与验证性因素分析(confirmatory factor analysis,CFA)两大类. 在测验编制中,当研究者对所测量的行为特质不是十分清楚时,一般先确定这个行为特质的相关研究,探索性因素分析可以帮助研究者探讨这个行为特质包含了哪些因素,而验证性因素分析可以帮助研究者回答这个测验是否测量了所要测量的心理特质等问题,或者说检验测验编制者所做的理论构想是否得到了体现等问题.

3. 测验工具的核准

在心理学研究中,常用心理测验量表作为工具来观察和研究问题. 测验量表一般都以常模作为标准进行判定,但对于所研究的特殊团体或特殊情况,依据常模给出的资料并不能说明问题. 因此,在使用任何测量量表的研究中,都必须进行核准,必要时可依据拟研究对象的特殊性,对测验量表进行修订.

18.1.3　因素分析的注意事项

1. 样本量不能太小

对因素分析而言,要求样本量比较充足,否则结果可能不太可靠. 一般来说,样本量是变量的 5 倍以上,如果想要得到较为理想的结果,则应该在 10 倍以上. 其次,除了比例关系外,样本总量也不能太少,按理论要求应在 100 以上.

不过在实际研究中,很多时候样本量达不到这个要求,这时也可以适当放宽条件,通过检测来判断结果的可靠性.

2. 各变量间具有相关性

如果变量间相互独立,则无法从中提取共同因素(公因子),也就谈不上因素分析法的应用. 在 SPSS 中,可以通过 Bartlett 球形检验来判断,如果相关阵是单位阵,则各变量独立,因素分析法无效.

3. KMO 检验

KMO 检验用于检验变量间的偏相关性,取值为 0~1. KMO 统计量越接近于 1,

变量间的偏相关性越强,因子分析效果越好. 在实际分析中,KMO 统计量在 0.7 以上时,效果比较好;而当 KMO 统计量在 0.5 以下时,就不适合用因子分析法,应重新设计变量结构或采用其他的统计方法.

4. 各共同因素有实际意义

因素分析中得到的共同因素必须意义明确. 在主成分分析中,各主成分实际上是矩阵变换的结果,因此意义不明显不重要. 但是在因素分析中,提取出的共同因素应该具有实际意义,否则就应该重新设计要测量的原始变量.

18.2 探索性因素分析

18.2.1 探索性因素分析模型

因素分析假定个体在某一变量上的反应由两部分组成:一是各个变量共有的部分,称为共同因素(common factor),简称为因素、因子或公因子;另一部分是各个变量特有的部分,称为特殊因素(unique factor),可表示为

$$z_{ij} = a_{j1}F_{i1} + a_{j2}F_{i2} + \cdots + a_{jm}F_{im} + d_jU_{ij}, \quad i=1,2,\cdots,N, \ j=1,2,\cdots,n$$

(18.1)

其中,z_{ij} 是个体 i 在观测变量 j 上的得分;$a_{jk}(k=1,2,\cdots,m)$ 是因素 F_k 对观测变量 j 的加权系数;$F_{ik}(k=1,2,\cdots,m)$ 是个体 i 在因素 F_k 上的得分;U_{ij} 是特殊因素;d_j 是特殊因素对观测变量 j 的加权系数;N 是样本容量;n 是观测变量的个数;m 是共同因素的个数.

式(18.1)可简记为

$$Z_j = a_{j1}F_1 + a_{j2}F_2 + \cdots + a_{jm}F_m + d_jU_j$$

(18.2)

一般情况下 $m < n$,即共同因素的个数小于变量的个数. 如果不限定 $m < n$,则根据 m 和 n 之间的关系,可以得到因素分析的以下两种模型.

1. 主成分分析模型

成分分析模型又称为全分量模型,是指用 n 个新的因素来线性表示 n 个观测变量的因素分析模型($m = n$),可表示为

$$Z_j = a_{j1}F_1 + a_{j2}F_2 + \cdots + a_{jn}F_n$$

(18.3)

主成分分析模型希望从一组相关观测变量中每次取得的一个共同因素的方差(或变异)在观测变量的全部方差(或剩余方差)中所占的比例最大,这一思想也是主成分分析模型确定共同因素的一种数学准则.

但在实际应用中,人们总是只取少数几个对观测变量的方差贡献较大的因素,而把对方差贡献较小的因素看作误差项. 于是主成分分析模型变为

$$Z_j = a_{j1}F_1 + a_{j2}F_2 + \cdots + a_{jm}F_m + a_je_j \quad (j=1,2,\cdots,n, m < n)$$

(18.4)

这一模型确切地说应是截分量模型（truncated component model），但经常被称为主成分模型，误差项 a_je_j 表示被忽略的几项因素之和.

2. 因素分析模型

因素分析模型，是指所有观测变量中每个观测变量都可以表示为 m 个共同因素和一个唯一因素的线性加权之和，即

$$Z_j = a_{j1}F_1 + a_{j2}F_2 + \cdots + a_{jm}F_m + d_ju_j \quad (j=1,2,\cdots,n,m<n) \quad (18.5)$$

其中，共同因素可以解释观测变量之间的相关，唯一因素用来解释观测变量除去共同因素的影响后所剩下的那部分变异.

因素分析模型希望从观测变量中抽取到的因素能尽可能好地再生观测变量之间的相关. 该模型将观测变量、共同因素和唯一因素都假定为标准变量（均值为 0，标准差为 1），n 个唯一因素 u_j 之间相互独立，每个唯一因素与各共同因素 $F_p(p=1,2,\cdots,m)$ 相互独立，各共同因素均是随机变量.

如果假定各共同因素为相互独立的正态分布，则观测变量 Z_j 就服从多元正态分布. 在实际应用因素分析方法时，通常认为唯一因素不包含模型误差，也就是说因素分析没有考虑抽样误差. 因此，抽样必须足够大，以使抽取误差被忽视. 一般样本不少于 100，或是变量数目的 2～5 倍，有些研究认为 5～10 倍为宜.

18.2.2　因素分析的常用术语

1. 因素载荷

因素载荷（factor loading）是指因素分析模型中各共同因素对观测变量的加权系数，也就是因素分析模型中各共同因素的系数 a_{jk}. 因素分析的关键是求取各因素在各观测变量上的因素载荷，它是潜变量对观测变量影响程度的估计，通过因素载荷可以发现潜变量的性质. 因素载荷的平方可以解释某一观测变量由共同因素所决定变异中有多大的比例（或份额）是由某一因素所决定的. 因素载荷可以是正数，也可以是负数，但影响程度只看绝对值，正负号只是在因素方程中有用. 因素负荷越大，说明该因素所起的作用越大.

如果将所有的因素载荷以矩阵形式表示，得到

$$\boldsymbol{A} = \begin{bmatrix} a_{11} & a_{12} & \cdots & a_{1m} \\ a_{21} & a_{22} & \cdots & a_{2m} \\ \vdots & \vdots & & \vdots \\ a_{n1} & a_{n2} & \cdots & a_{nm} \end{bmatrix} \quad (18.6)$$

称 $\boldsymbol{A}$ 为因素载荷阵.

2. 共同度

共同度（communality variance）一般用 h^2 表示，又称共同因素方差，是指被共同

因素所决定的方差在观测变量总方差中所占的比例. 在因素分析时,SPSS 会自动对原始变量标准化,以消除变量在数量级或量纲上的影响. 在对原始观测数据进行标准化的情况下,一个观测变量 Z_j 的总方差为

$$S_j^2 = a_{j1}^2 + a_{j2}^2 + \cdots + a_{jm}^2 + d_j^2 = 1 \tag{18.7}$$

其中由共同因素决定的方差为

$$h_j^2 = a_{j1}^2 + a_{j2}^2 + \cdots + a_{jm}^2 = \sum_{p=1}^{m} a_{jp}^2 \tag{18.8}$$

也就是说,共同度就是每个变量在每个共同因素上的因子载荷的平方总和,是个别变量可以被共同因素解释的方差百分比. 共同度的大小可以用来判断变量与共同因素之间的关系程度.

式(18.7)中,归因于唯一因素的那部分方差,称为唯一性方差(uniqueness variance),表示 m 个共同因素对观测变量的方差不能做出解释的部分,其大小等于 1 减去该变量的共同度. 唯一性方差可分解为两部分:一部分归因于所选变量的特殊性,称为特殊性方差(specificity variance),剩余部分归因于测量的不完备性,称为变量的误差方差(error variance)或变量的不可靠性(unreliability variance).

共同度在测验或特质行为的研究方面主要有以下用途.

第一,在心理与教育测量中,共同度能反映测验所要测量的行为属性的测量程度. 共同度越大,方差贡献率就越大,说明该因素所反映行为属性的程度就越强,在所测量特质中所起的作用就越大.

第二,如果在一个测验的众多项目中,由某些项目构成的共同度越大,说明这些项目测定被试个别差异的功能就越强,该项目的区分度越好,鉴别力高. 反之,共同度越小,鉴别力越低. 项目的共同度,可用作评价项目区分度的一种指标.

3. 特征值与贡献率

1) 特征值

对于一个 n 阶矩阵 $\boldsymbol{A}$,如果存在一个 n 维向量 $\boldsymbol{v}$ 和一个常数 λ,满足条件

$$\boldsymbol{A}\boldsymbol{v} = \lambda\boldsymbol{v} \tag{18.9}$$

则称 λ 为矩阵 $\boldsymbol{A}$ 的一个特征值,而称 $\boldsymbol{v}$ 为矩阵 $\boldsymbol{A}$ 对应于特征值 λ 的一个特征向量.

在因素分析中,特征值表示每个共同因素在所有变量上的因素负荷的平方总和,它反映某一共同因素对各观测变量的影响程度,也说明该共同因素的重要性程度. 特征值越大,说明该共同因素越重要,而且越容易被因素分析模型所提取.

2) 贡献率

各因素的特征值(λ_j)在所有因素特征值的总和中所占的比例,称为该因素的贡献率. 它反映该因素对所有观测变量变异影响的大小,贡献率大说明该因素的影响大、重要性大或其权重大. 第 j 个共同因素的方差贡献率为

$$V_j = \lambda_j / (\lambda_1 + \lambda_2 + \cdots + \lambda_m) \tag{18.10}$$

18. 2. 3　共同度估计和因素个数确定

1. 变量共同度的估计

将因素分析模型(18.2)用矩阵形式表示为

$$Z = AF + dU \tag{18.11}$$

由于变量都是经过了标准化的变量,所以观测变量的相关系数矩阵为

$$R = AA' + D \tag{18.12}$$

如果不考虑特殊因素部分,定义 $R^* = AA'$,称 R^* 为再生(约)相关矩阵. 在主成分分析模型中,由于模型不含特殊因子,所以直接用相关矩阵求解因素载荷阵. 但是,在因素分析模型中,由于考虑特殊因素对变量的影响,求解因素载荷阵则以再生相关矩阵为出发点,因此在因素分析模型中,首先应估计变量的再生相关矩阵.

相关矩阵与再生相关矩阵的区别表现为:相关矩阵 R 的主对角线元素为 1,而再生相关矩阵 R^* 的主对角线元素是由变量的共同度组成的,即

$$R^* = \begin{pmatrix} h_1^2 & r_{12} & \cdots & r_{1n} \\ r_{21} & h_2^2 & \cdots & r_{2n} \\ \vdots & \vdots & & \vdots \\ r_{n1} & r_{n2} & \cdots & h_n^2 \end{pmatrix} \tag{18.13}$$

变量共同度的估计,是得到再生相关矩阵的关键. SPSS 给出了多种估计变量共同度的方法,如主成分法. 主成分法假定各观测变量是各共同因素的纯线性组合,第一成分有最大的方差,后续的成分,其可解释的方差逐个递减. 主成分法是常用的获取共同因素分析结果的方法,它假定特殊因素的作用可忽略不计.

除此以外,SPSS 还给出了最大相关系数估计法、复相关系数平方估计法、影像分析法等多种估计变量共同度的方法,这里不再一一叙述.

2. 因素个数的确定

共同因素个数的确定,方法有以下三种.

(1) 将再生相关矩阵(在主成分分析中,用相关矩阵)的特征值从大到小排列,根据前面若干个共同因素所对应的特征值之和的百分比来确定. 一般来说,这一比例最好在 85% 以上,但根据问题的复杂程度可做适当调整.

(2) 以特征值是否大于或等于 1 为标准,只选择特征值大于或等于 1 的因子作为共同因素,而特征值小于 1 的因子则不选.

(3) 碎石检验(screen test),以特征值为纵坐标,以因子个数为横坐标,按照因子被提取的顺序,画出因素的特征值随因子个数变化的散点图,根据图的形状来判断抽取因子个数. 从第一个因子开始,曲线逐渐下降,然后变得平缓,最后近于一条直线,曲线变平的前一点被认为是提取的最大因子个数.

18.2.4　旋转变换

因子旋转是通过改变坐标轴的位置,重新分配各因子所解释的方差比例,使因子结构简单化和易于解释. 因子旋转不改变模型对数据的拟合程度,不改变每个变量的共同因子方差.

因子旋转的方式有两种:一种是正交旋转,另一种是斜交旋转. 正交旋转是使因子轴之间仍然保持 $90°$ 角,即因子之间是不相关的,而在斜交旋转中,因子之间的夹角可以是任意的,即因子之间可以是相关的.

常用的正交旋转方法有方差最大法(varimax),其次还有四次方最大法(quartimax)、等量最大法(equimax)等,而斜交旋转方法中以 oblimin 方法和 promax 方法为常见. 这些方法不在此介绍,有兴趣的读者可查阅相关资料.

18.2.5　因子得分及应用

上面讨论了如何将变量表示成各共同因素的线性组合,以便使众多变量 Z 综合成少数几个共同指标(或因素,因子)F. 但在某些场合,需要考虑通过变量 Z 的值来获得指标 F 的值. 这种由变量的观测值来估计各共同因素的值的方法称为因子得分.

求因子得分涉及用观测变量来描述因子,第 p 个因子在第 i 个个体上的值可以表示为

$$f_{pi} = \sum_{j=1}^{k} w_{pj} Z_{ji} \qquad (18.14)$$

其中,Z_{ji} 是第 j 个变量在第 i 个个体上的值;w_{pi} 是第 p 个因子和第 j 个变量之间的因子值系数.

因子分析模型是用因子的线性组合来表示一个观测变量,因子负荷实际上是该线性组合的权数. 求因子得分的过程正好相反,它是通过观测变量的线性组合来表示因子,因子得分实际上是观测变量的加权平均.

因为各个变量在因子上的负荷(权数)不同,不能将变量简单相加. 对于主成分分析法得到的因子解,可以直接得到因子值系数,对于其他方法得到的因子解,只能得到因子值系数的估计值,通过回归法可得到因子得分系数的估计值. 有了因子得分,就可以把新生成的因子当作变量,进行其他的统计分析.

18.2.6　探索性因素分析举例

例 18.1　数学在发展人类智慧与技能,推动社会进步与人类的文明等方面有着非常重要的文化价值,称这种价值为数学的"有用性". 用 12 个项目(题目)组成的调查问卷随机抽取并测量 455 名初中生的数学"有用性"特质,结果见数据 data18-02. 项目内容如下:

t1 数学是其他科学的基础;

t2 数学能增强我的推理能力;

t3 哪里有数学,哪里就有美;

t4 数学语言被看成是一种通用的科学语言;

t5 数学是研究空间形式和数量关系的科学;

t6 数学使我变得更加聪明;

t7 数学能训练人的思维能力;

t8 数学在我的实际生活中没有多大用处;

t9 为了我未来的工作我需要学习数学;

t10 学数学能让我获得好成绩;

t11 数学是人们认识世界的一种工具;

t12 数学能锻炼我的意志.

试用因素分析方法探讨数学的"有用性"可分为几个共同因素,并对结果进行解释.

解　在数据 data18-02 中,一共有 16 个变量,包括序号、学校、年级、性别和各个项目,其中 12 个项目依次用变量 t1~t12 来表示.

1. 预分析

探索性因素分析可以简化数据结构并探求测验的结构效度. 张文彤等(2004)认为,KMO 统计量越接近 1,变量间的偏相关性越强,因素分析的效果越好. 在实际分析中,当 KMO 统计量小于 0.5 时,不适合进行因素分析. 而当 KMO 统计量大于 0.7 时,因素分析的效果会比较好. 另一个经验判断是,当 Bartlett 球形检验的卡方值显著时,适合做因素分析. 因子数目的确定一般有 3 个原则:因子特征值大于 1;因素群符合碎石检验;每个因子至少包含 3 个题目.

2. 具体操作

按 Analyze→Data Reduction→Factor 顺序,打开 Factor Analysis 对话框,如图 18.1所示,从源变量框中将 t1~t12 共 12 个变量移入 Variables 框.

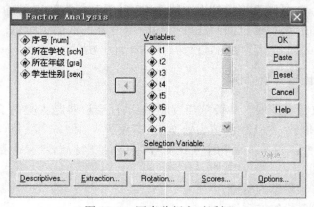

图 18.1　因素分析主对话框

单击 Descriptives 按钮,展开相应对话框,如图 18.2 所示. 在 Statistics 栏,选择 Initial solution 项,要求显示用主成分提取方法的分析结果,分别是原始变量的共同度(Communalities)、特征值(Eigenvalues)、方差百分比(% of Variance)、累积方差百分比(Cumulative %).

在 Correlation Matrix 栏,选择 Coefficients 项,要求显示相关矩阵的相关系数. 选择 Significance levels 项,输出针对相关系数为 0 的 t 检验的显著性概率. 选择 KMO and Bartlett's test of sphericity 项,进行 KMO 检验和 Bartlett 球形检验,给出抽样适当性(充足度)的 Kaisex-Meyer-Olkin 测度,检验变量间的偏相关是否很小. Bartlett 球形检验,检验相关矩阵是否是单位阵,用来说明数据是否适合做因素分析.

单击 Extraction 按钮,展开相应对话框,如图 18.3所示. 在 Method 因子提取方法参数框中,选择主成分分析 Principal components 选项.

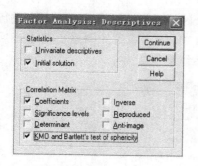

图 18.2 因素分析 Descriptives 对话框

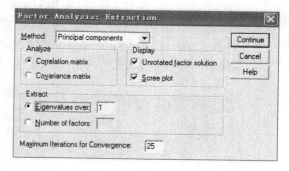

图 18.3 因素分析 Extraction 对话框

在 Analyze 栏,选择 Correlation matrix 项,表示使用变量的相关矩阵进行提取因子的分析,如果参与分析的变量的测度单位不同时,应该选择该项. 如果选择 Covariance matrix项,表示使用变量的协方差矩阵进行提取因子的分析,如果参与分析的变量的测度单位相同,则可以选择该项.

在 Display 栏,选择 Unrotated factor solution 项,要求显示旋转前的因子(原始因子)提取结果. 选择 Scree plot 项,要求显示按特征值大小排列的因子序号,以特征值为两个坐标轴的碎石图,可以帮助确定保留多少个因子,一般以最明显的拐点处为共同因子的数量界限.

在 Extract 栏,选择特征值大于 1 作为因子个数的判定准则. 如果要自定义因子个数,应选择 Number of factors 项,在其相应对话框中输入因子个数.

单击 Rotation 按钮,展开相应对话框,如图 18.4 所示. 在 Method 栏,选择 Varimax 项,方差最大化旋转. 在 Display 栏,选择 Rotated solution 项,输出旋转后的因子载荷阵.

单击 Scores 按钮,展开相应对话框,如图 18.5 所示. 如果选择 Save as variables

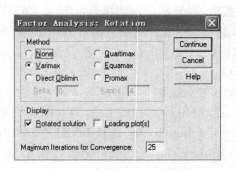

图 18.4　因素分析 Rotation 对话框

项,系统以变量名为 fact_1,fact_2 的形式,将新计算得到的因子得分保存在原数据文件中.计算因子得分的方法有三种,默认使用回归法(Regression).

　　单击 Options 按钮,展开相应对话框,如图 18.6 所示.在 Coefficient Display Format 栏,选择 Sorted by size 项,系统将在每一个因素内部按因素负荷的大小进行排序.如果选择 Suppress absolute values less than 项,则当项目的因素负荷小于后面框中的数字时,该项目的因素负荷将不被显示,系统默认值为 0.1.

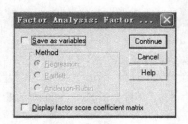
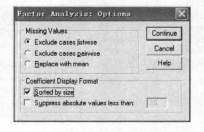

图 18.5　因素分析 Scores 对话框　　图 18.6　因素分析 Options 对话框

3. 结果分析

　　表 18.2 列出了 KMO 检验和 Bartlett's 球形检验的结果.KMO 是 Kaiser-Meyer-Olkin 的取样适当性参数,当 KMO 值越大时,表示变量间的共同因素越多,越适合进行因素分析.KMO 值为 0.879,大于 0.5 的经验值,表示可以进行因素分析.

表 18.2　KMO 和 Bartlett's 检验结果

Kaiser-Meyer-Olkin Measure of Sampling Adequacy		0.879
Bartlett's Test of Sphericity	Approx. Chi-Square	1294.017
	df	0.66
	Sig.	0.000

　　Bartlett's 检验的卡方值为 1294.017(自由度为 66),相应的显著性概率 $p <$ 0.05,表示总体的相关矩阵有共同因素存在,适合进行因素分析.

表 18.3 为原始变量的相关分析矩阵,按行为科学领域中变量间相关程度的经验判断,许多变量间的相关性在中等或中等程度以上,的确存在信息重叠现象,可以进行因素分析.

表 18.3 原始变量(项目)的相关系数矩阵

	t1	t2	t3	t4	t5	t6	t7	t8	t9	t10	t11	t12
t1	1.000	0.260	0.285	0.191	0.255	0.178	0.134	0.173	0.199	0.267	0.237	0.055
t2	0.260	1.000	0.377	0.316	0.345	0.476	0.521	0.281	0.321	0.275	0.289	0.289
t3	0.285	0.377	1.000	0.397	0.239	0.415	0.305	0.250	0.264	0.305	0.369	0.314
t4	0.191	0.316	0.397	1.000	0.352	0.288	0.279	0.216	0.206	0.105	0.319	0.237
t5	0.255	0.345	0.239	0.352	1.000	0.289	0.311	0.195	0.251	0.193	0.341	0.261
t6	0.178	0.476	0.415	0.288	0.289	1.000	0.572	0.292	0.395	0.371	0.342	0.440
t7	0.134	0.521	0.305	0.279	0.311	0.572	1.000	0.288	0.332	0.292	0.281	0.336
t8	0.173	0.281	0.250	0.216	0.195	0.292	0.288	1.00	0.325	0.108	0.193	0.159
t9	0.199	0.321	0.264	0.206	0.251	0.395	0.332	0.325	1.00	0.286	0.254	0.245
t10	0.267	0.275	0.305	0.105	0.193	0.371	0.292	0.108	0.286	1.00	0.221	0.233
t11	0.237	0.289	0.369	0.319	0.341	0.342	0.281	0.193	0.254	0.221	1.0	0.306
t12	0.055	0.289	0.314	0.237	0.261	0.440	0.336	0.159	0.245	0.233	0.306	1.000

表 18.4 给出了各变量共同度,用主成分分析法. 各变量的共同度表示各变量中所含原始信息能被提取的公因子(公共因素)所表示的程度. 在行为科学研究领域,除了认为变量(t8)的共同度相对较小以外,其他变量的共同度相对都比较高,因此提取的公因子对各变量的解释能力是较强的.

表 18.4 12 个变量的共同度

	t1	t2	t3	t4	t5	t6	t7	t8	t9	t10	t11	t12
Initial	1.000	1.000	1.000	1.000	1.000	1.000	1.000	1.000	1.000	1.000	1.000	1.000
Extraction	0.768	0.492	0.459	0.639	0.458	0.677	0.609	0.227	0.420	0.600	0.449	0.487

由图 18.7 可见,因子 1 与因子 2 之间特征值的差异较大,而因子 2 以后的各因子之间特征值的差异均比较小. 初步判断保留两个因子就能概括绝大部分信息,明显的拐点是 2,说明提取两个公因子较为合适.

表 18.5 给出了旋转后的因子(或成分)与原始变量的相关矩阵,按系数从大到小进行排列. 使用主成分法提取因子,使用最大方差法旋转和经过 7 次迭代后收敛. 第一个主成分对项目 t6,t7,t12,t2 和 t9;第二个主成分对项目 t4,t5,t11 和 t3;第三个主成分对项目 t1 和 t10,都有绝对值较大的相关系数. 由于第三个主成分可以概括的项目太少,结合碎石图的分析结果,尝试只提取前两个主成分.

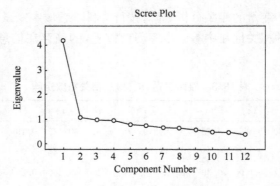

图 18.7　各成分特征值碎石图

表 18.5　旋转后的因子载荷阵

Component	t6	t7	t12	t2	t9	t8	t4	t5	t11	t3	t1	t10
1	0.785	0.752	0.610	0.575	0.544	0.373	0.142	0.203	0.248	0.345	−0.069	0.467
2	0.214	0.204	0.285	0.343	0.103	0.244	0.785	0.631	0.604	0.509	0.343	−0.076
3	0.125	0.038	−0.181	0.209	0.336	0.168	−0.042	0.136	0.151	0.284	0.804	0.614

Extraction Method：Principal Component Analysis.

Rotation Method：Varimax with Kaiser Normalization.

　a. Rotation converged in 7 iterations.

　　表 18.6 给出了未经旋转的各因子的载荷情况（Extraction Sums of Squared Loadings）. 由于只有前三个特征值大于 1，所以 SPSS 只提取了前三个公因子，它们所解释的方差占累积方差的 52.376%. 但是，第三个公因子的特征值为 1.004，其实与 1 已非常接近.

表 18.6　各成分的特征值和方值贡献率及累积方差贡献率

Component	Initial Eigenvalues			Extraction Sums of Squared Loadings		
	Total	%of Variance	Cumulative%	Total	% of Variance	Cumulative%
1	4.198	34.982	34.982	4.198	34.982	34.982
2	1.084	9.031	44.013	1.084	9.031	44.013
3	1.004	8.363	52.376	1.004	8.363	52.376
4	0.948	7.903	60.280			
5	0.792	6.598	66.877			
6	0.761	6.343	73.220			
7	0.648	5.397	78.617			
8	0.622	5.182	83.800			
9	0.585	4.874	88.674			
10	0.506	4.218	92.892			
11	0.467	3.891	96.783			
12	0.386	3.217	100.000			

Extraction Method：Principal Component Analysis.

　　然而,探索性因素分析到此并不意味着可以结束,因为开始时,我们并不确切了解各项目的区分度,也不知道该提取多少个公因子合适.这里的第三个主成分只能主要概括两个题目 t1 和 t10,而我们希望每个主成分至少可以概括三个或三个以上项目,结合碎石图检验结果,将项目 t1 和 t10 删除后,进行第二次探索性因素分析.

　　具体操作为:

　　(1) 按 Analyze→Data Reduction→Factor 顺序,打开 Factor Analysis 对话框.从源变量框中选择除 t1 和 t10 以外的其余 10 个项目变量,移入 Variables 框.

　　(2) 单击 Descriptives 按钮,打开相应对话框,各描述统计量的选择与图 18.2 中的设置相同.

　　(3) 单击 Extraction 按钮,打开相应对话框,如图 18.8 所示.在 Extract 栏,选择 Number of factors 项,在其后面的空白框内输入数字"2",表示提取 2 个公因子.其余选择与图 18.3 中的设置相同.

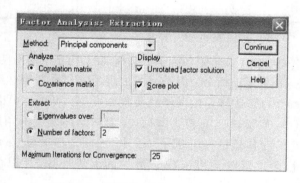

图 18.8　因素分析 Extraction 对话框

　　(4) 对因素分析 Rotation,Scores 和 Options 对话框,各描述统计量的选择,与第一次探索性因素分析中的设置方式相同.

　　运行程序,得到第二次探索性因素分析的结果.限于篇幅,这里不再给出各项目的相关系数矩阵;KMO 和 Bartlett's 检验结果;各成分特征值的碎石图.

　　由表 18.7 可见,在删除项目 t1 和 t10 以后,其余 10 个项目的共同度都在 0.339 以上,而且减少了原始变量,使得数据结构更加简洁.

表 18.7　10 个变量的共同度

	t2	t3	t4	t5	t6	t7	t8	t9	t11	t12
Initial	1.000	1.000	1.000	1.000	1.000	1.000	1.000	1.000	1.000	1.000
Extraction	0.513	0.466	0.551	0.431	0.621	0.584	0.388	0.463	0.506	0.339

表 18.8　各成分的特征值和方差贡献率及累积方差贡献率

Component	Initial Eigenvalues			Rotation Sums of Squared Loadings		
	Total	% of Variance	Cumulative%	Total	% of Variance	Cumulative%
1	3.861	38.613	38.613	2.522	25.223	25.223
2	1.000	10.001	48.614	2.339	23.391	48.614
3	0.887	8.873	57.486			
4	0.789	7.891	65.377			
5	0.759	7.594	72.971			
6	0.656	6.556	79.528			
7	0.635	6.351	85.878			
8	0.544	5.439	91.317			
9	0.481	4.812	96.129			
10	0.387	3.871	100.000			

Extraction Method：Principal Component Analysis.

　　表 18.8 中最右侧给出了旋转后各因子的载荷情况. 由于只有前两个因子的特征值大于 1,因此 SPSS 只提取了前两个公因子,它们的累积方差贡献率达到了 48.614%.

　　进行方差最大旋转后,旋转后的因子载荷阵如表 18.9 所示. 可以看出,第一个公因子在项目 t7,t6,t9,t8 和 t2 上有较大载荷,主要从个体发展的角度体现了数学的思维价值,可以命名为个体价值(gtj)因子. 第二个公因子在项目 t4,t11,t5 和 t3 上有较大载荷,主要从社会发展的角度反映了数学的促进作用,可以命名为社会价值(shj)因子.

表 18.9　旋转后的因子载荷阵[a]

Component	t7	t6	t9	t8	t2	t4	t11	t5	t3	t12
1	0.716	0.707	0.669	0.620	0.614	0.094	0.157	0.188	0.301	0.374
2	0.267	0.341	0.122	0.057	0.368	0.736	0.694	0.629	0.612	0.447

Extraction Method：Principal Component Analysis.

Rotation Method：Varimax with Kaiser Normalization

a. Rotaion converged in 3 iterations.

　　可以得出结论:通过探索性因素分析,将数学的"有用性"分成了两个维度,分别是个体价值和社会价值这两个因子,其中个体价值包含的 5 个项目为 t7,t6,t9,t8 和 t2;社会价值包含的 5 个项目为 t4,t11,t5,t3 和 t12.

　　探索性因素分析反映了学生对数学有用性的认知维度,包含数学的个体价值和社会价值两个指标. 但是,我们还想了解这样的理论构想是否测量到了所要测量的心理特质,这就需要进行验证性因素分析.

18.3 验证性因素分析

18.3.1 验证性因素分析概述

在探索性因素分析中,开始分析时不知道有多少个因子,而且因子之间的相关都是未知的,根据特征值的大小、碎石图检验及因子含义等确定因子数目. 在最终分析结果中,就算变量不从属某一因子,对应载荷很小但一般不等于零. 但是,在验证性因素分析中,根据理论或实际假设,可以预先确定模型的因子个数以及变量与因子的从属关系.

验证性因素分析实际上是协方差结构模型的特殊情况,即是协方差结构模型中的测量模型部分. 因为验证性因素分析是对已有的理论模型与数据拟合程度的一种验证,所以在进行验证性因素分析时,必须明确指明:共同因素的个数、观测变量的个数、观测变量与共同因素之间的关系、观测变量与特殊因素之间的关系及特殊因素之间的关系.

18.3.2 验证性因素分析的数学模型

验证性因素分析模型是在对研究问题有所了解的基础上进行的,这种了解可以是建立在理论假设、实验研究或两者结合的基础上. 其模型假设为在总体中,模型中所有变量(观测变量、潜变量、误差)的均值为零;公共因子与误差项之间相互独立;各独立因子之间相互独立.

下面结合典型图例来说明验证性分析模型的特点,如图 18.9 所示.

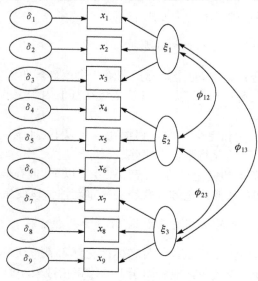

图 18.9 验证性因素分析模型

模型的数学表达式为

$$X = \Lambda_x \xi + \delta \tag{18.15}$$

其中, X 为 $p \times 1$ 阶的观测变量向量(矩阵); ξ 为 $n \times 1$ 阶的外衍观测变量向量; Λ_x 为 $p \times n$ 阶的潜变量 ξ 的因子载荷矩阵; δ 为 $p \times 1$ 阶的测量误差项.

在验证性因素分析中,由于自变量(潜变量)是不可观测的,所以因素方程不能直接估计,为此必须导出它的观测变量的协方差矩阵之间的关系式为

$$\Sigma = \Lambda_x \Phi \Lambda_x' + \Theta_\delta \tag{18.16}$$

式(18.6)称为协方差方程. 其中, Σ 是观测变量之间的方差和协方差的总体矩阵, Λ_x 是观测变量 X 的因子载荷阵; Θ_δ 是测量模型中误差项之间的协方差矩阵. 该方程把观测变量 X 的方差和协方差分解成载荷矩阵 Λ_x, ξ 的方差和协方差以及 δ 的方差与协方差. 模型的估计就是求解上面协方差方程中的各参数值的估计值,以便使模型更好地重新产生观测变量的方差与协方差矩阵.

18.3.3　验证性因素分析的模型定义

在实际研究中,验证性因素分析的模型定义是一个比较复杂且很费时间的过程,目前可用于验证性因素分析的计算机软件,如在结构方程 LISREL 软件中,有关模型是否被识别的问题,可以参考计算机输出结果来观察.

目前国内有关结构方程模型方面的著作比较少,为此推荐几本有关结构方程理论方面的著作. 例如,由邱皓政和林碧芳编写的《结构方程模型的原理与应用》,由侯杰泰、温忠麟和成子娟编写的《结构方程模型及其应用》和由吴明隆编写的《结构方程模型:AMOS 的操作与应用》.

根据结构方程模型理论,如果要删除模型中的变量,或者要重新评估模型中变量之间的从属关系,应当遵循以下若干原则.

1. 在变量删除方面,可分为四种情形

(1) 单次模型拟合过程中,每个指标只删除一个或最多两个变量.

(2) 变量的因子负荷在 0.32 以下,且该变量在其他因子上的修正指数(MI)较小时,直接将该变量删除.

(3) 变量的因子负荷和完全标准化解都在 0.5 以下,且该变量在其他因子上的修正指数较小时,视实际情况将该变量删除.

(4) 变量的因子负荷和完全标准化解都在 0.5 以下,但在其他某个或某几个因子上的修正指数较大时,依照理论和实践经验来重新评估该变量的因子从属关系.

2. 在判断变量与因子的从属关系方面,可分为两种情形

(1) 如果变量从属新的因子后,负荷和标准化解都在 0.5 以上,且因子负荷的 t 检验显著($t \geqslant 2$),同时该变量在其他各因子上的修正指数较小时,可认为该变量新的从属关系是成立的.

（2）如果变量从属新的因子后,在某个或某几个因子上的修正指数反而更高时,表明新的从属关系并不比原来的从属关系要好,而结构方程理论一般不主张单个变量同时从属两个或多个因子,所以将该变量删除.

18.3.4　验证性因素分析的模型评价

验证性因素分析中,在得到模型参数的估计值之后,需要对模型与数据之间的拟合程度进行评价,并与替代模型的各拟合指数进行比较.可以通过比较拟合指数来评价一个模型与数据的拟合程度.

验证性因素分析模型评价的途径主要有两个方面:一是潜在因子与题目之间的相关和负荷(或载荷)反映各因子之间的路径和路径系数;二是通过拟合指标反映模型的拟合程度.

常见的拟合指数有如下两种.

1. 绝对拟合指数(absolute index)

这些指数能衡量理论模型与样本数据的拟合程度,主要有:卡方值 χ^2,通常卡方值与自由度 df 之比应为 2.0～5.0.近似误差均方根(root mean square eerror of approximation,RMSEA),它受样本的数量影响较少,经验值在 0.08 以下.侯杰泰等(2004)引述 Steiger(1990)的观点并认为,RMSEA 在 0.1 以下表示好的拟合;在 0.05 以下表示非常好的拟合.

2. 相对拟合指数(relative index)

这些指数能评价模型拟合程度的改进程度,主要有:非范拟合指数(non-normed fit index,NNFI).比较拟合指数(comparative fit index,CFI).指数 NNFI 和 CFI 的范围都在 0～1,且越大表示拟合模型的效果越好.

18.3.5　验证性因素分析的实例

方法一:验证性因素分析的 LISREL 实现.

验证性因素分析可以通过结构方程模型(SEM)来实现,因为结构方程模型能帮助了解题目(各观测变量)与指标(因素、因子或变量)的归属是否正确,有没有错误地归属于没有相关或相关不大的因子,以达到评价模型及修正模型的目的.

例 18.2　前面对数学"有用性"的探索性因素分析的初步结论是,数学的"有用性"可分为个体价值和社会价值两个因素层面,而且每个因素均包含 5 个不同的观测变量,见数据 data18-03.sav.试用验证性因素分析,验证由探索性因素分析所获结论的有效性.

解　用 LISREL8.70 对除 t1 和 t10 以外的其他 10 个题目进行验证性因素分析,以检验题目的归属关系是否正确或适当.具体操作过程可分为三个步骤.

第一步:求协方差矩阵.用 LISREL8.70 求原始观测变量的协方差矩阵,可以分为以下两步进行.

(1) 数据的导入与定义.

LISREL8.70 生成的数据文件比较多,不妨将数据 data18-03 放在桌面"SEM 模型验证性因素分析"文件夹中.启动 LISREL8.70,按 File→Import External Data in Other Formats 顺序,打开相应对话框,如图 18.10 所示.在文件类型下拉框中,选择数据文件的类型,这里是 SPSS Data File(* . sav)类型.

图 18.10 LISREL 打开数据文件对话框

单击数据文件 data18-03,或者手工直接输入该文件名,单击"打开"按钮,弹出"保存为"对话框,如图 18.11 所示.

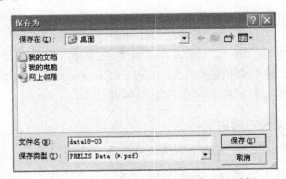

图 18.11 LISREL 数据文件保存为对话框

在图 18.11 所示的保存类型对话框中,选择默认类型 PRELIS Data(* . psf),将文件名也命名为 data18-03,单击"保存"按钮.这时,数据 data18-03. sav 就被导入到 LISREL 中,如图 18.12 所示.

在数据编辑窗口,在任意一个变量名上右键单击,可以定义、删除或插入新变量,如图 18.13 所示.

左键单击 Define Variables 项,弹出相应对话框,如图 18.14 所示.任意选择左边变量框中的某个变量,这时右边的变量类型等 3 个按钮反白变黑.单击 Variable

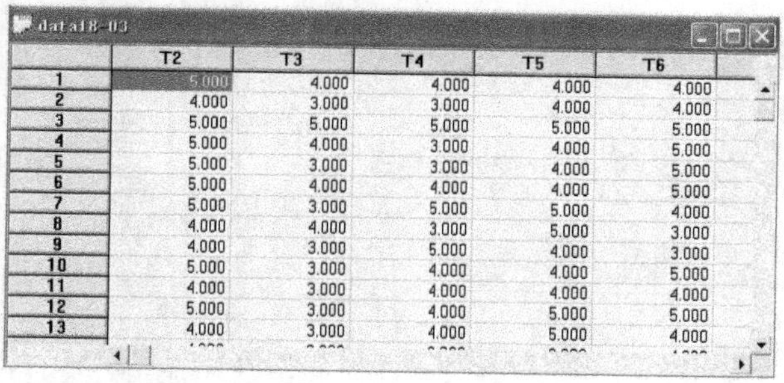

图 18.12　LISREL 数据编辑窗口

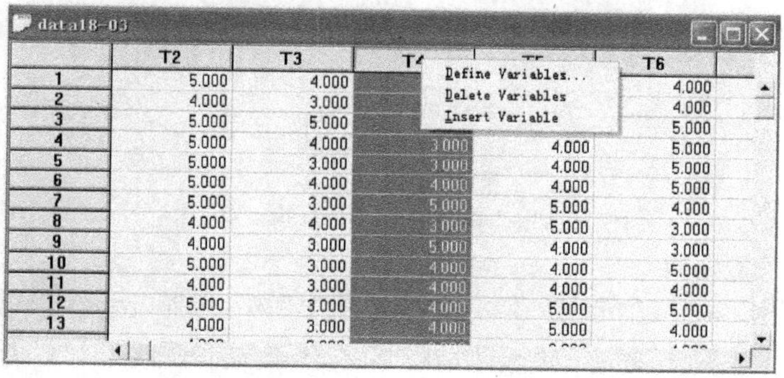

图 18.13　LISREL 变量的定义、删除和插入

Type 按钮,弹出相应对话框,如图 18.15 所示.将变量定义为连续型(Continuous),连续两次单击 OK,回到如图 18.12 所示的数据编辑窗口.

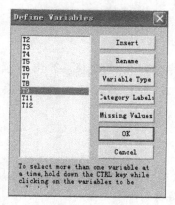

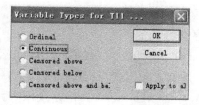

图 18.14　LISREL 定义变量对话框　　图 18.15　LISREL 变量类型对话框

（2）求协方差矩阵.

按 Statistics→Output Options 顺序,打开 Output 对话框,如图 18.16 所示.在 Moment Matrix 栏,选择 Covariances 项,再选中 Save to file 项,将输出数据保存为 data18-03.cov 文件.单击 OK,系统将输出这 10 个观测变量的协方差矩阵.

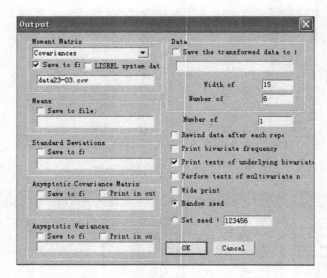

图 18.16   LISREL 软件数据输出对话框

第二步:模型建构.

启动 LISREL8.70,单击 File 菜单,弹出新建对话框,选择 Syntax Only,如图 18.17 所示.

图 18.17   LISREL 软件的新建对话框

单击"确定"按钮,系统弹出 SYNTAX1 程序窗口,编写如图 18.18 所示的程序命令.一个完整的 LISREL 程序,由三个部分组成:数据输入(DA 开始)、模型建构(MO 开始)和结果输出(OU 开始).

程序解释如下:

(1) DA NI=10 NO=455 MA=CM

DA 是输入数据指令(data,DA).NI=10,表示有 10 个观测变量,NO=455 表示有 455 名被试.MA=CM 表示要求用协方差矩阵作分析.

CM SY 表示读取对称矩阵的下三角部分,且包含对角线元素.若输入的是完整矩阵,则相应指令为"KM FU".

(2) MO NX=10 NK=2 LX=FU,FI PH=ST TD=DI,FR

由 MO 开始至 OU 之前是模型建构(model,MO)和参数设定(parameter,PA).

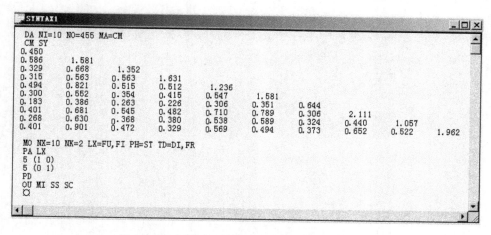

图 18.18 LISREL 软件 STNTAX 程序编辑窗口

NX 为观测变量的个数,NK 为潜变量的个数,LX 为一个 NX×NK(本例为 10×2)阶因子载荷阵,表示指标与因子的关系. LX=FU,FI 表示因子载荷阵是完整且固定的矩阵,接着在 PA LX 指令中设定 LX 的格式,用 0 设定对应的元素为固定,并默认其数值为 0;用 1 设定对应的元素为自由. 括号前的数字表示有多少行的格式相同. 如5(1,0)表示 LX 中连续 5 行的格式相同,都是第一个元素自由估计,而第二个元素固定为 0.

PH 为一个 NK×NK(本例为 2×2)阶潜变量因子间的协方差矩阵,PH=ST 表示是一特别设定的简称,表示 PH 对称,对角线固定取值为 1,对角线以外自由估计. 相当于固定因子的方差为 1,因子间的协方差自由估计. PH 对角线为 1,是固定方差法,所以无需再用固定载荷法.

TD 为一个 NX×NX(本例为 10×10)阶指标误差间的协方差矩阵. 一般地,可用TD=DI,FR 设定 TD 的对角线(diagonal,DI)元素为自由,非对角线元素固定为 0,即设定误差之间不相关.

PD 表示输出结构模型图及参数估计值.

(3) OU MI SS SC

如果只有 OU,则输出基本结果,包括参数估计值、标准误和 t 值、拟合指数等. MI 表示输出修正指数(modification index,MI). SS 表示输出参数的标准化解(即因子是标准化变量时的参数估计). SC 表示输出参数的完全标准化解(即因子和指标都是标准化变量时的参数估计).

第三步:部分输出结果.

(1) LISREL Estimates (Maximum Likelihood)最大似然法参数估计

LAMBDA-X

	KSI 1	KSI 2
	------	------
VAR 1	0.55	--
	(0.03)	
	20.48	
VAR 2	1.03	--
	(0.05)	
	20.12	
VAR 3	0.64	--
	(0.05)	
	11.96	
VAR 4	0.60	--
	(0.06)	
	9.94	
VAR 5	0.85	--
	(0.05)	
	18.48	
VAR 6	--	0.75
		(0.06)
		12.72
VAR 7	--	0.44
		(0.04)
		11.40
VAR 8	--	0.83
		(0.07)
		11.97
VAR 9	--	0.68
		(0.05)
		14.22
VAR 10	--	0.82
		(0.07)
		12.28

PHI

	KSI 1	KSI 2
	------	------
KSI 1	1.00	
KSI 2	0.85	1.00
	(0.03)	

30. 14

THETA-DELTA

VAR 1	VAR 2	VAR 3	VAR 4	VAR 5	VAR 6	VAR 7	VAR 8	VAR 9	VAR 10
----	----	----	----	----	----	----	----	----	----
0. 14	0. 53	0. 95	1. 27	0. 51	1. 01	0. 45	1. 43	0. 60	1. 30
(0. 01)	(0. 05)	(0. 07)	(0. 09)	(0. 04)	(0. 08)	(0. 03)	(0. 11)	(0. 05)	(0. 10)
10. 52	10. 85	14. 18	14. 49	12. 02	13. 08	13. 57	13. 37	12. 35	13. 25

解释:每个参数(自由估计的元素)对应于三个数值,第一个是未标准化的参数估计值,第二个是标准误,第三个是 t 值.

例如,对 LX(1,1),参数估计值是 0.55,标准误是 0.03.要检验 LX(1,1)是否显著地不等于 0,可以看 t 值,这里是 20.48,一般可简单地取 t 值大于 2 为显著,所以 LX(1,1)显著地不等于 0.

在大多数情况下,我们希望因子负荷及心目中相关的因子相关系数或协方差都是显著的,而误差方差越小越好.图 18.19 是估计出参数以后的模型路径图及其评价指数.

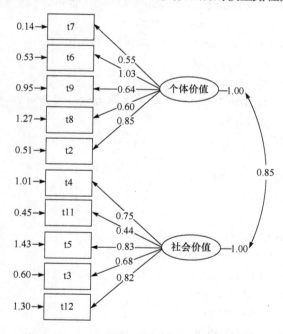

图 18.19 有用性模型参数估计值及其评价指数

(2) Squared Multiple Correlations for X -Variables 平方复相关系数

VAR 1	VAR 2	VAR 3	VAR 4	VAR 5	VAR 6	VAR 7	VAR 8	VAR 9	VAR 10
----	----	----	----	----	----	----	----	----	----
0. 68	0. 66	0. 30	0. 22	0. 59	0. 36	0. 30	0. 32	0. 43	0. 34

解释：当指标只简单地从属某一个因子时，平方复相关系数等于标准化负荷平方．

(3) Goodness of Fit Statistics 拟合优度统计量

Degrees of Freedom=34

Minimum Fit Function Chi-Square=119.61 (P=0.00)

Normal Theory Weighted Least Squares Chi-Square=119.56 (P=0.00)

Estimated Non-centrality Parameter (NCP)=85.56

90 Percent Confidence Interval for NCP=(55.97 ; 122.75)

Minimum Fit Function Value=0.26

Population Discrepancy Function Value (F0)=0.19

90 Percent Confidence Interval for F0=(0.12 ; 0.27)

Root Mean Square Error of Approximation (RMSEA)=0.074

90 Percent Confidence Interval for RMSEA=(0.060 ; 0.089)

P- Value for Test of Close Fit (RMSEA<0.05)=0.0029

Expected Cross-Validation Index (ECVI)=0.36

90 Percent Confidence Interval for ECVI=(0.29 ; 0.44)

ECVI for Saturated Model=0.24

ECVI forIndependence Model=6.83

Chi-Square forIndependence Model with 45 Degrees of Freedom=3079.34

Independence AIC=3099.34

Model AIC=161.56

Saturated AIC=110.00

Independence CAIC=3150.54

Model CAIC=269.09

Saturated CAIC=391.62

Normed Fit Index (NFI)=0.96

Non-Normed Fit Index (NNFI)=0.96

ParsimonyNormed Fit Index (PNFI)=0.73

Comparative Fit Index (CFI)=0.97

Incremental Fit Index (IFI)=0.97

Relative Fit Index (RFI)=0.95

Critical N (CN)=213.80

Root Mean Square Residual (RMR)=0.062

Standardized RMR=0.042

Goodness of Fit Index (GFI)=0.95

Adjusted Goodness of Fit Index (AGFI)=0.92

Parsimony Goodness of Fit Index (PGFI)=0.59

解释:究竟用哪一个指数较好,这是一个复杂的课题. 这里报告的拟合统计量是 χ^2、df、绝对拟合指数 RMSEA、相对拟合指数 NNFI 和 CFI. 这些指数的意义请读者参阅有关结构方程理论方面的著作,这里不再展开详细叙述.

一般认为,RMSEA 在 0.08 以下(越小越好),NNFI 和 CFI 在 0.9 以上(越大越好),所拟合的模型是一个"好"模型.

(4) Modification Indices for LAMBDA-X 修正指数

	KSI 1	KSI 2
	-----	-----
VAR 1	--	14.10
VAR 2	--	2.16
VAR 3	--	0.55
VAR 4	--	0.30
VAR 5	--	2.97
VAR 6	11.85	--
VAR 7	0.79	--
VAR 8	2.87	--
VAR 9	0.00	--
VAR 10	7.40	--

解释:修正指数是指如果该参数由固定改为自由估计,χ^2 会减少的数值.

(5) Completely Standardized Solution 完全标准化解

LAMBDA- X

	KSI 1	KSI 2
	------	------
VAR 1	0.83	--
VAR 2	0.82	--
VAR 3	0.55	--
VAR 4	0.47	--
VAR 5	0.77	--
VAR 6	--	0.60
VAR 7	--	0.55
VAR 8	--	0.57
VAR 9	--	0.66
VAR 10	--	0.58

PHI

	KSI 1	KSI 2
	------	-----
KSI 1	1.00	

```
    KSI 2      0.85       1.00
    THETA-DELTA
VAR 1  VAR 2  VAR 3  VAR 4  VAR 5  VAR 6  VAR 7  VAR 8  VAR 9  VAR 10
----  ----  ----  ----  ----  ----  ----  ----  ----  ----
 0.32  0.34  0.70  0.78  0.41  0.64  0.70  0.68  0.57  0.66
```

模型的整个拟合情况见表 18.10.

表 18.10　模型的整个拟合情况

拟合指数	卡方	自由度	卡方/自由度	RMSEA	NNFI	CFI
数值	119.61	34	3.52	0.074	0.96	0.97

方法二:验证性因素分析的 SPSS 实现.

由于结构方程模型灵活多变,而且 LISREL 软件的计算指令较多,因此有研究者建议可以用 SPSS 进行验证性因素分析. 具体做法是:在获得调查数据后,随机选择一半数据先做探索性因素分析,再用另一半数据做验证性因素分析.用探索性因素分析初步确定公因子个数. 在验证性因素分析中的因子提取(Extraction)环节,选择 Number of factors 项,直接指定由探索性因素分析中得到的公因子数目. 根据 SPSS 提取共同因素(公因子)个数的一般原则,如取特征值大于或等于 1 的公因子,所以公因子数目的指定过程可能需要经过多次尝试与分析.

与结构方程模型不同,由于 SPSS 不能定义观测变量与潜变量之间的从属关系,不能检验观测数据是否吻合某一特定的因子结构等原因,这就要求研究者对所要测量的心理特质有深入的理解和准确的把握,通过仔细甄别、反复筛选各观测项目,咨询专家意见,必要时可采用预测等手段,从而提高测验的信度和效度.

本 章 总 结

一、主要结论

1. 因素分析是指从为数众多的可观测变量中,概括和推论出少数几个不可观测的潜变量(即因素,因子)的一种统计分析技术,目的是用最少的因素概括和解释大量的观测事实,建立起最简洁、最基本的概念系统,以揭示事物之间的本质联系.

2. 因素分析是心理学研究中常用的一种统计分析方法. 在测验编制、因素提取、测验结构效度的检验、心理特质属性结构的构建、测验工具的核准等方面,都要用到因素分析方法.

3. 因素分析要求样本量不能太小,各变量间具有相关性,利用 KMO 检验结果来判断数据是否适合做因素分析,各共同因素应该具有实际意义.

4. 探索性因素分析模型,按照共同因素(m)与变量个数(n)的大小关系,分为主成分分析模型($m=n$)和因素分析模型($m<n$).

　　5. 因素分析的常见术语有：

　　(1) 因素载荷，是指因素分析模型中各共同因素对观测变量的加权系数，也就是因素分析模型中各共同因素的系数.

　　(2) 共同度，是指被共同因素所决定的方差在观测变量总方差中所占的比例. 也就是说，共同度就是每个变量在每个共同因素上的因子载荷的平方总和，是个别变量可以被共同因素解释的方差百分比. 共同度的大小可以用来判断变量与共同因素之间的关系程度.

　　(3) 特征值，表示每个共同因素在所有变量上的因素负荷的平方总和，它反映某一共同因素对各观测变量的影响程度，也说明该共同因素的重要性程度. 特征值越大，说明该共同因素越重要，而且越容易被因素分析模型所提取.

　　(4) 贡献率，各因素的特征值在所有因素特征值的总和中所占的比例，称为该因素的贡献率. 它反映该因素对所有观测变量变异影响的大小，贡献率大说明该因素的影响大，重要性大或其权重大.

　　6. SPSS 给出了多种估计变量共同度的方法，如主成分法、最大相关系数估计法、复相关系数平方估计法、影像分析法等方法.

　　7. 共同因素个数的确定方法有以下三种：根据从大到小排列的共同因素所对应的特征值之和的百分比来确定，一般在 85% 以上；以特征值是否大于或等于 1 为标准，只选择特征值大于或等于 1 的作为共同因素，小于 1 的不选；碎石检验.

　　8. 验证性因素分析是对已有的理论模型与数据拟合程度的一种验证. 在进行验证性因素分析时，必须明确指明：共同因素的个数、观测变量的个数、观测变量与共同因素之间的关系、观测变量与特殊因素之间的关系及特殊因素之间的关系.

　　9. 根据结构方程模型理论，验证性因素分析时，如果要删除模型中的变量，或者要重新评估模型中变量之间的从属关系，应当遵循一定的原则.

　　10. 验证性因素分析模型评价的途径主要有两个方面：一是潜在因子与题目之间的相关和负荷(或载荷)反映各因子之间的路径和路径系数；二是通过拟合指标反映模型的拟合程度. 常用的拟合指数有绝对拟合指数(如卡方值与自由度之比，RMSEA 等)和相对拟合指数(如 NNFI，CFI 等).

二、知识结构图

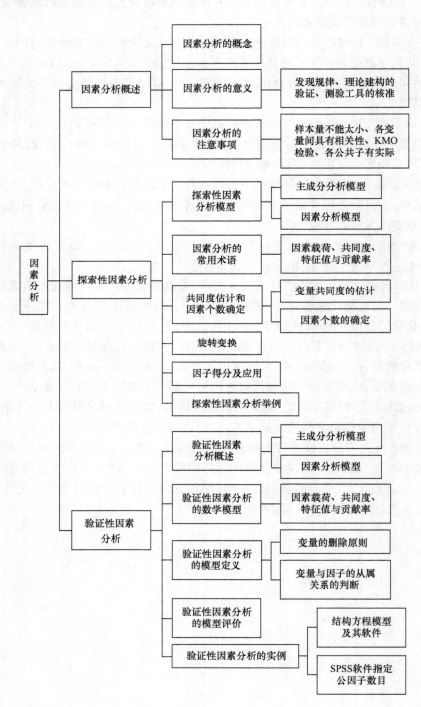

习　　题

18.1 今有 20 个盐泉,盐泉水的化学特征系数值见表 18.11,其中指标 X1 为矿化度;X2 为 Br · 10^3/Cl;X3 为 K · 10^3/$\sum$ 盐;X4 为 K · 10^3/Cl;X5 为 Na/K;X6 为 Mg · 10^2/Cl;X7 为 Na/Cl. 试对盐泉水的化学分析数据作因素分析,寻找潜在的公因子,并用这些公因子对原指标之间的相关关系进行解释.

表 18.11　盐泉水化学特征系数的数据

序号	X1	X2	X3	X4	X5	X6	X7
1	11.835	0.480	14.360	25.210	25.21	0.810	0.98
2	45.596	0.526	13.850	24.040	26.01	0.910	0.96
3	3.525	0.086	24.400	49.300	11.30	6.820	0.85
4	3.681	0.370	13.570	25.120	26.00	0.820	1.01
5	48.287	0.386	14.500	25.900	23.32	2.180	0.93
6	17.956	0.280	9.750	17.050	37.20	0.464	0.98
7	7.370	0.506	13.600	34.280	10.69	8.800	0.56
8	4.223	0.340	3.800	7.100	88.20	1.110	0.97
9	6.442	0.190	4.700	9.100	73.20	0.740	1.03
10	16.234	0.390	3.100	5.400	121.50	0.420	1.00
11	10.585	0.420	2.400	4.700	135.60	0.870	0.98
12	23.535	0.230	2.600	4.600	141.80	0.310	1.02
13	5.398	0.120	2.800	6.200	111.20	1.140	1.07
14	283.149	0.148	1.763	2.968	215.86	0.140	0.98
15	316.604	0.317	1.453	2.432	263.41	0.249	0.98
16	307.310	0.173	1.627	2.729	235.70	0.214	0.99
17	322.515	0.312	1.382	2.320	282.21	0.024	1.00
18	254.580	0.297	0.899	1.476	410.30	0.239	0.93
19	304.092	0.283	0.789	1.357	438.36	0.193	1.01
20	202.446	0.042	0.741	1.266	309.77	0.290	0.99

18.2 对 20 名大学生进行价值观的测验,9 项测验内容包括合作性、分配、出发点、工作投入、发展机会、社会地位、权力距离、职位升迁以及领导风格的偏好,具体数据见表 18.12,要求根据这 9 项内容进行因子分析,得到维度较少的因子.

表 18.12　20 名大学生价值观的 9 项测验结果

合作性	分配	出发点	工作投入	发展机会	社会地位	权力距离	职位升迁	领导风格
16	16	13	18	16	17	15	16	16
18	19	15	16	18	18	18	17	19
17	17	17	14	17	18	16	16	16
17	17	17	16	19	18	19	20	19
16	15	16	16	18	18	15	16	16
20	17	16	17	18	18	17	19	18
18	16	16	20	15	16	19	14	17
20	18	18	17	18	19	18	19	18
14	16	15	19	19	18	18	19	14
19	19	20	14	18	20	19	17	20
19	19	14	14	16	17	16	17	18
15	15	18	16	18	18	19	17	18
16	17	15	17	15	18	16	14	13
17	14	12	14	14	18	15	15	13
14	16	14	15	16	16	17	16	17
10	11	13	18	17	20	17	16	20
16	17	15	16	14	16	14	15	17
15	16	15	17	16	16	16	15	16
16	19	18	15	17	12	19	18	18
16	16	13	18	16	17	15	16	16

下篇参考文献

戴海崎,张锋,陈雪枫. 2007. 心理与教育测量(修订本)[M]. 广州:暨南大学出版社

丁国盛,李涛. 2005. SPSS 统计教程:从研究设计到统计分析[M]. 北京:机械工业出版社

何晓群,刘文卿. 2011. 应用回归分析[M]. 3 版. 北京:高等教育出版社

侯杰泰,温忠麟,成子娟. 2004. 结构方程模型及其应用[M]. 北京:科学出版社

梁之舜,邓集贤,杨维权,等. 2005. 概率论及数理统计(下册)[M]. 3 版. 北京:高等教育出版社

卢纹岱. 2006. SPSS for Windows 统计分析[M]. 3 版. 北京:电子工业出版社

茆诗松,程依明,濮晓龙. 2004. 概率论与数理统计教程[M]. 北京:高等教育出版社

孟庆茂,刘红云,赵增梅. 2006. 心理与教育研究方法、设计及统计分析[M]. 北京:高等教育出版社

邱皓政,林碧芳. 2009. 结构方程模型的原理与应用[M]. 北京:中国轻工业出版社

汪远征,徐雅静. 2007. SAS 软件与统计应用教程[M]. 北京:机械工业出版社

王孝玲. 2005. 教育测量(修订版)[M]. 上海:华东师范大学出版社

吴明隆. 2000. SPSS 统计应用实务[M]. 北京:中国铁道出版社

杨晓明. 2004. SPSS 在教育统计中的应用[M]. 北京:高等教育出版社

张文彤. 2004. SPSS 统计分析高级教程[M]. 北京:高等教育出版社

张文彤,闫洁. 2004. SPSS 统计分析基础教程[M]. 北京:高等教育出版社

附　　表

附表 1　正态分布表（曲线下的面积 P 与纵高 Y）

Z	Y	P	Z	Y	P	Z	Y	P
0.00	0.39894	0.00000	0.30	0.38139	0.11791	0.60	0.33322	0.22575
0.01	0.39892	0.00399	0.31	0.38023	0.12172	0.61	0.33121	0.22907
0.02	0.39886	0.00798	0.32	0.37903	0.12552	0.62	0.32918	0.23237
0.03	0.39876	0.01197	0.33	0.37780	0.12930	0.63	0.32713	0.23565
0.04	0.39862	0.01595	0.34	0.37654	0.13307	0.64	0.32506	0.23891
0.05	0.39844	0.01994	0.35	0.37524	0.13683	0.65	0.32297	0.24215
0.06	0.39822	0.02392	0.36	0.37391	0.14058	0.66	0.32086	0.24537
0.07	0.39797	0.02790	0.37	0.37255	0.14431	0.67	0.31874	0.24857
0.08	0.39767	0.03188	0.38	0.37115	0.14803	0.68	0.31659	0.25175
0.09	0.39733	0.03586	0.39	0.36973	0.15173	0.69	0.31443	0.25490
0.10	0.39695	0.03983	0.40	0.36827	0.15542	0.70	0.31225	0.25804
0.11	0.39654	0.04380	0.41	0.36678	0.15910	0.71	0.31006	0.26115
0.12	0.39608	0.04776	0.42	0.36526	0.16276	0.72	0.30785	0.26424
0.13	0.39559	0.05172	0.43	0.36371	0.16640	0.73	0.30563	0.26730
0.14	0.39505	0.05567	0.44	0.36213	0.17003	0.74	0.30339	0.27035
0.15	0.39448	0.05962	0.45	0.36053	0.17364	0.75	0.30114	0.27337
0.16	0.39387	0.06356	0.46	0.35889	0.17724	0.76	0.29887	0.27637
0.17	0.39322	0.06749	0.47	0.35723	0.18082	0.77	0.29659	0.27935
0.18	0.39253	0.07142	0.48	0.35553	0.18439	0.78	0.29431	0.28230
0.19	0.39181	0.07535	0.49	0.35381	0.18793	0.79	0.29200	0.28524
0.20	0.39104	0.07926	0.50	0.35207	0.19146	0.80	0.28969	0.28814
0.21	0.39024	0.08317	0.51	0.35029	0.19497	0.81	0.28737	0.29103
0.22	0.38940	0.08706	0.52	0.34849	0.19847	0.82	0.28504	0.29389
0.23	0.38853	0.09095	0.53	0.34667	0.20194	0.83	0.28269	0.29673
0.24	0.38762	0.09483	0.54	0.34482	0.20540	0.84	0.28034	0.29955
0.25	0.38867	0.09871	0.55	0.34294	0.20884	0.85	0.27798	0.30234
0.26	0.38568	0.10257	0.56	0.34105	0.21226	0.86	0.27562	0.30511
0.27	0.38466	0.10642	0.57	0.33912	0.21566	0.87	0.27324	0.30785
0.28	0.38361	0.11026	0.58	0.33718	0.21904	0.88	0.27086	0.31057
0.29	0.38251	0.11409	0.59	0.33521	0.22240	0.89	0.26848	0.31327

Z	Y	P	Z	Y	P	Z	Y	P
0.90	0.26609	0.31594	1.30	0.17137	0.40320	1.70	0.09405	0.45543
0.91	0.26369	0.31859	1.31	0.16915	0.40490	1.71	0.09246	0.45637
0.92	0.26129	0.32121	1.32	0.16694	0.40658	1.72	0.09089	0.45728
0.93	0.25888	0.32381	1.33	0.16474	0.40824	1.73	0.08933	0.45818
0.94	0.25647	0.32639	1.34	0.16256	0.40988	1.74	0.08780	0.45907
0.95	0.25406	0.32894	1.35	0.16038	0.41149	1.75	0.08628	0.45994
0.96	0.25164	0.33147	1.36	0.15822	0.41309	1.76	0.08478	0.46080
0.97	0.24923	0.33398	1.37	0.15608	0.41466	1.77	0.08329	0.46164
0.98	0.24681	0.33646	1.38	0.15395	0.41621	1.78	0.08183	0.46246
0.99	0.24439	0.33891	1.39	0.15183	0.41774	1.79	0.08038	0.46327
1.00	0.24197	0.34134	1.40	0.14973	0.41924	1.80	0.07895	0.46407
1.01	0.23955	0.34375	1.41	0.14764	0.42073	1.81	0.07754	0.46485
1.02	0.23713	0.34614	1.42	0.14556	0.42220	1.82	0.07614	0.46562
1.03	0.23471	0.34850	1.43	0.14350	0.42364	1.83	0.07477	0.46638
1.04	0.23230	0.35083	1.44	0.14146	0.42507	1.84	0.07341	0.46712
1.05	0.22988	0.35314	1.45	0.13943	0.42647	1.85	0.07206	0.46784
1.06	0.22747	0.35543	1.46	0.13742	0.42786	1.86	0.07074	0.46856
1.07	0.22506	0.35769	1.47	0.13542	0.42922	1.87	0.06943	0.46926
1.08	0.22265	0.35993	1.48	0.13344	0.43056	1.88	0.06814	0.46995
1.09	0.22025	0.36214	1.49	0.13147	0.43189	1.89	0.06687	0.47062
1.10	0.21785	0.36433	1.50	0.12952	0.43319	1.90	0.06562	0.47128
1.11	0.21546	0.36650	1.51	0.12758	0.43448	1.91	0.06439	0.47193
1.12	0.21307	0.36864	1.52	0.12566	0.43574	1.92	0.06316	0.47257
1.13	0.21069	0.37076	1.53	0.12376	0.43699	1.93	0.06195	0.47320
1.14	0.20831	0.37286	1.54	0.12188	0.43822	1.94	0.06077	0.47381
1.15	0.20594	0.37493	1.55	0.12001	0.43943	1.95	0.05959	0.47441
1.16	0.20357	0.37698	1.56	0.11816	0.44062	1.96	0.05844	0.47500
1.17	0.20121	0.37900	1.57	0.11632	0.44179	1.97	0.05730	0.47558
1.18	0.19886	0.38100	1.58	0.11450	0.44295	1.98	0.05618	0.47615
1.19	0.19652	0.38298	1.59	0.11270	0.44408	1.99	0.05508	0.47670
1.20	0.19419	0.38493	1.60	0.11092	0.44520	2.00	0.05399	0.47725
1.21	0.19186	0.38686	1.61	0.10915	0.44630	2.01	0.05292	0.47778
1.22	0.18954	0.38877	1.62	0.10741	0.44738	2.02	0.05186	0.47831
1.23	0.18724	0.39065	1.63	0.10567	0.44845	2.03	0.05082	0.47882
1.24	0.18494	0.39251	1.64	0.10396	0.44950	2.04	0.04980	0.47932
1.25	0.18265	0.39435	1.65	0.10226	0.45053	2.05	0.04879	0.47982
1.26	0.18037	0.39617	1.66	0.10059	0.45154	2.06	0.04780	0.48030
1.27	0.17810	0.39796	1.67	0.09893	0.45254	2.07	0.04682	0.48077
1.28	0.17585	0.39973	1.68	0.09728	0.45352	2.08	0.04586	0.48124
1.29	0.17360	0.40147	1.69	0.09566	0.45449	2.09	0.04491	0.48169

Z	Y	P	Z	Y	P	Z	Y	P
2.10	0.04398	0.48214	2.45	0.01984	0.49286	2.80	0.00792	0.49744
2.11	0.04307	0.48257	2.46	0.01936	0.49305	2.81	0.00770	0.49752
2.12	0.04217	0.48300	2.47	0.01889	0.49324	2.82	0.00748	0.49760
2.13	0.04128	0.48341	2.48	0.01842	0.49343	2.83	0.00727	0.49767
2.14	0.04041	0.48382	2.49	0.01797	0.49361	2.84	0.00707	0.49774
2.15	0.03955	0.48422	2.50	0.01753	0.49379	2.85	0.00687	0.49781
2.16	0.03871	0.48461	2.51	0.01709	0.49396	2.86	0.00668	0.49788
2.17	0.03788	0.48500	2.52	0.01667	0.49413	2.87	0.00649	0.49795
2.18	0.03706	0.48537	2.53	0.01625	0.49430	2.88	0.00631	0.49801
2.19	0.03626	0.48574	2.54	0.01585	0.49446	2.89	0.00613	0.49807
2.20	0.03547	0.48610	2.55	0.01545	0.49461	2.90	0.00595	0.49813
2.21	0.03470	0.48645	2.56	0.01506	0.49477	2.91	0.00578	0.49819
2.22	0.03394	0.48679	2.57	0.01468	0.49492	2.92	0.00562	0.49825
2.23	0.03319	0.48713	2.58	0.01431	0.49506	2.93	0.00545	0.49831
2.24	0.03246	0.48745	2.59	0.01394	0.49520	2.94	0.00530	0.49836
2.25	0.03174	0.48778	2.60	0.01358	0.49534	2.95	0.00514	0.49841
2.26	0.03103	0.48809	2.61	0.01323	0.49547	2.96	0.00499	0.49846
2.27	0.03034	0.48840	2.62	0.01289	0.49560	2.97	0.00485	0.49851
2.28	0.02965	0.48870	2.63	0.01256	0.49573	2.98	0.00471	0.49856
2.29	0.02898	0.48899	2.64	0.01223	0.49585	2.99	0.00457	0.49861
2.30	0.02833	0.48928	2.65	0.01191	0.49598	3.00	0.00443	0.49865
2.31	0.02768	0.48956	2.66	0.01160	0.49609	3.01	0.00430	0.49869
2.32	0.02705	0.48983	2.67	0.01130	0.49621	3.02	0.00417	0.49874
2.33	0.02643	0.49010	2.68	0.01100	0.49632	3.03	0.00405	0.49878
2.34	0.02582	0.49036	2.69	0.01071	0.49643	3.04	0.00393	0.49882
2.35	0.02522	0.49061	2.70	0.01042	0.49653	3.05	0.00381	0.49886
2.36	0.02463	0.49086	2.71	0.01014	0.49664	3.06	0.00370	0.49889
2.37	0.02406	0.49111	2.72	0.00987	0.49674	3.07	0.00358	0.49893
2.38	0.02349	0.49134	2.73	0.00961	0.49683	3.08	0.00348	0.49897
2.39	0.02294	0.49158	2.74	0.00935	0.49693	3.09	0.00337	0.49900
2.40	0.02239	0.49180	2.75	0.00909	0.49702	3.10	0.00327	0.49903
2.41	0.02186	0.49202	2.76	0.00885	0.49711	3.11	0.00317	0.49906
2.42	0.02134	0.49224	2.77	0.00861	0.49720	3.12	0.00307	0.49910
2.43	0.02083	0.49245	2.78	0.00837	0.49728	3.13	0.00298	0.49913
2.44	0.02033	0.49266	2.79	0.00814	0.49736	3.14	0.00288	0.49916

Z	Y	P	Z	Y	P	Z	Y	P
3.15	0.00279	0.49918	3.45	0.00104	0.49972	3.75	0.00035	0.49991
3.16	0.00271	0.49921	3.46	0.00100	0.49973	3.76	0.00034	0.49992
3.17	0.00262	0.49924	3.47	0.00097	0.49974	3.77	0.00033	0.49992
3.18	0.00254	0.49926	3.48	0.00094	0.49975	3.78	0.00031	0.49992
3.19	0.00246	0.49929	3.49	0.00090	0.49976	3.79	0.00030	0.49992
3.20	0.00238	0.49931	3.50	0.00087	0.49977	3.80	0.00029	0.49993
3.21	0.00231	0.49934	3.51	0.00084	0.49978	3.81	0.00028	0.49993
3.22	0.00224	0.49936	3.52	0.00081	0.49978	3.82	0.00027	0.49993
3.23	0.00216	0.49938	3.53	0.00079	0.49979	3.83	0.00026	0.49994
3.24	0.00210	0.49940	3.54	0.00076	0.49980	3.84	0.00025	0.49994
3.25	0.00203	0.49942	3.55	0.00073	0.49981	3.85	0.00024	0.49994
3.26	0.00196	0.49944	3.56	0.00071	0.49981	3.86	0.00023	0.49994
3.27	0.00190	0.49946	3.57	0.00068	0.49982	3.87	0.00022	0.49995
3.28	0.00184	0.49948	3.58	0.00066	0.49983	3.88	0.00021	0.49995
3.29	0.00178	0.49950	3.59	0.00063	0.49983	3.89	0.00021	0.49995
3.30	0.00172	0.49952	3.60	0.00061	0.49984	3.90	0.00020	0.49995
3.31	0.00167	0.49953	3.61	0.00059	0.49985	3.91	0.00019	0.49995
3.32	0.00161	0.49955	3.62	0.00057	0.49985	3.92	0.00018	0.49996
3.33	0.00156	0.49957	3.63	0.00055	0.49986	3.93	0.00018	0.49996
3.34	0.00151	0.49958	3.64	0.00053	0.49986	3.94	0.00017	0.49996
3.35	0.00146	0.49960	3.65	0.00051	0.49987	3.95	0.00016	0.49996
3.36	0.00141	0.49961	3.66	0.00049	0.49987	3.96	0.00016	0.49996
3.37	0.00136	0.49962	3.67	0.00047	0.49988	3.97	0.00015	0.49996
3.38	0.00132	0.49964	3.68	0.00046	0.49988	3.98	0.00014	0.49997
3.39	0.00127	0.49965	3.69	0.00044	0.49989	3.99	0.00014	0.49997
3.40	0.00123	0.49966	3.70	0.00042	0.49989			
3.41	0.00119	0.49968	3.71	0.00041	0.49990			
3.42	0.00115	0.49969	3.72	0.00039	0.49990			
3.43	0.00111	0.49970	3.73	0.00038	0.49990			
3.44	0.00107	0.49971	3.74	0.00037	0.49991			

附表 2　初中生数学态度量表(MASHL)

　　初中生数学态度、学科态度和学习态度量表与数学投入动机量表(吴明隆,2000)的效标关联效度分别为 0.502,0.471 和 0.466.

　　初中生数学态度量表的内部一致性信度(α 系数)为 0.924、卢仑分半信度为 0.922. 量表中的数据"0.783(α)和 0.786(R)"表示有用性指标的 α 系数为 0.783,卢仑分半信度为 0.786,其他单元格内数据的意义依此类推. 由于各三级指标题目数量不多,这里只给出其 α 系数.

序号	题目	三级指标	二级指标	一级指标
1	数学能训练人的思维能力	个体价值 (gtj) 0.730(α)	有用性 (use) 0.783(α) 0.786(R)	
2	数学使我变得更加聪明			
3	为了我未来的工作我需要学习数学			
4	数学在我的实际生活中没有多大用处			
5	数学能增强我的推理能力			
6	数学语言被看成是一种通用的科学语言	社会价值 (shj) 0.630(α)		
7	数学是人们认识世界的一种工具			
8	哪里有数学,哪里就有美			学科态度 (xktd) 0.894(α) 0.905(R)
9	对我来说,数学有意思,够刺激	正性情感 (zxq) 0.839(α)	愉悦性 (emo) 0.860(α) 0.821(R)	
10	数学能引人思考,让我兴奋			
11	数学课比其他课更能让我快乐			
12	数学是一门有趣的课程			
13	我喜欢日常生活中与数学有关的现象			
14	我虽然用功学习数学,但仍然感到困难	负性情感 (fxq) 0.816(α)		
15	考数学时,我常因过度紧张而把平时会做的都忘记了			
16	数学是我最害怕的课程之一			
17	学数学使我越来越没了自信			
18	我认为数学难题很无聊			
19	与其他学科相比,我更喜欢上数学课	内在倾向 (nzq) 0.651(α)	倾向性 (beh) 0.621(α) 0.671(R)	
20	我喜欢用数学去解释日常生活中的一些现象			
21	我喜欢看与数学有关的课外阅读材料			
22	在读书期间我想尽可能多地学点数学			
23	老师发的数学资料及数学试卷,弄丢了我也不在乎	外在倾向 (wzq) 0.449(α)		
24	我平时没有预习数学的习惯			
25	当老师在讲解数学的时候,我会用心听			

序号	题目	三级指标	二级指标	一级指标
26	我学数学的原因是因为数学很吸引我	内部动机 (nbd) 0.806(α)	学习动机 (mot) 0.839(α) 0.684(R)	学习态度 (xxttd) 0.844(α) 0.881(R)
27	我学数学的原因是因为数学很有趣			
28	因为我喜欢数学,所以我想把数学学好			
29	如果中考、高考不考数学,我就不想学数学			
30	我学数学的原因是因为数学可使我的思考更为清晰	外部动机 (wbd) 0.775(α)		
31	我学数学是因为数学能使我变得更加聪明			
32	我学数学的原因是因为数学可增强我的推理能力			
33	我觉得科学家才需要学数学,对其他人并不重要	知识信念 (zsx) 0.662(α)	学习信念 (bel) 0.745(α) 0.766(R)	
34	数学的对错只有老师才能判断			
35	学数学就是照着老师讲的例子去模仿			
36	数学题要么几分钟内做出来,要么就做不出			
37	我相信我能理解老师在课堂上讲的最难的数学题	自我信念 (zwx) 0.766(α)		
38	我确信我可以做更深的数学作业			
39	我相信自己可以处理更复杂的数学运算			
40	我认为数学就是计算或证明	过程信念 (gcx) 0.531(α)		
41	学数学就是反复做题,之后记住它			
42	如果数学题目中还有条件没用到,那么结果一定错了			
43	在数学学习中,我能专心致志,不会心不在焉	元认知 策略(yrz) 0.728(α)	学习策略 (str) 0.801(α) 0.822(R)	
44	学数学时我常反思有哪些内容自己还没掌握好			
45	课后我重点复习课堂上还没听懂的数学知识			
46	我喜欢思考概括和总结不同数学内容之间的 区别与联系			
47	不同的学习阶段,我会为自己制订相应的数 学学习目标			
48	解题受阻时,我会先从头至尾检查自己的解题过程	认知策略(rzc) 0.695(α)		
49	解数学题时,我的思考习惯是"要证明(或求)……, 就要先证明(或先求)……"			
50	我喜欢把重要的数学概念和公式抄下来,并努力 记住它们			
51	我认为做数学作业之前要先看懂课本知识			
52	我喜欢在数学课本上的重要内容下面划线			

附表 3　t 值表

df	P(2): 0.50 P(1): 0.25	0.20 0.10	0.10 0.05	0.05 0.025	0.02 0.01	0.01 0.005	0.005 0.0025	0.002 0.001	0.001 0.0005
1	1.000	3.078	6.314	12.706	31.821	63.657	127.321	318.300	636.619
2	0.816	1.886	2.920	4.303	6.965	9.925	14.089	22.327	31.599
3	0.765	1.638	2.353	3.182	4.541	5.841	7.453	10.215	12.924
4	0.741	1.533	2.132	2.776	3.747	4.604	5.598	7.173	8.610
5	0.727	1.476	2.015	2.571	3.365	4.032	4.773	5.893	6.869
6	0.718	1.440	1.943	2.447	3.143	3.707	4.317	5.208	5.959
7	0.711	1.415	1.895	2.365	2.998	3.499	4.029	4.785	5.408
8	0.706	1.397	1.860	2.306	2.896	3.355	3.833	4.501	5.041
9	0.703	1.383	1.833	2.262	2.821	3.250	3.690	4.297	4.781
10	0.700	1.372	1.812	2.228	2.764	3.169	3.581	4.144	4.587
11	0.697	1.363	1.796	2.201	2.718	3.106	3.497	4.025	4.437
12	0.695	1.356	1.782	2.179	2.681	3.055	3.428	3.930	4.381
13	0.694	1.350	1.771	2.160	2.650	3.012	3.372	3.852	4.221
14	0.692	1.345	1.761	2.145	2.624	2.977	3.362	3.787	4.140
15	0.691	1.341	1.753	2.131	2.602	2.947	3.286	3.733	4.073
16	0.690	1.337	1.746	2.120	2.583	2.921	3.252	3.686	4.015
17	0.689	1.333	1.740	2.110	2.567	2.898	3.222	3.646	3.965
18	0.688	1.330	1.734	2.101	2.552	2.878	3.197	3.610	3.922
19	0.688	1.328	1.729	2.093	2.539	2.861	3.174	3.597	3.883
20	0.687	1.325	1.725	2.086	2.528	2.845	3.153	3.552	3.850

续表

df	P(2):	0.50	0.20	0.10	0.05	0.02	0.01	0.005	0.002	0.001
	P(1):	0.25	0.10	0.05	0.025	0.01	0.005	0.0025	0.001	0.0005
21		0.686	1.323	1.721	2.080	2.518	2.831	3.135	3.527	3.819
22		0.686	1.321	1.717	2.074	2.508	2.819	3.119	3.505	3.792
23		0.685	1.319	1.714	2.069	2.500	2.807	3.104	3.485	3.768
24		0.685	1.318	1.711	2.064	2.492	2.797	3.091	3.467	3.745
25		0.684	1.316	1.708	2.060	2.485	2.787	3.078	3.450	3.725
26		0.684	1.315	1.706	2.056	2.479	2.779	3.067	3.435	3.707
27		0.684	1.314	1.703	2.052	2.473	2.771	3.057	3.421	3.690
28		0.683	1.313	1.701	2.048	2.467	2.763	3.047	3.408	3.674
29		0.683	1.311	1.699	2.045	2.462	2.756	3.048	3.396	3.659
30		0.683	1.310	1.697	2.042	2.457	2.750	3.030	3.385	3.646
31		0.682	1.309	1.696	2.040	2.453	2.744	3.022	3.375	3.633
32		0.682	1.309	1.694	2.037	2.449	2.738	3.015	3.365	3.622
33		0.682	1.308	1.692	2.035	2.445	2.733	3.008	3.356	3.611
34		0.682	1.307	1.691	2.032	2.441	2.728	3.002	3.348	3.601
35		0.682	1.306	1.690	2.030	2.438	2.724	2.996	3.340	3.591
36		0.681	1.306	1.688	2.028	2.434	2.719	2.990	3.333	3.582
37		0.681	1.305	1.687	2.026	2.431	2.715	2.985	3.326	3.574
38		0.681	1.304	1.686	2.024	2.429	2.712	2.980	3.319	3.566
39		0.681	1.304	1.685	2.023	2.426	2.708	2.976	3.313	3.558
40		0.681	1.303	1.684	2.021	2.423	2.704	2.971	3.307	3.551
50		0.679	1.290	1.676	2.009	2.403	2.678	2.937	3.261	3.496
60		0.679	1.296	1.671	2.000	2.390	2.660	2.915	3.232	3.460
70		0.678	1.294	1.667	1.994	2.381	2.648	2.899	3.211	3.435

续表

df	P(2):	0.50	0.20	0.10	0.05	0.02	0.01	0.005	0.002	0.001
	P(1):	0.25	0.10	0.05	0.025	0.01	0.005	0.0025	0.001	0.0005
80		0.678	1.292	1.664	1.990	2.374	2.639	2.887	3.195	3.416
90		0.677	1.291	1.662	1.987	2.368	2.632	2.876	3.183	3.402
100		0.677	1.290	1.660	1.984	2.364	2.626	2.871	3.174	3.390
200		0.676	1.286	1.653	1.972	2.345	2.601	2.839	3.131	3.340
500		0.675	1.283	1.648	1.965	2.334	2.586	2.820	3.107	3.310
1000		0.675	1.282	1.646	1.962	2.330	2.581	2.813	3.098	3.300
∞		0.6745	1.2816	1.6449	1.9600	2.3263	2.5758	2.8070	3.0902	3.2905

附表 4　相关系数临界值表

df=n−2	P(2): 0.50	0.20	0.10	0.05	0.02	0.01	0.005	0.002	0.001
	P(1): 0.25	0.10	0.05	0.025	0.01	0.005	0.0025	0.001	0.0005
1	0.707	0.951	0.988	0.997	1.000	1.000	1.000	1.000	1.000
2	0.500	0.800	0.900	0.950	0.980	0.990	0.995	0.998	0.999
3	0.404	0.687	0.805	0.878	0.934	0.959	0.974	0.986	0.991
4	0.347	0.603	0.729	0.811	0.882	0.917	0.942	0.963	0.974
5	0.309	0.551	0.669	0.755	0.833	0.875	0.906	0.935	0.951
6	0.281	0.507	0.621	0.707	0.789	0.834	0.870	0.905	0.925
7	0.260	0.472	0.582	0.666	0.750	0.798	0.836	0.875	0.898
8	0.242	0.443	0.549	0.632	0.715	0.765	0.805	0.847	0.872
9	0.228	0.419	0.521	0.602	0.685	0.735	0.776	0.820	0.847
10	0.216	0.398	0.497	0.576	0.658	0.708	0.750	0.795	0.823
11	0.206	0.380	0.476	0.553	0.634	0.684	0.726	0.772	0.801
12	0.197	0.365	0.457	0.532	0.612	0.661	0.703	0.750	0.780
13	0.189	0.351	0.441	0.514	0.592	0.641	0.683	0.730	0.760
14	0.182	0.338	0.426	0.497	0.574	0.623	0.664	0.711	0.742
15	0.176	0.327	0.412	0.482	0.558	0.606	0.647	0.694	0.725
16	0.170	0.317	0.400	0.468	0.542	0.590	0.631	0.678	0.708
17	0.165	0.308	0.389	0.456	0.529	0.575	0.616	0.622	0.693
18	0.160	0.299	0.378	0.444	0.515	0.561	0.602	0.648	0.679
19	0.156	0.291	0.369	0.433	0.503	0.549	0.589	0.635	0.665
20	0.152	0.284	0.360	0.423	0.492	0.537	0.576	0.622	0.652

df= n−2	P(2): P(1):	0.50 0.25	0.20 0.10	0.10 0.05	0.05 0.025	0.02 0.01	0.01 0.005	0.005 0.0025	0.002 0.001	0.001 0.0005
21		0.148	0.277	0.352	0.413	0.482	0.526	0.565	0.610	0.640
22		0.145	0.271	0.344	0.404	0.472	0.515	0.554	0.599	0.629
23		0.141	0.265	0.337	0.396	0.462	0.505	0.543	0.588	0.618
24		0.138	0.260	0.330	0.388	0.453	0.496	0.534	0.578	0.607
25		0.136	0.255	0.323	0.381	0.445	0.487	0.524	0.568	0.597
26		0.133	0.250	0.317	0.374	0.437	0.479	0.515	0.559	0.588
27		0.131	0.245	0.311	0.367	0.430	0.471	0.507	0.550	0.579
28		0.128	0.241	0.306	0.361	0.423	0.463	0.499	0.541	0.570
29		0.126	0.237	0.301	0.355	0.416	0.456	0.491	0.533	0.562
30		0.124	0.233	0.296	0.349	0.409	0.449	0.484	0.526	0.554
31		0.122	0.229	0.291	0.344	0.403	0.442	0.477	0.518	0.546
32		0.120	0.226	0.287	0.339	0.397	0.436	0.470	0.511	0.539
33		0.118	0.222	0.283	0.334	0.392	0.430	0.464	0.504	0.532
34		0.116	0.219	0.279	0.329	0.386	0.424	0.458	0.498	0.525
35		0.115	0.216	0.275	0.325	0.381	0.418	0.452	0.492	0.519
36		0.113	0.213	0.271	0.320	0.376	0.413	0.446	0.486	0.513
37		0.111	0.210	0.267	0.316	0.371	0.408	0.441	0.480	0.507
38		0.110	0.207	0.264	0.312	0.367	0.403	0.435	0.474	0.501
39		0.108	0.204	0.261	0.308	0.362	0.398	0.430	0.469	0.495
40		0.107	0.202	0.257	0.304	0.358	0.393	0.425	0.463	0.490
41		0.106	0.199	0.254	0.301	0.354	0.389	0.420	0.458	0.484
42		0.104	0.197	0.251	0.297	0.350	0.384	0.416	0.453	0.479
43		0.103	0.195	0.248	0.294	0.346	0.380	0.411	0.449	0.474

续表

df= n−2	P(2): P(1):	0.50 0.25	0.20 0.10	0.10 0.05	0.05 0.025	0.02 0.01	0.01 0.005	0.005 0.0025	0.002 0.001	0.001 0.0005
44		0.102	0.192	0.246	0.291	0.342	0.376	0.407	0.444	0.469
45		0.101	0.190	0.243	0.288	0.338	0.372	0.403	0.439	0.465
46		0.100	0.188	0.240	0.285	0.335	0.368	0.399	0.435	0.460
47		0.099	0.186	0.238	0.282	0.331	0.365	0.395	0.431	0.456
48		0.098	0.184	0.235	0.270	0.328	0.361	0.391	0.427	0.451
49		0.097	0.182	0.233	0.276	0.325	0.358	0.387	0.423	0.447
50		0.096	0.181	0.231	0.273	0.322	0.354	0.384	0.419	0.443
52		0.094	0.177	0.226	0.268	0.316	0.348	0.377	0.411	0.435
54		0.092	0.174	0.222	0.263	0.310	0.341	0.370	0.404	0.428
56		0.090	0.171	0.218	0.259	0.305	0.336	0.364	0.398	0.421
58		0.089	0.168	0.214	0.254	0.300	0.330	0.358	0.391	0.414
60		0.087	0.165	0.211	0.250	0.295	0.325	0.352	0.385	0.408
62		0.086	0.162	0.207	0.246	0.290	0.320	0.347	0.379	0.402
64		0.081	0.160	0.204	0.242	0.286	0.315	0.342	0.374	0.396
66		0.083	0.157	0.201	0.239	0.282	0.310	0.337	0.368	0.390
68		0.082	0.155	0.198	0.235	0.278	0.306	0.332	0.363	0.385
70		0.081	0.153	0.195	0.232	0.274	0.302	0.327	0.358	0.380
72		0.080	0.151	0.193	0.229	0.270	0.298	0.323	0.354	0.375
74		0.079	0.149	0.190	0.226	0.266	0.294	0.319	0.349	0.370
76		0.078	0.147	0.188	0.223	0.263	0.290	0.315	0.345	0.365
78		0.077	0.145	0.185	0.220	0.260	0.286	0.311	0.340	0.361
80		0.076	0.143	0.183	0.217	0.257	0.283	0.307	0.336	0.357

续表

df= n−2	P(2): 0.50 P(1): 0.25	0.20 0.10	0.10 0.05	0.05 0.025	0.02 0.01	0.01 0.005	0.005 0.0025	0.002 0.001	0.001 0.0005
82	0.075	0.141	0.181	0.215	0.253	0.280	0.304	0.333	0.328
84	0.074	0.140	0.179	0.212	0.251	0.276	0.300	0.329	0.349
86	0.073	0.138	0.177	0.210	0.248	0.273	0.297	0.325	0.345
88	0.072	0.136	0.174	0.207	0.245	0.270	0.293	0.321	0.341
90	0.071	0.135	0.173	0.205	0.242	0.267	0.290	0.318	0.338
92	0.070	0.133	0.171	0.203	0.240	0.264	0.287	0.315	0.334
94	0.070	0.132	0.169	0.201	0.237	0.262	0.284	0.312	0.331
96	0.069	0.131	0.167	0.199	0.235	0.259	0.281	0.308	0.327
98	0.068	0.129	0.165	0.197	0.232	0.256	0.279	0.305	0.324
100	0.068	0.128	0.164	0.195	0.230	0.254	0.276	0.303	0.321
105	0.066	0.125	0.160	0.190	0.225	0.248	0.270	0.296	0.314
110	0.064	0.122	0.156	0.186	0.220	0.242	0.264	0.289	0.307
115	0.063	0.119	0.153	0.182	0.215	0.237	0.258	0.283	0.300
120	0.062	0.117	0.150	0.178	0.210	0.232	0.253	0.277	0.294
125	0.060	0.114	0.147	0.174	0.206	0.228	0.248	0.272	0.289
130	0.059	0.112	0.144	0.171	0.202	0.223	0.243	0.267	0.283
135	0.058	0.110	0.141	0.168	0.199	0.219	0.239	0.262	0.278
140	0.057	0.108	0.139	0.165	0.195	0.215	0.234	0.257	0.273
145	0.056	0.106	0.136	0.162	0.192	0.212	0.230	0.253	0.269
150	0.055	0.105	0.134	0.159	0.189	0.208	0.227	0.249	0.264
160	0.053	0.101	0.130	0.154	0.183	0.202	0.220	0.241	0.256
170	0.052	0.098	0.126	0.150	0.177	0.196	0.213	0.234	0.249
180	0.050	0.095	0.122	0.145	0.172	0.190	0.207	0.228	0.242

续表

df=／n−2	P(2): 0.50 / P(1): 0.25	0.20 / 0.10	0.10 / 0.05	0.05 / 0.025	0.02 / 0.01	0.01 / 0.005	0.005 / 0.0025	0.002 / 0.001	0.001 / 0.0005
190	0.049	0.093	0.119	0.142	0.168	0.185	0.202	0.222	0.236
200	0.048	0.091	0.116	0.138	0.164	0.181	0.197	0.216	0.230
250	0.043	0.081	0.104	0.124	0.146	0.162	0.176	0.194	0.206
300	0.039	0.074	0.095	0.113	0.134	0.148	0.161	0.177	0.188
350	0.036	0.068	0.088	0.105	0.124	0.137	0.149	0.164	0.175
400	0.034	0.064	0.082	0.098	0.116	0.128	0.140	0.154	0.164
450	0.032	0.060	0.077	0.092	0.109	0.121	0.132	0.145	0.154
500	0.030	0.057	0.074	0.088	0.104	0.115	0.125	0.138	0.146
600	0.028	0.052	0.067	0.080	0.095	0.105	0.114	0.126	0.134
700	0.026	0.048	0.062	0.074	0.088	0.097	0.106	0.116	0.124
800	0.024	0.045	0.058	0.060	0.082	0.091	0.099	0.109	0.116
900	0.022	0.043	0.055	0.065	0.077	0.086	0.093	0.103	0.100
1000	0.021	0.041	0.052	0.062	0.073	0.081	0.089	0.098	0.104

附表 5　卡方值（χ²）临界值表

df	\(p \)												
	0.995	0.990	0.975	0.950	0.900	0.750	0.500	0.250	0.100	0.050	0.025	0.010	0.005
1	0.00	0.00	0.00	0.00	0.02	0.10	0.45	1.32	2.71	3.84	5.02	6.63	7.88
2	0.01	0.02	0.05	0.10	0.21	0.58	1.39	2.77	4.61	5.99	7.38	9.21	10.60
3	0.07	0.11	0.22	0.35	0.58	1.21	2.37	4.11	6.25	7.81	9.35	11.34	12.84
4	0.21	0.30	0.48	0.71	1.06	1.92	3.36	5.39	7.78	9.49	11.14	13.28	14.86
5	0.41	0.55	0.83	1.15	1.61	2.67	4.35	6.63	9.24	11.07	12.83	15.09	16.75
6	0.68	0.87	1.24	1.64	2.20	3.45	5.35	7.84	10.64	12.59	14.45	16.81	18.55
7	0.99	1.24	1.69	2.17	2.83	4.26	6.35	9.04	12.02	14.07	16.01	18.48	20.28
8	1.34	1.65	2.18	2.73	3.49	5.07	7.34	10.22	13.36	15.51	17.53	20.09	21.96
9	1.73	2.09	2.70	3.33	4.17	5.90	8.34	11.39	14.68	16.92	19.02	21.67	23.59
10	2.16	2.56	3.25	3.94	4.87	6.74	9.34	12.55	15.99	18.31	20.48	23.21	25.19
11	2.60	3.05	3.82	4.57	5.58	7.58	10.34	13.70	17.28	19.68	21.92	24.72	26.76
12	3.07	3.57	4.40	5.23	6.30	8.44	11.34	14.85	18.55	21.03	23.34	26.22	28.30
13	3.57	4.11	5.01	5.89	7.04	9.30	12.34	15.98	19.81	22.36	24.74	27.69	29.82
14	4.07	4.66	5.63	6.57	7.79	10.17	13.34	17.12	21.06	23.68	26.12	29.14	31.32
15	4.60	5.23	6.27	7.26	8.55	11.04	14.34	18.25	22.31	25.00	27.49	30.58	32.80
16	5.14	5.81	6.91	7.96	9.31	11.91	15.34	19.37	23.54	26.30	28.85	32.00	34.27
17	5.70	6.41	7.56	8.67	10.09	12.79	16.34	20.49	24.77	27.59	30.19	33.41	35.72
18	6.26	7.01	8.23	9.39	10.86	13.68	17.34	21.60	25.99	28.87	31.53	34.81	37.16
19	6.84	7.63	8.91	10.12	11.65	14.56	18.34	22.72	27.20	30.14	32.85	36.19	38.58
20	7.43	8.26	9.59	10.85	12.44	15.45	19.34	23.83	28.41	31.41	34.17	37.57	40.00

续表

df	0.995	0.990	0.975	0.950	0.900	0.750	0.500	0.250	0.100	0.050	0.025	0.010	0.005
21	8.03	8.90	10.28	11.59	13.24	16.34	20.34	24.93	29.62	32.67	35.48	38.93	41.40
22	8.64	9.54	10.98	12.34	14.04	17.24	21.34	26.04	30.81	33.92	36.78	40.29	42.80
23	9.26	10.20	11.69	13.09	14.85	18.14	22.34	27.14	32.01	35.17	38.08	41.64	44.18
24	9.89	10.86	12.40	13.85	15.66	19.04	23.34	28.24	33.20	36.42	39.36	42.98	45.56
25	10.52	11.52	13.12	14.61	16.47	19.94	24.34	29.34	34.38	37.65	40.65	44.31	46.93
26	11.16	12.20	13.84	15.38	17.29	20.84	25.34	30.43	35.56	38.89	41.92	45.64	48.29
27	11.81	12.88	14.57	16.15	18.11	21.75	26.34	31.53	36.74	40.11	43.19	46.96	49.64
28	12.46	13.56	15.31	16.93	18.94	22.66	27.34	32.62	37.92	41.34	44.46	48.28	50.99
29	13.12	14.26	16.05	17.71	19.77	23.57	28.34	33.71	39.09	42.56	45.72	49.59	52.34
30	13.79	14.95	16.79	18.49	20.60	24.48	29.34	38.40	40.26	43.77	46.98	50.89	53.67
40	20.71	22.16	24.43	26.51	29.05	33.66	39.34	45.62	51.80	55.76	59.34	63.69	66.77
50	27.99	29.71	32.36	34.76	37.69	42.94	49.33	56.33	63.17	67.50	71.42	76.15	79.49
60	35.53	37.48	40.48	43.19	46.46	52.28	59.33	66.98	74.40	79.08	83.30	88.38	91.95
70	43.28	45.44	48.76	51.74	55.33	61.70	69.33	77.58	85.53	90.53	95.02	100.42	104.22
80	51.17	53.54	57.15	60.39	64.28	71.14	79.33	38.13	96.58	101.88	106.63	112.33	116.32
90	59.20	61.75	65.65	69.13	73.29	80.62	89.33	98.64	107.56	113.14	118.14	124.12	128.30
100	67.33	70.06	74.22	77.93	82.36	90.13	99.33	109.14	113.50	124.34	129.56	135.81	140.17

后　记

经十月"怀胎",在华南师范大学数学科学学院冯伟贞副院长、东北师范大学史宁中教授和孔凡哲教授、西南大学宋乃庆教授、首都师范大学王尚志教授、张景斌教授、北京师范大学刘坚教授、曹一鸣教授、中央民族大学孙晓天教授、天津师范大学王光明教授、华东师范大学汪晓勤教授、鲍建生教授和徐斌艳教授、南京师范大学喻平教授、涂荣豹教授、宁连华教授、浙江师范大学张维忠教授、西北师范大学吕世虎教授、四川师范大学张红教授、重庆师范大学黄翔教授、童莉教授、仲秀英教授、贵州师范大学夏小刚教授、内蒙古师范大学代钦教授、陕西师范大学黄秦安教授、罗新兵教授、杭州师范大学叶立军教授、华中师范大学徐章韬教授、胡典顺教授、广西师范大学唐剑岚教授、周莹教授、山东师范大学傅海伦教授、福建师范大学李祎教授、上海师范大学陆新生教授、湖南师范大学昌国良教授、哈尔滨师范大学濮安山教授、辽宁师范大学金美月教授、吴华教授、广州大学曹广福教授、廖运章教授、广东第二师范学院陈静安教授、人民教育出版社章建跃编审等"助产士"的帮助下,《数学教育研究与测量》终于顺利诞生. 在此,谨向以上各位专家表示感谢!

时光荏苒,岁月匆匆. 自1992年7月1日研究生毕业进入华南师范大学数学系工作,至今已有二十三个年头. 二十三年的风雨兼程,面对许多诱惑,不改作者对华南师范大学的忠诚,作者最美好的年华已经属于她. 这期间,令作者比较满意的有四件事:一是为本科生创立了《数学教育心理学》《中学数学教学设计》《数学教育研究方法》三门课程,并出版了相应的教材,其中所主编的《中学数学教学设计》一书入选教育部"十二五"普通高等教育本科国家级规划教材;二是指导本科生连夺教育部"第一、二、六届'东芝杯'中国师范大学理科师范生教学技能创新大赛"数学组冠军和"首届全国师范院校师范生教学技能竞赛"数学组一等奖;三是指导研究生连获第二、三届全国教育硕士优秀论文;四是为华南师范大学申报成功了数学教育博士点以及作为首席专家通过竞标获得八个教育部"中小学教师国家级培训计划"项目.

作者之所以能劳有所获,与华南师范大学的求真务实、兼容并包、鼓励创新的大学精神密不可分. 感谢华南师范大学给作者提供了这么好的一个舞台!

何小亚

2015年1月于华南师范大学